万水 ANSYS 技术丛书

ANSYS 信号完整性和电源完整性分析与仿真实例（第二版）

房丽丽　章传芳　编著

U0194743

中国水利水电出版社
www.waterpub.com.cn

·北京·

内 容 提 要

本书对高速电路中的完整性问题进行了系统和全面的理论分析，阐述了信号完整性、电源完整性和EMI问题的原理，并基于ANSYS软件进行了大量原理性仿真和工程实例仿真。

本书体系完整、可读性和可操作性强，理论分析紧密结合大量的原理仿真，同时通过详实的工程实例使设计者能够熟练掌握信号完整性、电源完整性和EMI的协同仿真方法，从而对实际工程问题给出从芯片、封装、电路板到系统端到端的全面解决方案。

本书可作为高等院校、研究院所、相关公司等从事完整性分析的设计人员的指导教材，也可作为高校相关专业研究生和本科生的科研教学参考书。本书附有学习光盘，包含各章节中的仿真文件，以最大限度地提高读者的学习效率。

图书在版编目（CIP）数据

ANSYS信号完整性和电源完整性分析与仿真实例 / 房丽丽，章传芳编著. -- 2版. -- 北京 ：中国水利水电出版社，2018.5
（万水ANSYS技术丛书）
ISBN 978-7-5170-6451-0

Ⅰ．①A… Ⅱ．①房… ②章… Ⅲ．①有限元分析—应用软件 Ⅳ．①O241.82-39

中国版本图书馆CIP数据核字(2018)第094982号

| 责任编辑：杨元泓 | 加工编辑：孙 丹 | 封面设计：李 佳 |

书　　名	万水 ANSYS 技术丛书 ANSYS 信号完整性和电源完整性分析与仿真实例（第二版） ANSYS XINHAO WANZHENGXING HE DIANYUAN WANZHENGXING FENXI YU FANGZHEN SHILI
作　　者	房丽丽　章传芳　编著
出版发行	中国水利水电出版社 （北京市海淀区玉渊潭南路 1 号 D 座　100038） 网址：www.waterpub.com.cn E-mail：mchannel@263.net（万水） 　　　　sales@waterpub.com.cn 电话：(010) 68367658（营销中心）、82562819（万水）
经　　售	全国各地新华书店和相关出版物销售网点
排　　版	北京万水电子信息有限公司
印　　刷	三河市航远印刷有限公司
规　　格	184mm×260mm　16 开本　33.25 印张　882 千字
版　　次	2013 年 4 月第 1 版　2013 年 4 月第 1 次印刷 2018 年 5 月第 2 版　2018 年 5 月第 1 次印刷
印　　数	0001—4000 册
定　　价	99.00 元（附 1DVD）

前　　言

随着半导体技术的发展及市场的需求，电子系统设计已经普遍进入纳秒级的高速电路设计领域。电路的高速化、低电压化、大电流化和高集成化，使得信号链路网络、电源分配网络和电磁兼容/电磁干扰问题日益突出。高速电路的信号完整性和电源完整性分析学对电子专业来说，兼有专业基础课、专业课和专业实践课的多重性质，内容丰富、涉及的问题点多，且还在迅速发展中。因此本书在有限的篇幅中对内容进行了精心的取舍，以兼顾各个专业不同的要求。

北京理工大学于 2002 年举办了信号完整性培训班，作者参与了其培训教材的编写，当时的 SI、PI 和 EMI 问题还是被分开考虑的。2013 年作者编写了《ANSYS 信号完整性分析与仿真实例》一书，此时还没有全面的整体处理芯片—封装—系统的方法。随着仿真技术的不断提高，本书在第一版的基础上增加了 CPS 的 SI、PI 和 EMI 协同设计方法论和端到端的协同仿真技术。

本书的结构遵循以下几点：

1. 立足于理论学习，软件的使用方法是建立在设计者掌握了正确的设计理论基础上进行的，因此每章都先进行理论分析。

2. 理论的学习需要通过大量的分析来掌握，因此书中有大量的原理性仿真。

3. 实践是检验真理的唯一标准，最终的学习效果要通过实际的工程设计来检验，因此介绍了大量的工程实例仿真。

高速电路完整性分析所包含的内容众多，书中不仅涉及了 SI、PI 和 EMI 的理论，给出了大量的原理性仿真分析和实例仿真，同时还介绍了多个 EDA 软件的详细使用步骤，用于封装和 PCB 设计及 CPS 的协同仿真。因此为了在有限的篇幅里尽可能高效清晰地进行介绍，书中在第 2.8 小节汇总了仿真方法索引表；同时提供了学习光盘，包含各章节中的仿真文件。这些文件一部分来自于作者在教学中积累的大量仿真实例，另一部分来自于 ANSYS 公司授权的一些工程实例，力求让读者深入理解理论以分析实际的工程问题，做到不仅会用软件，而且可以用软件指导设计。

本书包括 11 章。其中第 1～10 章由房丽丽编写，第 2 章的 2.7 小节邀请 ANSYS 公司的褚正浩编写，第 11 章由章传芳编写。

第 1 章为高速电路完整性问题，介绍了完整性的基本问题（SI、PI 和 EMI），包括定义、成因、分类以及各个问题之间的相互关系。

第 2 章为高速电路的新设计方法学，介绍内容包括设计方法学的流程，信号链路和 PDN 协同建模，EDA 软件，以及 CPS 的 SI、PI 和 EMI 协同设计方法论。

第 3 章到第 8 章为信号完整性分析，对信号完整性问题细分专题进行讨论，其中：

第 3 章为反射，分析了反射的产生机理，对不同端接形式、不同拓扑结构、典型不连续结构的反射问题进行了分析探讨，并给出了消除反射的措施。

第 4 章为有损耗传输线，分析了传输线的导体损耗和介质损耗所带来的信号完整性问题及其解决方法。

第 5 章为串扰，分析了串扰的产生原理，并通过大量例子对不同条件下的串扰进行逐一讲解。此外，还给出了减小串扰的布线方法。

第 6 章为差分线，介绍了差分线的基本理论，分析了差分传输的特点，并进行了不同条件下的差分线仿真。

第 7 章为缝隙和过孔，介绍了缝隙和孔这两种典型的不连续结构，讨论了地回流问题，并进行了典型条件下的缝隙/过孔分析。

第 8 章为高速互连通道仿真，对实例进行了分析，如 PCI-E、DDR3 等。

第 9 章为电源完整性分析，讨论了电源完整性的相关问题，包括 SSN 噪声、谐振、去耦电容优化等，并通过大量工程实例介绍了电源完整性的分析流程。

第 10 章为 EMI 辐射，介绍了高速信号的 EMI 辐射原理，分析了 EMI 的干扰源，并进行了工程实例仿真，同时与测试结果进行比较。

第 11 章为芯片－封装－系统的协同仿真，介绍了 CPS 的协同设计基础和协同仿真方法，并通过实例详细介绍协同仿真步骤。

在此要感谢 ANSYS 公司和中国水利水电出版社为本书出版提供的帮助。感谢北京理工大学教务处"十三五"（2017 年）校级规划教材组的支持。还要特别感谢应子罡博士审阅了全稿，并提出了宝贵的意见和建议。另外感谢 ANSYS 公司的褚正浩、李可舟、李宝龙和丁海强为本书提供的帮助。

由于时间紧迫和作者水平所限，错误和不足之处在所难免，欢迎读者批评指正。

作者联系方式：fanglili@bit.edu.cn。

房丽丽

于北京理工大学信息与电子学院

2018 年 2 月 9 日

目　　录

1

高速电路的完整性问题

电子设计领域的快速发展，使得由集成电路、封装和电路板构成的电子系统正朝着更大的规模、更小的体积以及更快的时钟速率这一方向发展，特别是大数据和云计算的兴起，电子系统设计已经普遍进入纳秒级的高速电路设计领域。电路的高速化、低电压化、大电流化和高集成化，使得信号链路网络、电源分配网络（Power Distribution Network，PDN）和电磁兼容/电磁干扰问题日益突出。

在低速电路可以看成"透明"的互连线，在高速电路中表现为传输线，并可能导致信号在传输过程中的错误，比如传输线之间的信号串扰随着上升沿变短而加剧、阻抗不连续造成信号反射等。此外，高速下电源的非理想性和 EMI 也会对电路产生影响。因此完整性问题已经成为高速电子系统设计能否成功的关键所在。

了解完整性理论，进而指导和验证高速电路的设计是一件刻不容缓的事情。本章将对完整性问题的定义和分类进行介绍。

1.1 高速电路的定义与完整性问题

1.1.1 高速电路的定义

所谓高速电路，是指由于信号的高速变化使电路中的模拟特性，如导线电感、电容等发生作用的电路。一般认为，工作频率超过 100MHz 的电路是高速电路。但更为准确的定义是根据信号沿变化的速度来定义。当信号边沿非常陡峭时，要考虑的谐波频率更高，信号快速变化的上升沿与下降沿将会引发传输的非预期结果。因此通常约定，如果线传播时延大于驱动端的上升时间或下降时间的 1/2，则认为此类电路是高速电路并产生传输线效应。

1.1.2 完整性问题

传统的完整性问题，只是研究信号传输中的质量，即在高速电路设计初期，设计者主要关心信号链路的信号完整性（Signal Integrity，SI），如信号的反射、衰减、串扰、延迟、色散等，一般认为电源是完美的，所以此时的完整性可以说是 SI-only。随着研究的深入，电源/地平面的谐振、SSN 噪声耦合、PDN 寄生阻抗等因素进一步影响信号的质量，因此将电源系统可能带来的不稳定问题归为一个新的名词——电源完整性（Power Integrity，PI）。随着高速信号中高频分量的增多、电源系统的非理想，EMC 问题得到了重视，因此高速电路设计中又要考虑电磁干扰（Electromagnetic Interference，EMI），即在确保传输信号质量的前提下，同时也要降低潜在的 EMI。

在电路系统不断的朝着高速、低压、高密度、大电流的趋势发展的今天，信号完整性、电源完整性和电磁干扰问题日益突出。同时，它们之间紧密联系、相互影响，因此三者需要进行协同设计。

由上述可知，高速电路设计中存在的完整性问题主要是 SI、PI 和 EMI 问题。下面分别介绍。

1.2　高速电路的信号完整性（SI）问题

1.2.1　信号完整性的定义

信号完整性问题研究信号传输中的质量，是指传输系统在信号传输过程中保持信号时域和频域特性的能力。它表明信号通过信号线传输后仍能保持其正确的功能特性，即信号在电路中能以正确的时序、幅度及相位等做出响应。

如果电路中的信号能够以要求的时序和电压幅度到达接收器，就表明该电路具有较好的信号完整性；反之，当信号不能正常响应时，表示出现了信号完整性问题。

1.2.2　信号完整性产生的原因及要求

1．信号完整性产生的原因

信号完整性产生的原因可以归结为以下几个主要方面：

（1）信号的上升沿变陡。信号陡峭的上升沿对应着很宽的有效频率带宽，过高的工作频率使得出现传输线效应，要考虑反射、串扰、色散等因素。

（2）芯片工作电压越来越低。信号非常容易受到干扰而导致错误翻转。

（3）电路板的集成度高，布线距离越来越近。互连和封装的寄生效应影响严重，串扰加大。

2．信号完整性的要求

根据信号完整性的定义，对一个信号的完整性有以下两个要求：一是波形完整，二是时序完整。

（1）波形完整：要求信号的电平有效，信号的高电平不能低于高电平的判定阈值电压，低电平不能高于低电平的判定阈值电压，即不能出现不定态。

如图 1.1 所示，图中的波形在 y 轴虽然已经出现了信号完整性的一些现象，如上冲、下冲和振铃，但仍然是完整的，因为没有超过其噪声余量范围。

当今高速电路的电压越来越低（从 5V 到 3.3V、1.8V、1.2V、1V⋯⋯），时钟周期越来越短（给瞬态信号的恢复时间越来越短），因此振荡、噪声干扰、衰减等都严重地影响信号波形完整。

（2）时序完整：以同步时钟信号为基准的时序计算达到设计要求，有足够的建立时间裕量、保持时间裕量、低的时钟抖动等以保证数据采集正确。其中涉及传输时间、飞行时间、建立时间、保持时间、时钟抖动、时钟偏移等参数。

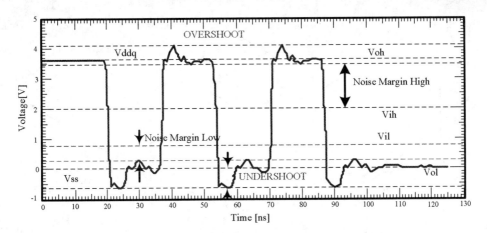

图 1.1　示波器采集到的信号波形

如图 1.2 所示为一个 D 触发器，用于时钟锁存，要求数据在时钟边沿到来前保持稳定电平，这就是所谓的"建立"时间。同样，输入数据必须在时钟边沿到来后继续有效，这就是所谓的"保持"时间，在数据保持时间内，时钟对数据进行采样。如果因为传输线的延迟、噪声抖动等问题影响到信号，则可能会导致时序上的错误，从而采样到错误的数据。

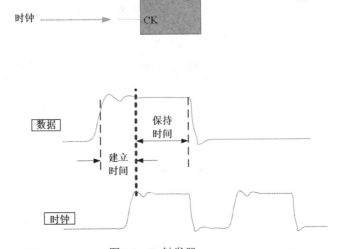

图 1.2　D 触发器

高速电路的时钟周期越来越短，寄生效应恶化信号边沿影响建立时间、走线路径失配造成时钟偏移等都严重影响了时序完整。

1.2.3　信号的时域和频域特性

由于我们分析的是信号完整性，所以先来看看信号的特性。

信号是反映信息变化的物理表现形式，信号的特性可以从时间特性和频率特性两方面来描述。时域和频域反映了信号两个不同的观测面，即两种不同观察和表示信号的方法。如图1.3 所示，我们可以看出信号在时域和频域的关系。

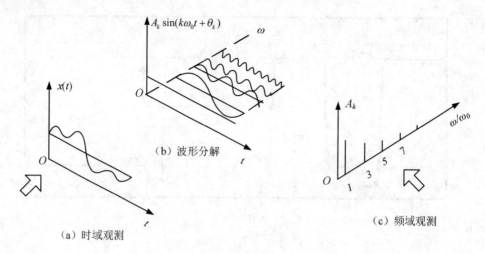

（b）波形分解

（c）频域观测

（a）时域观测

图 1.3　两种不同观测信号的方法

时间函数 $x(t)$ 是信号的时域数学模型，按照 $x(t)$ 的自变量 t 是否能连续取值，通常把信号分为连续时间信号和离散时间信号两类。按照 $x(t)$ 是否按一定时间间隔重复，信号可分为周期信号和非周期信号两类。

1．时域连续周期信号 $x(t)$ 和频域傅立叶系数

如图 1.4 所示，对于以 T_0 为周期的任何满足狄里赫利条件的周期信号 $x(t)$，可在复指数函数构成的信号空间中表示为复指数形式的傅立叶级数：

$$x(t) = \sum_{k=-\infty}^{+\infty} c_k e^{jk\omega_0 t}$$

$$c_k = \frac{1}{T_0} \int_{T_0} x(t) e^{-jk\omega_0 t} dt$$

（1.1）

式（1.1）确定了周期信号 $x(t)$ 和系数 c_k 之间的关系，记为

$$x(t) \leftrightarrow c_k$$

（1.2）

系数 c_k 称为 $x(t)$ 的（复指数形式的）傅立叶系数或频谱。这些系数是对信号 $x(t)$ 中每一个谐波分量作出的度量。系数 c_0 是 $x(t)$ 中的直流或常数分量。

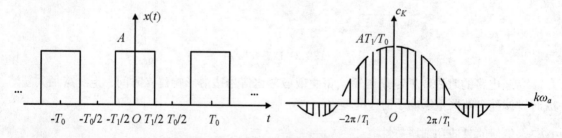

图 1.4　周期矩形脉冲信号及其频谱

同时，$x(t)$ 也可以在三角函数构成的信号空间中展开为三角傅立叶级数的形式：

$$x(t) = c_0 + 2\sum_{k=1}^{+\infty} A_k \cos(k\omega_0 t + \theta_k)$$

（1.3）

两种形式的傅立叶系数的关系为：

$$c_k = A_k \mathrm{e}^{\mathrm{j}\theta_k}, c_{-k} = c_k^{\,*} = A_k \mathrm{e}^{-\mathrm{j}\theta_k} \tag{1.4}$$

周期信号的频谱有以下四种形式：

（1）振幅频谱：以 $2A_k$ 为纵坐标，横坐标取正频率 $k\omega_0$，$k=0,1,2,\ldots,\infty$ 所绘的线状图。

（2）双边振幅频谱：以 $|c_k|$ 为纵坐标，横坐标取正负频率 $k\omega_0$，$k=0,\pm1,\pm2,\ldots,\pm\infty$ 所绘制的线状图；由于在实信号条件下，$|c_{-k}|=|c_k|$，故把负频率范围的线状图折叠到正频率范围，并使对应谱线相加，就得到了单边振幅频谱。

（3）相位谱：以 θ_k 为纵坐标，$k\omega_0$ 为横坐标绘制的线状图，相位谱也分单边谱和双边谱，但这两种谱在正频率范围是相同的，如在此基础上按 $\theta_{-k} = -\theta_k$ 对称关系给出负频率范围图形，就得到双边相位谱。

（4）功率谱：以各正弦分量的平均功率 $(2A_k / \sqrt{2})^2$ 为纵坐标、$k\omega_0$ 为横坐标绘制的线状图。功率谱也可以绘成双边频谱，这时纵坐标应取 $|c_k|^2 = A_k^2$。无论功率谱被绘成单边还是双边的，直流分量的平均功率都是 c_0^2。其中帕色伐尔定理从功率的角度给出了信号的时间特性和频率特性之间的关系。该定理指出，周期信号在时域中的平均功率等于频域中各自谐波平均功率之和。表达式为：

$$\frac{1}{T_0}\int_{-T_0/2}^{T_0/2} x^2(t)\mathrm{d}t = c_0^{\,2} + \frac{1}{2}\sum_{k=1}^{\infty}(2A_k)^2 \tag{1.5}$$

周期信号的频谱具有离散性、谐波性、收敛性的特点。正是基于收敛性，才引出了信号有效频宽的概念，即工程上往往只考虑对波形影响较大的较低频率分量，而对波形影响不大的高频分量忽略不计。在数学上用有限项级数表示周期信号 $x(t)$，记为

$$x_N(t) = \sum_{k=-N}^{N} c_k \mathrm{e}^{\mathrm{j}k\omega_0 t} \tag{1.6}$$

2. 时域连续非周期信号 $x(t)$ 和频谱 $X(\omega)$ 的傅立叶变换

$$x(t) = \frac{1}{2\pi}\int_{-\infty}^{+\infty} X(\omega)\mathrm{e}^{\mathrm{j}\omega t}\mathrm{d}\omega$$
$$X(\omega) = \int_{-\infty}^{+\infty} x(t)\mathrm{e}^{-\mathrm{j}\omega t}\mathrm{d}t \tag{1.7}$$

用符号表示为

$$X(\omega) = \mathbb{F}\big[x(t)\big]$$
$$x(t) = \mathbb{F}^{-1}\big[X(\omega)\big] \tag{1.8}$$

式中，$X(\omega)$ 是 $x(t)$ 的傅立叶正变换，$x(t)$ 是 $X(\omega)$ 的傅立叶反变换，如图 1.5 所示。

信号的有效时宽与有效频宽成反比。这里的"有效"是指能量集中频谱部分，图 1.5 中信号的有效时间为持续时间 T_1，而信号的有效频宽为 $BW=2\pi/T_1$。

傅立叶系数与傅立叶变换的关系，即周期信号的傅立叶系数 c_k 可以用其一个周期内信号的傅立叶变换的样本来表示：

$$c_k = X(k\omega_0)/T_0 \tag{1.9}$$

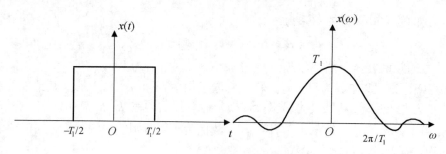

图 1.5　矩形脉冲信号及其频谱

由以上可知：

（1）时域为连续周期信号，则频域为离散非周期信号。

（2）时域为连续非周期信号，则频域为连续非周期信号。

连续时间信号还有另一种变换域分析方法——拉普拉斯变换法，简称"拉氏变换法"，记为 LT。与傅立叶变换一样，拉氏变换将连续时间信号 $x(t)$ 表示为复指数信号 e^{st} 的线性组合。区别是在傅立叶变换中 $s=j\omega$，它限制在 s 平面的虚轴；而在拉氏变换中 $s=\sigma+j\omega$，它取值于 s 平面的部分区域或整个 s 平面。因此，拉氏变换可以视为傅立叶变换的一般化。拉普拉斯变换如下：

$$X(s) = \int_{-\infty}^{+\infty} x(t)e^{-jst}dt \tag{1.10}$$

记为：

$$x(t) \leftrightarrow X(s) \tag{1.11}$$

1.2.4　电路分析的时域和频域

由于信号具有时域和频域双重特性，相应的电路分析也存在时域分析和频域分析两种方法。时域分析是本质，频域分析有其特有的优越性。

实际存在的信号可表示为时间波形，因此电路系统中的时域分析是本质的。而所谓频域则是一种积分变换，或是一种数学构造，是通过变换将信号的时间函数变为频率函数。根据傅氏变换和拉氏变换理论，时间变量可转换为虚频率变量或复频率变量，可使电路分析过程大为简化，微分和积分将被代数运算所代替，繁杂的卷积积分变为极简单的乘法，因此频域分析有其特有的优越性。

（1）对于低速脉冲线性电路，其电路元件可以等效看成集总元件（也叫集中元件）R/L/C，通过时域方法求解其常系数线性微分方程，即可得到时域响应。

（2）对于高速电路而言，虽然我们要求的最终结果仍为时域响应，但由于电路元件需要采用分布参数模型，时域方法必须求解同时包含时间和空间变量的偏微分方程，求解难度较大。因此，可以在频域进行处理，再通过频域和时域之间的数值变换，得到高速电路的时域响应。

数字工程师往往关心信号的时域问题，如通过示波器观察其波形，利用数字逻辑分析仪分析数字信号的逻辑关系，这种方式直观、方便；而微波工程师常常关心信号的频域问题，在一频率范围内考虑信号的传输、反射及损耗等，可以通过网络参数来分析和解决问题。实际上由于信号的双重性，信号完整性问题要从时域和频域两个方面进行分析，信号的时域分析方法与频域分析方法是密不可分的，两种方法运用得当，可以相得益彰。在时域中很复杂的某些问题，在频域中显得比较简单；而在频域中显得比较复杂的某些问题，在时域中却比较容易解决。

1.2.5　信号的上升沿和带宽

1. 脉冲波形的性质

在数字系统中常用的脉冲波形（如时钟信号）通常采用两种方法获取：一种是利用脉冲振荡器直接产生；另一种是对已有的信号进行整形，以使其变换成所需要的脉冲波形。为了更好地理解产生信号完整性问题的原因，有必要对理想和非理想数字脉冲波形进行简单的回顾和分析。

为了定量描述矩形脉冲的特性，经常使用如图 1.6 所示的几个主要参数。

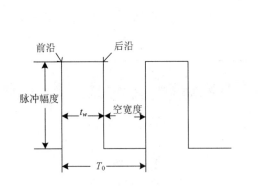

（a）理想矩形脉冲

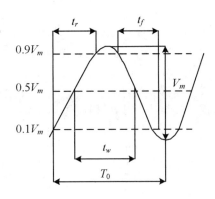

（b）非理想矩形脉冲

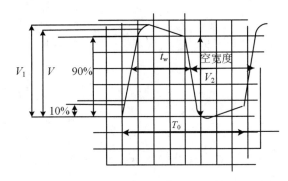

（c）示波器中的非理想矩形脉冲

图 1.6　几种矩形脉冲波形

重复周期 T_0：从一个脉冲的前沿到另一个脉冲的前沿所测量的时间；

脉冲幅度 V_m：指的是脉冲电压变化幅度的最大值；

脉冲宽度 t_w：脉冲电压上升到 $0.5V_m$ 起至下降到 $0.5V_m$ 的时间；

空宽度：脉冲之间的时间；

占空系数：脉冲占有时间和周期的比；

占/空比（M/S）：脉冲宽度与空宽度之比；

上升时间 t_r：脉冲电压从 $0.1V_m$ 上升到 $0.9V_m$ 所需的时间；

下降时间 t_f：脉冲电压从 $0.9V_m$ 下降到 $0.1V_m$ 所需的时间；

V_1：最大脉冲幅度；

V_2：最小脉冲幅度；

平均脉冲幅度 V：$(V_1+V_2)/2$；

平顶下降：$(V_1-V_2)/V\times100\%$。

2．脉冲的分解

根据信号的时域和频域的变换关系可以知道，时域连续周期信号可以分解为一系列谐波分量之和，每个谐波分量都是单频正弦波，且频率等于基波频率乘以系数 k。

$$x(t) = c_0 + 2\sum_{k=1}^{+\infty} A_k \cos(k\omega_0 t + \theta_k) \tag{1.12}$$

如图 1.7 所示，为 1GHz 理想方波依次叠加各次谐波生成的时域波形。可以直观地看到叠加的谐波成分越多，波形就越像方波。

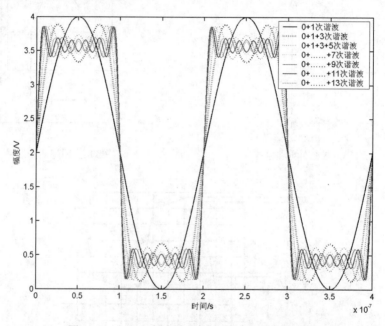

图 1.7　1GHz 理想方波依次叠加各次谐波的波形

为了更直观，图 1.8 给出谐波依次叠加后的波形，可知上升沿与谐波次数有关，边沿越陡，谐波次数越高。这就是为什么高速信号要看边沿而不是周期，边沿陡、周期长的信号由于有足够的恢复时间可降低设计难度，信号完整性是瞬态波形、不完整，有足够的恢复时间就完整了。因此边沿陡周期短的信号最难保证完整。

3．理想周期脉冲信号的有效频谱

对于图 1.6（a）中的理想周期矩形脉冲信号（脉冲宽度 t_w，周期 T_0，幅度 A），其傅立叶系数表达式如式（1.13），频谱如图 1.4 所示。

$$c_k = (A/k\pi)\sin c(k\pi t_w/T_0) \tag{1.13}$$

从图 1.4 中可见，理想周期矩形脉冲信号的频谱包络线与 sinc(Z)变化规律相同。其主峰高度为 At_w/T_0，主峰两侧第一零点为 $k\omega_0=\pm2\pi/t_w$，频谱间隔 $\omega_0=2\pi/T_0$，在 0 到第一零点之间的谱线数目为 T_0/t_w-1。值得注意的是，信号周期 T_0 的变化影响基频大小，因此改变给定频段内的频谱密度，但是其频谱的形状并不随周期 T_0 改变，即频谱的包络仅仅与脉冲的形状有关，而与脉冲的重复周期无关。我们称第一零点 $2\pi/t_w$ 为有效频谱带宽。

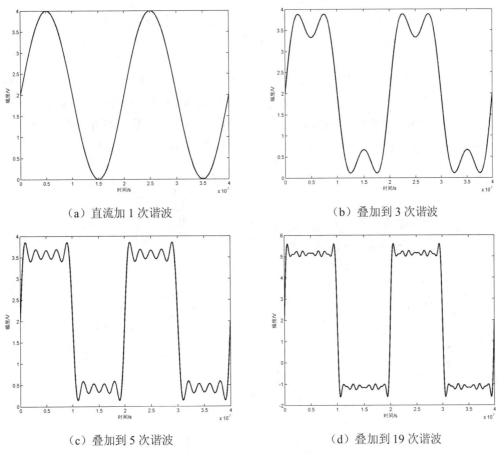

（a）直流加 1 次谐波　　　　　　　（b）叠加到 3 次谐波

（c）叠加到 5 次谐波　　　　　　　（d）叠加到 19 次谐波

图 1.8　各次谐波的叠加图

4. 非理想周期脉冲信号的有效频谱

对于图 1.6（b）中的非理想周期矩形脉冲信号，其傅立叶系数为：

$$c_k = 2A\frac{t_w + t_r}{T_0} \cdot \frac{\sin[k\pi(t_w + t_r)/T_0]}{k\pi(t_w + t_r)/T_0} \cdot \frac{\sin(k\pi t_r/T_0)}{k\pi t_r/T_0}$$

$$= 2A\frac{t_w + t_r}{T_0} \cdot \sin c[k\pi(t_w + t_r)/T_0] \cdot \sin c(k\pi t_r/T_0)$$

（1.14）

可以得到傅立叶频谱的幅频特性：以频率 $f = 1/(\pi \times t_r)$ 为分界点，之前幅频特性以 20dB/Dec 下降，之后则以 40dB/Dec 下降。

式（1.14）中，t_w 是数字脉冲宽度，t_r 是数字脉冲的上升时间，T_0 是数字信号的重复周期。同理想周期矩形脉冲分析一样，可知其频谱包络仅与脉冲形状有关，而与频率的重复周期无关。这也就是我们所说的数字脉冲的上升沿和下降沿决定带宽，而不是数字脉冲的重复频率。类比理想脉冲时 $c_k = (A/k\pi)\sin c(k\pi t_w/T_0)$，有效频谱带宽为 $0\sim 2\pi/t_w$，则非理想脉冲有效频谱应该与 t_r 成反比。在工程中，我们通常是把设计带宽定为 a/t_r，其中 a 是一个常数。

1.2.6　非理想脉冲有效频谱的上限频率和下限频率

在信号传输过程中，我们观察到的时域脉冲波形出现非理想时，其频域发生了什么变化呢？

由非理想脉冲的时域和频域变换关系，可以利用分析谐波的方法来分析其有效频谱的上限频率和下限频率。在此不可能给出任意情况下的非理想脉冲情况，仅仅给出最简单的几种类型，即信号的高频分量失真或低频分量失真的波形变化，以及高频与低频的估算。

如果脉冲的上升和下降时间变长，表明高次谐波被衰减，如图 1.9（a）所示；如果脉冲的顶部和底部是平顶下降，表明低频分量被衰减，如图 1.9（b）所示；如果既有长的上升下降时间又有明显平顶下降，则表明高频低频分量都不同程度地受到衰减，如图 1.9（c）所示；如果某些高频分量被过分放大，则产生过冲，如图 1.9（d）所示。

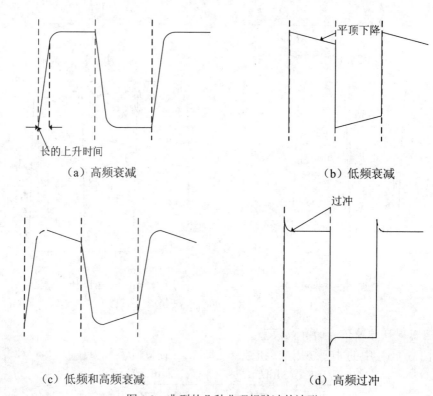

（a）高频衰减　　　　　　　　　　　（b）低频衰减

（c）低频和高频衰减　　　　　　　　（d）高频过冲

图 1.9　典型的几种非理想脉冲的波形

1. 上限频率

一个非理想脉冲的上升时间是由最高次谐波频率的波形从零达到峰值时所需要的时间决定的。如图 1.10 所示，其有效最高次谐波频率 f_H 可由以下关系式得到 [因为 $f_H=1/T_H=1/(t_r/0.35)$]：

$$f_H = 0.35/t_r \tag{1.15}$$

式（1.15）同我们前面的分析一致（常数 a=0.35）。这里从时域的角度解释了非理想方波的最高谐波频率是由上升边沿决定的。由于信号会产生过冲或振荡，如图 1.9（d）所示的高频过冲就是由高频分量被过分放大所致，因此在实际工程中，有时甚至要考虑到 $10f_H$。

2. 下限频率

当一个脉冲下限频率 f_L=0 时，脉冲顶部将是平的；但是当 f_L>0 时，输出波形将出现平顶下降。如图 1.11 所示，平顶下降正比于脉冲的周期 T 和低截止频率周期 T_L 的比值。可得如下关系式：

$$平顶下降 = \pi \frac{T}{T_L} = \pi \frac{f_L}{f} \tag{1.16}$$

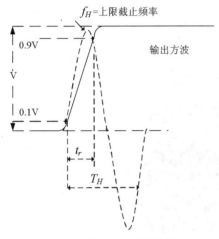

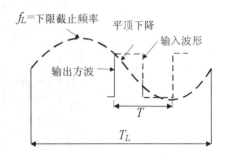

图 1.10　脉冲上升边沿的原因　　　　图 1.11　脉冲平顶下降的起因

1.2.7　信号的反射（reflection）

反射指的是在信号传输路径上由于传输线、过孔、参考平面不连续以及其他互连造成阻抗突变而引起的波形反射与失真。

当阻抗出现不连续时，就会出现反射。而高速电路的不连续结构很常见，主要是传输内部的不连续和端接的不连续。图 1.12 为几种典型的不连续结构：封装、电源/地平面分割、布线的几何形状、过孔、连接器。

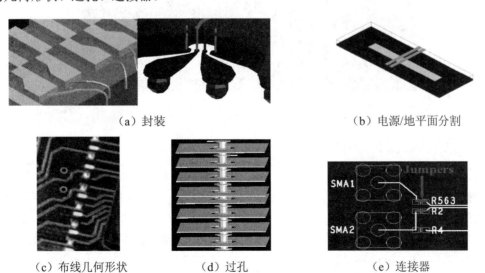

（a）封装　　　　　　　　　（b）电源/地平面分割

（c）布线几何形状　　（d）过孔　　（e）连接器

图 1.12　典型的不连续结构

反射能使信号波形出现过冲、下冲和振铃现象。

1. 信号过冲（overshoot）和下冲（undershoot）

信号过冲（也叫上冲）是指信号跳变的第一个峰值（或谷值）超过规定值，此规定值对于上升沿为最高电压，而对于下降沿则为最低电压。过冲通常是指在电源电平之上或参考地电平之下的情况。如图 1.13 中标注 1 处即为过冲。过分的过冲能够使得保护二极管工作，而长期性地工作会造成器件的损坏。

下冲是指信号跳变的下一个谷值（或峰值）超过设定电压，如图 1.13 中标注 2 处。如果下冲幅度过大以致于超过噪声容限，会引起虚假时钟或数据错误。

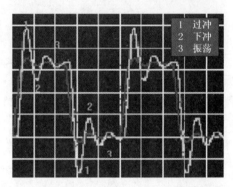

图 1.13　信号的过冲、下冲和振铃现象

2. 信号振铃（ringing）

信号反复的上冲和下冲会形成信号的振荡，欠阻尼状态下的振荡称为振铃。振铃增加了信号稳定所需要的时间，从而影响系统的时序。

如图 1.14 所示，通过阻抗匹配可以消除反射引起的过冲、下冲和振铃。

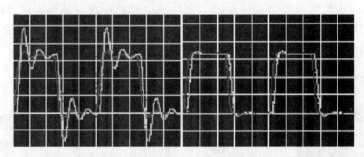

图 1.14　阻抗匹配消除反射引起的过冲、下冲和振铃（左：不匹配，右：匹配）

1.2.8　信号的衰减（attenuation）

信号的衰减是信号在传输线上幅度的减小，产生原因有导体损耗、介质损耗、耦合、失配或辐射损耗，即导体的电导率非无限大、介质的电导率非零、有邻近导体、阻抗不匹配或导体尺寸比拟于波长。

信号幅度以 $e^{-\alpha z}$ 衰减（设信号向 z 方向传输），α 称为衰减常数，只要传输线为非理想传输线（R 和 G 不为 0），则信号就存在衰减。图 1.15 说明了由于传输衰减而造成的信号逻辑的不确定，产生不定态。

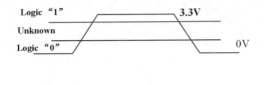

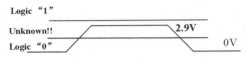

图 1.15　信号衰减引起不定态

1.2.9　信号的色散（dispersion）

电磁波的相速度随频率改变的现象叫做色散效应，产生原因是传输线媒质不理想。

相速度是频率的单调递减函数，有效介电常数是频率的单调递增函数，如图 1.16 所示为不同介质基片上微带线的相速度同频率的色散关系。为了简便，这里相速度对真空光速归一化。

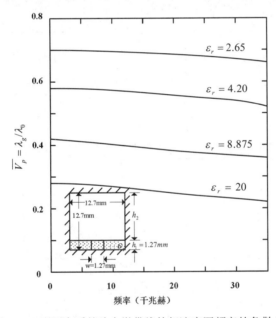

图 1.16　不同介质基片上微带线的相速度同频率的色散关系

一个脉冲信号是由多次谐波组成的，由于色散使得每个频率的相速度都不同。随着频率的提高，相速度降低，因此频率高的波比频率低的波速度慢。图 1.17 是脉冲波分解的各波形的波速情况，可知各谐波的相位和幅度变化均与频率有关，所以传输一段距离后，波形就变得不完整。如图 1.18 所示为由于色散和衰减使波形边沿变缓、幅度衰减。

图 1.17　脉冲波分解的各波形的波速

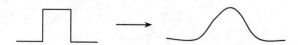

图 1.18　由于色散和衰减使波形不完整

信号的衰减和色散都会引起上升沿变缓。其中，信号随着频率的升高而衰减增大，从而高频分量的损失要大于低频分量，引起上升沿变缓；色散引起高频分量的传输速度与低频分量不同步，从而引起上升沿变缓。

1.2.10　多网络间信号完整性问题

多网络间的信号完整性问题主要是指由于网络之间的耦合而引起的信号串扰（cross-talk）。

串扰是指没有电气连接的信号线之间的感应电压和感应电流产生的电磁耦合现象。信号线之间的互感和互容引起线上的噪声，容性耦合引发耦合电流，感性耦合引发耦合电压。

信号串扰可以分为近端串扰和远端串扰，距离干扰线源端最近的一端称为"近端"，距离干扰线源端最远的一端称为"远端"。近端串扰和远端串扰的波形如图 1.19 所示，图中宽脉冲的为近端串扰，窄脉冲的为远端串扰。

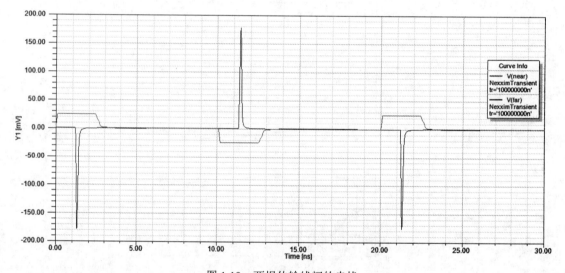

图 1.19　两根传输线间的串扰

串扰与走线长度、信号间距、信号边沿时间、传输线类型以及参考地平面的状况等有关。

1.2.11　信号的时序（延迟/偏差/抖动）

无论是共同时钟系统还是源同步时钟系统，都对时序进行了严格限制。要求系统时序以同步时钟信号为基准，时序计算达到设计要求，有足够的建立时间裕量、保持时间裕量、低的时钟抖动等以保证数据采集正确。其中涉及传输时间、飞行时间、建立时间、保持时间、时钟抖动、时钟偏移等参数。

信号完整性的时序问题主要包括信号的延迟、偏差和抖动。

1.　信号的延迟（propagation delay）

信号从发送端传播到接收端需要一定的时延。信号的延迟是指驱动器端状态的改变到接收器端状态的改变之间的时间，可用相移常数 β 来衡量。当传输线过长时，信号的延迟会对系统时序产生影响。在高速数字系统中，传输线的时延取决于介质材料的介电常数、传输线长度和传输线横截面的几何结构。

信号延迟产生原因是驱动过载、走线过长的传输线效应，如图 1.20 所示。

2. 信号的偏差（skew）

信号的偏差（也称偏移）是指信号沿之间的时间差，主要由两部分组成：一个是内部信号偏差，是由源驱动器内部产生，表现为输出之间的信号延迟差别，产生的原因如电源电压的波动；另一个是外部信号偏差，是由信号分配网络的连线延迟和负载条件不同而引起的延迟差别，如图 1.21 所示。

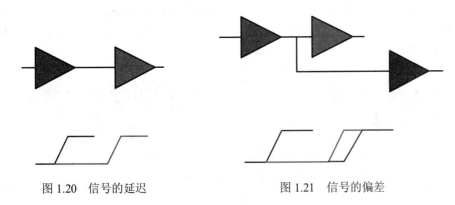

图 1.20　信号的延迟　　　　　　图 1.21　信号的偏差

接收端之间的时间偏差直接影响同步，进而影响系统性能。避免信号偏差的主要方法：①提供稳定的电源电压；②采用全局信号分配网络；③采用全局信号缓冲器；④采用锁相环。

3. 信号的抖动

抖动是数字信号在重要时点上偏离理想时间位置的短期变化，是重要的定量描述高速信号传输质量的指标。抖动的总指标为 TJ（Total Jitter），可以细分为随机抖动（RJ）和确定抖动（DJ）。进一步细分还包括时间间隔误差（TIE）、周期抖动（PJ）、相邻周期抖动（Cycle to Cycle Jitter）、相位抖动、脉宽失真（DCD）、码间干扰（ISI）等。

基于示波器来求解的抖动，通常从时域、频域和统计域三方面进行。例如：通过时域分析函数 TIE track 来得到 TIE 抖动；通过频域分析抖动频谱可得到 PJ 和 RJ；而从 TIE 直方图来生成 PDF（概率密度函数）、CDF（累计分布函数）和 Bathtub（浴盆曲线）是抖动在统计域的分析。

抖动主要有以下几种分析方法：①浴盆曲线法；②相位噪声分析法；③眼图测试法；④统计特性和统计直方图法；⑤抖动—时间曲线和抖动的频谱。

在本书的例子中可以看到用浴盆曲线法和眼图测试法来评估抖动。

如果抖动加大，就会造成系统的建立时间和保持时间裕量不够、误码率变高、系统不稳定等现象。

产生抖动的主要原因有热噪声、源/地反弹噪声、反射、串扰、时钟的辐射干扰、基准电平噪声、电路不稳定等。

抖动问题我们将在第 4 章重点介绍。

1.3　高速电路的电源完整性（PI）问题

电源从电源模块出发，一般会经过电路板、封装和芯片内部的互连，最后传递给晶体管。这是一个分层的电源网络，我们一般称为电源分配系统（Power Distribution System，PDS），也可以称为电源配送网络（Power Delivery Network，PDN）。电源分配系统的结构包括直流电源、电压调节模块（VRM）、电源/地平面、去耦电容、封装和连接。其设计要求：低目标阻抗和高噪声隔离。

如图 1.22 所示，实际的电源波形主要包括电源纹波（Ripple）和电源噪声（Noise）。电源纹波是电源模块 VRM 的输出电压的波动，即电源输出的源端（Source 端）的电压的波动，由 VRM 性能决定；电源噪声则是指在芯片管脚处的电压的波动，即电源源端输出后的末端（Sink 端）的电压的波动，主要的噪声 SSN 是由芯片工作的瞬态大电流、PDN 不连续性等引起的。

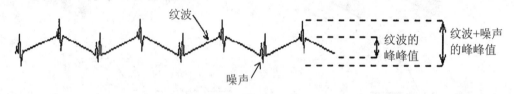

图 1.22　实际的电源波形

1.3.1　源/地反弹

源/地反弹（Ground Bounce）是指在电路中有大的电流涌动时，在电源与地平面上产生大量的噪声电压波动现象。如图 1.23 所示，电源和地上都有电压波动，同时影响到负载输出信号。

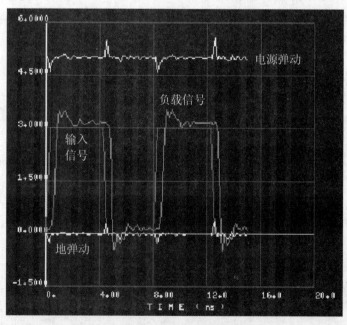

图 1.23　ΔI 噪声及对信号线的耦合干扰

其产生原因是电平切换引发 ΔI 噪声电流（电流涌动），同时由于电源线和地线存在一定的阻抗（以寄生电感为主）或返回电流路径突变（如缝隙、过孔切换、层间耦合等），进而产生 ΔI 噪声电压。

1.3.2 同步开关噪声

同步开关噪声（SSN）也称为 ΔI 噪声或电源噪声，是指大量芯片同步切换时产生的瞬态电流（即 ΔI 噪声电流，该噪声电流在时域上为随机脉冲、频域上为很宽的频谱）在电源平面或地平面上产生的大量噪声现象。

同步开关噪声的产生主要有四种途径：①电源响应速度慢或电容储能不够使得为了提供电荷而引起的塌陷电压；②回流路径上的寄生电感；③电流路径上的感性耦合干扰；④ΔI 噪声电流或由于缝隙、过孔切换、层间耦合等使得返回电流路径突变而产生的垂直电流，均可激励出共振模式，造成同步开关噪声传播。

同步开关噪声所引起的电压波动会严重影响晶体管的工作状态：①电压降低会影响晶体管翻转；②电压升高会产生晶体管可靠性问题；③电压噪声由公共电源和接地板耦合到系统的其他单元电路中会导致晶体管电路误触发；④电压噪声引起晶体管电路输出波形延时、加大抖动，引起时序问题。

同步开关噪声和电源/地弹的大小取决于集成电路的输入/输出特性、PCB 板的电源层和地层阻抗以及高速芯片在板上的走线和布局方式。

电源完整性设计的目的是及时为系统提供稳定的电压和充足的电流，同时减少噪声在 PDS 上传播，这涉及到 PDS 阻抗、电容去耦、SSN 噪声等问题。

电源完整性问题我们将在第 9 章重点介绍。

1.4 高速电路的电磁辐射干扰（EMI）问题

高速电路的 EMI 设计主要关注干扰源、干扰途径、受干扰对象和抗干扰设计。电磁干扰分为传导干扰和辐射干扰两种。传导干扰是指通过导电介质把信号耦合（干扰）到另一个电网络。辐射干扰是指干扰源通过空间把其信号耦合（干扰）到另一个电网络，当频率高到信号线长度可比拟于信号波长时，辐射现象就比较显著，从而产生电磁辐射干扰（EMI）。

在高速 PCB 及系统设计中，高速的信号线、芯片的引脚、各种接插件等都可能成为辐射干扰源，而对回流路径、平面谐振的处理不当都会影响系统的正常工作。EMI 问题我们将在第 10 章重点介绍。

1.5 高速电路的 SI、PI 和 EMI 协同分析

1.5.1 SI、PI 和 EMI 相互关联

SI、PI 和 EMI 基于相同的电磁基础，如图 1.24 所示，在高速系统设计中存在 SI、PI 和 EMI 三个方面的设计，三者相互关联、相互影响。

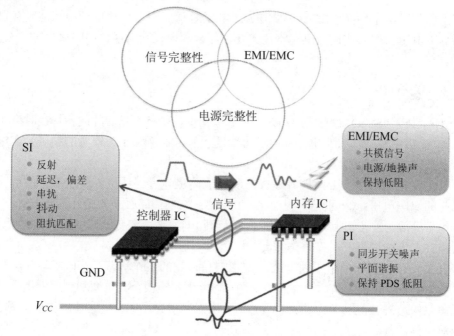

图 1.24　SI、PI 和 EMI 相互关联

主要体现在以下几个方面：

（1）信号过孔：回路电流在过孔处中断，信号过孔（SI）与电源地层（PI）发生耦合，形成平行板波导馈点。

（2）电源地层挖空：电源地层（PI）上的挖空形成缝隙天线效应（EMI）。

（3）电源地层间谐振：PCB 电源或地平面本身固有的谐振模式被激发，也会引起信号 S 参数的变化，进而引起 SI 问题；电源平面的谐振频点和 EMI 辐射峰值频率相对应。

（4）高速信号的跳变沿（SI）携带了大量的高频分量，容易引发高频的 EMI 辐射。

（5）高速信号由于换层或跨分割，不仅造成了阻抗不连续（SI），还引起了电源/地平面上的信号回流路径非理想（PI）。

（6）差分线不对称（SI）引起差模向共模转换，带来 EMI 辐射。

（7）电源/地上的噪声（PI）所引起的共模辐射，带来了相应的 EMI 辐射。

（8）EMI 的传导和辐射干扰，相反也会造成系统的电源波动（PI）和信号恶化（SI）问题。因此 SI、PI 和 EMI 不能被分开考虑，应当进行协同分析。

1.5.2　例 1：改善 SI 有助于改善 EMI

在高速电路的数据传输中，除了要确保信号被正确地接收和识别，还要降低潜在的 EMI 问题。

SI 对 EMI 的影响是多因素的，比如阻抗不连续带来反射，引起过冲/下冲；差分线的不对称引起共模辐射；参考面的不完整加大了辐射等。

因此要优化改善 SI，针对上述问题，通过阻抗匹配、优化过孔和其他突变结构、对称差分线保持差模到共模转化的最小化、提供低阻回流路径、滤波等方法，不仅使信号传输质量更高，而且能改善 EMI 问题。

如图 1.25 所示，在驱动器的输出端添加 PI 型滤波电路，比较添加前后的 SI 和 EMI。比较图 1.25（a）和（b）可知，滤波后信号的过冲减小，改善了 SI；比较图 1.25（c）和（d）可知，滤波后 3m 处辐射场最大的频谱峰值降低了 12dB 左右，改善了 EMI。

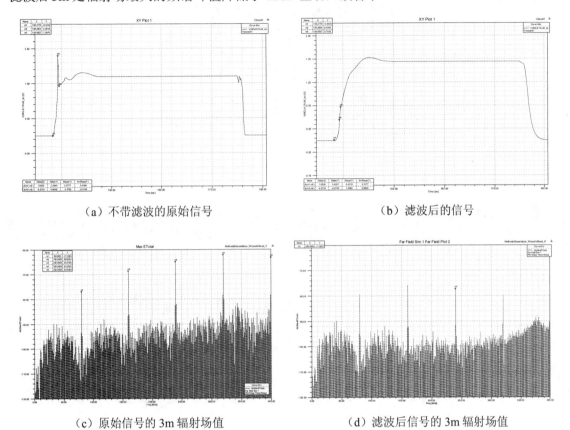

（a）不带滤波的原始信号   （b）滤波后的信号

（c）原始信号的 3m 辐射场值   （d）滤波后信号的 3m 辐射场值

图 1.25　改善 SI 有助于改善 EMI

结论：改善 SI 有助于改善 EMI。

1.5.3　例 2：改善 PI 有助于改善 SI 和 EMI

电源配送网络（PDN）设计的目标阻抗应足够低，以确保所有用电芯片得到的电源电压噪声和纹波在特定限制范围内。减小阻抗的主要方法就是增加和优化电容组。

优化电源配送网络不仅能更高效地为芯片器件提供电源（PI），并可改善 SI、减小 EMI。

如图 1.26 所示：设计一个电源配送网络，保证 U41 芯片的 V_{CC} 引脚阻抗在 667MHz 以内小于目标阻抗（0.8Ω）。我们首先将 U41 的六个 V_{CC} 引脚创建成一个引脚组，观察该引脚组在裸板时的阻抗，如图 1.27 左上曲线所示；然后添加两个 VRM 制造商推荐的 47uF 钽电容，阻抗值如左下曲线，10MHz 以下满足要求，而高频处则超出，而且 50MHz 处有明显的谐振。

同时由图 1.28 可知，添加了 47uF 钽电容后，此时的电源电压噪声和纹波仍超出设计范围，图 1.29 的 EMI 辐射值也超出标准。

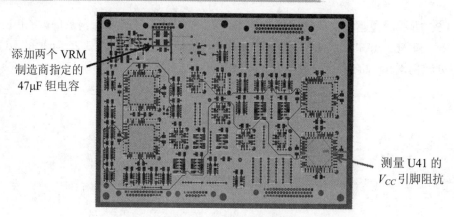

添加两个 VRM 制造商指定的 47μF 钽电容

测量 U41 的 V_{CC} 引脚阻抗

图 1.26　待优化的版图

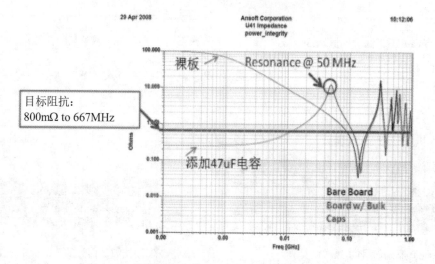

图 1.27　裸板与添加 47μF 电容后的电源阻抗图比较

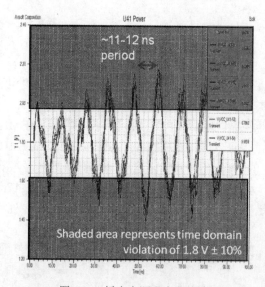

图 1.28　板上电源噪声和纹波

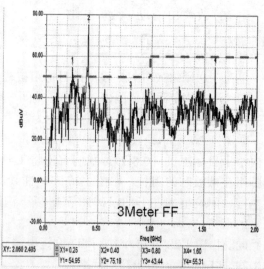

图 1.29　EMI 辐射

为了进一步减小电源阻抗，采取了以下措施：

（1）为了减小谐振效应，选择一个在谐振频率附近低阻的电容，这里添加一个 22nF 电容。如图 1.30 所示，在 50MHz 谐振频率附近保持低阻。

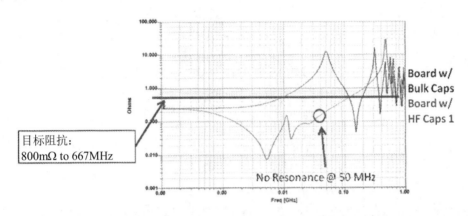

图 1.30　只添加 47uF 电容与再添加 22nF 电容后的电源阻抗图比较

（2）为了减小高频段阻抗，如图 1.31 所示，在 U41 四边添加 4 个 1.2nF 电容，得到阻抗图如图 1.32 所示。虽然在 80MHz 处引起新的谐振点，但在 350MHz 处的阻抗值已经小于目标阻抗。

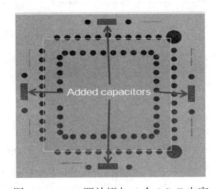

图 1.31　U41 四边添加 4 个 1.2nF 电容

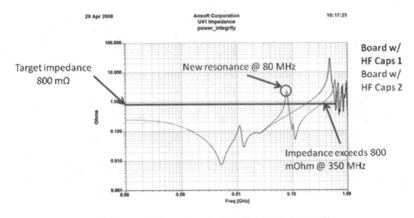

图 1.32　添加 1.2nF 电容后的电源阻抗图比较

（3）为了消除新的 80MHz 谐振频率，如图 1.33 所示，在 U41 周围放置 6 个小电容，得到阻抗图如图 1.34 所示。可知此举不仅降低了 80MHz 处的阻抗，而且保证在 500MHz 以内小于目标阻抗。

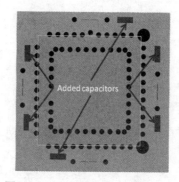

图 1.33　U41 周围添加 6 个小电容

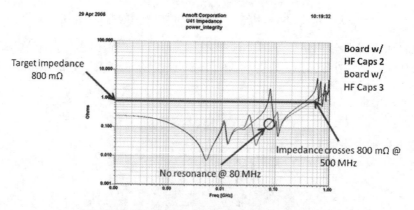

图 1.34　进一步添加小电容后的电源阻抗图比较

（4）为了减小 667MHz 高频段阻抗，添加寄生更小的埋容，即在电源和地层之间使用更薄的介质层，产生额外的电容量，减少高频阻抗。最终得到如图 1.35 所示的阻抗图，在 667MHz 以内小于目标阻抗。图 1.36 中的电源电压噪声和纹波小于设计范围，图 1.37 中的 EMI 辐射值也小于标准。最终的设计满足要求。

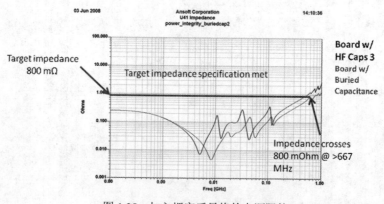

图 1.35　加入埋容后最终的电源阻抗

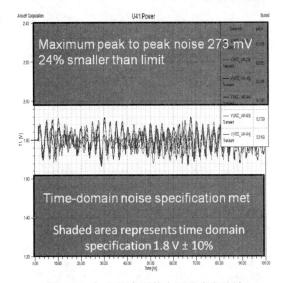

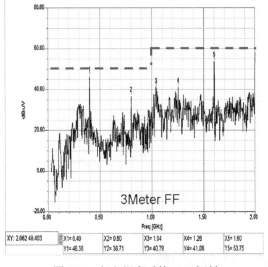

图 1.36 加入埋容后的电源噪声和纹波　　　图 1.37 加入埋容后的 EMI 辐射

另外，还比较了经过上述 4 步改进后的 SI 图，如图 1.38 所示为时钟信号的瞬态图。可知，通过在电源层添加去耦电容过滤了谐振影响，电源噪声和纹波减小，在改善了 PI 的同时，提高了信号的波形质量（消除了大量过冲和下冲）。

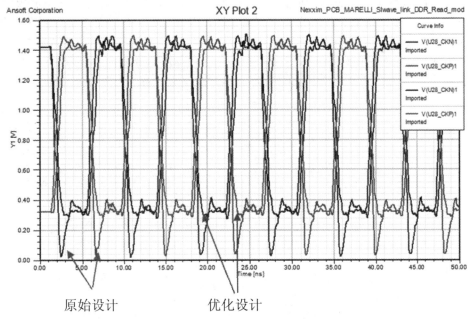

图 1.38 优化前后时钟信号的 SI 波形

结论：改善 PI 有助于改善 SI 和 EMI。

由于高速电路带来了完整性问题，所以高速电路的设计不同于传统电路的设计，需要新的设计方法。同时由于 SI、PI 和 EMI 的相互关联性，因此需要三者进行协同设计，这些将在第 2 章中进行详细介绍。

2

高速电路的新设计方法学

随着芯片的上升沿越来越陡峭，时钟频率越来越高，在高速数字电路设计中，完整性问题已成为一个不可回避的问题，这一问题将影响到系统的正常工作。如果不考虑完整性问题，而采用传统的电路设计方法，那么设计出来的电路很可能不能一次通过，使得产品设计周期变长、开发费用提高，并由此带来产品上市时间推迟、竞争力下降和利润降低等问题。目前，电子产品的开发已经全面进入高速时代，我们需要采用新的设计方法学来设计高速电路。

传统的高速电路设计方法中，首先进行电路原理图设计，然后是 PCB 板上的元件布局和布线，之后是 PCB 板加工制作，并将加工得到的 PCB 板进行测试，确定能否满足预定的系统功能。如果不能满足，就需要从头修改电路原理图，并开始新一轮的加工测试过程，如图 2.1 所示。

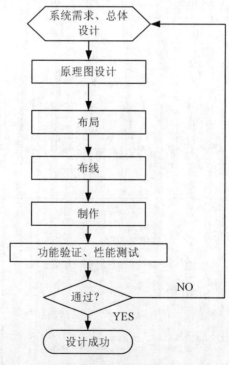

图 2.1 传统高速电路的设计方法

新的设计方法学是在高速电路硬件制作之前，依托强大的 EDA 仿真工具，加入布线前仿真和布线后仿真。经过 SI/PI/EMI 等多方面的仿真、分析和优化，避免了绝大部分可能产生的问题，就基本上能够实现"设计即正确"的目的，大大缩短了产品研发周期和开发费用，如图 2.2 所示。

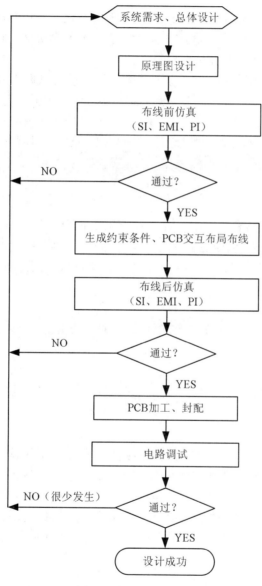

图 2.2　新设计方法学

2.1　新设计方法学的设计流程

新设计方法学的思想是在设计的整个周期中每个阶段都考虑完整性问题对系统性能的影响，包括：①在系统总体设计之初，进行关键信号分析，如 I/O、连接器选型；②在原理图设计中，根据完整性问题的起源和减小这些问题的总体仿真，给出布线的指导规则，并设计噪声与时序裕量；③在布局与物理实现时，进行时序和拓扑结构设计、端子调整、串扰、反射、SSN 分析与仿真；④在完成布局后，进行系统级仿真验证，如图 2.2 所示。可见，和传统设计方法相比，在新设计方法学中，高速电路的设计流程中增加了 SI/PI/EMI 等多方面的布线前仿真和布线后仿真。

PCB 设计中，布局、布线、元件选取都需要考虑完整性。我们只要把反射、串扰、SSN 噪声、阻抗这些基本问题解决好，就可以使设计完整。而要解决这一问题，就要认真地在布线前进行仿真，并在布线后进行整体仿真检验。

仿真可以通过三个步骤来实现：①基于物理设计，使用电磁场仿真器对物体的电场和磁场进行仿真，同时得到参数模型；②将物理设计转换成等价的电路模型，然后用电路仿真器来预测各节点的电压和电流；③将时域波形 FFT 自动转换成频域信号源，该源已包含关键信号的频域信息及电源波动信息，送回物理设计用作 EMI 的近、远场仿真，即通过场路结合仿真得到其频域和时域特性。

2.1.1　布线前仿真

布线前仿真的目的主要有三点：①对电路板合理布局，确定关键部分的合理结构；②为了防止布线的局部过度设计，例如为了解决串扰问题而将走线间距过度加大造成电路板面积增加，或是为了解决互连问题而过度增加电路板的层数造成成本的提高；③给出设计规则，避免一些错误设计，如耦合、延时过大。

布线前仿真的内容包括以下几个方面：

（1）确定设计必要的参数，如 PCB 的层数、层叠结构。

（2）传输线的阻抗、衰减、时延。

（3）不连续结构的影响。

（4）产生用于自动布线用的设计规范，包括长度和宽度的限制、串扰、过孔设计等。

2.1.2　布线后仿真

设计规则的使用只能在一定程度上减少由完整性问题带来的设计迭代，并不能确保解决完整性问题，所以在布线以后需要对整个系统的完整性进行验证。

后仿真可以整板分析其谐振等特性，同时可对关键的地方进行非常详细的仿真。

因此，在整个设计中，我们根据设计要求在布线前仿真中找出设计规则，进行物理设计，在后仿真中进行全面分析，做出样品并进行测试，当达到要求时，表明设计成功，进而投产。

2.1.3　典型的前、后仿真流程

图 2.3 说明了 EDA 场路仿真工具在解决完整性问题中的作用。即我们根据设计要求在前仿真中找出设计规则、进行物理设计，在后仿真中进行全面分析（元件分析、关键部分分析、布局分析、系统分析），做出样品并进行测试，当信号达到要求时，表明设计成功，进而投产。同时可以看出，前仿真、后仿真及样品测试都可能不止一次，但仿真设计在时间上和费用上要小于制造样品及测试。可见如果仿真设计准确，可以在时间和费用上大大节省。

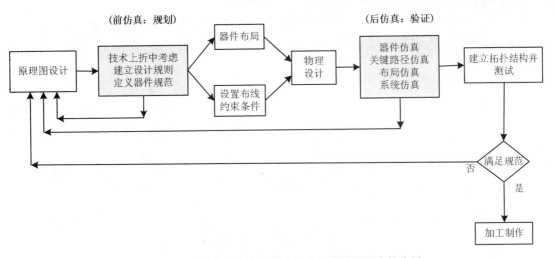

图 2.3   EDA 场路仿真工具在解决完整性问题中的作用

2.2   信号链路和 PDN 协同建模

为了进行前后仿真，首先要解决的问题就是模型的建立。

如第 1 章所述，高速电路设计包括 SI、PI 和 EMI 三方面，其中 EMI 是在系统满足 SI 和 PI 要求后的检查优化，因此高速电路设计的建模包括信号链路建模、电源配送网络（PDN）建模及 SI 和 PI 协同建模。

1. 信号链路建模

如图 2.4 所示，实际的高速电路包括 PCB、封装、芯片接口缓冲电路等，要对这样元件多、管脚多、走线密、走线方向变化大的电路进行分析，首先要建立高速信号链路模型。

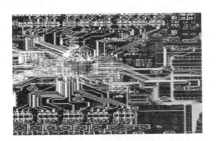

（a）PCB 互连电路   （b）含有大量芯片的 PCB

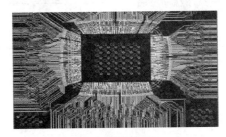

（c）封装电路

图 2.4   实际的高速电路

　　信号链路指信号从芯片驱动器到芯片接收器的整个通道，即除了集中参数元件及互连线外，还需要考虑芯片与外界互连系统相连的输入、输出缓冲器电路，与外界互连系统一起进行信号完整性分析。

　　如图 2.5 所示，整个信号链路模型包含芯片级、封装级和 PCB 级，这里可以分为有源器件（Active Device）和无源元件（Passive Device）。有源器件包括含有封装的驱动端（Driver）和接收端（Receiver），无源元件包括封装、电路板、连接器等互连系统。2.3 节会分别对有源器件的建模和无源元件的建模进行讨论。

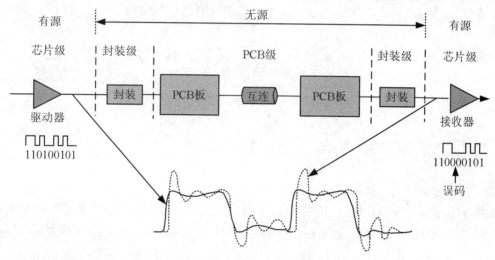

图 2.5　高速互连通道信号链路模型

2. 电源配送网络（PDN）建模

　　为了给电路系统提供干净稳定的电源，就需要对 PDN 进行优化，而电源平面的分割，多层的过孔转换，都增加了结构的复杂。

　　目前已普遍得到应用的 PDN 建模方法有许多，如平面谐振腔法、局部元件等效电路法（PEEC）、有限差分法（FDM）、传输矩阵法（TMM）等。

　　同信号链路建模相对应，系统 PDN 建模也包括芯片级、封装级和 PCB 级三部分。

　　其中芯片级 PDN 的集总参数简化模型如图 2.6 所示，一般包括片上电容 C_{die}、片上等效电感 L_{die} 和等效电阻 R_{die}。

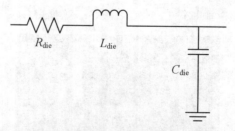

图 2.6　芯片级 PDN 集总参数简化模型

　　封装级 PDN 可以采用集总参数，也可以采用网络参数，其中 PDN 集总参数简化模型如图 2.7 所示，一般包括封装电感 L_{PKG}、封装电阻 R_{PKG}、封装电容 C_{PKG} 及其寄生参数 ESL_{Cpkg}、ESR_{Cpkg}。

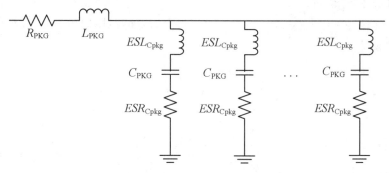

图 2.7   封装级 PDN 集总参数简化模型

由于 PCB 级的 PDN 电尺寸较大且结构较复杂，一般不采用集总模型，而是采用前面所提到的其他 PDN 建模方法。最后将三部分级联，获得整体 PDN 模型，如图 2.8 所示。

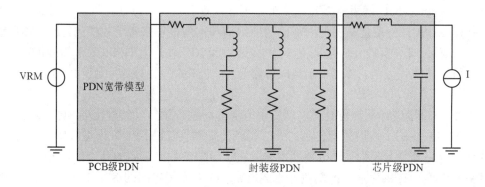

图 2.8   高速电路整体 PDN 模型

3. SI 和 PI 协同建模

单一的 SI 和单一的 PI 设计中都没有考虑电源噪声与信号链路的相互影响，因此 SI/PI 协同仿真必须考虑 SI 与 PI 之间的相互作用。

首先，驱动器和接收器模型必须能够同时处理信号噪声与电源噪声。

其次，信号链路与 PDN 的耦合作用要考虑芯片级、封装级和 PCB 级这个三部分。

最后，建模采用多端口参数（S 参数或 Z 参数）进行自参数和转移参数的特性提取，以构成整体模型。如图 2.9 所示为 SI 和 PI 协同建模的示意图。

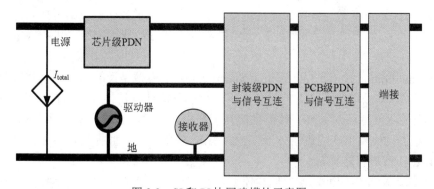

图 2.9   SI 和 PI 协同建模的示意图

4. SI、PI 和 EMI 协同建模

由于 EMI 优化的方法与 SI、PI 相通，因此利用信号链路模型和 PDN 模型可以实现 SI、PI 和 EMI 协同设计。

2.3 有源器件模型

有源器件模型主要有两种：SPICE 模型和 IBIS 模型。

2.3.1 SPICE 模型

SPICE（Simulation Program with Integrated Circuit Emphasis）模型是一种网表形式的文件，电路中的每个节点都在文件中有所描述，仿真时按时间关系对每一个节点的 I/V 关系进行计算。要建立一个 SPICE 网表需要迭代整个原理图，查看每一个器件符号的不同部分，以创建 SPICE 代码。SPICE 模型是从器件内部的物理结构和物理机理来考虑建模的，是晶体管级的模型，故运算量大、非常耗时，但很准确。比较常见的 SPICE 软件有 HSPICE 和 PSPICE。HSPICE 精度高、仿真功能强大，主要应用于集成电路设计；PSPICE 则主要应用于 PCB 板级和系统级设计。

用 SPICE 模型进行系统仿真有以下三个方面的问题：第一，结构化的 SPICE 模型只适用于器件和网络较少的小规模系统仿真。第二，得到器件结构化的 SPICE 模型较困难。采用 SPICE 模型进行电路完整性分析时，分析精度主要取决于模型参数的来源的精确性，这就需要集成电路设计者和制造商提供详细、准确描述集成电路 I/O 单元子电路的 SPICE 模型和半导体特性的制造参数，而由于这些资料通常属于设计者和制造商的知识产权和机密，所以只有较少的半导体制造商愿意提供包含其电路设计、制造工艺等信息的 SPICE 模型。第三，各个商业版的 SPICE 软件彼此不兼容，一个供应商提供的 SPICE 模型可能在其他的 SPICE 仿真器上不能运行。因此，人们需要一种被业界普遍接受的、不涉及器件设计制造专有技术的（商业秘密）、能准确描述器件电气特性的行为化的、"黑盒"式的仿真模型。

2.3.2 IBIS 模型

1990 年初，Intel 公司为了满足 PCI 总线驱动的严格要求，在内部草拟了一种基于 Lotus Spread-Sheet 的列表式模型，数据的准备和模型的可行性是主要问题，由于当时已经有了几个 EDA 厂商的标准存在，因此他们邀请了一些 EDA 供应商参与通用模型格式的确定。这样，IBIS 1.0 在 1993 年 6 月诞生。

IBIS（Input/Output Buffer Information Specification）模型是反映芯片驱动和接收电气特性的一种行为模型，即以电路外部在一定条件下测得的直流伏安特性及瞬态特性数据表格，建立输出缓冲器及输入缓冲器对外部布线网的时域宏模型，是器件级的模型，所以计算量小、速度快，而且消除了设计和生产的机密外泄问题。IBIS 模型可由厂商提供，也可直接测量，或将已有的 SPICE 模型进行转换。

图 2.10 为输入/输出缓冲器整体结构模型，每一个方框代表了 IBIS 模型的一个构成要素。

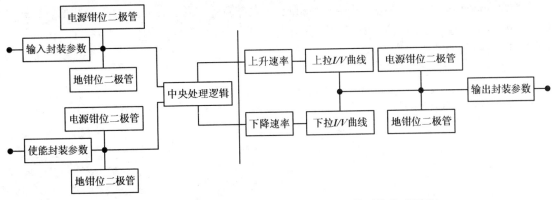

图 2.10　输入/输出缓冲器整体结构模型（IBIS 模型的构成要素）

由于本书的例子中使用到 IBIS 模型，所以下面以一个 DDR3 的 IBIS 模型为例，简单介绍一个 IBIS 文件的组成。

IBIS 文件主要由三个部分组成，分别是文件头、成员描述和模型描述。

1．IBIS 文件头

IBIS 的文件头中描述文件本身的基本信息，其格式如下：

```
IBIS Ver]          3.2
[File Name]        h5tq2g83bfr.ibs
[File Rev]         1.6|
[Date]             February 22,2010
[Source]           From Hynix Semiconductor, Inc.
[Notes]            This IBIS model is for modeling purposes only.
                   Device Description : DDR3 256Mx8
[Disclaimer]       This IBIS file is provided "AS IS". Hynix is not responsible
                   for any problems this model may cause to the customers.
[Copyright]        COPYRIGHT 2009 Hynix Semiconductor, Inc. All Rights Reserved.
```

其中关键字[IBIS Ver]是 IBIS 的版本号，具有向下兼容性；[File Name]是 IBIS 文件名；[File Rev]是文件版本号，这三项是必选项。[Data]：创建日期；[Source]：本文件中数据的来源，通常分为测量或者是 SPICE 模型仿真；[Notes]、[Disclaimer]、[Copyright]分别记录了一些版权信息和注意事项，这几项是可选项。

2．IBIS 成员描述

IBIS 成员描述主要包含了元件名字、封装参数和引脚信息，其格式如下：

```
[Component]      H5TQ2G83BFR
[Manufacturer]   Hynix Semiconductor, Inc.
[Package]
| variable       typ              min              max
R_pkg            0.113            0.094            0.141
L_pkg            1.348nH          1.107nH          1.686nH
C_pkg            0.487pF          0.372pF          0.610pF
|
[Pin]    signal_name    model_name    R_pin       L_pin       C_pin
|
A1       NC             NC
A2       VSS            GND           77.0000m    2.6550nH    1.7570pF
A3       VDD            POWER         56.0000m    1.6230nH    2.7180pF
...
```

[Component]：元件的名字；[Manufacture]：生产商的名称；[Package]：封装信息，包括电阻、电容和电感参数；[Pin]：电路的所有引脚，包括引脚名和对应的模型名称，R_pin、L_pin 和 C_pin 是引脚的寄生参数。

3. IBIS 模型描述

IBIS 模型描述记录了缓冲器电路的行为，其格式如下：

[Model]	DQ_DRV_34		
Model_type	I/O		
Polarity	Inverting		
Enable	Active-High		
|			
Vinl	= 0.575V		
Vinh	= 0.925V		
Vmeas	= 0.75V		
Vref	= 0.75V		
Cref	= 0pF		
Rref	= 25Ohm		
| variable	typ	min	max
C_comp	1.400pF	1.300pF	1.463pF
[Voltage Range]	1.5V	1.425V	1.575V
[Temperature Range]	25	90	-10
[GND clamp]			
| Voltage	I(typ)	I(min)	I(max)|
-1.500000e+00	-1.818720e+00	-2.000089e+00	-1.726317e+00
…………			
3.000000e+00	3.535130e-08	1.085576e-07	7.807574e-08
[POWER clamp]			
| Voltage	I(typ)	I(min)	I(max)|
-1.500000e+00	1.680272e+00	1.847222e+00	1.594738e+00
…………			
3.000000e+00	-1.538371e-03	-1.193170e-03	-1.516073e-03
[Pulldown]			
| Voltage	I(typ)	I(min)	I(max)|
-1.500000e+00	-1.329300e-02	-1.215800e-02	-1.340100e-02
…………			
3.000000e+00	5.443183e-02	4.644142e-02	6.290218e-02
[Pullup]			
| Voltage	I(typ)	I(min)	I(max)|
-1.500000e+00	1.400800e-02	1.268300e-02	1.381900e-02
…………			
3.000000e+00	-5.889383e-02	-5.086570e-02	-6.646514e-02
[Ramp]			
R_load	= 50Ohm|		
| variable	typ	min	max
dV/dt_r	0.5425/0.0973n	0.5161/0.1000n	0.5666/0.0952n
dV/dt_f	0.5397/0.0933n	0.5155/0.0947n	0.5671/0.0915n|
|Slew_r	5.5755V/ns	5.1610V/ns	5.9517V/ns
|Slew_f	5.7846V/ns	5.4435V/ns	6.1978V/ns
[Rising Waveform]|			
V_fixture	= 0.75V		
V_fixture_min	= 0.7125V		
V_fixture_max	= 0.7875V		
R_fixture	= 50Ohm		
L_fixture	= 0H		
C_fixture	= 0F|		
| Time	V(typ)	V(min)	V(max)|

0.000000e+00	2.919000e-01	2.732000e-01	3.083000e-01
············			
2.000000e-09	1.210000e+00	1.152000e+00	1.266000e+00

[Falling Waveform]|

```
V_fixture        =   0.75V
V_fixture_min    =   0.7125V
V_fixture_max    =   0.7875V
R_fixture        =   50Ohm
L_fixture        =   0H
C_fixture        =   0F|
```

Time	V(typ)	V(min)	V(max)|
0.000000e+00	1.210000e+00	1.152000e+00	1.266000e+00
············			
2.000000e-09	2.919000e-01	2.732000e-01	3.083000e-01
············			

|End [Model] DQ_DRV_34

在模型描述中，IBIS 需要下列关键字和参数：[Model]：模型名，与引脚部分定义的名字相匹配；Model_type：模型类别，分为 Input 输入端口模型、Output 输出端口模型、I/O 输入输出端口模型和 3-state 三态驱动器端口模型；Polarity：模型的极性，可以是 Inverting 或 Non-Inverting；Enable：输出使能信号的极性，可以是 Active-High 或 Active-Low；C_comp：不包括封装电容的伴随电容；[Voltage Range]：器件电源电压范围；[Temperature Range]：环境温度范围；[GND Clamp]：与参考地相接的箝位二极管的 I-V 曲线；[POWER Clamp]：与参考电源相接的箝位二级管的 I-V 曲线；[Pulldown]：下拉的 I-V 曲线；[Pullup]：上拉的 I-V 曲线；[Ramp]：驱动器模型逻辑状态转换时的斜率；[Rising waveform]：驱动器模型逻辑状态从低到高转换时输出电压随时间的变化关系；[Falling waveform]：驱动器模型逻辑状态从高到低转换时输出电压随时间的变化关系。这些 I-V 和 V-T 的数据，IBIS 是以表格的方式来记录。

2.4　无源元件建模

无源元件（Passive Device）是指工作时不需要外部能量源（Source Energy）的器件，在完整性分析中，传输线、键合线等互连结构可以看成是广义的无源元件。

常见的无源元件主要有以下几种：①电阻（Resistance）、电容（Capacitance）、电感（Inductance）；②传输线（Transmission Line）；③键合线（Bonding Line）；④连接器（Connector）；⑤过孔（Via）。

无源元件的建模方法主要有三种：①经验法则；②解析近似；③数值仿真。

2.4.1　经验法则

经验法则是通过自己或他人以往的经验进行设计，如用常规设置、查图表等。这些简单且易于记忆的经验数据帮助设计人员最初设计电路时，快速粗略地进行问题分析并给出合适的折中方案。

例如，单位长度导线的自感约为 25nH/in。又如，短桩线时延要小于最快信号上升时间的20%。国内一些大型电子产品设计公司都纷纷制定了自己的 PCB 设计规范。

经验法则虽然可以加速设计的过程，但是它的准确性不高，只能给出一个粗略的答案，所以只适用于设计的初始阶段。

2.4.2　解析近似

解析近似就是采用方程或近似公式来描述器件模型。

例如，理想传输线上单位长度的电容为 $C_L = \dfrac{83}{Z_0}\sqrt{\varepsilon_r}$（pF/in），单位长度电感为 $L_L = 0.083Z_0$ $\sqrt{\varepsilon_r}$（nH/in）。

其中：Z_0 表示传输线特性阻抗，单位为 Ω；ε_r 表示相对介电常数。

这样可以计算出对于聚四氟乙烯板介电常数为 40Ω、50Ω 特征阻抗的传输线，其单位长度的电容约为 3.3 pF/in，其单位长度的电感约为 8.3 nH/in。

解析近似可以对一些规则的器件进行建模分析，但不规则的形状、复杂边界则很难准确求解，因此完全靠经验和近似在高速电路设计中已经不能满足实际要求，尤其是对布线复杂、封装密度越高的问题很难估算准确。

2.4.3　数值仿真

和经验法则及解析近似相比，数值仿真方法投入的精力和时间要更多一些——要用专门的 EDA 软件对元件进行建模，并花时间仿真提取参数。但是数值仿真方法可以提供更高的模型精度。

由此可见，无源元件的三种建模方法中，经验法则方法最为简单直接，所用时间也最少，但它只能适用于少数特殊结构，且精度不高；以数值仿真法所用时间最多，但它可以求解任意复杂结构，建模精度也是最高的。

2.5　EDA 仿真工具及比较

EDA 仿真是通过计算机软件进行的电子自动化设计，从 20 世纪 70 年代开始经历了 CAD（计算机辅助设计）、CAE（计算机辅助工程）、ESDA（电子系统设计自动化）三个阶段。通过并行设计、统一的数据库、全方位的仿真、智能化的布局与布线、高级的系统综合、硬软件协同设计协同验证、可测性设计等手段，使得深亚微米工艺电路的设计和整体规划得以实现。

在高速电路的设计中，EDA 工具经过建模、设置材料、设置激励源及边界和需要的频率范围，最后得到所需要的结果。这种方法方便、快速、准确，而且由于参数可调，所以很容易对各种情况进行比较。降低了设计成本，提高了设计准确度。因此要解决完整性问题，是离不开 EDA 仿真的。

完整性中的参数提取问题，归根结底是求解电磁场问题，麦克斯韦方程组是对电磁场的最经典和最准确的描述，要解决完整性问题，就必须对麦克斯韦方程组进行求解。ANSYS SI/PI/EMI EDA 仿真也是基于麦克斯韦方程的。

目前的 EDA 仿真工具对元件的建模仿真主要可以分为以下三类：

（1）电磁场仿真：基于电磁场麦克斯韦方程，根据器件的物理结构和材料特性建模并仿真得到各个位置的电磁场分布。

（2）电路仿真：在时域和频域中，对各种电路元件对应的差分方程进行求解，并运用基尔霍夫电压电流关系来预测各个电路节点上的电压和电流。

（3）行为仿真：使用表格和传输线模型，以及基于传递函数的无源元件模型进行求解。采用传递函数能快速预测出各个节点的电压和电流。

2.5.1　电磁场仿真

场的方法是以分布的观点来观察求解问题域，以电场和磁场为研究基本量，以麦克斯韦方程组为基础，利用边界条件，求解电磁场的边值问题。

电磁场数值仿真有许多方法，包括有限元法（FEM）、矩量法（MoM）、有限差分法（FDM）、边界元法（BEM）等，所有的场分析器都是基于麦克斯韦方程进行求解。同解析近似法相比，数值仿真的优点是能够计算复杂的结构。当元件某一维上的尺寸小于 λ/10 时，我们认为电磁波在这一维上是静态场分布。因此根据元件尺寸和仿真频率的不同，电磁场可以分为三维静场、一维波动场、二维波动场和三维波动场，其场分析的算法也有不同程度的简化，我们需要根据实际电路选择相应仿真工具，使得在保证精度的情况下节省时间。

1. 三维静场

单元沿坐标三维的尺寸均远小于波长（小于 1/10 波长），此时可以用静电场和静磁场的方法提取 L、C、R、G 等集中参数。这种方法速度最快，但是随着频率的提高，当尺寸不满足远小于波长的关系时，结果就失去准确性。如图 2.11 所示是场分析器提取的集中参数。

CAPACITANCE MATRIX (F)						DC INDUCTANCE MATRIX (H)					
	net1	net2	net3	net4	net5	net6		net1:src1	net2:src2	net3:src3	net4:src4	net5:src5
net1	1.0598E-012	-6.4056E-013	-1.5414E-013	-6.8136E-014	-3.1846E-014	-2.022	net1:src1	7.139E-009	3.763E-009	2.4691E-009	1.8001E-009	1.3486E-009
net2	-6.4056E-013	1.3263E-012	-4.4516E-013	-9.6618E-014	-3.7056E-014	-1.975	net2:src2	3.763E-009	6.4039E-009	3.2605E-009	2.1534E-009	1.5408E-009
net3	-1.5414E-013	-4.4516E-013	1.211E-012	-4.2504E-013	-7.31E-014	-3.324	net3:src3	2.4691E-009	3.2605E-009	5.6476E-009	2.9036E-009	1.8641E-009
net4	-6.8136E-014	-9.6618E-014	-4.2504E-013	1.0868E-012	-3.3298E-013	-6.879	net4:src4	1.8001E-009	2.1534E-009	2.9036E-009	4.9448E-009	2.474E-009
net5	-3.1846E-014	-3.7056E-014	-7.31E-014	-3.3298E-013	9.0222E-013	-2.917	net5:src5	1.3486E-009	1.5408E-009	1.8641E-009	2.474E-009	4.0028E-009
net6	-2.0224E-014	-1.9753E-014	-3.3241E-014	-6.8791E-014	-2.9175E-013	8.504	net6:src6	1.0943E-009	1.2153E-009	1.3988E-009	1.6734E-009	2.2639E-009
net7	-1.4724E-014	-1.3438E-014	-1.8715E-014	-3.1909E-014	-6.0741E-014	-2.924	net7:src7	9.2273E-010	1.0031E-009	1.1204E-009	1.2707E-009	1.5342E-009
net8	-1.1201E-014	-9.2555E-015	-1.1883E-014	-1.7049E-014	-2.6009E-014	-5.621	net8:src8	7.7866E-010	8.3134E-010	9.1042E-010	9.9552E-010	1.1357E-009
net9	-8.559E-015	-7.2903E-015	-9.562E-015	-6.5737E-015	-7.479E-015	-1.249	net9:src9	6.5491E-010	6.885E-010	7.3887E-010	7.8815E-010	8.655E-010
net10	-7.1535E-015	-4.9236E-015	-4.9562E-015	-4.6273E-015	-4.6273E-015	-7.132	net10:src10	5.5321E-010	5.7459E-010	6.0728E-010	6.3648E-010	6.8596E-010
net12	-6.2419E-015	-4.0182E-015	-3.9162E-015	-3.9295E-015	-2.897E-015	-4.590	net11:src11	4.6074E-010	4.7482E-010	4.9732E-010	5.1553E-010	5.4664E-010
net13	-5.2315E-015	-3.1662E-015	-2.8845E-015	-2.9888E-015	-2.076E-015	-3.022	net12:src12	3.811E-010	3.9119E-010	4.0798E-010	4.2065E-010	4.4109E-010
net14	-4.7853E-015	-2.7492E-015	-2.259E-015	-2.3414E-015	-2.0762E-015	-3.027	net13:src13	3.1544E-010	3.2313E-010	3.3639E-010	3.4582E-010	3.6141E-010
	-5.8803E-015	-3.3083E-015	-2.6978E-015	-2.5425E-015	-1.2215E-015							

图 2.11　场分析器提取的集中（R、C、L、G）参数

2. 一维波动场

在二维尺寸分别远小于波长，而只在一维方向上有波动效应时，用二维静场分析方法（也可称一维交变电磁场分析法）提取分布 L、C、R、G 参数。如图 2.12 所示是场合析器提取的分布参数。

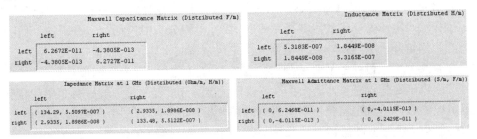

图 2.12　场分析器提取的分布（R、C、L、G）参数

3. 二维波动场

在一维远小于波长，另两维有波动效应时，可以用二维交变电磁场方法求出分布参数（L、C、R、G）。

4. 三维波动场

各维均有波动效应，用三维交变电磁场方法求解是最严格的求解方法，也是最耗时的求解方法。如图 2.13 所示是场分析器提取的 S 参数。

Terminal Scattering Matrix at 0.05 GHz for 0.05-25 GHz Sweep (499 steps)			(Phase in degrees)
	port1:T1	port1:T2	port2:T1	port2:T2
port1:T1	(0.15123, -1.644)	(0.15110, 0.100)	(0.84887, -0.800)	(0.15112, 179.363)
port1:T2	(0.15110, 0.100)	(0.15112, -1.682)	(0.15111, 179.358)	(0.84888, -0.800)
port2:T1	(0.84887, -0.800)	(0.15111, 179.358)	(0.15105, -1.647)	(0.15117, 0.103)
port2:T2	(0.15112, 179.363)	(0.84888, -0.800)	(0.15117, 0.103)	(0.15114, -1.673)

图 2.13　场分析器提取的 S 参数

举例来说，如图 2.14 所示，对一根封装键合线的 S21 进行分析，在相对低频 Q3D Extractor 提取的集中参数与 HFSS 提取的 S 参数非常吻合，而大于 2GHz 后的模型尺寸用 Q3D Extractor 提取的集中参数则不准确了，应改用 HFSS。Q3D Extractor 适用范围：求解域尺寸小于 λ/10。

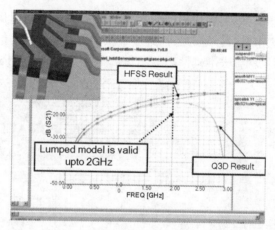

图 2.14　通过 HFSS 与 Q3D Extractor 比较看场分析器的适用范围

可见场分析器是有适用范围的，在适用范围内使用，所得的结果才准确有效。

2.5.2　电路仿真

路的方法是以集中的观点来观察、研究问题域，是一种等效方法。近代电路理论是以基尔霍夫定律和欧姆定律为基础的经典电路理论。线性电路分析中包括节点分析法、网孔分析法、回路分析法、割级分析法等；非线性电路分析中包括谐波平衡法、瞬态分析法等。

对于完整性分析，最终是从时域分析的角度来给出结果，因为我们最后是通过"示波器"去看信号波形以确定是否完整，这个"示波器"就在路分析器中。频域分析是中间步骤，通过场分析器提取参数，然后在路分析器中进行时域分析。

电路中我们需要建立相应的电路模型，其中用于完整性的有两种：SPICE 模型和 IBIS 模型，具体介绍见 2.3 节。

高速电路系统中除了集中参数元件及互连线外，更需要考虑半导体器件及由其构成的基本功能电路，这样的系统非常庞大和复杂。可以进行有效的简化，只考虑和外界布线网相连的输入、输出缓冲器电路（SPICE 模型或 IBIS 模型），与外界互连系统（场分析器提取的参数）

一起进行系统的完整性分析。如图 2.5 所示为建立的高速互连通道信号链路模型。

可见，采用简化系统的分析方法可使系统的完整性分析得以实现。

2.5.3 行为仿真

行为仿真器使用表格和特殊的传递函数来仿真电压和电流。与电路仿真器相比，其主要优点为运算速度快。IBIS 模型是一种行为模型，而场仿真器提取的参数表（如 S 参数）也是一种行为模型，它们被路分析器调用来进行快速的仿真。

2.6 CPS 的 SI、PI 和 EMI 协同设计方法论

2.6.1 CPS 的场路协同仿真

如前所述，场的分析法和路的分析法是紧密相关、相辅相成的。单纯场的方法或路的方法难以解决工程问题，场路结合将大大改善解决问题的广度和深度。

场路结合协同仿真表现在以下两方面：

（1）通过场的方法提取等效电路参数，形成等效子电路模型，然后用路的方法进行仿真；或者场仿真器先不提参，直接作为子电路链接到路仿真器中，然后一起协同仿真。

（2）路仿真器仿真的结果可以通过激励推送方式输出到场仿真器中，得到系统实际工作激励源下的电磁辐射和传输特性。这种双向动态链接将场和路紧紧连接在一起，协同仿真完整性问题。

具体到 ANSYS 软件，协同仿真能力包括三种：①电路与电磁场的协同；②电磁场与电路的协同；③电磁场与电磁场的协同。其中，第一种指的是电路仿真软件 Designer 中可以模拟更复杂的激励源类型，并 Push Excitation 到场仿真软件 HFSS 或 SIwave 中，或是作为场仿真的链接外场源；第二种指的是 HFSS、SIwave、PlanarEM 或 Q3D 模型可以嵌入 Designer 中，进行按需求解；第三种指的是场仿真软件 HFSS 与 SIwave 的协同仿真，常用在背板、机箱的设计中。

基于上述思想，可以得到 CPS（芯片－封装－系统）的场路协同仿真流程：

（1）在 RedHawk 中导入芯片版图和 RTL 级模型，仿真提取芯片版图中电源地网络的无源参数，以及在设定的工作模式下芯片电源端的时域电流波形，得到芯片电源模型（CPM）。该模型符合 SPICE 语法结构，可被电路仿真工具读取。

（2）在 SIwave 中分别导入 PCB 和封装的设计文件，按照实际的位置关系组合成一个完整的仿真工程，并提取 S 参数模型。该模型不仅考虑了封装和 PCB 之间的互耦，同时在 EMI 分析时将封装和 PCB 作为一个辐射整体。

（3）在 DesignerSI 中导入芯片的 CPM 模型、SIwave 提取的封装和印刷电路模型，按照实际电气连接关系连接成完整的系统仿真链路结构，并进行时域瞬态仿真。这个仿真可以得到基于 CPM 中的芯片电源波形下，封装和 PCB 上各端口处的电压和电流分布，并转换为频域数据 Push Excitation 到 SIwave 软件。

（4）SIwave 便可基于该频域的电压电流信息进行 EMI 计算，从而得到在该 CPM 模型激励下的封装和 PCB 的辐射特性。

2.6.2 SI、PI 和 EMI 协同设计方法

从第 1 章可以看出，从 SI 和 PI 角度来解决 EMI 问题会起到事半功倍的效果。通过对信号链路进行 SI 分析，可以降低信号的反射，改进回流路径；通过对 PDN 的 PI 进行分析，可以消除关键处的谐振，降低电源与地之间的阻抗，以进一步降低 EMI。

SI、PI 和 EMI 的协同设计方法依据如下：

（1）PI 的关键之处是利用 SI 的结果来获得自适应目标阻抗指标。

（2）SI 与 PI 相互耦合的基础是 SSN 噪声及纹波。

具体来说，产生于有源器件的 SSN 噪声可以通过有源和无源两种方式，耦合到信号链路中。一种是通过调制驱动器方式，有源的耦合到驱动器的信号输出端，同时在电源/地上引起电源/地弹动（Ground Bounce）。另一种是 SSN 及电源纹波在 PDN 传播时，通过无源互连之间进行耦合，比如信号过孔切换参考平面层进行耦合，电源/地层对信号线进行耦合。因此可以通过 SSN 噪声及纹波，把 SI 和 PI 耦合起来协同设计。

（3）EMI 设计是在满足 SI 和 PI 设计指标后，对系统进一步的检查和优化改进。即在 SI 和 PI 协同设计基础上，进行 SI、PI 和 EMI 协同设计。

如图 2.15 所示给出了 SI、PI 和 EMI 的协同设计方法：

（1）按照 2.2 小节的信号链路和 PDN 协同建模方法，进行 SI-PI 协同分析。

（2）在满足 SI 和 PI 设计指标后，根据系统的电磁兼容要求进行 EMI 分析检查。

（3）在保证 SI 和 PI 设计指标的前提下，根据设计要求进行 EMI 优化设计，即 SI、PI 和 EMI 协同设计。

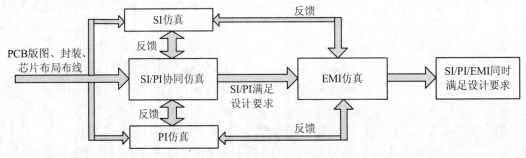

图 2.15　SI、PI 和 EMI 的协同设计方法

2.6.3 CPS 的 SI、PI 和 EMI 协同设计流程

根据上述思想，如图 2.16 所示给出了 CPS（芯片－封装－系统）的 SI、PI 和 EMI 协同设计流程：

（1）完成 PCB/封装绘制后，分别转换成能被电磁场分析软件所识别的文件格式并导出，如 ANF 文件和 CMP 文件。

（2）PCB 和封装分别导入到电磁场分析软件，如 SIWAVE，并设置叠层以及赋值参数。

（3）将封装与 PCB 连接为一个整体。

（4）导入芯片电源模型，CPM 可以从 Redhawk 得到。

（5）对关键网络进行 SI 问题分析。选择关键信号链路加上端口，进行频率分析等。

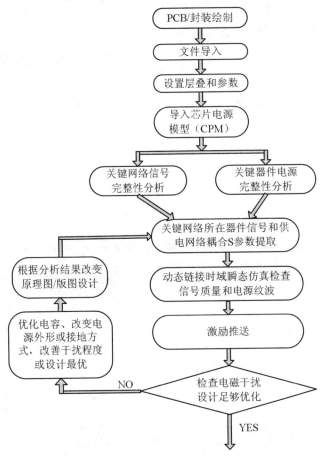

图 2.16 CPS 的 SI、PI 和 EMI 协同设计流程

（6）对关键器件进行 PI 问题分析。选择关键器件的电源/地端口，可以进行谐振分析、扫频分析、DC IR drop 分析、阻抗分析等。

（7）提取关键网络所在器件的信号和电源网络耦合参数，如 N 端口 S 参数。

（8）将提取的封装与 PCB 整体的耦合 S 参数，动态链接到电路仿真软件，如 DesignerSI，并导入芯片的 CPM 模型，按照实际电气连接关系连接成完整的系统仿真链路结构，进行时域瞬态仿真，来检查信号质量和电源噪声及纹波，还可以分析看眼图、抖动、误码率，也可以观看信号和电源的频谱；同时获得目标阻抗指标供 PI 问题分析。

（9）将时域波形 FFT 自动转换成频域信号源，该源已包含了关键信号的频域信息以及电源波动信息，用作 EMI 的近、远场仿真。比如将转换后的频域噪声电流源送回 SIwave 中的对应端口上进行辐射分析。

（10）如果不达标，可以通过优化电容、改变电源外形或接地方式等来进行设计优化。比如在 SIwave 中提取电源地平面间的阻抗，找出谐振严重的频点，在谐振的位置选取合适的电容进行去耦设计等。

（11）根据优化结果改变原理图/版图设计。

（12）再提取关键网络所在器件的信号和电源网络耦合参数。

（13）重新分析。

2.6.4 SI、PI 和 EMI 协同设计实例

如图 2.17 所示，利用 SIwave 中的 SIwizard 工具进行一个 DDR 的仿真分析。

图 2.17 打开 SIwave 中的 SIwizard 工具

1. 采用 SIwizard 的五步骤提取参数

第一步 选择关键信号网络，如图 2.18 所示。

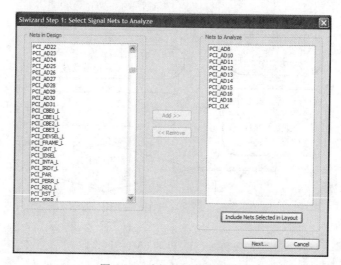

图 2.18 选择关键信号网络

第二步 指定收发器的 IBIS 模型，如图 2.19 所示。

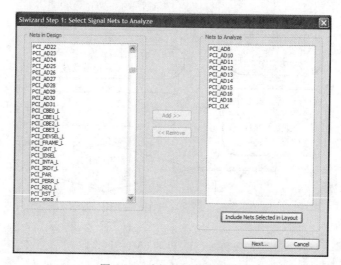

图 2.19 指定收发器的 IBIS 模型

第三步 确定关键器件的电源/地网络，如图 2.20 所示。

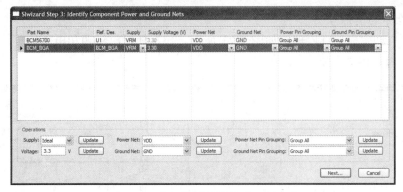

图 2.20　确定关键器件的电源/地网络

第四步　设置电压调节模块 VRM 参数，如图 2.21 所示。

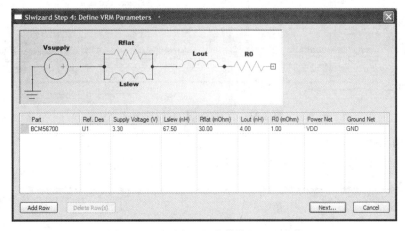

图 2.21　设置电压调节模块 VRM 参数

第五步　设置瞬态仿真，如图 2.22 所示。

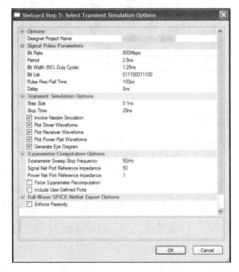

图 2.22　设置瞬态仿真

2. 自动生成仿真原理图

SIwizard 自动生成仿真原理图如图 2.23 所示，包括随机时钟源和电压偏置，主芯片输出驱动器和接收端 IBIS 模型。

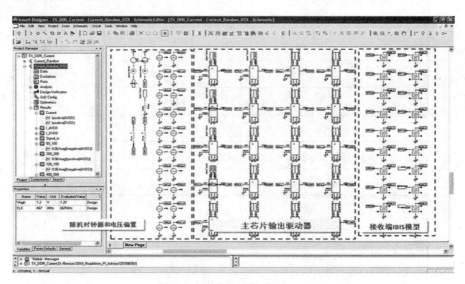

图 2.23　自动生成仿真原理图

3. 进行 SI 分析

可以得到瞬态信号波形，如图 2.24 所示显示的是 DQ 的输出波形。

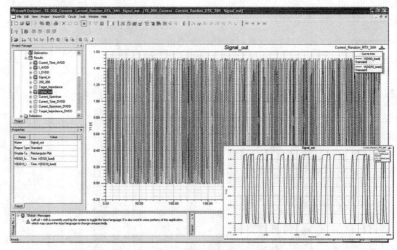

图 2.24　DQ 的输出模型

4. 计算自适应目标阻抗

可以得到电源管脚的时域电流波形图，如图 2.25 所示，看到电源噪声和纹波。也可以得到电源管脚上电流频谱的形轮廓（采用线类型 Continuous），如图 2.26 所示。

得到自适应目标阻抗：

根据 $V_{CC} = 1.2 \text{V} \pm 5\%$ 波动限制，得出 $\Delta V_{CC} = 0.06 \text{ V}$ 的指标。进而由图 2.26 的电流频谱计算出目标阻抗值，得出自适应目标阻抗设计规范图，如图 2.27 所示。

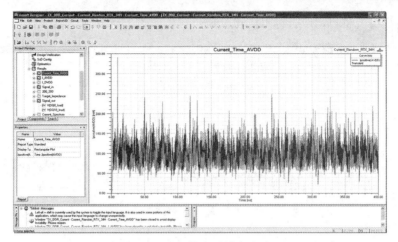

图 2.25　电源管脚时域电流波形

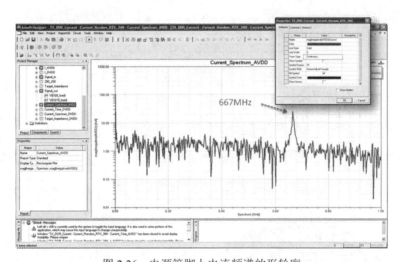

图 2.26　电源管脚上电流频谱的形轮廓

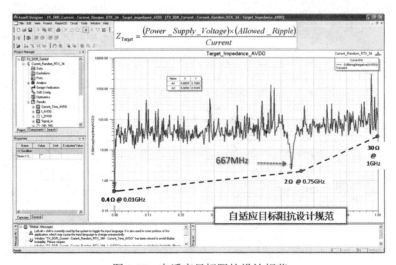

图 2.27　自适应目标阻抗设计规范

也可以得出另一种自适应目标阻抗设计规范图，如图2.28所示。

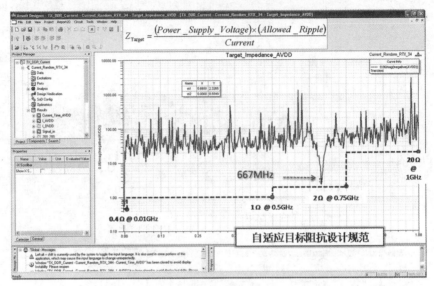

图 2.28　另一种自适应目标阻抗设计规范

5．进行 SI-PI-EMI 协同分析

首先提取关键网络所在器件的信号和电源耦合 S 参数。如图 2.29 所示，SIwave 提取发射接收整个通道（数据总线、时钟、数据选通、电源网络等）的电磁场 N 端口 S 参数模型，这个模型由于包括了信号－信号、信号－电源/地、电源－电源等的互耦，因此是 SI 和 PI 的耦合 S 参数。

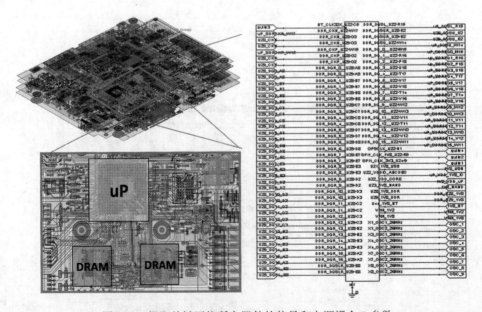

图 2.29　提取关键网络所在器件的信号和电源耦合 S 参数

然后将提取的耦合 S 参数动态链接到电路分析，如图 2.30 所示，这里包括 16 条数据线、2 条时钟线、2 条数据选通同步信号（Strobe）线、电源/地等整板数据。

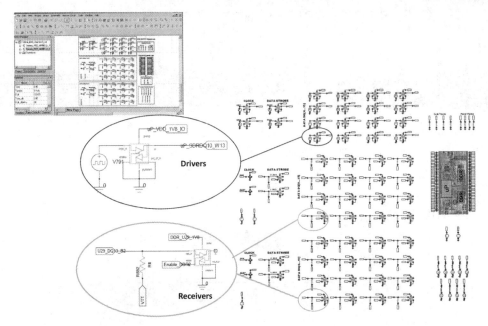

图 2.30　将提取的耦合 S 参数动态链接到电路分析

得到时域瞬态分析结果，如图 2.31 所示，依次为 SI 的总线数据（右上）和时钟波形（左下），PI 的电源波动波形（右下）。

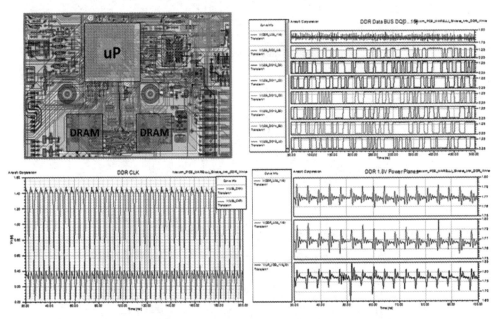

图 2.31　SI-PI 协同分析时域波形

将时域波形 FFT 自动转换成频域信号源，如图 2.32 所示，该源已包含了关键信号的频域信息及电源波动信息，这个真实干扰源将被用作 EMI 的近、远场仿真。

将转换后的频域噪声电流源送回到 SIwave 的对应端口上进行 EMI 分析。如图 2.33 所示为水平和垂直平面上 1m 处的最大 E 场（dBuV/m）。

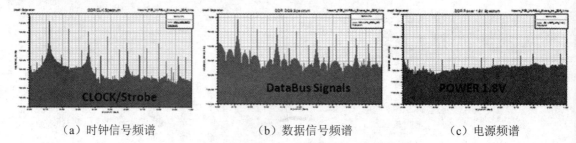

　　（a）时钟信号频谱　　　　　　　　（b）数据信号频谱　　　　　　　　（c）电源频谱

图 2.32　将时域波形 FFT 自动转换成频域信号源

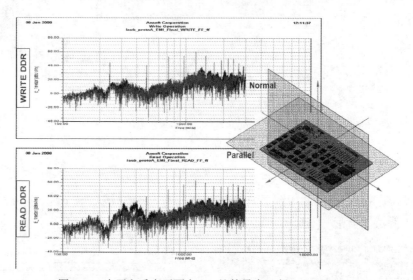

图 2.33　水平和垂直平面上 1m 处的最大 E 场（dBuV/m）

　　我们将仿真结果与测试结果进行对比，如图 2.34 所示为 READ DDR 在 1m 处的最大 E 场的 EMI 频谱，可知吻合得很好。

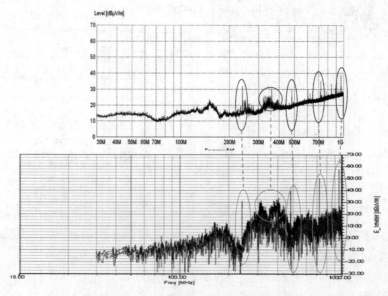

图 2.34　EMI 频谱仿真与测试结果对比

2.7　ANSYS 用于完整性分析的 EDA 软件

2.7.1　ANSYS 的 EDA 软件简介

ANSYS 电子自动化设计（EDA）软件来自于著名的 Ansoft 公司，提供业界唯一完整的系统、电路和电磁场全集成化设计平台，完成从部件设计、电路仿真优化到系统仿真验证的全过程。作为 ANSYS 电子设计产品中的电路与电磁场工具，实现了与 ANSYS 计算机辅助工程（CAE）仿真工具的无缝集成，可方便流畅地实现电磁场、电路、系统、流体、结构、热及应力的协同设计，全面仿真真实的物理世界，帮助用户实现创新性的设计，推动产品研发。ANSYS 的 EDA 产品在高频和低频电磁场仿真、时域/频域非线性电路仿真、机电一体化设计技术等方面始终处于业界的领导地位，并广泛应用于各类高性能电子设备的设计，包括了航空、航天、电子、国防、集成电路、通信、电机、汽车、船舶、石油、医疗仪器及机电系统设计，应用领域覆盖了网络设备与宽带部件，雷达、通信与电子对抗系统，集成电路（IC），印刷电路板（PCB），医疗电子系统，汽车电子系统，伺服与控制系统，供电系统和高低压电气，开关电源和电力电子系统，EMI/EMC 设计等多个方面。

ANSYS 的 EDA 软件用于完整性分析的工具主要包括：

（1）HFSS：三维高频结构全波电磁场仿真，对高速信号通道中的 PCB、过孔、封装、连接器、电缆等进行精确的全波仿真、设计与建模，仿真机箱/机柜的屏蔽效能、谐振特性和 PCB 系统的辐射特性。

（2）SIwave：PCB 板和封装信号完整性/电源完整性和 EMI/EMC 设计仿真工具，采用有限元法直接仿真复杂的 PCB 结构，得到 PCB 电源/地平面的谐振特性、完备的信号线传输模型、供电阻抗、直流压降、近场和远场辐射等特性。

（3）Designer：高速系统设计和仿真环境，可以动态连接和直接调用三维电磁场仿真、PCB 电磁场仿真、电路仿真及测试数据，进行高速信号通道和 PCB 工作特性仿真。

（4）Q2D（SI2D）/Q3D Extractor：二维和三维结构准静态电磁场仿真工具（Q2D 以前称 SI2D），直接计算并抽取连接器、封装、电缆、线束结构的电阻、电容和电感参数，生成 SPICE 等效电路模型，进行封装、电缆、线束和连接器的设计和模型抽取。

这些高性能的 SI/PI 和 EMI/EMC 设计工具不仅拥有业界最好的电磁场仿真技术，还有领先的电路/系统仿真能力，能够将全波 S 参数互连结构寄生效应、驱动器和接收器的非线性模型包括在内，进行精确而完备的仿真，从容应对复杂的高性能电子设备和数模混合电路中的 SI 和 PI 问题，包括芯片内部互连结构、芯片与封装、封装与 PCB、PCB 与连接器和电缆/线束以及系统的传输特性，数模隔离与干扰，PCB 辐射与屏蔽，直流压降等，确保系统的性能。

如图 2.35 所示是 ANSYS 集成化的端到端高速系统协同仿真平台，EDA 软件分为芯片部分、封装/PCB 部分和系统部分，可以与 ANSYS 的计算机辅助工程（CAE）软件（如机械分析工具 Mechanical 和热流体分析工具 Icepak）无缝集成，来进行多物理场分析。这些软件能够方便地管理多种来源的数据，构成了完整的芯片－封装－系统协同仿真平台。该平台的具体实例见第 11 章。

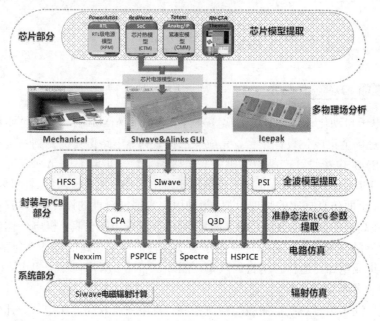

图 2.35　ANSYS 端到端高速系统协同仿真平台

　　本节重点介绍电磁场仿真软件 SIwave、HFSS 和 Q3D/Q2D，以及电路系统仿真软件 Designer。鉴于篇幅有限，软件的基本步骤介绍见光盘中的文档"ANSYS 用于 SI/PI/EMI 的 EDA 软件简介"。

　　为了更好地将软件的具体使用方法同解决实际工程相结合，本书进行了仿真技术汇总，参照 2.8 小节"仿真方法索引表"。

2.7.2　电子设计桌面环境（Electronics Desktop）

　　随着软件集成度的提高，ANSYS 将现有 EDA 设计软件统一集成到了电子设计桌面环境中，如图 2.36 所示，在此设计环境下，设计者可以完成从模型导入、电磁场模型抽取、系统链路仿真等仿真设计，并且各个仿真模块之间可无缝传递数据，进行协同设计。

图 2.36　Electronics Desktop 电子设计环境

2.7.3　HFSS 软件

1. HFSS 概述

HFSS（High Frequency Structure Simulator）作为行业标准的电磁仿真工具，特别针对射频、微波及完整性设计领域。由图 2.37 所示的 HFSS 仿真技术可知，作为基于频域有限元技术的三维全波电磁场求解器，HFSS 可提取散射参数、显示三维电磁场图、生成远场辐射方向图、提供全波 SPICE 模型，该模型可用在 Designer 和其他完整性分析工具中。针对封装和 PCB 板上高速串行信号的信号完整性问题，工程师可以使用 HFSS 轻松地设计并评估连接器、传输线及 PCB 上的过孔，高速元件引起的信号完整性和电磁干扰性能。最新版本的 HFSS 除了提供频域有限元电磁场求解器，还增加了积分方程求解器 IE、光学算法求解器 PO、弹跳射线法求解器 SBR+及时域有限元电磁场求解器 HFSS-Transient，使得求解电磁场问题的规模和效率进一步提高。

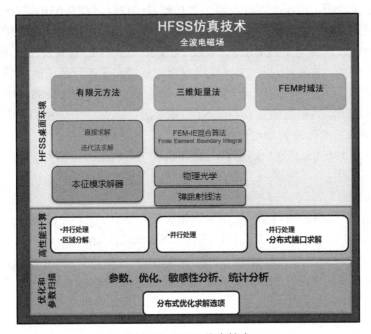

图 2.37　HFSS 仿真技术

2. 功能简介

HFSS 提供三维建模、电磁场仿真和结果后处理集成化环境，可以广泛用于微波天线、波导、滤波器、信号完整性和电磁兼容等领域的仿真。独有的自适应网格剖分和丰富的边界条件设置，能确保求解精确稳定，使得初学者能够与资深使用者一样，简单方便地得到精确的分析结果。

3. HFSS 在完整性分析中的作用

HFSS 是功能强大的任意三维结构电磁场全波仿真设计工具和 EMI 集成仿真验证环境。HFSS 可以对设计中的任意三维结构进行从直流到几十 GHz 范围的全波分析，以 S 参数显示，用于分析信号的传输、反射及匹配特性，计算辐射、色散、模式转换和材料频变效应等对信号传输的影响，如整个电子设计系统高速关键路径，包括子电路板/背板的高速信号线、过孔、电缆、封装、连接器等，并进一步设计和优化。HFSS 也可以配合 SIwave、Q3D 和 Ansoft Designer

使用，用于分析机箱机柜环境中，一个或多个 PCB 单板、电源部件和线束线缆的屏蔽效应和对外的 EMI 辐射，从而考察机箱材料、结构和开槽等对系统 EMI 辐射的影响。

2.7.4　Designer 软件

1. Designer 概述

Designer 是 ANSYS 公司推出的高性能信号完整性/电源完整性分析和 RFIC、MMIC、无线传输系统、SoC，以及其他微波射频器件的设计平台。这个平台方便地集成了缜密的电磁场和复杂的电路系统仿真功能，具有晶体管级的仿真精度、极大的电路容量、极高的仿真速度和杰出的收敛性。

2. 功能简介

Designer 为高速电路和微波射频电路系统设计者提供一个全集成的图形化设计环境，实现了原理图绘制、版图绘制和导入、电路设计和优化、参数扫描、敏感度分析、统计分析、仿真结果后处理等全面功能。适用于多种高速信号传输总线设计，如 XAUI、XFI、SATA、PCIE、HDMI、DDRx 等总线构架。通过动态链接和 ANSYS 强大的电磁场分析软件（准静态电磁场工具 Q3D、三维全波电磁场工具 HFSS，以及 PCB 板级 SI/PI/EMI 仿真工具 SIwave），协同进行电路和电磁场仿真，方便地对 PCB、数模混合电路和高速串行通道的时域和频域进行仿真分析，得到信号波形、眼图、同步开关噪声（SSN）、同步开关输出（SSO）、电源/地的波动、数模干扰等分析结果，高精度地完成 Gigabit 传输通道、高速存储总线和 EMI/EMC 设计。

3. Designer 在完整性分析中的作用

Designer 作为 ANSYS 高速电路仿真工具和集成化管理工具，在完整性分析中的主要作用体现在以下几个方面：

（1）设计输入和管理。

Desinger 由灵活易用的原理图、版图编辑模块和高精度、大容量的可视化电路仿真引擎模块组成。能够导入主流的 ECAD 版图设计工具（Cadence、Mentor Graphics、Zuken 和 Altium）生成的 ODB++格式制造文件，或者 IC 宏模型、GDSII 或者 DXF 版图。Desinger 强大的设计管理功能保证设计者能够将 S 参数、W-Element、HSPICE、Spectre 和 IBIS 作为电路原理图部件，直接应用在同一原理图中，完成行为级、电路级和系统级的仿真。

（2）电路仿真能力。

Designer 电路仿真器为线性和非线性电路仿真提供了晶体管级精度，以及超强的仿真规模和收敛性。电路仿真功能包括：

1）直流，交流，瞬态分析。

2）单音多音谐波分析，振荡分析，时变噪声分析，相噪分析。

3）包络仿真，牵引负载仿真，周期传递函数分析。

4）统计分析眼图：

①VerifyEye：使用统计算法对串行互联进行眼图分析的一种新方法。相对传统暂态算法而言，仿真速度极大提高，并且保证仿真精度。

②QuickEye：基于线性叠加，使用快速卷积算法在数十秒内完成用户定义的数百万位数据仿真。使用峰值失真分析（PDA）选项，QuickEye 会自动找出造成最大通道衰减的最坏激励码流。

③IBIS-AMI：与 QuickEye/VerifyEye 类似的快速分析算法。厂商编译后的器件库内可包含均衡（Equalization）、串扰和时钟恢复（CDR）单元。

（3）动态链接。

Desinger 提供与 PCB 和三维电磁场设计工具 SIwave、HFSS 的双向动态链接功能，如图 2.38 所示。Desinger 可以直接将 SIwave 和 HFSS 的仿真工程链接到 Desinger 设计中，作为一个部件进行电路仿真和优化；电路仿真器仿真电路和系统的瞬态波形、仿真结果可以通过激励推送方式，输出到 HFSS 和 SIwave 中，得到系统实际工作状态下的电磁辐射和传输特性。

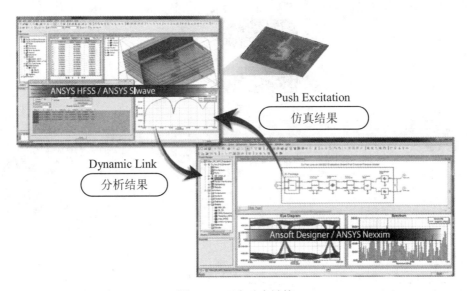

图 2.38　双向动态链接

2.7.5　SIwave 软件

1．SIwave 概述

SIwave 是 ANSYS 专门用于 PCB、IC 封装、SIP 等进行 SI、PI 以及 EMI 分析的软件。SIwave 使用全波有限元算法分析高速 PCB 单板和复杂 IC 封装上的谐振、反射、串扰、同步开关噪声、电源/地弹、直流电压/电流分布、近场和远场辐射，适用于精确快速分析包含大规模复杂电源、地平面的 PCB 和封装设计，SIwave 采用混合场求解技术，适合对多层平面结构 PCB 和封装结构提供直流、频域、时域分析，如图 2.39 所示。

2．功能简介

SIwave 可以帮助工程师进行从 DC 到 10Gb/s 以上的信号、电源完整性、电磁辐射分析，从 PCB 或封装设计版图中直接提取信号网络和电源分布网络的频域电路模型，输出到 Designer 等 SPICE 兼容的电路仿真器当中，再结合芯片的 IBIS 或 SPICE 模型，确认信号和电源完整性问题。也可以设置电压或电流激励源，仿真 PCB 或封装的远场和近场电磁辐射特性。与 Designer 动态链接，可以导入实际工作信号的波形，进行精确的信号噪声辐射和干扰。SIwave 还可以利用 IC 晶片（Die）网络建模器，对晶片上的硅效应进行建模，或者引入 Apache RedHawk 生成的晶片模型进行同步翻转噪声（SSN）分析。SIwave 的直流分析得到的功率损耗，还可以和 ANSYS 热仿真工具 Icepak 协同，进行精确的电热协同仿真。

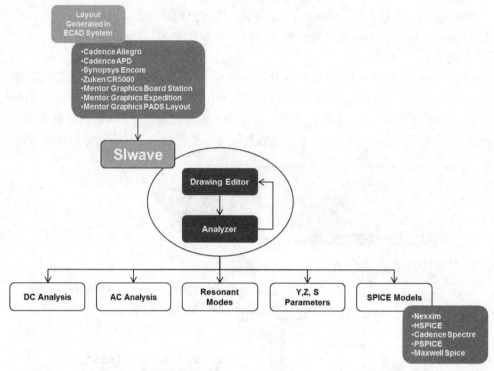

图 2.39　SIwave 功能

3. SIwave 在完整性分析中的作用

SIwave 通过导入 PCB 和封装等复杂结构的互联结构模型，使用电磁场仿真技术提取信号和电源的分布参数，得到信号插损、回损、远端串扰（FEXT）、近端串扰（NEXT）、差分 S 参数及共模抑制比等。再结合 Designer 等电路仿真器，可实现信号时序、反射、串扰及同步开关噪声的仿真。此外，SIwave 的谐振分析可以在设计初期，帮助设计师找到并抑制由层叠和布局带来的潜在电磁振荡危险，利用与 Designer 电路仿真工具的双向数据连接功能，加入实际信号的波形作为干扰源，仿真 PCB 单板或封装的噪声分布、近场和远场辐射等指标，仿真和优化 PCB 和封装的电磁兼容性能。

除了仿真，SIwave 还具备版图和电路编辑功能，通过改变层叠、平面形状、走线及无源 RLC 器件值，仿真这些因素对信号、电源完整性和电磁辐射的影响，从而优化设计性能。自带的电源完整性优化工具 PI_Advisor 还可以在设计前规划电源网络去耦电容的选取和位置，在设计后进行电容成本、数量和性能的优化。

2.7.6　Q2D（SI2D）/Q3D 软件

1. Q2D/Q3D 概述

随着器件的高速和高集成化发展，反射、传输延时、串扰、抖动等信号完整性问题越来越突出，需要精确求解传输线、电缆的宽带寄生参数。Q2D/Q3D 是用于 PCB、芯片封装和电源模块设计的二维/三维寄生参数提取工具。可以计算任意导电结构上寄生的频变电阻、电感、电容、电导参数。准确地提取这些寄生参数对于仿真和验证高性能封装、连接器、汇流排和电力电子转换器等复杂结构的性能非常关键。

2．功能简介

Q2D（SI2D）/Q3D 提供二维和三维建模、电磁场仿真和结果后处理集成化环境，从设计中提取 RLGC 参数，并得到电流分布、电压分布、CG 和 RL 参数矩阵。软件能自动生成多种格式的网表，包括 SML（Simplorer 格式）和 SPICE 模型，用于信号完整性和电磁兼容等领域的仿真。Q2D/Q3D 还可以生成代表器件或无源互连网络的多端口网络参数的 Touchstone 格式的 S 参数。通过动态链接 ANSYS Desinger 和 Simplorer，仿真这些频变效应，还可用于提取大功率汇流排、电缆和大功率逆变器/转换器封装的电阻、自电感和电容参数，在 Simplorer 中研究电源系统的电磁兼容性能。Q3D 仿真技术如图 2.40 所示。

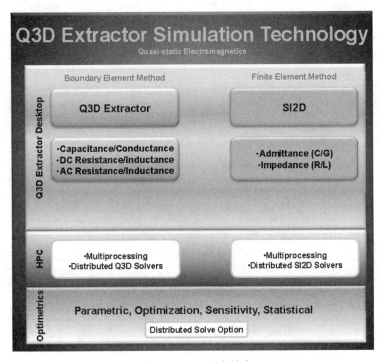

图 2.40　Q3D 仿真技术

3．Q2D/Q3D 在完整性分析中的作用

Q2D 根据传输线、电缆的截面形状（2D）抽取寄生参数（RLGCZ0），生成 SPICE/IBIS 模型。Q2D 使用有限元法，根据截面形状（2D 模型）和材料特性，可以精确提取寄生参数。二维和三维结构准静态电磁场仿真，自动和自适应共形网格剖分，充分考虑金属趋肤效应和介质损耗，直接计算结构的电容和导纳，交流、直流状态下的电阻、电感参数，传输线特性阻抗，得到电荷分布、表面电流等结果，生成 SPICE 等效电路模型和 S 参数，进行 PCB、封装、电缆、线束和连接器的设计和模型抽取，用于信号完整性前仿真的传输线规划。

Q3D 可以根据三维互联结构的形状直接抽取寄生参数（RLGC），生成 SPICE/IBIS 模型。ANSYS Q3D Extractor 使用边界元法，根据实际的三维模型和材料属性，可以精确快速地提取寄生参数模型，结合 Designer 等 SPICE 兼容的电路仿真器，用于封装、PCB、连接器、线缆等信号完整性后仿真。Q3D 的准静态算法相比 HFSS 的全波电磁场有限元算法，在求解结构的频率上限，一般适合尺寸小于求解频率波长的 1/10，如图 2.41 所示。

ANSYS Q3D Extractor 对于结构尺寸远小于波长的仿真对象采用准静态电磁场求解器抽取 RLGC 参数。

图 2.41　Q3D 的适用范围

2.8　仿真方法索引表

为使读者一目了然，本书给出了仿真方法的索引表。

1. CPS（芯片－封装－系统）协同仿真（表 2-1）

表 2-1　CPS（芯片－封装－系统）协同仿真

芯片－封装	11.3　PSI 设置与 SYZ 提取 11.5　CPM 模型瞬态分析
封装	5.4　封装中的串扰分析实例 11.4　CPA 设置和 RLC 提取 11.6　Q3D（TPA）封装分析 11.7　定制键合线绘制
封装－PCB	11.8　系统级的封装与 PCB 板连接
PCB	5.3　PCB 中的串扰分析实例 8.2　PCI Express Gen3 PCB（HFSS 3D 电气版图设计） 9.7　整板谐振模式分析 9.8　PDS 的阻抗分析 9.9　传导干扰分析和电压噪声测量 9.10　电源直流压降（DC IRdrop）分析 9.11　PI_Advisor 去耦电容优化例一 9.12　PI_Advisor 去耦电容优化例二 10.3　协同分析 EMI 10.4　PCI 远近场辐射 11.9　SIwave 与 Icepak 无缝电－热协同仿真
系统	2.6.4　SI、PI 和 EMI 协同设计实例 8.1　PCI-E 串行通道仿真 8.3　DDR3 Compliance 8.4　高速互连通道协同仿真 9.13　SSN 分析

2. CPS 的 SI、PI 和 EMI 协同设计流程（表 2-2）

表 2-2　CPS 的 SI、PI 和 EMI 协同设计流程

完成 PCB 绘制，转换文件格式并导出	9.7　整板谐振模式分析
导入到电磁场分析软件	
设置叠层及赋值参数	
完成封装绘制，转换文件格式并导出	11.7　定制键合线绘制 5.4　封装中的串扰分析实例
导入到电磁场分析软件	
设置叠层及赋值参数	
封装与 PCB 板连接	11.8　系统级的封装与 PCB 板连接
导入芯片的 CPM 模型	11.3　PSI 设置与 SYZ 提取
提取参数	11.4　CPA 设置和 RLC 提取 11.6　Q3D（TPA）封装分析
对关键网络进行 SI 问题分析	8.1　PCI-E 串行通道仿真 8.3　DDR3 Compliance 11.5　CPM 模型瞬态分析
利用 SI 的结果来获得目标阻抗指标	2.6.4　SI、PI 和 EMI 协同设计实例（图 2.26 至图 2.28）
对关键器件进行 PI 问题分析	9.7　整板谐振模式分析 9.8　PDS 的阻抗分析 9.9　传导干扰分析和电压噪声测量 9.10　电源直流压降（DC IRdrop）分析
提取关键网络所在器件的信号和电源网络耦合参数，如 N 端口 S 参数	9.13　SSN 分析
将提取的耦合 S 参数动态链接到电路分析，如进行时域瞬态仿真来检查信号质量和电源噪声与纹波，还可以分析看眼图、抖动、误码率，也可以观看信号和电源的频谱	
将时域波形 FFT 自动转换成频域信号源，该源已包含了关键信号的频域信息以及电源波动信息，用作 EMI 的近、远场辐射分析	10.3　协同分析 EMI 10.4　PCI 远近场辐射
如果不达标，可以通过优化电容、改变电源外形或接地方式等来进行设计优化	9.11　PI_ADVISOR 去耦电容优化例一 9.12　PI_ADVISOR 去耦电容优化例二

3. 完整性的各种分析方法（表 2-3）

表 2-3　完整性的各种分析方法

Designer	
CLK 分析	3.6.1　反弹图
参数扫描分析	3.6.2　传输线多长需要考虑匹配
S parameter 分析	4.5.1　有耗传输线带宽分析
EYE 分析	4.5.5　有耗传输线的眼图分析 8.1　PCI-E 串行通道仿真

TDR 分析	3.6.14　单端/差分 TDR 仿真
	8.3.3　TDR 故障排除
Planar EM 分析	7.7.2　分析缝隙对传输线的影响
Q3D/Q2D	
RLGC 参数分析	11.6　Q3D（TPA）封装分析
频率分析	5.2.2　耦合长度对微带线串扰的影响
参数扫描分析	6.2.1　间距对差分线各种参数的影响
SIwave	
S parameter 分析	8.3.1　SIwave S 参数提取
TDR 分析	7.7.4　分析加载电容的缝隙对传输线的影响
	7.7.5　分析增加平面层的缝隙对传输线的影响
Resonant Modes 分析	9.7　整板谐振模式分析
Z-parameters 分析	9.8　PDS 的阻抗分析
Frequency Sweep 分析	9.9　传导干扰分析和电压噪声测量
DC Current/Voltage 分析	9.10　电源直流压降（DC IRdrop）分析
去耦电容优化	9.11　PI_Advisor 去耦电容优化例一
	9.12　PI_Advisor 去耦电容优化例二
Far Field/ Near Field 分析	10.3　协同分析 EMI 和 10.4 节 PCI 远近场辐射
SIwave -Icepak	
电－热协同分析	11.9　SIwave 与 Icepak 无缝电－热协同仿真
SIwave -PSI	
SYZ 参数提取	11.3　PSI 设置与 SYZ 提取
SIwave -CPA	
RLC 参数提取	11.4　CPA 设置和 RLC 提取
HFSS	
3D 版图设计	8.2　PCI Express Gen3 PCB（HFSS 3D 电气版图设计）
频率分析	8.4.3　HFSS 对差分过孔建模
	8.4.4　HFSS 对 SMA 连接器建模

3

反射

信号在传输线上传输时，当瞬态阻抗出现不连续就会发生反射。而高速电路的不连续结构很常见，主要是传输线内部的不连续和端接的不连续。反射问题是影响单网络信号质量的一个主要因素。反射带来的过冲和下冲会造成系统工作不稳定。本章分析了反射的产生机理，对不同端接形式、不同拓扑结构、典型不连续结构的反射问题进行了分析探讨，并给出了消除反射的措施。

3.1 反射的基本理论

3.1.1 从路的观点看反射问题

信号在传输线上传输时，每一时刻它都会感受到一个传输线的瞬态阻抗，该瞬态阻抗的值等于线上所加电压与流过的电流的比值。当传输线上的瞬态阻抗发生改变时（如线宽变化、结构变化等），一部分信号将被反射，另一部分信号将继续向前传输，但是信号有失真。在阻抗突变处，电压和电流连续，即满足：

$$V_{入射} + V_{反射} = V_{传输} \tag{3.1}$$

$$I_{入射} - I_{反射} = I_{传输} \tag{3.2}$$

在突变处的阻抗关系分别为：

$$\begin{aligned} V_{入射} / I_{入射} &= Z_1 \\ V_{反射} / I_{反射} &= Z_1 \\ V_{传输} / I_{传输} &= Z_2 \end{aligned} \tag{3.3}$$

其中，Z_1 表示信号最初所在区域的瞬态阻抗，Z_2 表示信号进入区域的瞬态阻抗。

反射信号分量的大小由反射系数决定。反射系数定义为反射电压与入射电压之比，根据上述关系可以得到：

$$V_{反射} / V_{入射} = (Z_2 - Z_1) / (Z_2 + Z_1) = \rho \tag{3.4}$$

3.1.2　欠阻尼和过阻尼

根据能量守恒定律，到达终端的能量（源端提供的能量）应该等于负载吸收的能量加上未被吸收的能量（反射能量）。

理想情况下 $Z_g=Z_0=Z_l$，此时没有反射。能量一半消耗在源内阻上，一半消耗在负载上。如果负载阻抗大于传输线特性阻抗，则由功率的计算公式，负载阻抗消耗不了入射能量，负载端多余的能量就会反射回源端。由于负载端没有吸收全部能量（阻止全部能量），因此称为欠阻尼；如果负载阻抗小于传输线特性阻抗，则负载阻抗试图消耗比当前提供的入射能量还多的能量，因此负载端通过反射来通知源端输送更多的能量，这种情况称为过阻尼。欠阻尼和过阻尼都会引起波的反射。当 $Z_0=Z_l$ 时，负载消耗能量等于入射能量，没有反射，此时称为临界阻尼。从系统设计的角度来看，临界阻尼很难实现。一般是设计成轻微的过阻尼，因为这种情况没有能量反射回源端。

实际的接收器为高阻输入，所以从源内阻的角度分析可知：欠阻尼的阻抗满足：$Z_g<Z_0$；过阻尼的阻抗满足：$Z_g>Z_0$。

欠阻尼（过驱动）时，边沿变化率的影响如图 3.1 所示，可知幅度像是在阻力很小的介质中减幅振荡，最后停到平衡位置。

过阻尼（欠驱动）时，边沿变化率的影响如图 3.2 所示，可知幅度像是在阻力很大的介质中，根本振荡不起来，而是很慢地靠近平衡位置。

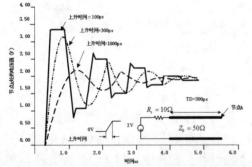 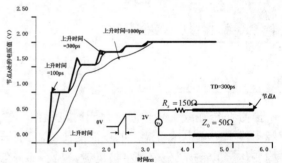

图 3.1　欠阻尼时，边沿变化率的影响　　图 3.2　过阻尼时，边沿变化率的影响

3.1.3　一次反射

如图 3.3 所示为典型的带有源端 A 和负载端 B 的传输线模型，电源内阻为 Z_g、传输线特性阻抗为 Z_0、负载阻抗为 Z_l。

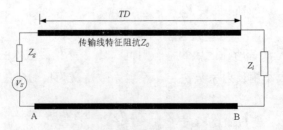

图 3.3　接有源端和负载端的传输线

初始电压：当源端将信号送到传输线上时，初始电压 V_1 取决于源端电压 V_s、源端内阻 Z_g 和传输线特性阻抗 Z_0。

$$V_{入射} = V_1 = \frac{Z_0}{Z_0 + Z_g} V_s \tag{3.5}$$

当信号经过 T_D 的时延传到负载端时，若负载端阻抗 Z_l 等于传输线特性阻抗 Z_0，则没有反射，电压保持为常数。若负载端阻抗不等于传输线特性阻抗，将会发生负载端反射（一次反射）。负载端反射系数为：

$$\Gamma_l = \frac{Z_l - Z_0}{Z_l + Z_0} \tag{3.6}$$

反射波向源端传输，当反射波经过 T_D 的时延再次回到源端时，若源端内阻 Z_g 不等于传输线特性阻抗 Z_0，将会发生源端反射（二次反射）。源端反射系数为：

$$\Gamma_g = \frac{Z_g - Z_0}{Z_g + Z_0} \tag{3.7}$$

若传输线两端均不匹配，则信号将在源端和负载端之间来回反射，形成振铃。若时间趋于∞，传输线两端的电压将趋于直流稳态解。

$$V_A = V_B = \frac{Z_l}{Z_l + Z_g} \tag{3.8}$$

我们设源匹配，即 $Z_g = Z_0$，看一下不同负载端阻抗时的反射情况：

（1）当负载匹配时（$Z_l = Z_0$），能量完全被负载吸收，没有任何反射（$\Gamma_l = 0$）。

（2）如果负载阻抗小于特性阻抗（$Z_l < Z_0$），反射系数 Γ_l 为负值，表明反射电压将与入射电压反相。当 $Z_l = 0$，即负载端短路时，$\Gamma_l = -1$，负载端叠加后的电压为：

$$V_B = \Gamma_l \times V_1 + V_1 = 0 \tag{3.9}$$

（3）如果负载阻抗大于特性阻抗（$Z_l > Z_0$），反射系数 Γ_l 为正值，表明反射电压将与入射电压同相。当 $Z_l = \infty$，即负载端开路时，$\Gamma_l = +1$，此时负载端叠加后的电压为：

$$V_B = \Gamma_l \times V_1 + V_1 = 2V_1 \tag{3.10}$$

3.1.4 多次反射

当源阻抗和负载阻抗均不匹配时，信号在两端来回多次发射，由此产生振铃（ringing）。消除多次反射的方法是使源端或负载端至少有一个匹配，这样反射最多只进行一次。

对多次反射采用手工计算未免繁琐，一般采用反弹图（bounce diagram）（又称为格型图，lattice diagram）来形象描述。

如图 3.4 所示，左边的竖线代表源端，右边的竖线代表负载端，两竖线之间的斜线代表信号在源端和负载端之间来回反射。自动向下表示时间的增加，相邻时间的间隔为时延 T_D。竖线顶端标注了反射系数，其中，ρ_s 为源反射系数，ρ_l 为负载端反射系数。斜线上的小写字母表示反射信号的幅值，大写字母 $A, B, \ldots$ 表示源端看到的电压，而带撇号的大写字母 $A', B', \ldots$ 表示负载端看到的电压。利用公式（3.11）和（3.12）可计算出各点电压值：

$$V(t + 2T_D) = V(t) + V_{入射} + V_{反射} \tag{3.11}$$

$$V_{反射} = V_{入射} \cdot \rho \tag{3.12}$$

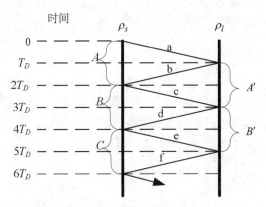

时间

图 3.4　多次反射的反弹图法

例　分析源阶跃电压为 1V，源内阻为 17Ω，经过一条延迟 1ns、特性阻抗 50 的开路传输线后的两端波形。

（1）源端反射系数：ρ_s = (17−50)/(17+50)=−0.493，负载端反射系数：ρ_l = (∞−50)/(∞+50)=1。

（2）$V_S(0)$=50/(17+50)=0.746，a=0.746，$V_L(0)$=0，T_D=1ns（0 时刻源端分压、负载端无信号）。

（3）V_L(1n)=0.746+1×0.746=1.492（入射波 a 加上反射波 b），b=0.746（全反射）。

（4）V_S(2n)=0.746+(0.746−0.493×0.746)=1.124×[$V_S(0)$+入射波 b+反射波 c]，a=0.746，c=−0.493×0.746=−0.368（入射波 b 乘以源端反射系数）。

（5）V_L(3n)=1.492+(−0.368−0.368)=0.756[V_L(1n)+入射波 c+反射波 d]，d=−0.368（全反射）。

（6）V_S(4n)=1.124+(−0.368+0.181)=0.937[V_S(2n)+入射波 d+反射波 e]，e=−0.493×(−0.368)=0.181（入射波 d 乘以源端反射系数）。

（7）V_L(5n)=0.756+(0.181+0.181)=1.118[V_L(3n)+入射波 e+反射波 f]，f=0.181（全反射）。

因此得到源端波形：$V_s(0)$=0.746、V_s(2n)=1.124、V_s(4n)=0.937……

负载端波形：$V_L(0)$=0、V_L(1n)=1.492、V_L(3n)=0.756、V_L(5n)=1.118……

图 3.5 是用 Designer 仿真出的反弹图（见 3.6.1 节），V_s 对应 m2,m4,m6…,V_L 对应 m1,m3,m5…。可知两者完全一致，因为手算取到小数点第三位，所以在第三位有一定误差。

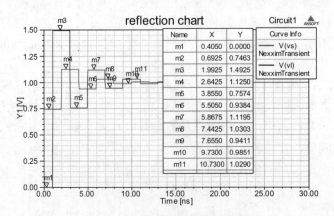

图 3.5　Designer 仿真出的反弹图

3.1.5　阻性负载对反射的影响

对于阻性负载对反射的影响，我们首先来讨论三种特殊情况下的反射系数及电压情况，这里假设源端匹配即 $Z_g = Z_0$，只存在负载端的反射：

（1）短路负载：如果传输线的负载端与返回路径相短路，即负载端阻抗为 0，$\rho = -1$，$V_{反射} = -V_{入射}$，入射波与反射波相互叠加，负载端电压为 $V_B = 0$，如图 3.6 所示。

（2）终端开路：如果传输线的终端为开路，即传输线的末端没有连接任何终端，则末端的瞬态阻抗是无穷大，即 $Z_2 = +\infty$，$\rho = +1$，$V_{反射} = V_{入射}$，这意味着在开路端将产生与入射波大小相同、方向相反的反射波，如图 3.7 所示。负载端测得的电压为 $V_B = 2V_{入射}$。

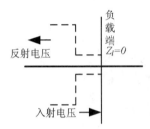

图 3.6　负载端短路的电压

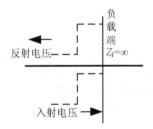

图 3.7　负载端开路的电压图

（3）匹配负载：当终端接匹配负载时，$Z_2 = Z_1$，$\rho = 0$，$V_{反射} = 0$，如图 3.8 所示。

如果信号所受到的瞬态阻抗没有改变，就不会产生反射。对于特征阻抗为 50Ω 的传输线，在其末端放置 50Ω 电阻，就可以使终端阻抗与传输线的特性阻抗相匹配，从而使反射降低为 0。

当末端为一般阻性负载时，信号所受到的瞬态阻抗在 0 到无穷大之间，这样，反射系数在-1 到+1 之间。

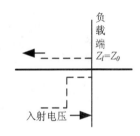

图 3.8　负载端匹配的电压图

3.1.6　容性负载对反射的影响

容性负载分为两种情况：电容位于终端负载处和容性负载位于电路中间位置。

1．电容位于终端负载处

当信号沿传输线传输时，遇到容性负载会发生反射，一部分信号反射回源端，一部分继续传输。容性负载的瞬态阻抗是随着时间变化的。电容中的瞬态电流为：

$$I = C \frac{\mathrm{d}V}{\mathrm{d}t} \tag{3.13}$$

因此时域中电容的瞬态阻抗为：

$$Z_c = \frac{V}{C\dfrac{\mathrm{d}V}{\mathrm{d}t}} \tag{3.14}$$

在信号上升沿刚通过电容时，$\mathrm{d}V/\mathrm{d}t$ 很大，因此电容的阻抗很小，可近似为短路状态，反射系数为-1。此时负载端的电压将形成下冲。随着电容器充电，电容器两端的电压变化率 $\mathrm{d}V/\mathrm{d}t$ 缓慢下降，使电容器阻抗明显增大。如果时间足够长，电容器充电达到饱和，电容器就相当于开路。此时反射系数为+1，故电压上升。这意味着反射系数随时间的变化而变化。反射信号将先下跌再上升到开路状态时的情形。

2. 容性负载位于电路中间位置

如图 3.9 所示，假设两边传输线的特征阻抗均等于 Z_0，信号从左边的缓冲器输出并沿传输线遇到容性负载，此时末端点的阻抗为：

$$Z_L = \frac{Z_0}{j\omega C Z_0 + 1} \tag{3.15}$$

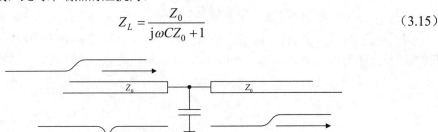

图 3.9　容性负载位于电路中间

由反射系数的定义可以得到：

$$\rho(\omega) = \frac{Z_L - Z_0}{Z_L + Z_0} = \frac{-j\omega C Z_0}{j\omega C Z_0 + 2} \tag{3.16}$$

由推导得到传输系数为[$\rho(\omega)^2 + T(\omega)^2 = 1$]：

$$T(\omega) = \frac{1}{j\omega C Z_0 / 2 + 1} \tag{3.17}$$

由式（3.17）可知，容性负载的作用相当于一个 RC 低通滤波器，它的时间常数为：

$$\tau = \frac{Z_0 C}{2} \tag{3.18}$$

计算该 RC 滤波器的 10%～90%上升时间为：

$$T_1 = 2.2 \frac{Z_0}{2} C = 1.1 Z_0 C \tag{3.19}$$

假设输入端信号的上升时间为 RT，则综合考虑后可以得到末端处的实际上升时间为：

$$T_r = (T_1^2 + RT^2)^{1/2} \tag{3.20}$$

若输入端信号的上升时间很长，则 T_1 对实际上升时间的影响可以忽略；若输入端信号上升沿很陡峭，上升时间 RT 与 T_1 可比拟，则容性负载将显著影响末端信号的时延。

3.1.7　感性负载对反射的影响

在高频时，很多器件都会产生明显的寄生效应。所有改变信号所在层的过孔、串联终端电阻、各种接插件，均会有寄生的串联电感。该寄生电感会引起传输线上瞬态阻抗的突变，从而造成信号的反射。

电感的瞬态阻抗也是一个随时间变化的值：

$$Z_{\text{inductor}} = \frac{L \frac{dI}{dt}}{I} \tag{3.21}$$

因此，串联回路电感在信号上升沿到来的 0 时刻，等效为开路，其反射系数为+1，使得源端电压波形产生过冲。随着时间 t 的增加，$\dfrac{\mathrm{d}I}{\mathrm{d}t}$ 逐渐减小，串联电感的瞬态阻抗变小，如果信号是线性上升边，且上升时间为 RT，则：

$$\frac{\mathrm{d}I}{\mathrm{d}t} = \frac{I}{RT} \qquad (3.22)$$

所以有

$$Z_{\text{inductor}} = \frac{L}{RT} \qquad (3.23)$$

可见，电感的阻抗值反比于信号的上升时间。信号上升沿越陡峭，电感阻抗值越大。假设串联电感两端的传输线特征阻抗均为 Z_0，电感阻抗模值与特征阻抗 Z_0 的比值决定了反射的大小。当 $Z_{\text{inductor}} / Z_0$ 为 10% 时，反射电压为 5%×入射电压。串联电感除了会造成信号的过冲，还会引起末端接收信号的时延累加。

设计中常常要用到专用接插件，因此电路中的串联回路电感是不可避免的，如果不加以控制，就可能造成过量的反射噪声和时延累加，对此我们采用补偿技术。

补偿的概念就是，在电感两侧各加一个小电容，在这种情况下，电感器的视在阻抗为：

$$Z_1 = \sqrt{\frac{L_L}{C_L}} \qquad (3.24)$$

从而将感性突变转变为一段传输线，可以和 Z_0 匹配，就不再有反射。

为了最小化反射噪声，就要找到合适的电容值，使接插件的视在特性阻抗 Z_1 等于电路其余部分的特性阻抗 Z_0。基于这个关系式，添加的电容为：

$$C_1 = \frac{L_1}{Z_0^2} \qquad (3.25)$$

其中：C_1 表示附加的补偿电容，单位为 nF；L_1 表示突变处的电感，单位为 nH；Z_0 表示导线的特性阻抗，单位为 Ω。

用这种方法，一些感性突变，如过孔的寄生电感的影响几乎可以消除。

3.2　TDR 测试

3.2.1　TDR 测试原理

TDR（Time Domain Reflectometry）是通过测量高速信号在传输线上的时域反射状况，来判断传输线阻抗特性的技术。反射波会对驱动端波形造成影响，因此通过入射阶跃信号，并观察入射波与反射波的叠加波形，由此计算出互连线上阻抗不连续的特性。

TDR 包括一个阶跃脉冲发生器和一个高速采样器，其示意图如图 3.10 所示。其中，阶跃波发生器可以是电流源也可以是电压源。阶跃波发生器内阻一般为 50Ω。采样器用于捕捉反射响应，作为示波器的输入。在实际应用中，TDR 输出端一般采用 50Ω 电缆进行连接，输入一个阶跃脉冲电压 V（V 一般为 400mV，上升时间一般为 35ps～150ps），传输到电缆上变为 1/2V（由于源内阻的分压），该信号遇到待测阻抗后会发生反射。反射波将与入射波叠加在一起。

该波形反映了待测器件的阻抗特性。反射波和入射波相比还存在时延，该时延为传输线电气长度的 2 倍。

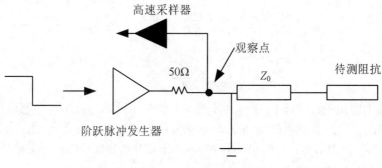

图 3.10　TDR 组成示意图

3.2.2　TDR 测试对不同负载的反应

TDR 曲线可以反映出传输线上寄生电容、寄生电感所引起的阻抗不连续性，而且这些寄生效应引起的 TDR 曲线过冲、下冲的波形，可以转换成等效电容、电感或其组合模型，所以 TDR 也用来进行互连建模。

TDR 测试对不同负载的反应有以下几种。

1. 不同的电阻（开路、短路、匹配）

如图 3.11 所示，TDR 图与负载同向。

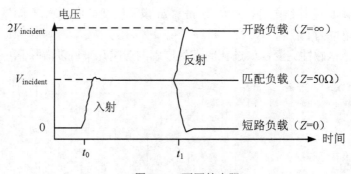

图 3.11　不同的电阻

2. 容性或感性

末端接容性或感性的 TDR 波形如图 3.12 所示，上图是容性负载，下图是感性负载，TDR 图分别是向上至开路和向下至短路。

传输线中间接容性或感性负载的 TDR 波形如图 3.13 所示，上图是并联电容，下图是串联电感，TDR 图分别是向下冲和向上冲。

3. 既有容性又有感性

传输线中间既有容性又有感性负载的 TDR 波形如图 3.14 所示，上图是先串电感后并电容，下图是先并电容后串电感，TDR 图分别是先向上冲再向下冲和先向下冲再向上冲。

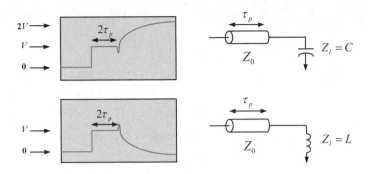

图 3.12 末端接容性或感性的情况（上：电容，下：电感）

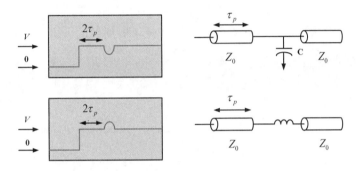

图 3.13 中间接容性或感性的情况（上：并联电容，下：串联电感）

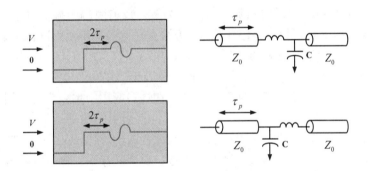

图 3.14 中间既有容性又有感性的情况（上：串感并容，下：并容串感）

可以根据测试的波形来判断负载极性。

3.3 消除反射的措施

根据反射的形成机理可知，消除反射的措施主要分为以下几种。

1. 使导体的长度短于上升时间的传输长度

反射的影响是由传输线的长度和信号上升下降沿决定的。一般要求信号在传输线上传输时所产生的时延 T_D 小于信号脉冲边沿上升时间的 20%，这时虽然信号到达负载端时产生了反射，但此时源端的信号正处于上升阶段，这样的反射会在信号缓慢上升过程中被吸收掉，从而不会影响信号电平的幅值。其对应的经验法则为：为了避免出现反射问题，没有端接的传输线的长度满足：

$$L_{max} < RT$$

其中，L_{max} 为传输线的最大长度，单位 inch，基底材料 FR4；RT 为信号脉冲边沿上升时间，单位 ns。

2. 终端接匹配负载

在信号的发送端或接收端进行端接匹配，消除二次反射或一次反射，从而使得源端或负载端反射系数为零。

3. 更改传输内部的不连续结构（PCB 迹线控制）

改变走线形状、过孔形状、连接器形状等，使阻抗连续。频域中可用反射系数和传输系数看是否匹配。

这些不规则的形状增加了设计难度，而这才是反射问题的关键部分，只有用电磁场方程才能准确求解。

3.4 端接匹配

3.4.1 端接策略

为了减少源端和负载端的信号反射，就需要根据传输线的特性阻抗，在源端或负载端匹配好端接。

如果负载反射系数或源反射系数二者任一为零，反射引起的振荡将被消除。从系统设计的角度，应首选负载反射系数为零，因为这种方法是在信号能量反射回源端之前在负载端消除反射，因而消除一次反射，这样可以减小噪声、电磁干扰（EMI）。而源反射系数为零则是在源端消除由负载端反射回来的信号，只是消除二次反射，在发生电平转换时，源端会出现半波波形，不过由于源反射系数为零实现简单方便，在许多应用中也被广泛采用。

端接可以分为源端接和负载端接。对于源端，常采用的端接是串行端接。而并行端接则是在靠近负载的位置加上拉或下拉阻抗以实现负载端匹配。根据应用环境的不同，还可以分为多种不同的端接方式，如并阻端接、戴维宁端接、交流端接、二极管端接等。

3.4.2 串行端接

串行端接是在尽量靠近源端的位置串行插入一个电阻 R（典型 10Ω 到 75Ω）到传输线中，如图 3.15 所示。串行端接是匹配信号源的阻抗，所插入的串阻阻值加上驱动源的输出阻抗应大于或等于传输线阻抗（轻微过阻尼）。这种策略通过使源端反射系数为零来吸收从负载反射回来的信号。

$$R_D + R_T \approx Z_0 \tag{3.26}$$

串行端接的优点在于每条线上只需要一个端接电阻，消耗功率小。此外，还可以减少板上器件的使用数量和连线密度。串行端接的缺点在于：当信号逻辑转换时，源端会出现半波幅度的信号，这种半波幅度的信号沿传输线传播至负载端，又从负载端反射回源端，持续时间为 $2T_D$（T_D 为信号源端到终端的传输延迟），这意味着此时沿传输线不能加入其他的信号输入端。

此外，信号通路上加接了元件，增加了 RC 时间常数，从而减缓了负载端信号的上升时间和下降时间，因而不适合用于高频信号通路（如高速时钟等）。

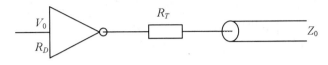

图 3.15　串行端接

3.4.3　并行端接

并行端接是在负载端进行并联的端接，可以分为多种不同的端接方式：
（1）V_{CC} 端并联电阻端接，如图 3.16 所示，其中 $R_T = Z_0$。
（2）地端并联电阻端接，如图 3.17 所示，其中 $R_T = Z_0$。

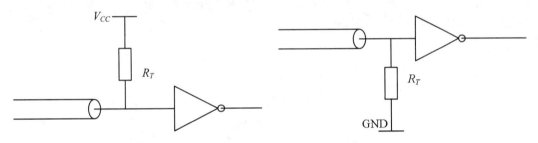

图 3.16　V_{CC} 端并联电阻端接　　　　　　图 3.17　地端并联电阻端接

采用这两种端接的条件是驱动端必须能够提供并联阻抗 R_T 输出高电平时的驱动电流，以保证通过端接电阻的高电平电压满足门限电压要求。在输出为高电平状态时，这种并行端接电路最大的缺点是消耗的电流过大，如果电源=5V，R_T=50～100Ω，驱动电流可能达到 50mA～100mA，这是普通驱动器无法达到的。一般的 TTL 或 CMOS 器件很难可靠地支持这种端接电路。

（3）戴维宁端接。如图 3.18 所示，戴维宁（Thevenin）端接又称为分压器型端接，上拉电阻 R_1 和下拉电阻 R_2 构成端接电阻，通过 R_1 和 R_2 吸收反射，此端接通常是为了获得最快的电路性能和驱动分布负载。R_1 和 R_2 的并联电阻等于 Z_0，即

$$\frac{R_1 R_2}{R_1 + R_2} \approx Z_0 \tag{3.27}$$

此端接方案降低了对源端器件驱动能力的要求，但是电阻 R_1 和 R_2 一直从系统电源吸收电流，直流功耗较大。

（4）地端并联电容和电阻端接。如图 3.19 所示，地端并联电容和电阻端接又称为交流端接，这里 R 要小于或等于传输线阻抗 Z_0，电容 C 必须大于 100pF，推荐使用 0.1μF 的多层陶瓷电容。由于加了电容，所以这种端接方式无任何直流功耗。和端接方式（2）相比，并行交流端接是在波形匹配的基础上增加一个电容，它消耗更少的功率。串联 RC 将会引入时延，时延大小与 RC 有关，此外，并联电容和电阻会增加板上面积。交流终端匹配技术主要用于时钟电路。

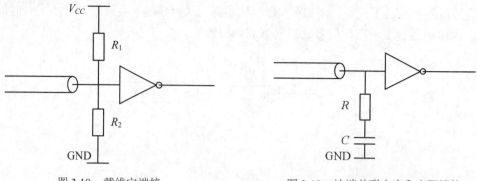

图 3.18　戴维宁端接　　　　　　图 3.19　地端并联电容和电阻端接

（5）并联肖特基二极管端接。如图 3.20 所示，在阻抗不好确定的情况下，采用二极管端接方便省时。二极管端接不需要进行线的阻抗匹配，因此不需要考虑精确控制传输线的阻抗匹配，减小系统布局布线的费用。肖特基二极管的低正向电压降 V_f 将输入信号钳位到 $-V_f$ 到 $V_{CC}+V_f$ 之间，从而显著降低了过冲和下冲。然而，二极管端接并不能消除反射，而且二极管的开关速度会限制响应时间，不适用于高速电路。

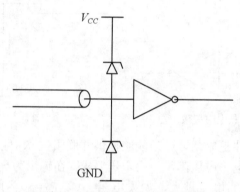

图 3.20　并联肖特基二极管端接

3.5　拓扑结构

走线的拓扑结构是指一根走线的布线顺序及布线结构。在实际电路中常常会遇到单一驱动源（甚至多个驱动源）驱动多个负载的情况，驱动源和负载构成了信号的拓扑。不同的拓扑分布对信号的影响是非常显著的。

常用的 PCB 走线拓扑结构有菊花链（Daisy Chain）结构、Fly-by 结构、星型（Star）结构、远端簇（Far-end cluster）结构和树型（Tree）结构。

3.5.1　菊花链结构

菊花链结构比较简单，是从发射端 T 出发依次到达各接收端 R 进行布线，阻抗比较容易控制，如图 3.21 所示。连接每个接收端的短桩线 stub 要较短，因为 stub 表现为容性负载，将会降低信号的上升时间。该结构阻抗匹配常放在终端，位于所有的分支接收端之外。由于菊花链布线结构不同步，限制了其走线长度；由于负载的 stub 电容效应，所以适合较低速传输情况。

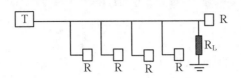

图 3.21　菊花链拓扑结构

3.5.2　Fly-by 结构

Fly-by 结构是一种特殊的菊花链结构，由于其 stub 线为 0，所以有较好的信号完整性，如图 3.22 所示。然而这种结构"继承"了菊花链结构的缺点：各个接收端 R 存在延迟。因此可以采用 DDR3 的补偿方法：采用读调整和写调整技术来补偿这种延迟的差异。如图 3.23 所示，模组上的 DDR3 芯片共享一组 CLK 管脚、地址管脚和控制管脚。由于信号传播延迟的存在，模组上的 DDR3 芯片会在不同时刻进行数据的输入/输出。在进行模组测试时，测试设备应具备对不同测试通道进行时间补偿的能力。

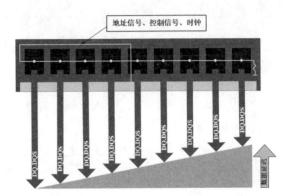

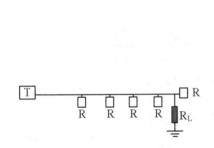

图 3.22　Fly-by 拓扑结构　　　　图 3.23　Fly-by 拓扑结构带来的信号延迟

3.5.3　星型结构

星型拓扑结构中发射端 T 和接收端 R 共用一个中心节点 A，如图 3.24 所示。其中 T 到 A 的距离短，R 到 A 的距离较长，且各个接收端分支距离要尽量等长，一般在 R 端做匹配。

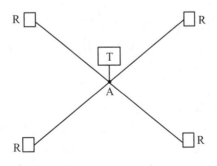

图 3.24　星型拓扑结构

星型拓扑结构适用于高速多路径传输，与菊花链结构相比，可以有效避免信号不同步的问题，其缺点是每条分支上都需要终端电阻。

3.5.4 远端簇结构

远端簇结构类似于星型结构，如图 3.25 所示，不同的是它要求接收端 R 到分支连接点 A 的长度短，而发射端 T 到 A 的长度远大于各个接收端 R 到 A 的长度，即所有的接收端都在发射端的远处并簇拢在一起，很形象。各个分支距离要尽量等长，匹配电阻放置在 T 端。常用于 DDR 的地址、数据线的拓扑结构。

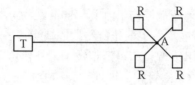

图 3.25　远端簇结构

3.5.5 树型结构

树型结构是分级的集中控制式网络，如图 3.26 所示。与星型结构相比，它的总长度短，节点易于扩充，各个分支距离尽量等长。

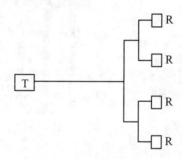

图 3.26　树型结构

3.6 不同条件下的反射分析

前面对反射进行了原理性分析，下面利用 ANSYS 软件，通过 15 个例子对实际中不同条件下的反射进行更为具体的分析，并一一给出分析结论。

3.6.1 反弹图

不匹配会给信号带来什么影响？

（1）内容：源电压 1V，内阻 17Ω，分析通过特性阻抗为 50Ω、传输时延为 1ns 的负载开路传输线的两端电压，参考资源文件 3_1reflection chart.adsn。

（2）参数设置：TRLTD_Ref_NX：Z0=50Ω、Td=1ns；V_PULSE：TR=TF=0.01ns、Vh=1V、Vl=0V、PW=100ns、PER=200ns、TONE=1e+10；RES_:R=17Ω。瞬态仿真（Nexxim Transient）30ns。

（3）设计：由于篇幅的限制，本例进行了详细的基本步骤说明，其他例子除了新的功能步骤外，均略去基本步骤。

第一步：启动 Designer，建立工程文件、改名。

如图 3.27 所示，右击 Project，选择 Rename 选项，改名为 3_1reflection chart，由此建立文件 3_1reflection chart.adsn。

第二步：加入电路设计，选择技术文件。

如图 3.28 所示，右击 3_1reflection chart，选择 Insert→Insert Circuit Design 选项。

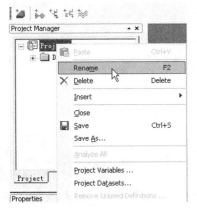
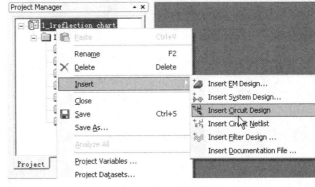

图 3.27　更改文件名　　　　　　　　图 3.28　加入电路设计

如图 3.29 所示，根据设计要求选择技术文件。如 PCB 为 FR4 材料，则选中 MS-FR4 后单击 Open 按钮确认，此时 Data 中出现 FR4，如图 3.30 所示。

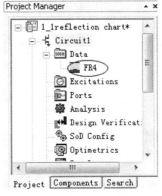

图 3.29　选择技术文件　　　　　　　图 3.30　加载介质材料

由于本例不需要提供介质材料值，所以可以单击 None 按钮。

第三步：加入信号源、元器件和探针。

如图 3.31 所示，在窗口左侧的 Project Manager 框中选择 Components 选项卡，分别选择 Nexxim Circuit Elements/Resistors/RES_、Nexxim Circuit Elements/Independent Sources/ V_PULSE、Nexxim Circuit Elements/Ideal Distributed/TRLTD_Ref_NX 和 Nexxim Circuit Elements/Probes/VPROBE。

或者如图 3.32 所示，选择 Search 选项卡，在 Seach 中输入 TRLTD_Ref_NX，单击 Search 按钮；在 Results 中双击或按住左键加到电路中。同理找到 V_PULSE 和 RES_加到电路中。如图 3.33 所示，参数设置为 TRLTD_Ref_NX：Z0=50Ω、Td=1ns。如图 3.34 所示，V_PULSE：

TR=TF=0.01ns、Vh=1V、Vl=0V、PW=100ns、PER=200ns、TONE= 1e+10。如图 3.35 所示，RES_：R=17Ω。在图标中单击 ⏚，将 TRLTD_Ref_NX 和 RES_接地。为了观察波形，在传输线两端分别加上 VPROBE，如图 3.36 所示，名字为 vs 和 vl。最终的完整电路如图 3.37 所示。

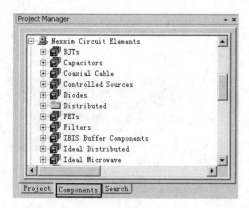
图 3.31 通过 Components 加载仿真元件

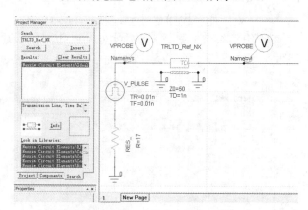
图 3.32 通过 Search 加载仿真元件

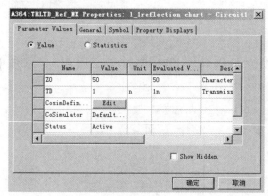
图 3.33 传输线设置

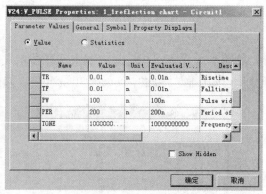
图 3.34 信号源设置

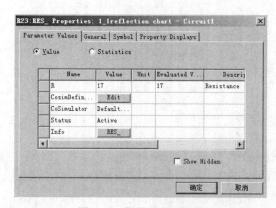
图 3.35 信号源内阻设置

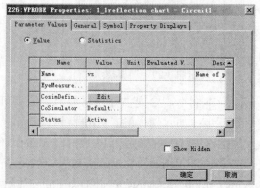
图 3.36 探针设置

第四步：加入分析设置，进行分析。

如图 3.38 所示，右击 Analysis，选择 Add Nexxim Solution Setup→Transient Analysis 选项。

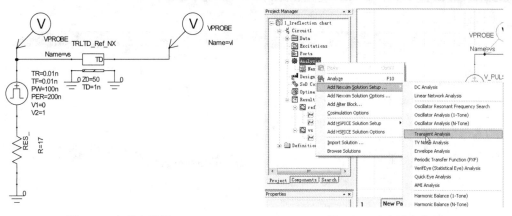

图 3.37　完整电路图　　　　　　　　　　图 3.38　建立瞬态分析

如图 3.39 所示，仿真时间为 30ns，步长为 0.01ns，单击 OK 按钮确定。

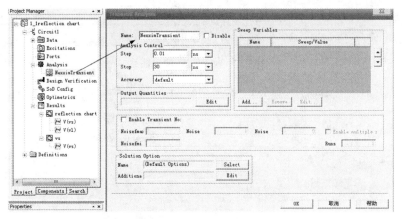

图 3.39　设置瞬态分析参数

如图 3.40 所示，右击 Analysis，选择 Analyze 选项，进行仿真分析。

第五步：建立仿真结果报告。

如图 3.41 所示，右击 Results，选择 Create Standard Report→Rectangular Plot 选项。如图 3.42 所示，观看源端波形 V(vs) 和负载端波形 V(vl)。

图 3.40　进行分析

图 3.41　建立仿真图

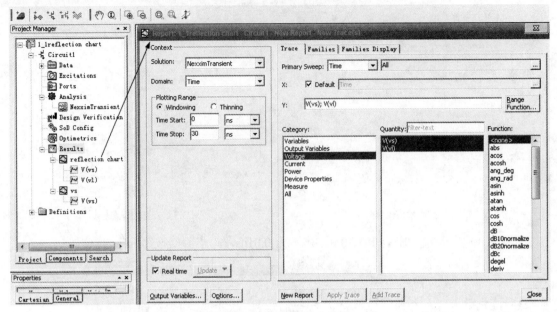

图 3.42　加载仿真输出曲线

如图 3.43 所示，右击选择 Marker→Add Marker 选项来查看标记处的数值。

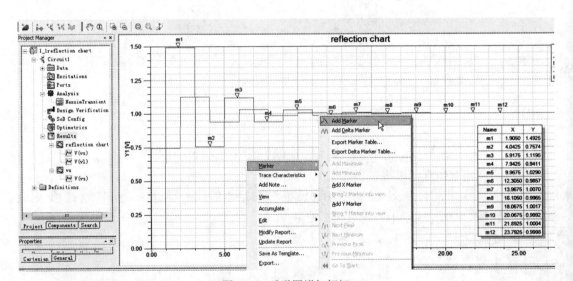

图 3.43　反弹图增加标记

图 3.44 为负载端反弹图，图 3.45 为源端反弹图。

（4）分析结论。

1）由于传输线两端阻抗均不匹配，所以信号产生了多次反射，当源内阻小于传输线特性阻抗时，源端出现负反射引起信号的振荡，即振铃。两端的反射系数和传输线的延时决定了振铃在不同时刻的幅值。

2）如果信号的周期一定大，最终传输线两端的信号会减幅振荡到信号源内阻和负载电阻的分压电压，本例为源电平电压，这是信号完整性的瞬态特性的体现。

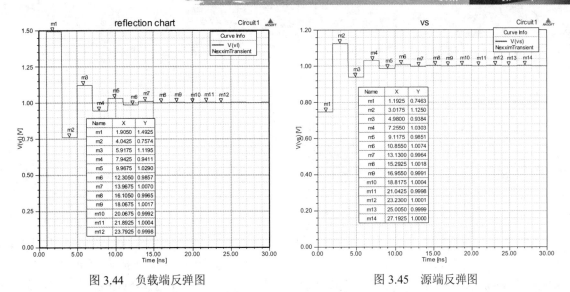

图 3.44　负载端反弹图　　　　　　　　图 3.45　源端反弹图

3.6.2　传输线的长度需要考虑匹配

什么时候需要匹配，取决于传输线时延与信号上升沿的相互关系。

（1）内容：分析传输线时延与信号上升沿的相对关系对信号波形的影响，参考资源文件 3_2when need terminations.adsn。

（2）参数设置：V_PULSE：TR=TF=0.4ns、Vh=1V、Vl=0V、PW=5ns、PER=10ns、TONE= 1e+10；TRLTD_Ref_NX：Z0=50Ω、Td=td ns；RES_：R=17Ω。瞬态仿真 18ns，参数扫描 td 从 0.04ns 到 0.16ns，步长 0.04ns。

（3）设计：由于篇幅限制，本例仅保留新增步骤而略去基本步骤，基本步骤请参看 3.6.1 节。最终建立好的电路如图 3.46 所示。

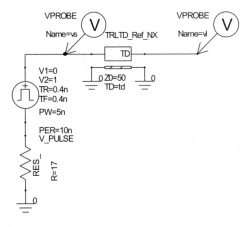

图 3.46　完整电路图

由于要进行参数扫描，所以步骤如下：

1）建立参数：如图 3.47 所示，双击 TRLTD_Ref_NX，将 TD 的值改为参数 td，单位类型 Time，单位 ns，数值 0.01，单击 OK 按钮确定。

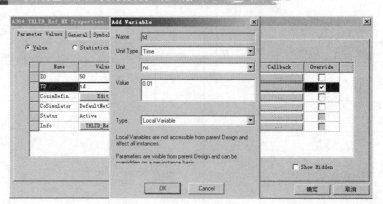

图 3.47　建立参数

2）进行参数扫描：如图 3.48 所示，右击 Analysis，选择 Add Nexxim Solution Setup→Transient Analysis 选项。在 Sweep Variables 处单击 Add 按钮，选择变量 td，线性参数扫描从 0.04ns 到 0.16ns，步长 0.04ns，依次单击 Add 按钮和 OK 按钮确认参数扫描，再单击 OK 按钮确认瞬态分析。

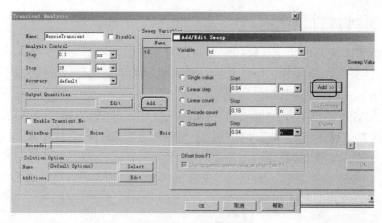

图 3.48　增加参数扫描

3）分析结果：右击 Results，选择 Create Standard Report→Rectangular Plot 选项，如图 3.49 所示，选择观看波形 V(vl)。如图 3.50 所示，在 Families 选项卡中的 Available variations 框中选择想查看的参数数值，本例全选。单击 New Report 按钮建立结果图。

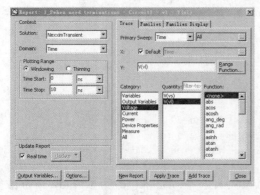

图 3.49　加载仿真输出曲线

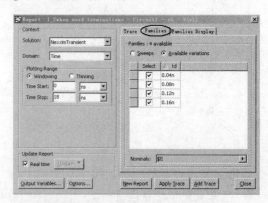

图 3.50　选择输出曲线参数值

图 3.51 中，m1 到 m4 分别标记于参数 td 为 0.16ns、0.12ns、0.08ns 和 0.04ns 的负载端波形，此时传输时延 td 分别为信号上升沿 tr 的 40%、30%、20% 和 10%，可知振荡幅度随 td 增加而增大。

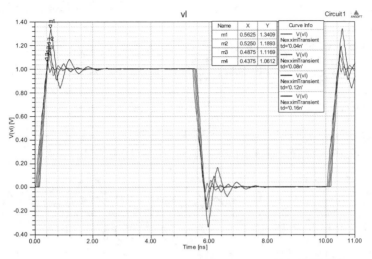

图 3.51　td 为 0.16ns、0.12ns、0.08ns 和 0.04ns 的负载端波形

图 3.52 中，m1 到 m4 分别标记于参数 td 为 0.16ns、0.12ns、0.08ns 和 0.04ns 的源端波形，此时传输时延 td 分别为信号上升沿 TR 的 40%、30%、20% 和 10%，可知振荡幅度随 td 增加而增大。

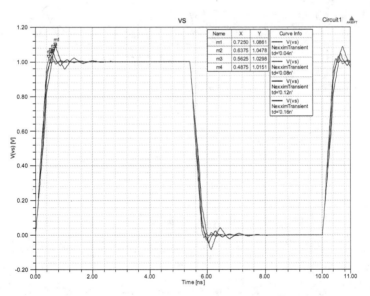

图 3.52　td 为 0.16ns、0.12ns、0.08ns 和 0.04ns 的源端波形

（4）分析结论：当源内阻为 17Ω，传输时延 td 分别为信号上升沿 TR 的 10%、20%、30% 和 40% 时，得到反射噪声电压摆幅为信号幅度的 5.12%、11.69%、18.93% 和 34.09%。虽然噪声电压摆幅与信号源内阻有关，但在常用到的源内阻情况下可以认为 td≤20%tr 时，反射噪声电压摆幅可控制在信号幅度的 10% 左右，可以不考虑匹配。

3.6.3 两种基本的匹配比较

对于点对点连接方式（一个信号源和一个负载），为了消除反射，一般采用什么方式匹配？

（1）内容：分析源端匹配或负载端匹配时的信号以及传输线时延对信号波形的影响，参考资源文件 3_3match.adsn。

（2）参数设置：V_PULSE：TR=TF=0.1ns、Vh=1V、Vl=0V、PW=100ns、PER=200ns、TONE=1e+10；TRLTD_Ref_NX：Z0=50Ω、Td=td ns（源端匹配）、Td=1ns（负载端匹配）；RES_：R=17Ω。

匹配方式分别是负载端开路时源端接匹配电阻 33Ω 或源端无匹配电阻时负载端接匹配电阻 50Ω。瞬态仿真 1.2ns，参数扫描 td 从 0.05ns 到 0.4ns，步长 0.2ns。

（3）设计：基本步骤请参看 3.6.1 节。最终建立好的电路如图 3.53 所示。

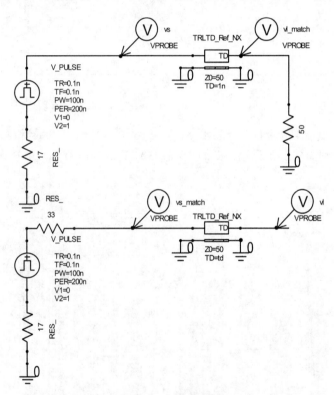

图 3.53 完整电路图（上：负载端匹配，下：源端匹配）

图 3.54 为负载匹配时传输线两端的波形，虚线为输出波形。可知两端信号波形完整，只是由于分压而造成了幅值衰减。

图 3.55 为源端匹配时传输线负载端的波形，m1、m2 和 m3 分别标记于延时 td=0.05ns、0.25ns 和 0.4ns 的波形，可知不考虑衰减时的理想传输线的负载端波形仅存在延迟差异。

图 3.56 为源端匹配时传输线源端的波形，m1、m2 和 m3 分别标记于延时 td=0.4ns、0.25ns 和 0.05ns 的波形，可知传输线的源端波形可能会存在台阶，台阶保持到两倍传输线时延处，幅值为信号源电平值的一半。当传输线的两倍时延小于信号上升时间，该台阶消失在信号沿中。如最左边的 td=0.05ns 时，台阶消失在 tr=0.1ns 的信号沿中。

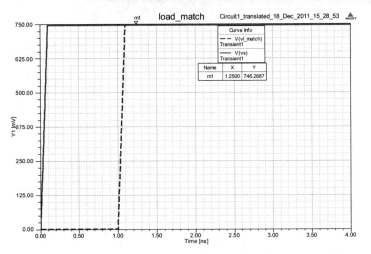

图 3.54　负载匹配时传输线两端的波形

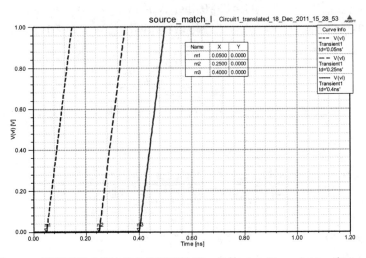

图 3.55　源端匹配时传输线负载端的波形，参数 td=0.05ns、0.25ns 和 0.4ns

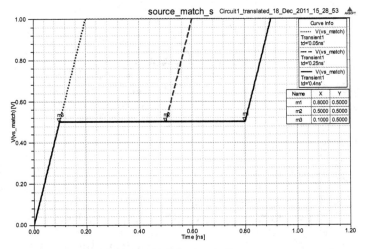

图 3.56　源端匹配时传输线源端的波形，参数 td=0.05ns、0.25ns 和 0.4ns

（4）分析结论：

1）理想情况下，由于源端串联匹配存在一次反射，所以源端出现台阶，台阶保持到两倍传输线时延处，幅值为信号源幅值的一半。当传输线的两倍时延小于信号上升时间，该台阶消失在信号沿中。负载端仅产生延时，但为完整的信号，幅值等于信号源电平值。

2）理想情况下，负载端并联匹配由于消除了一次反射，所以传输线两端信号波形完整，负载端产生延时。由于匹配电阻同信号源内阻分压，会造成信号幅值衰减。

3.6.4　短串接传输线的反射

一般通过元件密集区、过渡连接区、过孔区等，传输线线宽会发生变化，通常线宽变小造成特性阻抗变大，会有什么影响？

（1）内容：分析源端匹配或负载端匹配时短串接传输线长度及特性阻抗突变对信号波形的影响，参考资源文件 3_4Len.adsn。

（2）参数设置：V_PULSE：TR=TF=0.4ns、Vh=1V、Vl=0V、PW=100ns、PER=200ns、TONE= 1e+10；TRLTD_Ref_NX：共有三段传输线，两端传输线为 Z0=50Ω、Td=1ns，中间突变的传输线 Z0=Z0Ω、Td=td ns；RES_：R=17Ω。匹配方式分别是负载端开路时源端接匹配电阻 33Ω 或源端无匹配电阻时负载端接匹配电阻 50Ω。瞬态仿真 10ns，参数扫描 td 从 0ns 到 0.16ns，步长 0.04ns，参数扫描 z0 从 25Ω 到 75Ω，步长 25Ω。

（3）设计：基本步骤请参看 3.6.1 节。最终建立好的电路如图 3.57 所示。

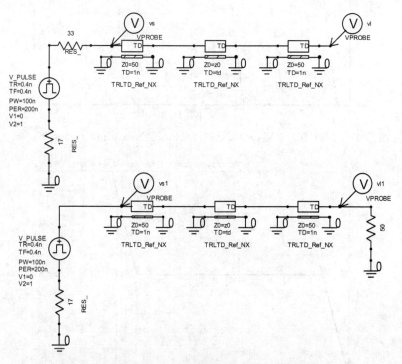

图 3.57　完整电路图（上：源端匹配，下：负载端匹配）

图 3.58 为源端匹配时的波形，参数 td=0.16ns，z0=25Ω、50Ω 和 75Ω，负载端波形分别为下冲、完整匹配和上冲，m1 标记于 Z0=75Ω 波形，m2 标记于 Z0=25Ω 波形。

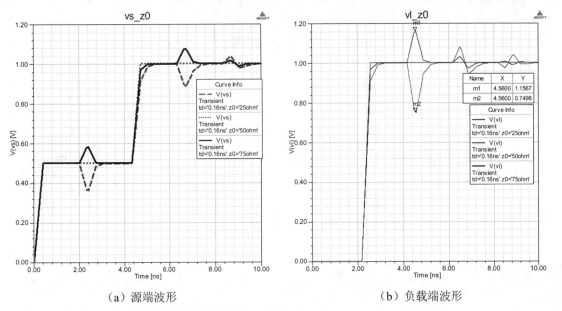

（a）源端波形　　　　　　　　　　　　（b）负载端波形

图 3.58　源端匹配时的波形，参数 td=0.16ns，z0=25Ω、50Ω、75Ω

图 3.59 为负载端匹配时的波形，参数 td=0.16ns，z0=25Ω、50Ω 和 75Ω。图 3.59（a）为源端波形，可知波形分别为下冲、完整匹配和上冲，m1 标记于 Z0=75Ω 波形，m2 标记于 Z0=25Ω波形；图 3.59（b）为负载端波形，可知波形分别为上冲、完整匹配和下冲，m1 标记于 Z0=25Ω波形，m2 标记于 Z0=75Ω 波形。

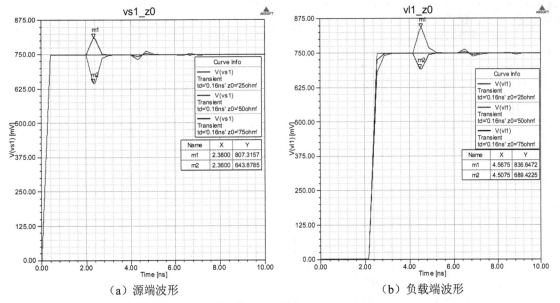

（a）源端波形　　　　　　　　　　　　（b）负载端波形

图 3.59　负载端匹配时的波形，参数 td=0.16ns，z0=25Ω、50Ω、75Ω

图 3.60 为源端匹配时的波形，参数 z0=75Ω，td=0.00ns、0.08ns 和 0.16ns，在负载端 m1标记于 0.16ns 波形处，m2 标记于 0.08ns 波形处。

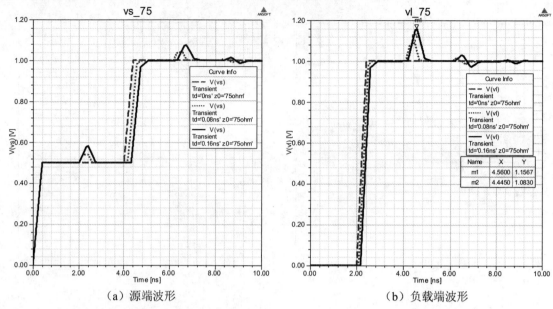

（a）源端波形　　　　　　　　　　　　（b）负载端波形

图 3.60　源端匹配时的波形，参数 z0=75Ω，td=0.00ns、0.08ns 和 0.16ns

图 3.61 为负载端匹配时的波形，参数 z0=75Ω，td=0.00ns、0.08ns 和 0.16ns，在源端 m1 标记于 0.08ns 波形处，m2 标记于 0.16ns 波形处；在负载端 m1 标记于 0.08ns 波形处，m2 标记于 0.16ns 波形处。

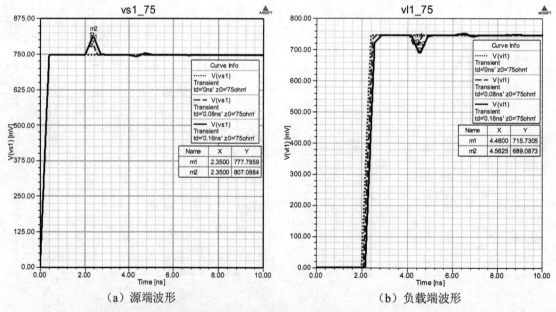

（a）源端波形　　　　　　　　　　　　（b）负载端波形

图 3.61　负载端匹配时的波形，参数 z0=75Ω，td=0.00ns、0.08ns 和 0.16ns

图 3.62 为源端匹配时的波形，参数 z0=25Ω，td=0.00ns、0.08ns 和 0.16ns，在负载端 m1 标记于波形 0.08ns 处，m2 标记于 0.16ns 波形处。

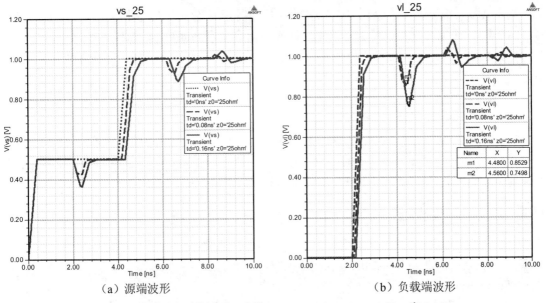

（a）源端波形 （b）负载端波形

图 3.62 源端匹配时的波形，参数 z0=25Ω，td=0.00ns、0.08ns 和 0.16ns

图 3.63 为负载端匹配时的波形，参数 z0=25Ω，td=0.00ns、0.08ns 和 0.16ns，在源端 m1 标记于 0.08ns 波形处，m2 标记于 0.16ns 波形处；在负载端 m1 标记于 0.08ns 波形处，m2 标记）于 0.16ns 波形处。

（4）分析结论：当源端串联匹配、突变特性阻抗为 75Ω、传输时延 td 分别为信号上升沿 tr 的 20%和 40%时，在负载端得到反射噪声电压摆幅为信号幅度的 8.3%和 15.67%；突变特性阻抗为 25Ω，传输时延 td 分别为信号上升沿 tr 的 20%和 40%时，得到反射噪声电压摆幅为信号幅度的 14.71%和 25.02%。

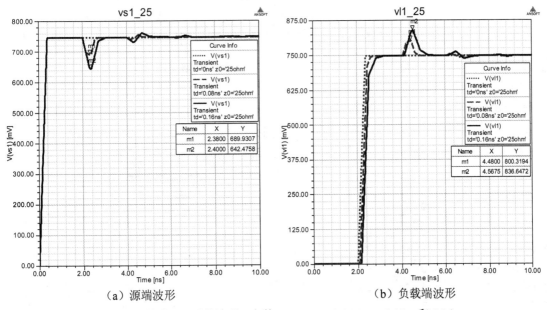

（a）源端波形 （b）负载端波形

图 3.63 负载端匹配时的波形，参数 z0=25Ω，td=0.00ns、0.08ns 和 0.16ns

当负载端并联匹配、突变特性阻抗为 75Ω、传输时延 td 分别为信号上升沿 tr 的 20%和 40%时，在负载端/源端分别得到反射噪声电压摆幅为信号幅度的 4.1%/4.2%和 7.7%/8.3%；突变特性阻抗为 25Ω，传输时延 td 分别为信号上升沿 tr 的 20%和 40%时，得到反射噪声电压摆幅为信号幅度的 7.2%/7.6%和 12.0%/13.9%。

1）传输线特性阻抗的突变引起信号振荡，反射噪声电压摆幅与突变的传输线特性阻抗有关，摆幅随着特性阻抗偏差减小而降低。

2）反射噪声电压摆幅取决于突变传输线时延 td 与信号上升沿 tr 的相对关系，在突变阻抗±50%处，可知当时延 td≤20%tr 时，反射噪声电压摆幅可控制在信号幅度的 10%左右，其中负载端并联匹配时的相对噪声摆幅小于源端串联匹配时的情况。

3.6.5 短桩线传输线的反射

一般在 PCB 或封装的工艺中留有分支很短的短桩残留，这会有什么影响？

（1）内容：分析源端匹配或负载端匹配时短桩线传输线对信号波形的影响，参考资源文件 3_5Stub.adsn。

（2）参数设置：V_PULSE：TR=TF=0.4ns、Vh=1V、Vl=0V、PW=100ns、PER=200ns、TONE= 1e+10；TRLTD_Ref_NX：共有三段传输线，两端传输线为 Z0=50Ω、Td=1ns，中间突变的传输线 Z0=50Ω、stub_Td=td ns；RES_：R=17Ω。匹配方式分别是负载端开路时源端接匹配电阻 33Ω 或源端无匹配电阻时负载端接匹配电阻 50Ω。

瞬态仿真 10ns，参数扫描 td 从 0.04ns 到 0.16ns，步长 0.04ns。

（3）设计：基本步骤请参看 3.6.1 节。最终建立好的电路如图 3.64 所示。

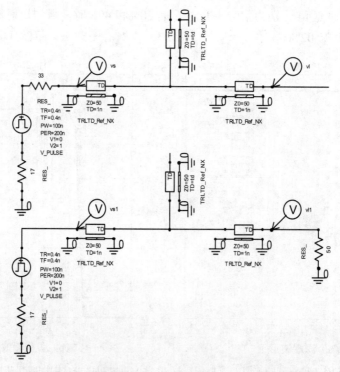

图 3.64　完整电路图（上：源端匹配，下：负载端匹配）

图 3.65 为源端匹配时的波形，对于负载端信号，标号 m1、m2 和 m3 分别标记于参数 td=0.04ns、0.08ns 和 0.16ns 时的波形，这里 td 分别为信号上升沿 tr 的 10%、20%和 40%。

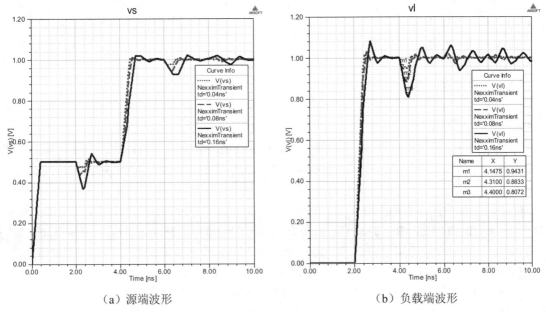

（a）源端波形　　　　　　　　　　　　　　（b）负载端波形

图 3.65　源端匹配时的波形，参数 td=0.04ns、0.08ns 和 0.16ns

图 3.66 为负载端匹配时的波形，无论是源端信号还是负载端信号，标号 m1、m2 和 m3 均分别标于参数 td=0.04ns、0.08ns 和 0.16ns 时的波形，这里 td 分别为信号上升沿 tr 的 10%、20%和 40%。

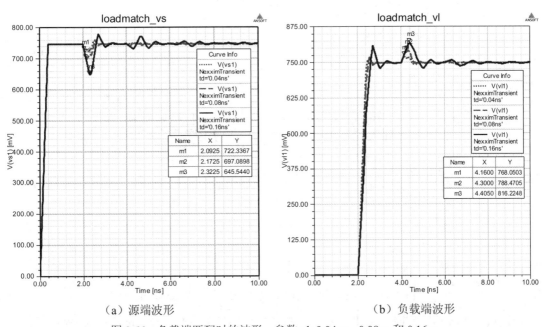

（a）源端波形　　　　　　　　　　　　　　（b）负载端波形

图 3.66　负载端匹配时的波形，参数 td=0.04ns、0.08ns 和 0.16ns

（4）分析结论：当源端串联匹配、传输时延 td 分别为信号上升沿 tr 的 10%、20% 和 40% 时，在负载端得到反射噪声电压摆幅为信号幅度的 5.69%、11.67% 和 19.28%。

当负载端并联匹配、传输时延 td 分别为信号上升沿 tr 的 10%、20% 和 40% 时，在负载端/源端分别得到反射噪声电压摆幅为信号幅度的 2.91%/3.25%、5.65%/6.60% 和 9.37%/13.50%。

反射噪声电压摆幅取决于短桩线传输线时延 td 与信号上升沿 tr 的相对关系，当时延 td≤ 20%tr 时，反射噪声电压摆幅可控制在信号幅度的 10%左右，其中负载端并联匹配时的相对噪声摆幅小于源端串联匹配时的情况。

3.6.6 连线中途的容性负载反射

一般在过孔、焊盘、封装连线等部分中均有集总电容负载的等效，这会有什么影响？

（1）内容：分析源端匹配或负载端匹配时连线中途的容性负载对信号波形的影响，参考资源文件 3_6CL.adsn。

（2）参数设置：V_PULSE：TR=TF=0.4ns、Vh=1V、Vl=0V、PW=100ns、PER=200ns、TONE= 1e+10；TRLTD_Ref_NX：共有两段传输线 Z0=50Ω、Td=1ns；RES_：R=17Ω；CAP_：cap=cc pF。匹配方式分别是负载端开路时源端接匹配电阻 33Ω 或源端无匹配电阻时负载端接匹配电阻 50Ω。瞬态仿真 8ns，参数扫描 cc 从 1.2pF 到 2.8pF，步长 0.4pF。

（3）设计：基本步骤请参看 3.6.1 节。最终建立好的电路如图 3.67 所示。

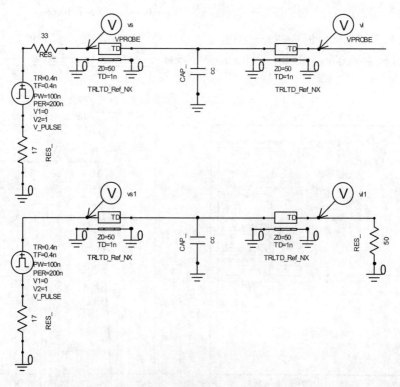

图 3.67 完整电路图（上：源端匹配，下：负载端匹配）

图 3.68 为源端匹配时的波形，对于负载端信号，标号 m1、m2、m3 和 m4 分别标记于参数 cc=1.2pF、1.6pF、2.0pF 和 2.8pF 的波形。

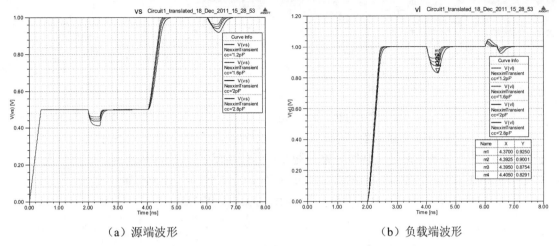

（a）源端波形　　　　　　　　　　　　（b）负载端波形

图 3.68　源端匹配时的波形，参数 cc=1.2pF、1.6pF、2.0pF 和 2.8pF

图 3.69 为负载端匹配时的波形，对于源端信号，标号 m1、m2、m3 和 m4 分别标记于参数 cc=1.2pF、1.6pF、2.0pF 和 2.8pF 的波形；对于负载端信号，标号 m1、m2、m3 和 m4 分别标记于参数 cc=2.8pF、2.0pF、1.6pF 和 1.2pF 的波形。

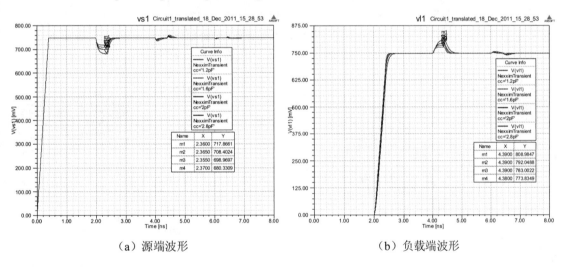

（a）源端波形　　　　　　　　　　　　（b）负载端波形

图 3.69　负载端匹配时的波形，参数 cc=1.2pF、1.6pF、2.0pF 和 2.8pF

（4）分析结论：当源端串联匹配、中途电容（pF）分别为信号上升沿 tr（ns）的 3 倍、4 倍、5 倍和 7 倍时，在负载端得到反射噪声电压摆幅为信号幅度的 7.50%、10.00%、12.46% 和 17.09%。

当负载端并联匹配、中途电容（pF）分别为信号上升沿 tr（ns）的 3 倍、4 倍、5 倍和 7 倍时，在负载端/源端分别得到反射噪声电压摆幅为信号幅度的 3.69%/3.81%、4.92%/5.07%、6.13%/6.34% 和 8.40%/8.88%；

反射噪声电压摆幅取决于中途电容（pF）与信号上升沿 tr（ns）的相对关系，当中途电容（pF）≤4 倍上升沿 tr（ns）时，反射噪声电压摆幅可控制在信号幅度的 10% 左右，其中负载端并联匹配的相对噪声摆幅小于源端串联匹配时的情况。

3.6.7　感性突变引起的反射

　　一般在变换走线、过孔、接插件等互连部分中，均可看成电感等效，这会有什么影响？

　　（1）内容：分析源端匹配或负载端匹配时感性突变对信号波形的影响，参考资源文件 3_7Ind.adsn。

　　（2）参数设置：V_PULSE：TR=TF=0.4ns、Vh=1V、Vl=0V、PW=100ns、PER=200ns、TONE= 1e+10；TRLTD_Ref_NX：共有两段传输线 Z0=50Ω、Td=1ns；RES_：R=17Ω；IND_：ind=ll nH。匹配方式分别是负载端开路时源端接匹配电阻 33Ω 或源端无匹配电阻时负载端接匹配电阻 50Ω。瞬态仿真 10ns，参数扫描 ll 从 4nH 到 12nH，步长 4nH。

　　（3）设计：基本步骤请参看 3.6.1 节。最终建立好的电路如图 3.70 所示。

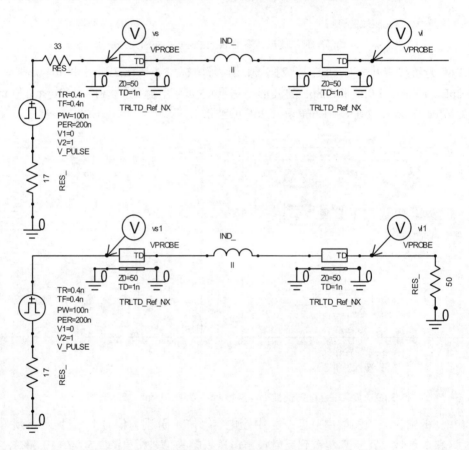

图 3.70　完整电路图（上：源端匹配，下：负载端匹配）

　　图 3.71 为源端匹配时的波形，右击选择 Marker→Add X Marker 选项，可以同时标记出参数 ll=4nH、8nH 和 12nH 的数值，不论是源端还是负载端，标记由上到下分别对应参数 ll=12nH、8nH 和 4nH。

　　图 3.72 为负载端匹配时的波形，右击选择 Marker→Add X Marker 选项，可以同时标记出参数 ll=4nH、8nH 和 12nH 的数值，对于源端信号，标记由上到下分别对应参数 ll=4nH、8nH 和 12nH；对于负载端信号，标记由上到下分别对应参数 ll=12nH、8nH 和 4nH。

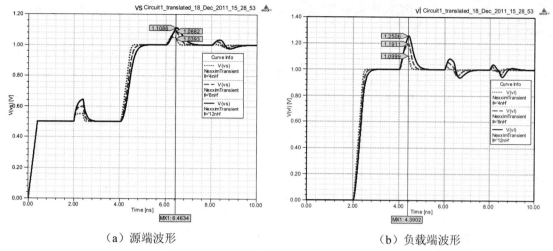

（a）源端波形 （b）负载端波形

图 3.71 源端匹配时的波形，参数 ll=4nH、8nH 和 12nH

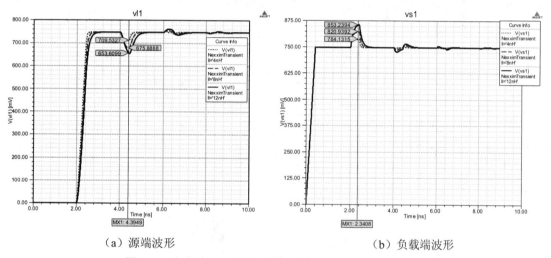

（a）源端波形 （b）负载端波形

图 3.72 负载端匹配时的波形，参数 ll=4nH、8nH 和 12nH

（4）分析结论：

当源端串联匹配 50Ω 的特性阻抗（Z0）、突变电感（nH）分别为信号上升沿 tr（ns）的 10 倍、20 倍和 30 倍时，在负载端得到反射噪声电压摆幅为信号幅度的 9.99%、19.11% 和 25.06%。

当负载端并联匹配 50Ω 的特性阻抗（Z0）、突变电感（nH）分别为信号上升沿 tr（ns）的 10 倍、20 倍和 30 倍时，在负载端/源端分别得到反射噪声电压摆幅为信号幅度的 4.93%/5.07%、9.43%/10% 和 12.42%/14.33%。

反射噪声电压摆幅取决于突变电感（nH）与信号上升沿 tr（ns）的相对关系，当突变电感（nH）≤0.2×Z0×上升沿 tr（ns）时，反射噪声电压摆幅可控制在信号幅度的 10% 左右，其中负载端并联匹配的相对噪声摆幅小于源端串联匹配。

3.6.8 串联电感的补偿

电路中的互连存在串联电感是不可避免的，如何进行补偿？

（1）内容：分析源端匹配或负载端匹配时补偿串联回路电感后的信号，参考资源文件 3_8PI.adsn。

（2）参数设置：V_PULSE：TR=TF=0.4ns、Vh=1V、Vl=0V、PW=100ns、PER=200ns、TONE= 1e+10；TRLTD_Ref_NX：两端传输线 Z0=50Ω、Td=1 ns；RES_：R=17Ω；IND_：lnd=5nH；CAP_：两个电容均为 cap=cc pF。匹配方式分别是负载端开路时源端接匹配电阻 33Ω 或源端无匹配电阻时负载端接匹配电阻 50Ω。瞬态仿真 10ns，参数扫描 cc 从 0pF 到 2pF，步长 0.5pF。

（3）设计：基本步骤请参看 3.6.1 节。最终建立好的电路如图 3.73 所示。

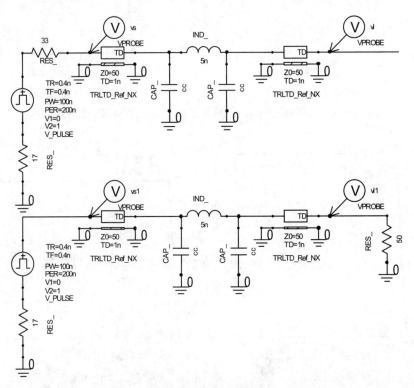

图 3.73 完整电路图（上：源端匹配，下：负载端匹配）

图 3.74 为源端匹配时的波形，对于负载端信号，标号 m1、m2、m3、m4 和 m5 分别标记于参数 cc=0pF、0.5pF、1pF、1.5pF 和 2pF 的波形。

图 3.75 为负载端匹配时的波形，对于源端信号，标号 m1、m2、m3、m4 和 m5 分别标记于参数 cc=0pF、0.5pF、1pF、1.5pF 和 2pF 的波形；对于负载端信号，标号 m1、m2、m3、m4 和 m5 分别标记于参数 cc=2pF、1.5pF、1pF、0.5pF 和 0pF 的波形。

（4）分析结论：

对于串联电感 5nH 的情况，当源端串联匹配 50Ω 的特性阻抗（Z0）、补偿电容 cc 分别为 0pF、0.5pF、1pF、1.5pF 和 2pF 时，在负载端得到反射噪声电压摆幅为信号幅度的 9.06%、4.61%、1.85%、6.6% 和 12.43%，总补偿电容为 2cc。

当负载端并联匹配 50Ω 的特性阻抗（Z0）、补偿电容 cc 分别为 0pF、0.5pF、1pF、1.5pF 和 2pF 时，在负载端/源端分别得到反射噪声电压摆幅为信号幅度的 4.46%/6.33%、2.04%/3.35%、0.72%/1.57%、3.09%/3.48% 和 6.20%/6.31%，总补偿电容为 2cc。

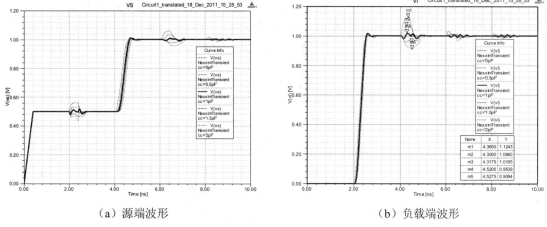

（a）源端波形　　　　　　　　　　　　（b）负载端波形

图 3.74　源端匹配时的波形，参数 cc=0pF、0.5pF、1pF、1.5pF 和 2pF

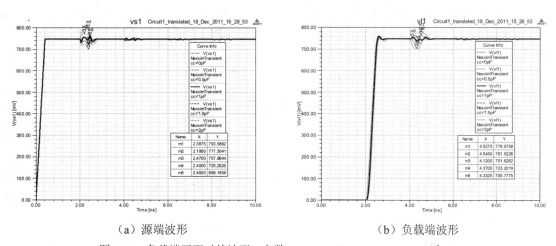

（a）源端波形　　　　　　　　　　　　（b）负载端波形

图 3.75　负载端匹配时的波形，参数 cc=0pF、0.5pF、1pF、1.5pF 和 2pF

反射噪声电压摆幅取决于串联电感 L 与总补偿电容 C 的相对关系，当 $Z_0 = \sqrt{L/C}$ 时，反射噪声电压摆幅可控制在很小量级。如本例总补偿电容为 2pF 时，反射噪声电压摆幅在 2%以下。

3.6.9　Fly-by 拓扑结构

当存在多个接收负载甚至多个源时，就要考虑拓扑结构以保证信号完整。

Fly-by 拓扑结构是一种特殊的菊花链结构，由于 stub 为 0 且具有很好的信号完整性，被广泛应用在 DDR3 中。

（1）内容：分析源端匹配或负载端匹配 Fly-by 拓扑结构的信号，参考资源文件 3_9fly-by.adsn。

（2）参数设置：

1）长线情况为传输线负载处的反射时延大于信号上升沿，V_PULSE：TR=TF=0.5ns、Vh=1V、Vl=0V、PW=10ns、PER=20ns、TONE= 1e+10；TRLTD_NX：三段传输线 Z0=50Ω、Td=1 ns；RES_：rs=10Ω。匹配方式分别是负载端开路时源端接匹配电阻 40Ω 或源端无匹配电阻时，负载端接匹配电阻 50Ω。瞬态仿真（Nexxim Transient）25ns。

2）短线情况为传输线负载处的反射时延小于信号上升沿，V_PULSE：TR=TF=0.5ns、Vh=1V、Vl=0V、PW=10ns、PER=20ns、TONE=1e+10；TRLTD_NX：三段传输线 Td 分别是 0.2ns/0.1ns/0.1ns，Z0=50Ω；RES_：rs=10Ω。匹配方式是负载端开路时，源端接匹配电阻 40Ω。瞬态仿真 25ns。

（3）设计：基本步骤请参看 3.6.1 节。最终长线情况的电路如图 3.76 所示，短线情况的电路如图 3.77 所示。

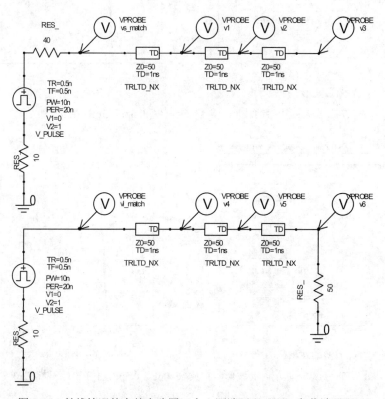

图 3.76　长线情况的完整电路图（上：源端匹配，下：负载端匹配）

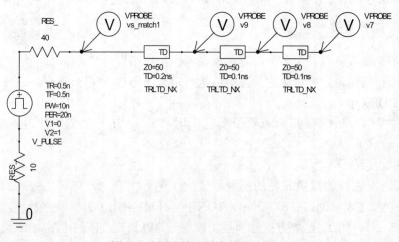

图 3.77　短线情况的完整电路图

图 3.78 为长线情况源端匹配的各节点波形,节点从左到右分别为 vs_match、v1、v2 和 v3。可知左边节点由于反射延迟依次加大而台阶依次加大,源端信号(实线)台阶持续到各传输线延迟之和的两倍,此时最大。

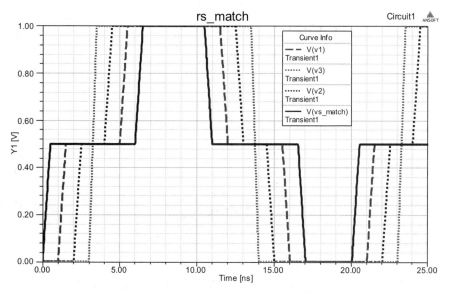

图 3.78　长线情况源端匹配的各节点波形

图 3.79 为长线情况负载端匹配的各节点波形,节点从左到右分别为 vl_match、v4、v5 和 v6。可知理想情况下各节点信号完整,只是右边节点传输延迟依次加大。

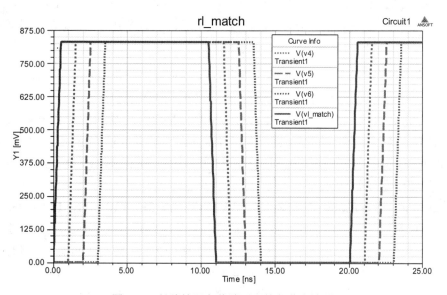

图 3.79　长线情况负载端匹配的各节点波形

图 3.80 为短线情况源端匹配的各节点波形,节点从左到右分别为 vs_match1、v9、v8 和 v7。可知节点 v7、v8 和 v9 由于传输延迟小于 tr/2,信号(虚线)完整;源端波形由于延迟大于 tr/2,信号(实线)出现台阶。

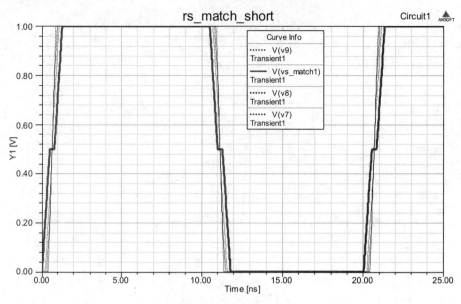

图 3.80　短线情况源端匹配的各节点波形

（4）分析结论：由于 Fly-by 拓扑结构 stub 为 0 且具有很好的信号完整性。对于负载端匹配，各处的信号均完整，只是幅度由于分压有衰减；而对于源端匹配，由于靠近源端的接收器输入波形受到后面（本例为右边）的传输线总延迟的影响，所以只要保证靠近源端的接收器后面的传输线的反射延迟小于信号上升沿 tr，即可保证信号完整。

3.6.10　菊花链拓扑结构

（1）内容：分析源端匹配或负载端匹配时菊花链拓扑结构的信号，参考资源文件 3_10daisy chain.adsn。

（2）参数设置：由上面的 Fly-by 例子可知，源端匹配适合短线情况，负载端匹配可以工作在长线情况，因此下面分别对这两类情况进行分析。

1）长线情况，V_PULSE：TR=TF=0.5ns、Vh=1V、Vl=0V、PW=10ns、PER=20ns、TONE=1e+10；TRLTD_NX：Z0=50Ω、三段主路传输线 Td=1ns、三段 stub 传输线 stub_Td=td ns；RES_：rs=10Ω。匹配方式是源端无匹配电阻时负载端接匹配电阻 50Ω。瞬态仿真 25ns，参数扫描 td 从 0.05ns 到 0.2ns，步长 0.05ns。

2）短线情况，V_PULSE：TR=TF=0.5ns、Vh=1V、Vl=0V、PW=10ns、PER=20ns、TONE=1e+10；TRLTD_NX：Z0=50Ω、三段主路传输线分别是 Td=0.2ns/0.05ns/0.1ns、三段 stub 传输线 stub_Td=td ns；RES_：rs=10Ω。匹配方式是负载端开路时，源端接匹配电阻 40Ω。瞬态仿真 25ns，参数扫描 td 从 0.05ns 到 0.2ns，步长 0.05ns。

（3）设计：基本步骤请参看 3.6.1 节。最终建立好的电路如图 3.81 所示。

图 3.82 为负载端匹配时源端和各负载端波形，参数固定在 td=0.1ns。图 3.81 上图的电路节点从左到右分别是 vl_match、v7、v8 和 v9，图 3.82 中的波形曲线从左到右也是 vl_match、v7、v8 和 v9。可知各负载端波动幅值相差不大，仅区别在延迟的不同。

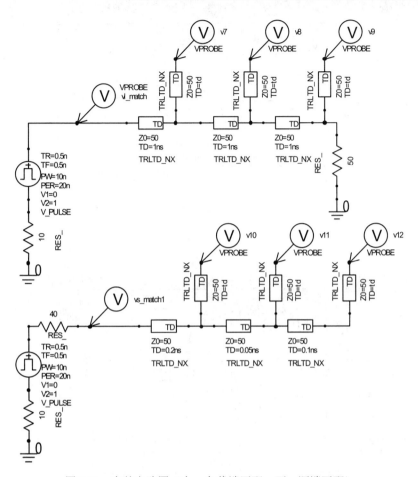

图 3.81　完整电路图（上：负载端匹配，下：源端匹配）

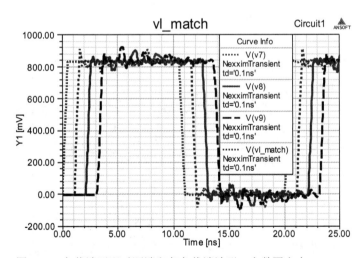

图 3.82　负载端匹配时源端和各负载端波形，参数固定在 td=0.1ns

　　图 3.83 为负载端匹配时的波形，参数扫描 td=0.05ns、0.1ns、0.15ns 和 0.2ns。三个负载波形的标号 m1、m2、m3 和 m4 分别标记于参数 td=0.2ns、0.15ns、0.1ns 和 0.05ns 的曲线。

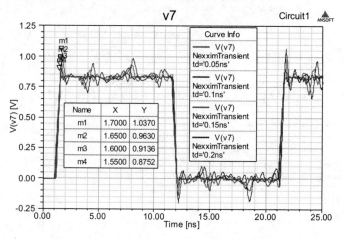

（a）距源端 1ns 处的负载端波形

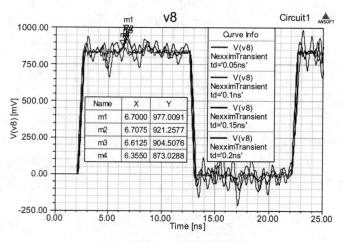

（b）距源端 2ns 处的负载端波形

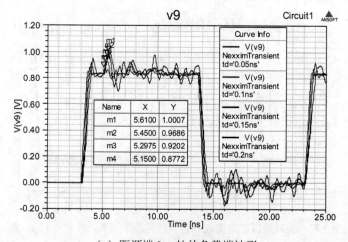

（c）距源端 3ns 处的负载端波形

图 3.83　负载端匹配时的波形，参数 td=0.05ns、0.1ns、0.15ns 和 0.2ns

图 3.84 为源端匹配时的波形，参数 td=0.05ns、0.1ns、0.15ns 和 0.2ns。可知随着 td 加大，信号恶化加大，同时随着离源端的距离加大，负载波形恶化加大。在最远的 v12 处，标号 m1、m2、m3 和 m4 分别标记于参数 td=0.2ns、0.15ns、0.1ns 和 0.05ns 的曲线。

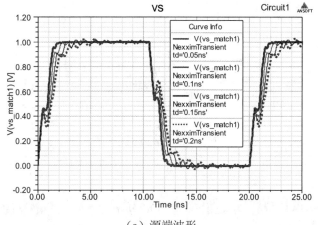

（a）源端波形

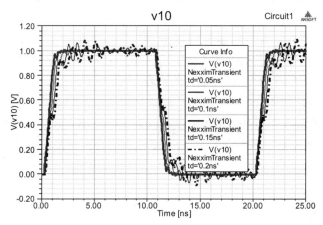

（b）距源端 0.2ns 处的负载端波形

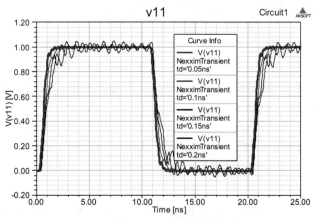

（c）距源端 0.25ns 处的负载端波形

图 3.84　源端匹配时的波形，参数 td=0.05ns、0.1ns、0.15ns 和 0.2ns

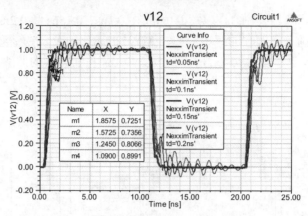

（d）距源端 0.35ns 处的负载端波形

图 3.84　源端匹配时的波形，参数 td=0.05ns、0.1ns、0.15ns 和 0.2ns（续图）

（4）分析结论：

1）当短线下源端串联匹配、stub 传输时延 td 分别为信号上升沿 tr 的 10%、20%、30% 和 40% 时，在最远的负载端得到反射噪声电压摆幅为信号幅度的 10.09%、19.34%、26.44% 和 27.49%。

2）当负载端并联匹配、stub 传输时延 td 分别为信号上升沿 tr 的 10%、20%、30% 和 40% 时，在三个从左到右的负载端分别得到反射噪声电压摆幅为信号幅度的 5.3%/4.8%/5.0%、10.4%/8.50%/9.6%、16.0%/10.6%/15.7% 和 20.0%/17.2%/24.4%。

反射噪声电压摆幅取决于 stub 传输线时延 td 与信号上升沿 tr 的相对关系，当 stub 时延 td ≤10%tr 时，反射噪声电压摆幅可控制在信号幅度的 10% 左右，其中负载端并联匹配的相对噪声摆幅小于源端串联匹配时的情况。

由于各负载存在延迟差，所以限制了走线长度（除非异步应用）；由于负载电容，所以降低了应用速度。

3.6.11　远端簇拓扑结构

（1）内容：分析源端匹配或负载端匹配时远端簇拓扑结构的信号，参考资源文件 3_11far-end cluster.adsn。

（2）参数设置：V_PULSE：TR=TF=0.5ns、Vh=1V、Vl=0V、PW=10ns、PER=20ns、TONE=1e+10；TRLTD_NX：Z0=50Ω、主路 Td=1ns，三个支路 stub_Td=td ns；RES_：rs=10Ω。匹配方式分别是负载端开路时，源端接匹配电阻 40Ω 或源端无匹配电阻时负载端接匹配电阻 50Ω。瞬态仿真 25ns，参数扫描 td 从 0.05ns 到 0.2ns，步长 0.05ns。

（3）设计：基本步骤请参看 3.6.1 节。最终建立好的电路如图 3.85 所示。

图 3.86 为源端匹配时的波形，参数 td=0.05ns、0.1ns、0.15ns 和 0.2ns，可知随着支路 td 加大，负载加重，使得上升沿变缓。

图 3.87 为负载端匹配时的波形，参数 td=0.05ns、0.1ns、0.15ns 和 0.2ns。对于负载端波形，标号 m1、m2、m3 和 m4 分别标记参数 td=0.2ns、0.15ns、0.1ns 和 0.05ns 的曲线；对于源端波形，标号 m1、m2、m3 和 m4 分别标记参数 td=0.05ns、0.1ns、0.15ns 和 0.2ns 的曲线，可知随着 td 加大，过冲加大。

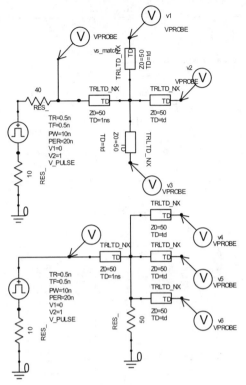

图 3.85　完整电路图（上：源端匹配，下：负载端匹配）

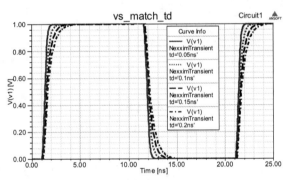

（a）负载端波形

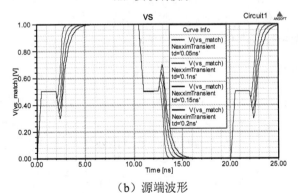

（b）源端波形

图 3.86　源端匹配时的波形，参数 td=0.05ns、0.1ns、0.15ns 和 0.2ns

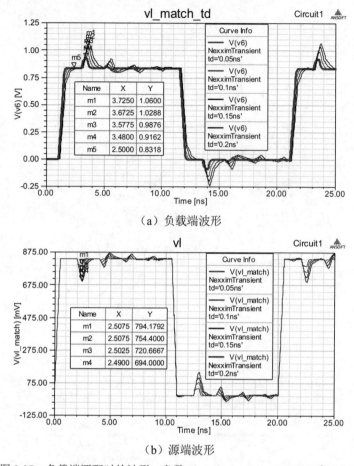

（a）负载端波形

（b）源端波形

图 3.87   负载端匹配时的波形，参数 td=0.05ns、0.1ns、0.15ns 和 0.2ns

（4）分析结论：

1）当源端串联匹配，支路传输线传输时延 td 分别为信号上升沿 tr 的 10%、20%、30%和 40%时，负载端波形上升沿随 td 加大而依次变缓，在各负载相同、支路延时相等的情况下，负载波形完整。

2）当负载端并联匹配、支路传输线传输时延 td 分别为信号上升沿 tr 的 10%、20%、30% 和 40%时，源端和负载端波形随着 td 加大，过冲加大，分别得到反射噪声电压摆幅为信号幅度的 4.7%/10.0%、9.5%/18.5%、13.4%/23.5%和 16.7%/27.2%。当支路传输线时延 td≤10%tr 时，反射噪声电压摆幅可控制在信号幅度的 10%左右。

3.6.12　星型拓扑结构

远端簇结构的主路信号线长、支路信号线短，如果各接收机距离较远，则使用较长支路信号线的星型结构。

（1）内容：分析源端匹配或负载端匹配时星型拓扑结构的信号，参考资源文件 3_12star_match.adsn 和 3_13star.adsn。

（2）参数设置：

1）主路 Z0 同支路 stub_Z0 匹配情况，V_PULSE：TR=TF=0.5ns、Vh=1V、Vl=0V、

PW=10ns、PER=20ns、TONE=1e+10；TRLTD_NX：主路 Z0=50Ω、Td=0.2ns，三个支路 stub_Z0=150Ω、stub_Td=td ns；RES_：rs=10Ω。匹配方式分别是负载端开路时，源端接匹配电阻 40Ω 或源端无匹配电阻时负载端接匹配电阻 150Ω。瞬态仿真 25ns，参数扫描 td 从 0.05ns 到 1ns，步长 0.45ns。

2）主路 Z0 同支路 stub_Z0 不匹配情况，V_PULSE：TR=TF=0.5ns、Vh=1V、Vl=0V、PW=10ns、PER=20ns、TONE=1e+10；TRLTD_NX：主路 Z0=50Ω、Td=td1 ns；三个支路 stub_Z0=50Ω、stub_Td=td ns；RES_：rs=10Ω。匹配方式分别是负载端开路时，源端接匹配电阻 40Ω 或源端无匹配电阻时负载端接匹配电阻 50Ω。瞬态仿真 25ns，双参数扫描 td 从 0.05ns 到 3.05ns，步长 1ns，td1 从 0.05ns 到 3.05ns，步长 1ns。

（3）设计：基本步骤请参看 3.6.1 节。图 3.88 为主路阻抗同支路阻抗匹配的电路，图 3.89 为主路阻抗同支路阻抗不匹配的电路。

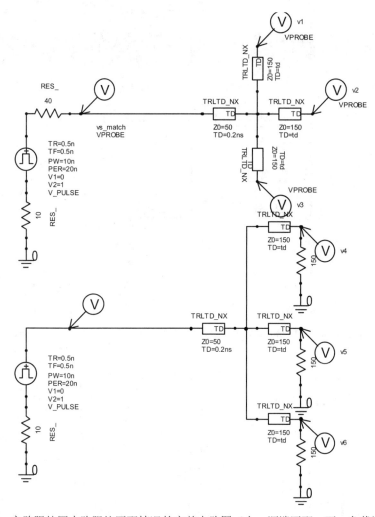

图 3.88　主路阻抗同支路阻抗匹配情况的完整电路图（上：源端匹配，下：负载端匹配）

图 3.90 为主路阻抗同支路阻抗匹配、源端匹配时负载端的波形，参数 td=0.05ns、0.5ns 和 1ns。可知负载信号完整，仅存在延迟。

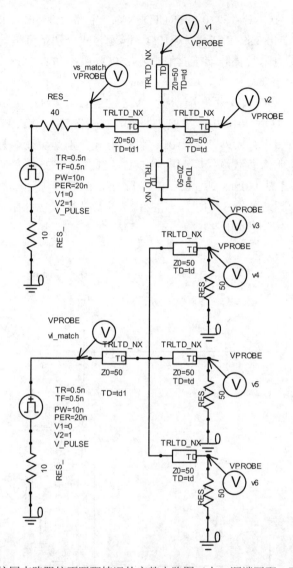

图 3.89　主路阻抗同支路阻抗不匹配情况的完整电路图（上：源端匹配，下：负载端匹配）

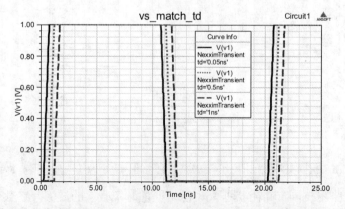

图 3.90　主路阻抗同支路阻抗匹配、源端匹配时负载端的波形，参数 td=0.05ns、0.5ns 和 1ns

图 3.91 为主路阻抗同支路阻抗匹配、负载端匹配时负载端的波形，参数 td=0.05ns、0.5ns 和 1ns。可知负载信号完整，仅存在延迟和幅值分压衰减。

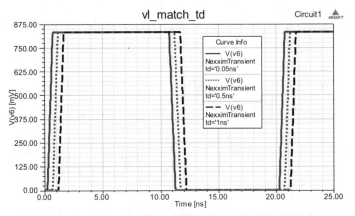

图 3.91　主路阻抗同支路阻抗匹配、负载端匹配时负载端的波形，参数 td=0.05ns、0.5ns 和 1ns

图 3.92 是进行两个参数的扫描仿真设置。

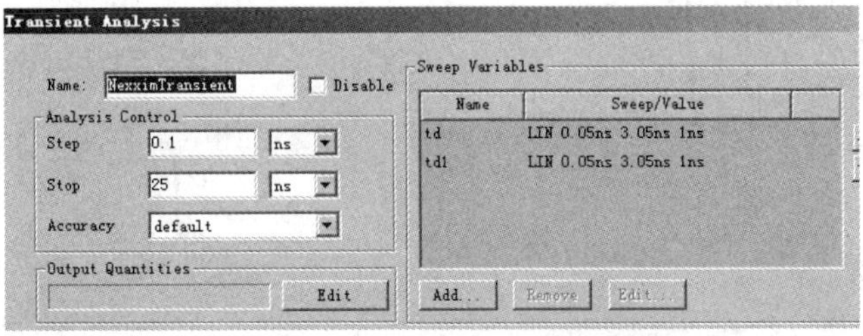

图 3.92　两个参数的扫描仿真设置

图 3.93 是参数扫描仿真完成后的 report 参数值选择，勾选 td=0.05ns、td1=0.05ns/1.05ns/2.05ns 和 3.05ns 的四个复选项。

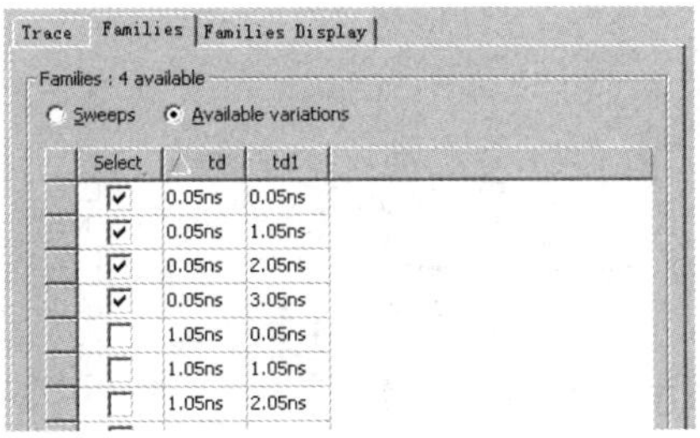

图 3.93　参数扫描完成后的 report 参数值选择

图 3.94 为主路阻抗同支路阻抗不匹配、负载端匹配时负载端的波形，参数 td1=0.05ns、1.05ns、2.05ns 和 3.05ns，td=0.05ns。可知尽管支路延时 td 很短，但主路延时 td1 加大，使得负载信号恶化明显。

图 3.95 为主路阻抗同支路阻抗不匹配、负载端匹配时负载端的波形，参数 td=0.05ns、1.05ns、2.05ns 和 3.05ns，td1=0.05ns。可知主路延时 td1 很短时，支路延时 td 加大对负载信号影响小。

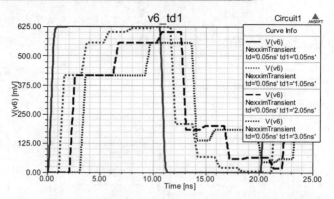

图 3.94　主路阻抗同支路阻抗不匹配、负载端匹配时负载端的波形，
参数 td1=0.05ns、1.05ns、2.05ns 和 3.05ns，td=0.05ns

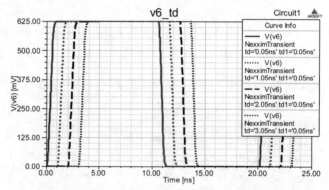

图 3.95　主路阻抗同支路阻抗不匹配、负载端匹配时负载端的波形，
参数 td=0.05ns、1.05ns、2.05ns 和 3.05ns，td1=0.05ns

图 3.96 为主路阻抗同支路阻抗不匹配、源端匹配时负载端的波形，参数 td=0.05ns、1.05ns、2.05ns 和 3.05ns，td1=0.05ns。可知尽管主路延时 td1 很短，但支路延时 td 加大，使得负载信号恶化明显。

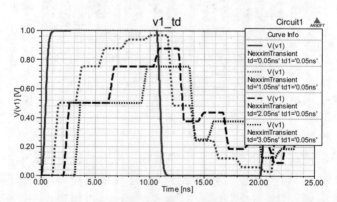

图 3.96　主路阻抗同支路阻抗不匹配、源端匹配时负载端的波形，
参数 td=0.05ns、1.05ns、2.05ns 和 3.05ns，td1=0.05ns

图 3.97 为主路阻抗同支路阻抗不匹配、源端匹配时负载端的波形，参数 td1=0.05ns、1.05ns、

2.05ns 和 3.05ns，td=0.05ns。可知支路延时 td 很短时，主路延时 td1 加大对负载信号影响小。

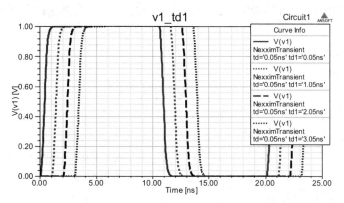

图 3.97　主路阻抗同支路阻抗不匹配、源端匹配时负载端的波形，
参数 td1=0.05ns、1.05ns、2.05ns 和 3.05ns，td=0.05ns

图 3.98 为相同传输长度时（均为 3.1ns），主路与支路长度选取分析，分四组数据：[td td1]=[0.05ns 3.05ns]、[1.05ns 2.05ns]、[2.05ns 1.05ns]和[3.05ns 0.05ns]。可知在相同传输延迟时，负载端匹配时主路延迟尽可能小，图（a）中实线为 td1=0.05ns、td=3.05ns；源端匹配时，支路延迟尽可能小，图（b）中实线为 td=0.05ns、td1=3.05ns。

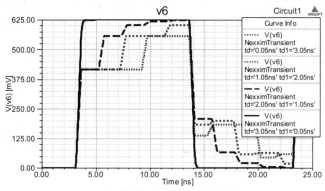

（a）负载端匹配时的负载端波形

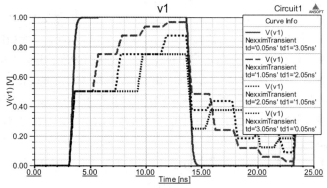

（b）源端匹配时的负载端波形

图 3.98　相同传输长度时，主路与支路长度选取分析

（4）分析结论：

1）当主路传输线和支路传输线匹配时：在各负载相同、支路延时相等情况下，无论源端匹配还是负载端匹配，负载波形均完整。

2）当主路传输线和支路传输线不匹配时：

如果采用源端匹配，尽管主路延时 td1 很短，但支路延时 td 加大，使得负载信号恶化明显。而支路延时 td 很短，主路延时 td1 加大对负载信号影响小。

如果采用负载端匹配，尽管支路延时 td 很短，但主路延时 td1 加大，使得负载信号恶化明显。而主路延时 td1 很短，支路延时 td 加大对负载信号影响小。

在相同传输延迟情况下，为了保证信号完整，源端匹配时支路延迟尽可能得小，负载端匹配时主路延迟尽可能得小，即各接收机间距较远时采用星型的负载端匹配，而远端簇由于支路延迟小，适合源端匹配情况。

3.6.13 树型拓扑结构

（1）内容：分析源端匹配或负载端匹配时树型拓扑结构的信号，参考资源文件 3_14Tree_match.adsn、3_15Tree.adsn 和 3_16Tree.adsn。

（2）参数设置：

1）主路 Z0 同支路 stub_Z0 匹配情况，V_PULSE：TR=TF=0.5ns、Vh=1V、Vl=0V、PW=10ns、PER=20ns、TONE=1e+10；TRLTD_NX：主路 Z0=50Ω、Td=1ns，支路 1 的 stub1_Z0=100Ω、stub1_Td=0.5ns，支路 2 的 stub2_Z0=200Ω、stub2_Td=td ns；RES_：rs=10Ω。匹配方式分别是负载端开路时源端接匹配电阻 40Ω 或源端无匹配电阻时负载端接匹配电阻 200Ω。瞬态仿真 25ns，参数扫描 td 从 0.05ns 到 1ns，步长 0.45ns。

2）主路 Z0 同支路 stub_Z0 不匹配情况，V_PULSE：TR=TF=0.5ns、Vh=1V、Vl=0V、PW=10ns、PER=20ns、TONE=1e+10；TRLTD_NX：主路 Z0=50Ω、Td=td ns，支路 1 的 stub1_Z0=50Ω、stub1_Td=t1 ns，支路 2 的 stub2_Z0=50Ω、stub2_Td=td1 ns、rs=10Ω。

两种匹配方式分别是源端接匹配电阻 40Ω 或负载端接匹配电阻 50Ω。瞬态仿真 25ns，参数扫描 td 从 0.05ns 到 0.15ns，步长 0.05ns；td1 从 0.05ns 到 0.15ns，步长 0.05ns；t1 从 0.05ns 到 0.15ns，步长 0.05ns。

3）主路 Z0 同支路 stub_Z0 不匹配、主路并联电阻情况，V_PULSE：TR=TF=0.5ns、Vh=1V、Vl=0V、PW=10ns、PER=20ns、TONE=1e+10；TRLTD_NX：主路 Z0=50Ω、Td=td ns，支路 1 的 stub1_Z0=50Ω、stub1_Td=t1 ns，支路 2 的 stub2_Z0=50Ω、stub2_Td=td1 ns、rs=10Ω。主路传输线后并联负载端接电阻 50Ω。瞬态仿真 25ns，参数扫描 td 从 0.05ns 到 0.15ns，步长 0.05ns；td1 从 0.05ns 到 0.15ns，步长 0.05ns；t1 从 0.05ns 到 0.15ns，步长 0.05ns。

4）主路 Z0 同支路 stub_Z0 不匹配、主路串联电阻情况，V_PULSE：TR=TF=0.5ns、Vh=1V、Vl=0V、PW=10ns、PER=20ns、TONE=1e+10；TRLTD_NX：主路 Z0=50Ω、Td=td ns，支路 1 的 stub1_Z0=50Ω、stub1_Td=t1 ns，支路 2 的 stub2_Z0=50Ω、stub2_Td=td1 ns、rs=10Ω。源端主路传输线后串接电阻 rs1Ω。瞬态仿真 25ns，参数扫描 rs1 从 20 Ω 到 60Ω，步长 5Ω，td1、t1 和 td 均为 0.15ns。

（3）设计：基本步骤请参看 3.6.1 节。图 3.99 是主路阻抗同支路阻抗匹配时的负载端匹配电路图，图 3.100 是主路阻抗同支路阻抗匹配时的源端匹配电路图。

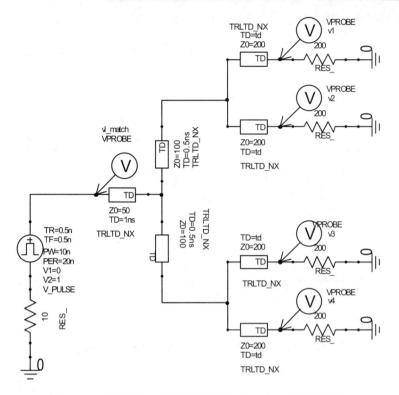

图 3.99　主路阻抗同支路阻抗匹配时的负载端匹配电路图

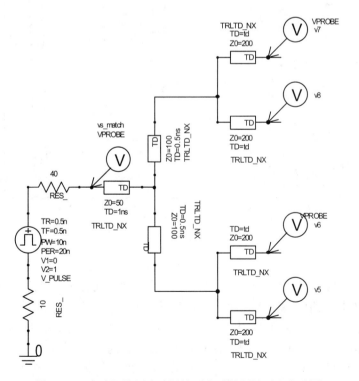

图 3.100　主路阻抗同支路阻抗匹配时的源端匹配电路图

图 3.101 为源端匹配时负载端的波形，参数 td=0.05ns、0.5ns 和 1ns，可知信号完整。

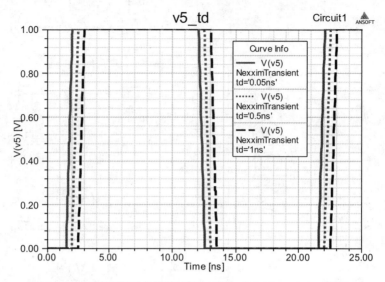

图 3.101　源端匹配时负载端波形，参数 td=0.05ns、0.5ns 和 1ns

图 3.102 为负载端匹配时负载端的波形，参数 td=0.05ns、0.5ns 和 1ns，可知信号完整。

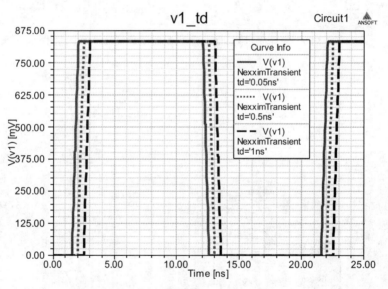

图 3.102　负载端匹配时负载端波形，参数 td=0.05ns、0.5ns 和 1ns

图 3.103 是主路阻抗同支路阻抗不匹配时的负载端匹配电路图，图 3.104 是主路阻抗同支路阻抗不匹配时的主路并联电阻电路图，图 3.105 是主路阻抗同支路阻抗不匹配时的源端匹配电路图，图 3.106 是主路阻抗同支路阻抗不匹配时的主路串联电阻电路图。

图 3.107 为源端匹配、相同传输长度时的负载端波形，有三组等长数据（[td t1 td1]=[0.15ns 0.05ns 0.05ns]、[0.05ns 0.15ns 0.05ns]、[0.05ns 0.05ns 0.15ns]）和一组最长数据（[0.15ns 0.15ns 0.15ns]）。上升沿按照上述取值依次变缓。可知在源端匹配、相同传输长度时，尽量使负载端支路延迟减小，加大到靠近源端主路来。

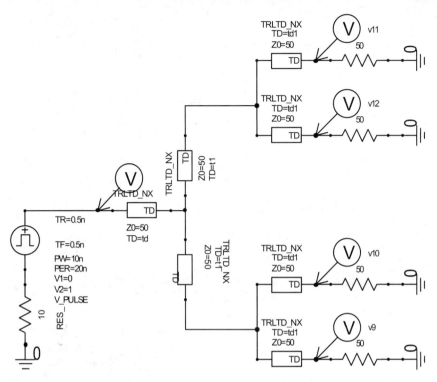

图 3.103　主路阻抗同支路阻抗不匹配时的负载端匹配电路图

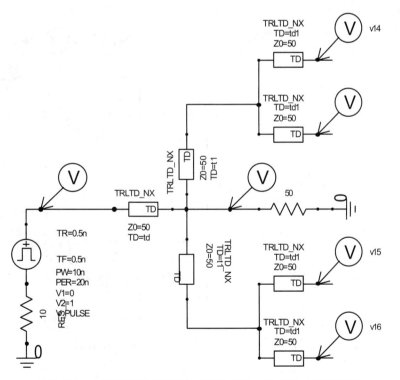

图 3.104　主路阻抗同支路阻抗不匹配时的主路并联电阻电路图

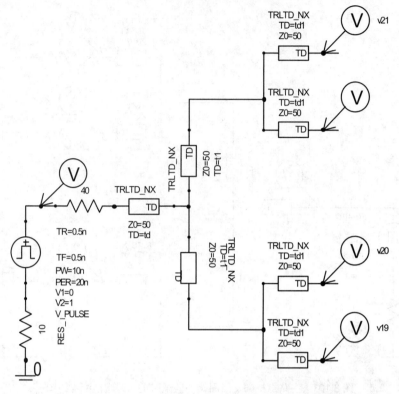

图 3.105　主路阻抗同支路阻抗不匹配时的源端匹配电路图

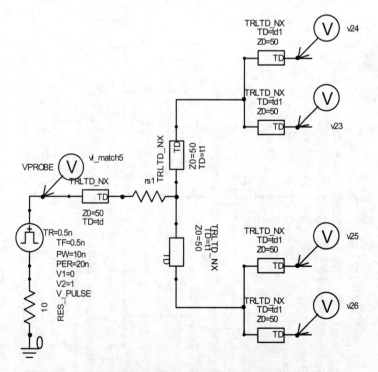

图 3.106　主路阻抗同支路阻抗不匹配时的主路串联电阻电路图

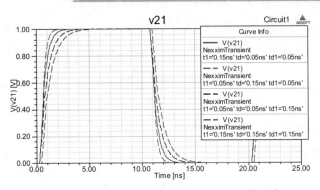

图 3.107　源端匹配、相同传输长度时的负载端波形

图 3.108 为负载端匹配、相同传输长度时负载端的波形，有三组等长数据（[td t1 td1]=[0.05ns 0.05ns 0.15ns]、[0.05ns 0.15ns 0.05ns]、[0.15ns 0.05ns 0.05ns]）和一组最长数据（[0.15ns 0.15ns 0.15ns]）。上升沿按照上述取值依次变缓。可知在负载端匹配、相同传输长度时，尽量使源端主路延迟减小，加大到靠近负载端支路来。

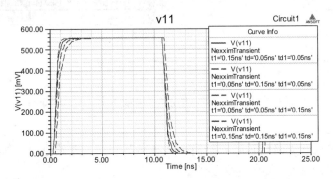

图 3.108　负载端匹配、相同传输长度时负载端的波形

图 3.109 为主路并联电阻、相同传输长度时负载端的波形，有三组等长数据（[td t1 td1]=[0.15ns 0.05ns 0.05ns]、[0.05ns 0.05ns 0.15ns]、[0.05ns 0.15ns 0.05ns]）、一组最短数据（[0.05ns 0.05ns 0.05ns]）和一组最长数据（[0.15ns 0.15ns 0.15ns]）。振荡幅值沿着上述取值依次变大。可知在主路并联电阻、相同传输长度时，尽量使负载端的传输线延迟减小，加大到源端主路来，该方法因失配而不可避免振荡，但由于其简单而被广泛使用。

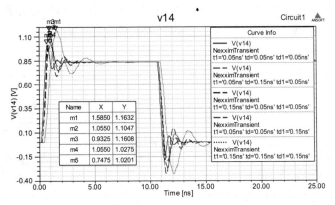

图 3.109　主路并联电阻、相同传输长度时负载端的波形

图 3.110 为主路串联电阻负载端的波形，每段传输线的时延均为 0.15ns，参数扫描 rs1=20～60Ω，步长 5Ω，负载端曲线从上到下对应于电阻 20～60Ω，可知 30Ω 时信号完整性最好。

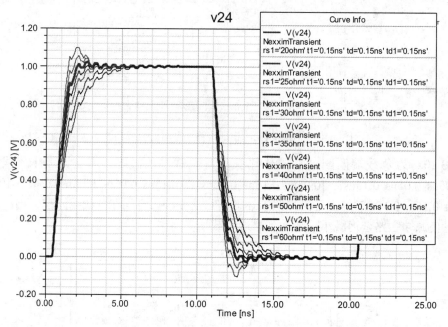

图 3.110　主路串联电阻时负载端的波形，参数扫描 rs1=20～60Ω，步长 5Ω

（4）分析结论：

1）当主路传输线和支路传输线匹配时：在各负载相同、支路延时相等的情况下，无论源端匹配还是负载端匹配，负载波形均完整。

2）当主路传输线和支路传输线不匹配时：对于相同传输延迟，负载端匹配时主路延迟尽可能小，源端匹配时支路延迟尽可能小。如果采用主路并联电阻，负载端的几条传输线延迟尽可能小；如果采用主路串联电阻，可通过优化串阻以及传输线长度分配来找到相对完整的波形。

总之，每种拓扑结构均有其优缺点，根据应用情况相应选择。

3.6.14　单端/差分 TDR 仿真

本例介绍差分时域反射计和单端时域反射计，给出了阻抗和延时分析过程。参考资源文件 3-17TDR_example，包括单端时域反射计和差分时域反射计两种。

1．单端时域反射计

单端 TDR 与差分 TDR 的原理图在 Example 目录下。在 Example 目录下打开 TDR 的原理图工程文件。

（1）从 File 菜单中选择 Open Example，此时出现 File Open 窗口。

（2）打开 SI_Circuit，然后选择文件 3-17TDR_Example.adsn，单击 Open 按钮打开。

单击图 3.111 中的 Single Ended 图标，这时单端 TDR 原理图如图 3.112 所示。

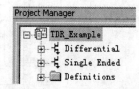

图 3.111　TDR_Example 图标

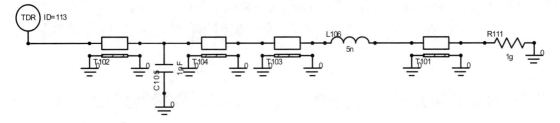

图 3.112 Single Ended 电路图

TDR 通道由一个单位脉冲源，一个 50Ω 参考阻抗，一段延时 0.5ns、特性阻抗为 50Ω 的基准传输线，两个电压探针（阶跃电压 Vexcited_pos 或 Vexcited_neg 和反射电压 Vdetected_pos 或 Vdetected_neg）组成，TDR_Single Ended 的设置如图 3.113 所示。

Name	Value	Unit	Evaluated V...	Description
Rise_time	35	ps	35ps	Rise time for pulse
Pulse_width	10	us	10us	Pulse width
Pulse_repe...	20	us	20us	Period of repetiton for the pulse
Z0	50	ohm	50ohm	Characteristic impedance
Time_delay	0.5	n	0.5n	Time delay
COMPONENT	TDR_Sin...			
CosimDefin...	Edit			

图 3.113 TDR_Single Ended 的设置

测试装置（DUT）由一系列的传输线和分立元件构成，用来说明如何定位沿线阻抗突变这种典型的 TDR 问题。如图 3.112 所示，DUT 依次为：

- 传输线：阻抗为 50Ω，时延为 1ns；
- 并联电容器：电容为 1pF；
- 传输线：阻抗为 50Ω，时延为 3ns；
- 传输线：阻抗为 55Ω，时延为 5ns；
- 串联电感：电感为 5nH；
- 传输线：阻抗为 25Ω，时延为 2ns；
- 串联电阻：电阻值为 1GΩ；
- 终端接地。

（3）展开 Analysis 图标，双击瞬态分析设置（Transient Analysis Setup），设置如图 3.114 所示。

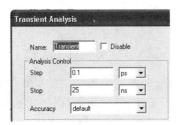

图 3.114 瞬态分析设置

（4）选中 Analysis 图标，右击选择 Analyze 选项或按 F10 键开始运行。

（5）展开 Results，双击 Zload 报告设置。右击选择 Modify Report 选项，打开报告设置，如图 3.115 所示。

（6）单击 New Report 按钮，生成如图 3.116 所示的 TDR 阻抗报告。

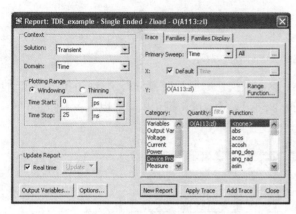

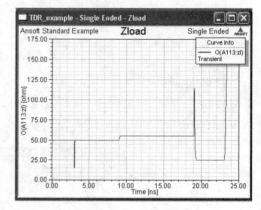

图 3.115　报告设置　　　　　　　　　　图 3.116　TDR 阻抗报告

通过 TDR 分析，我们可以根据不同时间点处的不同波形来确定 DUT 的每一个元件。

- 在 3ns 处阻抗下降，表明此处是电容器，3ns 的延时是 TDR 内部 0.5ns 的延时加上第一段传输线的 1ns 延时，由于反射一个来回所以乘以 2。这两段传输线阻抗都是 50Ω。
- 在 9ns 处，阻抗增加到 55Ω，即阻抗为 55Ω 的传输线的开始点。9ns=2×(0.5+1.0+3.0)。
- 在 19ns 处，阻抗跳变表明电感的出现，然后立即下降到 25Ω 来对应 25Ω 的传输线特性阻抗。19ns=2×(0.5+1.0+3.0+5.0)。
- 在 23ns 处，阻抗在最后的高电阻处变为无穷大。23ns=2×(0.5+1.0+3.0+5.0+2.0)。

2．差分时域反射计

单击图 3.111 中的 Differential 图标，这时会出现如图 3.117 所示的差分 TDR 原理图。

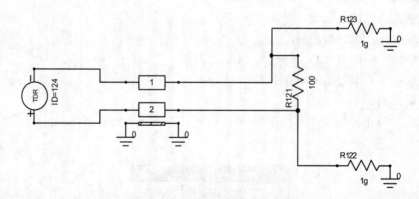

图 3.117　差分 TDR 原理图

差分 TDR 由两个通道构成，每一个通道由一个单位脉冲源，一个 50Ω 参考阻抗，一段延时 0.5ns、特性阻抗为 50Ω 的基准传输线，两个电压探针（阶跃电压 Vexcited_pos 或 Vexcited_neg 和反射电压 Vdetected_pos 或 Vdetected_neg）组成，设置如图 3.118 所示。

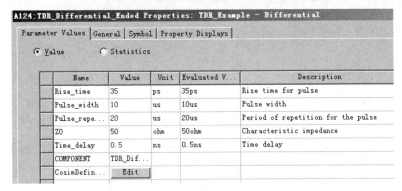

图 3.118 TDR_Differential_Ended 的设置

测试装置为一对耦合的微带线和一个终端负载网络。参数扫描耦合线间隔，进行瞬态分析，观察是如何影响差分阻抗 Zdiff 的。

（1）选中耦合线，如图 3.119 所示的属性对话框显示间隔参数 SP 已经被定义为局部变量。

（2）展开 Analysis 图标，双击 Transient Analysis Setup，如图 3.120 所示对间隔变量进行参数扫描。

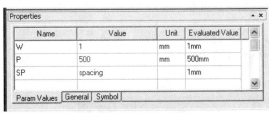

图 3.119 耦合线属性

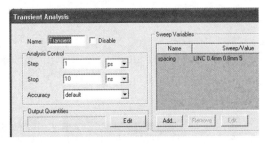

图 3.120 参数扫描间隔变量

（3）选中 Analysis 图标，右击选择 Analyze 选项或按 F10 键开始运行。

（4）展开 Results，双击 Zdiff 报告设置，右击选择 Modify Report 选项打开报告设置，如图 3.121 所示。

（5）单击 New Report 按钮生成如图 3.122 所示的 TDR 报告，可知耦合线间距与差分阻抗是同向关系。

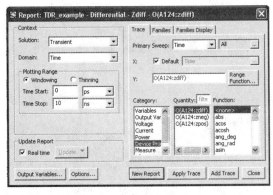

图 3.121 报告设置

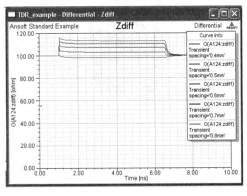

图 3.122 生成 TDR 报告

3.6.15　分析跨层传输线的 TDR

（1）内容：分析跨层传输线的 TDR。

（2）参数设置：见设计部分内容。

（3）设计：启动 SIwave。基本步骤请参看 7.7.4 和 7.7.5。

1）创建叠层和过孔结构。

单击 Edit→Layer Stack 命令或单击📀图标，得到如图 3.123 所示的四层板参数。TRACE1 在顶层，TRACE2 在底层，为 S/G/P/S 结构。

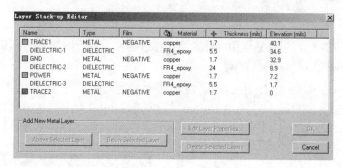

图 3.123　四层板叠层参数

单击 Edit→Padstacks 命令或单击▥图标，设置过孔直径为 8mil、焊盘大小为 10mil 宽、反焊盘大小为 10mil 宽。建立如图 3.124 所示的从 TRACE1 到 TRACE2 的孔结构，名字为 VIA_M1_M4。

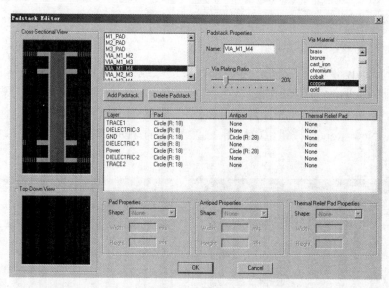

图 3.124　孔结构

2）创建图形。

①建立电源/地层图形。

首先是建立电源/地层图形。在 Layer 列中选中 GND，单击▢图标或单击 Draw→Rectangle 命令进行图形创建。

gnd1：起点[x y]=[-250 -250]、尺寸[dx dy]=[5500 500]，同理建立同尺寸的 POWER 层。

②建立信号线。

然后是建立走线图形。单击 Draw→Drawing Mode→Merge 命令。在 Layer 列中选中 TRACE1，单击 Draw→Set Trace Width 命令或单击 ⚡ 图标，设置线宽输入为 10，来建立第一段信号线尺寸：单击起点[x y]=[0 0]、尺寸[dx dy]=[1000 0]，双击终点（或按 Enter 键两次）完成。单击 ⚡ 图标来设置线宽为 20；第二段信号线尺寸：单击起点[x y]=[1000 0]、尺寸[dx dy]=[1000 0]，双击终点（或按 Enter 键两次）完成。

在 Layer 列中选中 TRACE2，单击 ⚡ 图标来设置线宽为 40，信号线尺寸：单击起点[x y]=[2000 0]、尺寸[dx dy]=[3000 0]，双击终点（或按 Enter 键两次）完成。

建立过孔。单击 Draw→Via 命令或单击 Ⅱ 图标来添加过孔。选择建立好的名为 VIA_M1_M4 的过孔。在[x y]= [2000 0]处单击放置过孔，弹出 Merge Nets 对话框，单击 OK 按钮。

3）加端口。

单击 👓 图标或单击 Circuit Elements→Port 命令。

起点：[x y]=[0 0]，尺寸[dx dy]=[0 0]，或在（0,0）处双击。正端选 TRACE1，负端选 GND。端口名为 PORT1，阻抗为 50Ω。

同理，起点：[x y]=[5000 0]，尺寸[dx dy]=[0 0]，或在（5000,0）处双击。正端选 TRACE2，负端选 POWER。端口名为 PORT2，阻抗为 50Ω。

最后得到如图 3.125 所示的 TDR 分析版图。

图 3.125　TDR 分析版图

4）计算 S 参数。

单击 Simulation→Compute S-,Y-,Z-parameters 命令，按如图 3.126 所示设置来计算 S 参数，进行仿真。

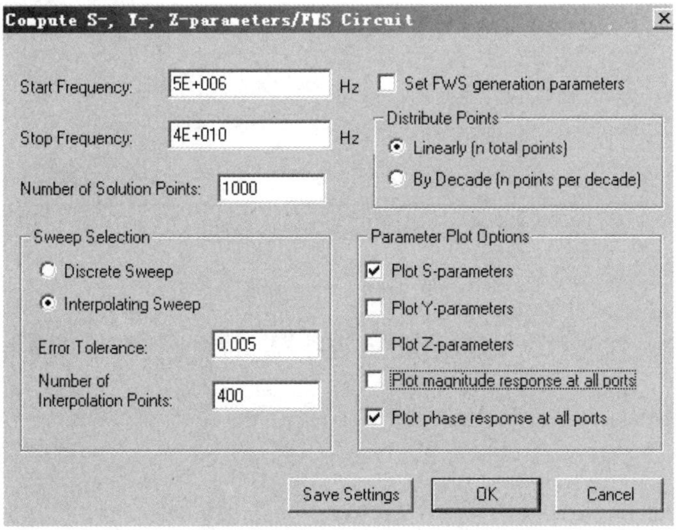

图 3.126　S 参数计算设置

5）建立 S 参数报告和 TDR 报告。

仿真完成之后会弹出 Reporter 窗口，选中 Results，右击选择 Create Report 选项来创建报告。最后得到如图 3.127 所示的 S 参数曲线和如图 3.128 所示的 TDR 曲线。TDR 四段阻抗分别对应 10mil 宽走线、20mil 宽走线、过孔和 40mil 宽走线四种情况。

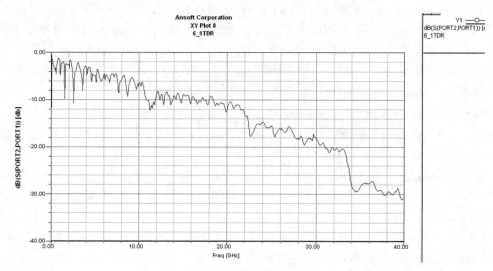

图 3.127　S 参数曲线

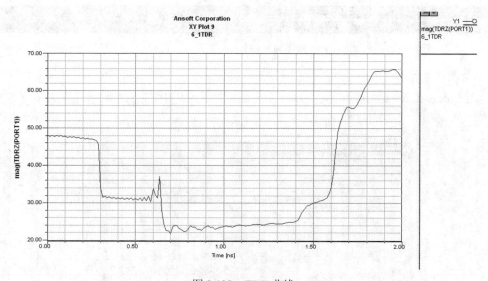

图 3.128　TDR 曲线

（4）分析结论：TDR 可以很好地分析互连结构，特别是一些特殊的不连续结构。

4

有损耗传输线

凡是能够导引电磁波沿一定方向传输的导体、介质或导波结构，都可以称为传输线。按所传输电磁波模式的不同，传输线又可以分为：TEM 波和准 TEM 波传输线、TE 波和 TM 波传输线、表面波传输线三种。PCB 板上常用的传输线为第一种。按照参考地的数量为一个还是两个，PCB 上的传输线又可以分为微带线和带状线两种，如图 4.1 所示。微带线由一条导体微带和一个参考地平面构成，导体微带和参考地均由导电良好的金属材料构成，对于典型的 PCB 板，一般采用铜；导体微带和参考地之间填充介质。微带线又分为埋入式和非埋入式。带状线上下有两个参考地平面，中间的导体带位于上下板的对称面上，导体带与参考地平面之间填充介质。

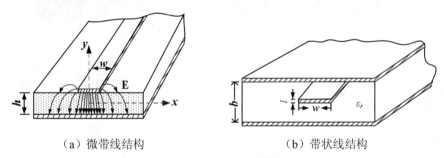

（a）微带线结构　　　　　　　　　（b）带状线结构

图 4.1　PCB 板上常用的传输线

理想无耗传输线不存在导体损耗和介质损耗，其等效电路如图 4.2 所示，由串联电感和并联电容构成。当信号通过理想传输线时，线上任一点的电压波形和源端电压相比均没有衰减，只有时延。

理想传输线在实际中并不存在，实际的传输线由于导体带和参考地平面的金属电导率 σ 不是无穷大，当电流沿传输线传输时，会感受到一个电阻 R；当传输线两端加上直流电压时，因为介质损耗的存在，使得两导体之间会有一定电流，该电流称为漏电流，在等效电路中用并联跨导 G 来表示。实际传输线的等效电路如图 4.3 所示。

传输线的损耗将引起信号上升沿的退化，从而引起码间干扰和眼图塌陷，如图 4.4 所示为信号以 6.25Gb/s 的速率通过一段有损的传输线的眼图，左图发射端的眼图非常干净；中间

图为经过 43cm 背板传输途中的眼图，和源端相比眼图有了明显的塌陷；而右图到达接收端
（86cm）处时，眼图已经完全恶化了。

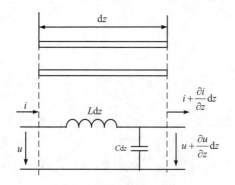
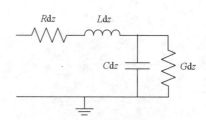

图 4.2　均匀无耗传输线的微分段等效电路　　　　图 4.3　均匀有耗传输线的微分段等效电路

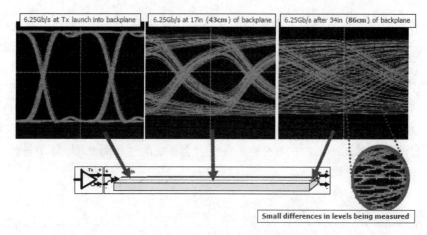

图 4.4　信号通过 86cm 背板的眼图

　　实际传输线本身的损耗包括导体损耗、介质损耗和辐射损耗，其中，辐射损耗我们将在
第 10 章讨论。本章我们主要讨论导体损耗和介质损耗带来的信号完整性问题及其解决方法。

4.1　传输线损耗和信号的衰减

　　传输线自身损耗可以分为电阻损耗和介质损耗。

4.1.1　电阻损耗

　　实际传输线导体带的电导率不是无穷大，信号在传输线上走过时会感受到一个电阻，这
一电阻在等效电路中用串联电阻 R 表示。按照信号正弦波分量的频率高低，电阻损耗又可以
分为电阻直流损耗和电阻交流损耗。

　　1．电阻直流损耗

　　电阻直流损耗模型用于描述低频的导体损耗效应。在直流状态下，PCB 板上流过传输线
的电流是均匀分布在导体带的截面上的，此时电阻 R 为：

$$R = \frac{\rho Len}{A} = \frac{\rho Len}{Wt} \tag{4.1}$$

式中，ρ 为导体的电阻率（$\rho = 1/\sigma$）；Len 为导体长度单位；A 为导体截面的面积单；W 为导体截面的宽度；t 为导体截面的厚度。

因为返回路径一般是整个地平面，其直流电阻损耗比信号线上的要小得多，可以忽略。

2. 电阻交流损耗和趋肤效应

与频率相关的阻抗称为交流阻抗。当频率不断升高，导体电流趋向于沿导线外侧分布，甚至可以认为电流分布在导线表面厚度为 δ 的一个环状区域内，δ 定义为趋肤深度：

$$\delta = \sqrt{\frac{2\rho}{\omega\mu}} \tag{4.2}$$

式中，ω 为角频率，μ 为导体的磁导率，ρ 为导体的电阻率。

当电磁波进入导体后，幅度衰减得很快。电磁波每前进一个趋肤深度 δ 的距离，场幅值就减小 63% 左右。良好导体的趋肤深度只有毫米甚至微米量级，因此电磁波主要存在于导体表层。

低频时趋肤深度远大于导体带厚度，因此交流阻抗等于直流阻抗。而在高频时，趋肤深度小于导体带厚度，和电场、磁场一样，导体内的传导电流幅度衰减得也很快，主要集中在导体表面内侧一个很薄的区域内，并且频率越高区域越薄，这种现象称为趋肤效应。

用趋肤深度代替式（4.1）中的导体带厚度，得到导体带所对应的交流电阻为：

$$R_{AC\_S} = \frac{\rho Len}{\delta W} \tag{4.3}$$

可知随着频率的增高，传导电流通过导体截面的面积将减小，电阻将增大。

除了导体带所对应的交流电阻外，在高频时返回路径上的电流也受趋肤效应的影响，集中在返回平面的表面很薄的一个区域，且电流主要集中在导体带下方，其对应的交流电阻为 R_{AC_G}。

因此，总的交流电阻应该等于导体带的交流电阻与返回路径上的交流电阻之和，即：

$$R_{AC} = R_{AC\_S} + R_{AC\_G} \tag{4.4}$$

而在仿真时既要考虑交流电阻，又要考虑直流电阻的损耗影响，其等效总电阻为：

$$R_t = \sqrt{R_{AC}^2 + R_{DC}^2} \tag{4.5}$$

4.1.2　介质损耗

媒质的电磁性质通常用电容率 ε、磁导率 μ 和电导率 σ（或电阻率 ρ）等参数来描述。对于介质，其磁导率 μ 一般等于真空磁导率 μ_0，因此磁化损耗可以不计。

理想的介质是绝缘的无损耗介质，其电导率 σ 为 0，电容率 ε 为实数。当信号通过理想介质传输时，电磁能量没有损耗，不会产生衰减和色散。

然而在实际中，除了真空以外，所有的介质都有一定的电导率，且电容率 ε 为复数。信号通过实际介质传输时，会有一定的能量损耗，引起信号的衰减和色散。

介质损耗主要包括介质直流损耗和介质交流极化损耗两部分。

1. 介质直流损耗

导体带和返回路径之间的填充介质构成了电容，若在该电容两端加电压，则会在介质中

形成电场 $\bar{E}$，若介质的电导率 σ 不为 0，则在介质中会有传导电流 $\bar{J} = \sigma \bar{E}$，进而产生焦耳热损耗。对于正弦电磁波分量，在单位体积内的平均焦耳损耗功率为：

$$p = \frac{1}{2}\sigma E^2 \tag{4.6}$$

严格来讲，介质的电导率 σ 是频率的函数，但是和极化相比，电导率随频率变化的效应很弱，从直流到光频都可以近似用一个实常数表示。因此得到介质的漏电阻：

$$R_{\text{leakage}} = \frac{h}{\sigma A} = \frac{h}{\sigma Len \times W} \tag{4.7}$$

式中，σ 为介质的体漏电导率，Len 为导体长度，A 为导体的面积，W 为导体的宽度，h 为介质的厚度。

2. 介质交流极化损耗

介质的极化包括电子极化、离子极化和转向极化这三种不同的极化方式。其中，电子极化是电子的位移，其质量最小，极化建立时间最短；离子极化是原子的位移，其建立时间比电子极化长，而转向极化的极化建立时间最长。介质极化强度和介质的电容率 ε 是紧密相关的，其中 ε 为复数，称为复电容率，它可以写为：

$$\varepsilon = \varepsilon' - j\varepsilon'' \tag{4.8}$$

式中，ε' 和 ε'' 分别为复电容率的实部和虚部。

工程上通常采用虚部与实部之比来描述介质损耗的强弱，称为损耗角正切，如式（4.9）。损耗角正切越大，介质对电磁能量的损耗越大。

$$\tan\delta = \frac{\varepsilon''}{\varepsilon'} \tag{4.9}$$

低频时，介质的漏电阻为常数，但随着频率的提高，偶极子运动增加，使得电导率随频率升高而加大，这种与偶极子运动有关的特性称为耗散因子：

$$\sigma = 2\pi f\varepsilon \times \tan\delta \tag{4.10}$$

其中，σ 为介质的体交流电导率，f 为频率，ε 为介电常数，$\tan\delta$ 为损耗角正切。由式（4.10）可知频率升高、介电常数增大和损耗角正切的加大均可增加介质交流损耗。

4.2 色散

均匀传输可以看作是由无限多的微分小段 dz 级联得到的，任选其中一段展开讨论即可。由均匀有耗线微分段 dz 的等效电路，基于电路理论并消去 dz 项，可以得到如下方程：

$$-\frac{\partial v(z,t)}{\partial z} = L\frac{\partial i(z,t)}{\partial t} + Ri(z,t) \tag{4.11}$$

$$-\frac{\partial i(z,t)}{\partial z} = C\frac{\partial v(z,t)}{\partial t} + Gv(z,t) \tag{4.12}$$

式（4.11）中的 $Ri(z,t)$ 是引起电压降的原因。类似地，式（4.12）中引起电流分流的原因是 $Gv(z,t)$ 项。

由于信号可以分解为若干个正弦波之和，因此，考虑正弦波的电压和电流，其瞬时值表示为电压或电流幅值乘以一个指数项 $e^{j\omega t}$ 再取实部。

$$v(z,t) = \mathrm{Re}\left[V(z)\mathrm{e}^{\mathrm{j}\omega t}\right]$$
$$i(z,t) = \mathrm{Re}\left[I(z)\mathrm{e}^{\mathrm{j}\omega t}\right]$$

（4.13）

将上式代入上述电路方程可以得到：

$$\frac{\mathrm{d}V(z)}{\mathrm{d}z} = -(R + \mathrm{j}\omega L)I(z)$$
$$\frac{\mathrm{d}I(z)}{\mathrm{d}z} = -(G + \mathrm{j}\omega C)V(z)$$

（4.14）

式（4.14）可以合并为二阶微分方程：

$$\frac{\mathrm{d}^2 V(z)}{\mathrm{d}z^2} - \gamma^2 V(z) = 0$$
$$\frac{\mathrm{d}^2 I(z)}{\mathrm{d}z^2} - \gamma^2 I(z) = 0$$

（4.15）

其中，$\gamma = \sqrt{(R + \mathrm{j}\omega L)(G + \mathrm{j}\omega C)} = \alpha + \mathrm{j}\beta$。

1. 衰减常数和相移常数

γ 称为传播因子为复数；实部 α 称为衰减常数，它表示传输线单位长度上波的幅值的衰减量；虚部 β 称为相移常数，表示传输线单位长度上波的相位变化量。

$$\alpha = \sqrt{\frac{1}{2}\left[(RG - \omega^2 LC) + \sqrt{(R^2 + \omega^2 L^2)(G^2 + \omega^2 C^2)}\right]}$$
$$\beta = \sqrt{\frac{1}{2}\left[(\omega^2 LC - RG) + \sqrt{(R^2 + \omega^2 L^2)(G^2 + \omega^2 C^2)}\right]}$$

（4.16）

在 RLCG 等效电路中，可以求得 $V(z)$ 和 $I(z)$ 的通解，如式（4.17）和式（4.18）很清楚地显示了衰减常数如何决定传输线上信号的幅值以及相移常数如何决定信号的相位。

$$V(z) = A\mathrm{e}^{-\alpha z}\mathrm{e}^{-\mathrm{j}\beta z} + B\mathrm{e}^{\alpha z}\mathrm{e}^{\mathrm{j}\beta z}$$

（4.17）

$$I(z) = \frac{\gamma}{R + \mathrm{j}\omega L}(A\mathrm{e}^{-\alpha z}\mathrm{e}^{-\mathrm{j}\beta z} - B\mathrm{e}^{\alpha z}\mathrm{e}^{\mathrm{j}\beta z})$$

（4.18）

2. 特性阻抗

传输线基本性质之一是它的特性阻抗（另一个性质是相速度）。当信号沿着传输线向前传输时，信号前沿刚到达传输线上某一点的瞬态时刻，信号所感受到的传输线的阻抗即为传输线特性阻抗，如图 4.5 所示。因此，传输线上一点处的特性阻抗 Z_c 被定义为该点处的瞬态电压 V 与瞬态电流 I 的模值之比。

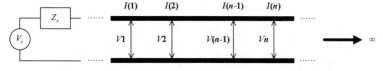

图 4.5　信号沿无限长传输线向前传输的示意图

由特性阻抗的定义可以得到：

$$Z_c = \sqrt{\frac{R + \mathrm{j}\omega L}{G + \mathrm{j}\omega C}}$$

（4.19）

3. 相速度

相速度是电压波或电流波（电磁波）的等相位面沿传播方向移动的速度：

$$v_p = \frac{\omega}{\beta} = \frac{\omega}{\sqrt{\frac{1}{2}\left[(\omega^2 LC - RG) + \sqrt{(R^2 + \omega^2 L^2)(G^2 + \omega^2 C^2)}\right]}} \tag{4.20}$$

对于无耗传输线，$R=0$，$G=0$，相速度 $v_p = \dfrac{1}{\sqrt{LC}}$ 是不存在色散的。

当 $R \ll \omega L$，$G \ll \omega C$，传输线称为低损耗传输线，此时相速度 $v_p \approx \dfrac{1}{\sqrt{LC}}$ 和无耗传输线的传输速度相同，也不存在色散。

当 R 和 G 的影响较大、不能忽略时，就必须通过式（4.20）来计算相速度。由 β 的表达式可知相移常数与 ω 并不是成一次线性关系，因此相速度是频率的函数。也就是说，对于信号中不同频率的波分量，其传输速度是不同的，这种现象称为色散。

4.3 有耗线的时域影响

当信号在有耗线上传输时，方波信号可以看成是一系列正弦波信号的叠加。一方面，由于频率越高，阻抗损耗和介质损耗均越大，即方波信号中的高频分量衰减得较多，引起上升沿变缓；另一方面，由于色散的影响，不同频率分量的传输速度不同，相位差也会引起上升沿变缓。

由于传输线的损耗和低通滤波器一样限制了信道的带宽，以及色散引起的不同频率的传输相位差，使得数据在时域上产生拖尾，影响了旁边的数据，造成码间干扰（ISI），并随着传输速率加快而恶化。虽然可以采用均衡器来改善 ISI，但根本是从传输线的设计中注意。

在 4.5.4 节和 4.5.5 节中，会逐一对传输线各种衰减情况下进行 CLK 图、眼图、浴盆图和等高线图进行比较。

4.4 眼图和误码率（BER）

由于本章的例子中涉及到了眼图、误码率浴盆曲线和误码率等高线，所以该小节来简单介绍眼图、抖动和 BER。

4.4.1 眼图

为了评估信号是否完整，可以从两方面进行：幅度偏移和时序偏移。信号幅度的偏移称为幅度噪声（简称噪声），包括热噪声、散弹噪声、1/f 噪声等；信号时间的偏移称为时序抖动（简称抖动），包括随机抖动和确定抖动，在 4.4.2 节中说明。眼图为幅度噪声和时序抖动的评估提供了统计描述。

眼图是累积叠加显示采集到的数字信号比特位的结果，叠加后的图形形状看起来和眼睛很像，故名眼图，如图 4.6 所示。

眼图是分析数字传输过程中的一种定性和最方便的方法，它可以同时给出传输的幅度信息（纵坐标）和时间信息（横坐标，常以 UI 为单位。UI：单位间隔，即 1bit 时间），从而反映信号的整体特征。

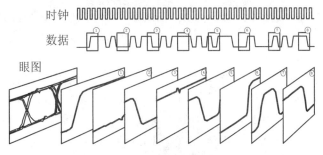

图 4.6　眼图形成的原理

　　传统的眼图方法是采用同步触发，每触发一次眼图上增加了一个 UI。近年来出现了快速眼图测试方法，即通过同步切割、叠加显示的方法形成眼图，即一次触发捕获多个比特位数据，将信号按比特位切割并叠加显示。

　　和眼图相关的眼图参数有很多，如眼高、眼宽、眼幅度、眼交叉比，"1"电平、"0"电平，消光比，Q 因子，平均功率等，其具体定义如图 4.7 所示。

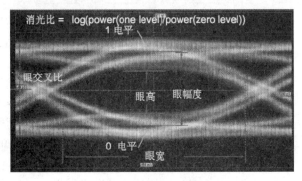

图 4.7　眼图参数定义

　　各个参数的要求如下：①眼高决定波形的幅值是否达到逻辑阈值要求，防止出现不定态；②眼宽决定了波形可以不受串扰影响而抽样再生的时间间隔；③眼图斜边的斜率决定了系统对定时抖动的灵敏度，斜率越大，对定时抖动越敏感；④眼线的粗细反应了噪声的大小，上、下两阴影区间隔的一半是噪声容限。信号完整性要求眼图的眼睛张开度大、噪声低、抖动小。本章的 4.5.5 节"有耗传输线的眼图分析"中会给出不同传输线的眼图参数比较。

　　眼图是否达到要求，通常使用一个模板（Mask）来衡量，如图 4.8 所示。模板规定了信号高电平容限、低电平容限、上升时间容限和下降时间容限。根据测试应用对象不同，模板的形状也不同。从眼图触碰模板的位置就能够判断出信号的问题所在，从而指导设计。

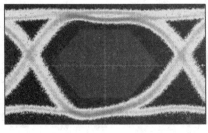

图 4.8　眼图的测试模板

通过眼图可以计算出系统的误码率，误码率浴盆曲线和误码率等高线的内容在下部分讲解。

4.4.2 抖动

抖动是数字信号在重要时点上偏离理想时间位置的短期变化（也有定义为：抖动是应该呈现的数字信号沿与实际存在沿之间的差别），是重要的定量描述高速信号传输质量的指标。抖动的总指标为 TJ（Total Jitter），可以细分为随机抖动 RJ 和确定抖动 DJ。进一步细分包括：时间间隔误差（TIE）、周期抖动（PJ）、相邻周期抖动（Cycle to Cycle Jitter）、相位抖动、脉宽失真（DCD）、码间干扰（ISI）等，其中前三项是最主要的。

时间间隔误差 TIE 又称为 Phase Jitter，是信号边沿与理想时间位置的偏移量；周期抖动 Period Jitter 是对多个周期内的时钟周期变化的统计；相邻周期抖动 Cycle to Cycle Jitter 是对时钟相邻周期的周期差值进行的统计。每个指标均可求出均值、峰峰值、RMS 值和均方差。如图 4.9 所示是抖动测试参数的计算例子。

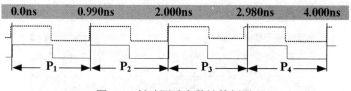

图 4.9　抖动测试参数计算例子

第一，可知每个数据上升沿绝对时间：0.0ns、0.990ns、2.000ns、2.980ns、4.000ns…；

第二，求出每个周期值：P1=0.990ns、P2=1.010ns、P3=0.980ns、P4=1.020ns …；

第三，求出时间间隔误差 TIE 值：0.990-1=-0.01 ns、2.000-2=0.000 ns、2.980-3=-0.020 ns、4.000-4=0.000 ns …；

第四，求出相邻周期抖动 cy-cy 值：1.010-0.990=0.020 ns、0.980-1.010=-0.030 ns、1.020-0.980=0.040 ns…；

最后，可按式（4.21）和式（4.22）求出标准方差 Standard Deviation（均方差）。

$$X_{mean} = \sum_{i=1}^{n} X_i / n \qquad (4.21)$$

$$SD = \sqrt{\frac{\sum_{i=1}^{n}(X_i - X_{mean})^2}{n}} \qquad (4.22)$$

基于示波器求解抖动，通常从时域、频域和统计域三方面进行。抖动主要有以下几种分析方法：①浴盆曲线法；②相位噪声分析法；③眼图测试法；④统计特性和统计直方图法；⑤Jitter-时间曲线和 Jitter 的频谱。

如图 4.10 所示，A 是存在边沿抖动的眼图信号；B 为 PDF（概率密度函数），表示随机变量落在一定范围内的概率，总面积为 1；C 是 CDF（累计分布函数），表示随机变量小于一定值的概率，是 PDF 从中间向两边的积分，是 PDF 的累计，也可理解为采样

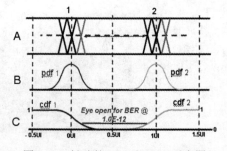

图 4.10　抖动的 PDF 和 CDF 示意图

点在 UI 单位时间内移动导致采样错误的概率（眼睛睁开度与误码率），可见离中心点 0.5UI 越远误码率越高。在统计域中可以用 TIE 直方图来生成 PDF（概率密度函数）、CDF（累计分布函数）和误码率浴盆曲线。

　　直方图的横轴表示抖动的偏移量，纵轴表示在此偏移量下统计得到的次数，即抖动测量值与该值统计的关系图，归一化后可算出 PDF，PDF 积分后可以求出 CDF。图 4.11 中分别为边沿处和眼图交点处的抖动直方图，可以清楚地看出抖动的分布。

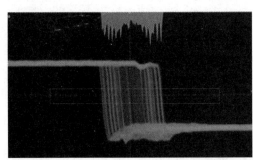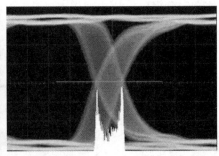

图 4.11　抖动直方图（左：边沿处，右：眼图交点处）

4.4.3　误码率

　　误码率（BER）是错误的比特数与比特总数的比值，可以很好地衡量通信系统的整体性能。比如光通信系统要求 BER 小于 10^{-12}，即每收发 10^{12} 个比特仅出错 1 比特。BER 与数据率、抖动和噪声相关。

　　1. 眼图对应的时序抖动 PDF 和幅度噪声 PDF

　　如前所述，眼图为幅度噪声和时序抖动的评估提供了统计描述。通过直方图归一化可以求出 PDF。图 4.12 给出了眼图对应的时序抖动 PDF 和幅度噪声 PDF。从横轴代表的抖动 PDF 可知，如果采样时间在信号边沿处，由于抖动而造成误码的概率密度函数最大，而在 UI/2 处采样由于时间裕度很大，由抖动造成误码的概率密度函数最小，存在 0 到 1 跳变和 1 到 0 跳变两种情况。同理，从纵轴代表的噪声 PDF 可知，如果采样电压在信号幅值处，由于噪声而造成误码的概率密度函数最大，而在半幅处采样由于电压裕度很大，由噪声造成误码的概率密度函数最小，存在逻辑 1 电平和逻辑 0 电平两种情况。

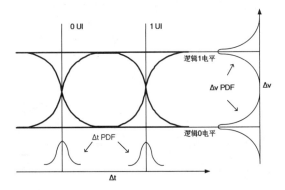

图 4.12　眼图对应的横轴时序抖动 PDF 和纵轴幅度噪声 PDF

　　2. 误码率浴盆曲线

　　浴盆曲线就是误码率 CDF，通过对 PDF 积分求出，根据变量不同可以分为时序抖动的浴盆曲线和幅度噪声的浴盆曲线。首先评估时序抖动对误码率的影响，由图 4.10 的 CDF 可知，离中心点 0.5UI 越远误码率越高，因此通过统计眼图 1 个 UI 两侧的眼图张开程度与误码率的概率分布，可以得到浴盆曲线。图 4.13（a）是时序抖动对应的误码率浴盆曲线，在给定了误码率后，可通过浴盆曲线得知 UI 中间有多大的时间裕度可以满足要求的 BER。浴盆曲线的横轴是采样时间，以 UI 为单位，纵轴表示可达到的误码率。

与时序抖动相似，为了评估幅度噪声对误码率的影响，可以得到如图 4.13（b）所示的幅度噪声对应的误码率浴盆曲线。浴盆曲线的横轴是采样幅度，以 V 为单位，纵轴表示可达到的误码率。

3. 误码率等高线

由图 4.13（a）和图 4.13（b）可以很清楚地看到时序抖动和幅度噪声都影响误码率，所以为了评估它们对误码率的共同作用，引入误码率等高线，即误码率是二维变量的函数，横坐标是采样时间，纵坐标是采样电压。如图 4.13（c）所示，误码率等高线图由一系列的等高线组成，即误码率等高线给出了特定误码率的区域，如果眼图模板在某一个等高线内，则可以相应地预测通道的误码率。同时可以看到，从外圈到里圈误码率逐渐减小，即较小的等高线表示最佳的采样区域；而给定误码率时，对应的等高线区域应足够大，即有足够的容限。

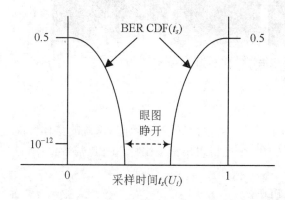
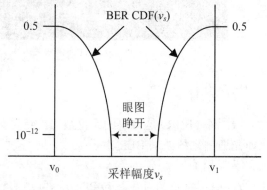

（a）时序抖动对应的误码率浴盆曲线　　（b）幅度噪声对应的误码率浴盆曲线

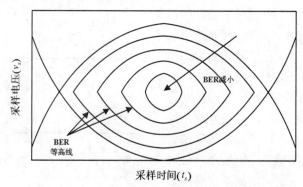

（c）二维的误码率等高线

图 4.13　误码率曲线

4.5　不同条件下的有耗传输线分析

前面对有耗传输线进行了原理性分析，下面利用 ANSYS 软件通过 5 个例子对传输线在各种衰减情况下得到的 CLK 图、眼图、浴盆曲线和误码率等高线进行比较。通过具体的分析给出结论。

4.5.1　有耗传输线带宽分析

（1）内容：分析有耗传输线的带宽，参考资源文件 4_1TRL_bw.adsn。

（2）参数设置：Substrate=FR4、W=8.6mil、P=10000mil、PORT 50Ω，线性网络分析（Linear Network Analysis），从 0.1GHz 到 4GHz，步长 0.1GHz。

（3）设计：Designer 的基本步骤请参看 3.6.1 节。其他需要说明的步骤如下：

1）设置传输线。如图 4.14（a）所示为设置过程，单击 Search 按钮，找到 MS_TRL 加入，双击后出现属性对话框。如图 4.14（b）所示，设置 W=8.6mil、P=10000mil，单击 sub 中的 Substrate，单击 New 按钮，定义参数如图 4.14（c）所示，H=4.8mil、Er=4.4、TAND=0.02、HU=1000mil、材料为 copper。

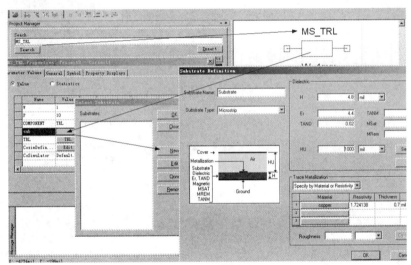

（a）设置过程

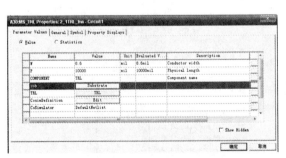

（b）设置微带线属性

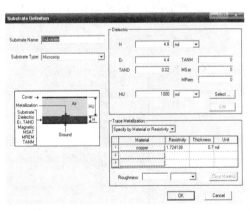

（c）设置微带线材料

图 4.14　加入 MS_TRL 并设置属性

2）加入端口。如图 4.15 所示，单击 Draw→Interface Port 命令，放在工作区后双击，弹出如图 4.16 所示的设置对话框，在 Symbol 框中选择 Microwave Port 单选项，单击 OK 按钮确认。同理加上 Port2，最后的完整电路如图 4.17 所示。

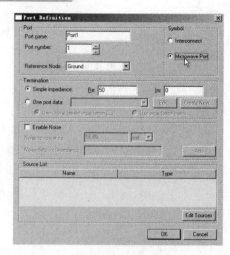

图 4.15　加入端口　　　　　　　　　图 4.16　设置端口

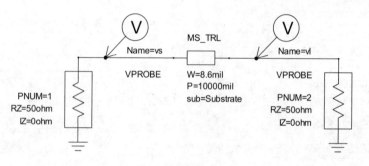

图 4.17　完整电路图

3）加入线性网络分析。如图 4.18 所示，选中 Analysis→Add Nexxim Solution Setup→Linear Network Analysis 选项，加入线性网络分析。如图 4.19 所示为设置仿真频率参数对话框，频率从 0.1GHz 到 4GHz，线性步长 0.1GHz。

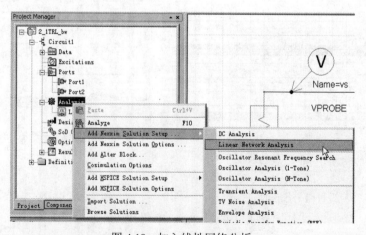

图 4.18　加入线性网络分析

4）分析传输特性。如图 4.20 所示为建立 S21 参数对话框，结果如图 4.21 所示，为传输线的传输特性曲线，可知 3dB 带宽为 3GHz。

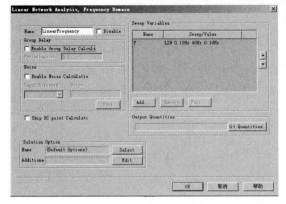
图 4.19   设置仿真频率参数

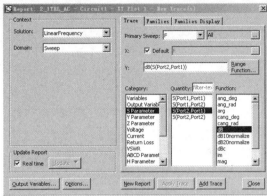
图 4.20   建立 S21 参数

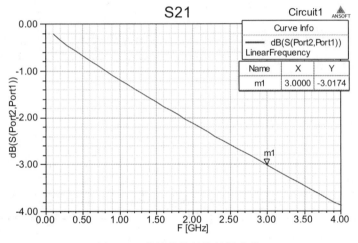
图 4.21   传输线的传输特性曲线

（4）分析结论：在高频，有耗传输线随着工作频率增加而衰减加大，可以通过-3dB 点定义其带宽。

4.5.2   有耗传输线对上升沿的影响

信号通过有耗传输线会产生什么变化？

（1）内容：分析信号通过有耗传输线后的上升沿变化，参考资源文件 4_2TRL_rise_cal.adsn。

（2）参数设置：V_PULSE：TR=TF=0.1ns、Vh=1V、Vl=0V、PW=100ns、PER=200ns、TONE=1e+10；RES_：rl=50Ω；MS_TRL：w=8.6mil、p=10000mil、Substrate=FR4（同 4.5.1 节设置）、瞬态仿真 5ns。

（3）设计：Designer 的基本步骤请参看 3.6.1 节。最终建立好的电路如图 4.22 所示。

传输线的输入/输出波形分析结果如图 4.23 所示，虚线为输入波形，可知输出波形上升沿变缓且幅值衰减。

图 4.24 是传输线输入波形的测量，可知上升沿从幅值的 10%到 90%的转换时间为 0.08ns。

图 4.25 是传输线输出波形的测量，可知上升沿从幅值的 10%到 90%的转换时间为 0.173ns。

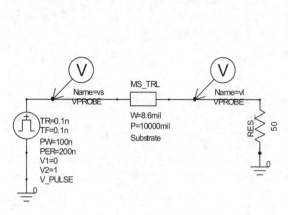

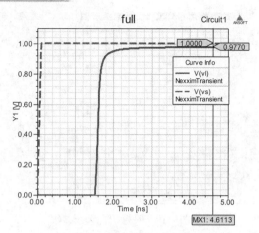

图 4.22　完整电路图　　　　　　　　　　图 4.23　传输线的输入/输出波形

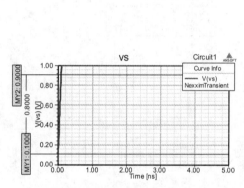

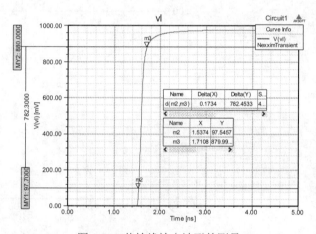

图 4.24　传输线输入波形的测量　　　　　　图 4.25　传输线输出波形的测量

对比公式，输出信号的转换时间 $RT_{out}=[(RT_{in})^2+(RT_{Tline})^2]^{0.5}$，这里 RT_{in} 是输入信号边沿转换时间，RT_{Tline} 是传输线固有的边沿时间。$RT_{Tline}=0.35/BW$，BW 为频率带宽，由 4.5.1 可知 10inch 下，$BW=3GHz$，$RT_{Tline}=116.6ps$，所以理论计算出 $RT_{out}=141.5ps$，同仿真结果接近。

（4）分析结论：

1）有耗传输线的输出波形上升沿变缓且幅值衰减。

2）传输线输出沿可近似于 $RT_{out}=[(RT_{in})^2+(RT_{Tline})^2]^{0.5}$ 公式。

3）对于 FR4 介质，传输线上升沿可近似认为以 11.6ps/in 速度恶化。

4.5.3　上升沿对有耗传输线的要求

为了保证输出信号的上升沿不明显退化，有耗传输线应选多长？

（1）内容：分析为了保证输出信号的上升沿不明显退化时的有耗传输线长度，参考资源文件 4_3TRL_rise_l.adsn。

（2）参数设置：V_PULSE：TR=TF=0.1ns、Vh=1V、Vl=0V、PW=100ns、PER=200ns、TONE=1e+10；RES_：rl=50Ω；MS_TRL：w=8.56mil、p=11mil、substrate=FR4（同 4.5.1 节设置）、瞬态仿真 5ns，参数扫描 l1 从 4000mil 到 16000mil，步长为 4000mil。

（3）设计：Designer 的基本步骤请参看 3.6.1。最终建立好的电路如图 4.26 所示。

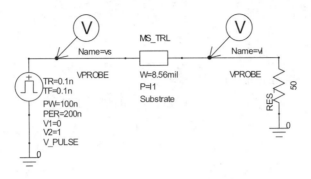

图 4.26　完整电路图

图 4.27 为输入信号波形；图 4.28 为输出信号波形，参数 ll=4000mil、8000mil、12000mil 和 16000mil。可知参数 ll=4000mil、8000mil 和 16000mil 对应的输出沿转换时间分别为 106ps、169ps 和 348ps。由于输入沿转换时间为 80ps，因此若以沿转换时间恶化 25% 来计算的话，要求输出沿转换时间在 100ps 左右，此时对应长度为 4000mil。由 4.5.1 节可知 RT_{Tline}=11.6× 4=46.4ps，小于输入信号上升沿的 50%。

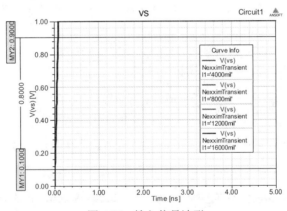

图 4.27　输入信号波形

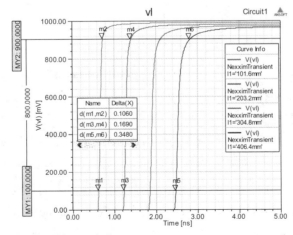

图 4.28　输出信号波形，参数 ll=4000mil、8000mil、12000mil 和 16000mil

（4）分析结论：为了保证输出信号的上升沿不退化 25%，有耗传输线带宽对应的上升沿必须小于输入信号上升沿的 50%。

4.5.4　有耗传输线的瞬态分析

有耗传输线的各个参数分别对信号有什么影响？

（1）内容：分析有耗传输线的各个参数对信号的瞬态影响，参考资源文件 4_4TRL_rise_tran.adsn。

（2）参数设置：V_PULSE：TR=TF=0.01ns、Vh=1V、Vl=0V、PW=3ns、PER=10ns、TONE=1e+10；RES_：rl=50Ω；MS_TRL：w=8.6mil、p=40000mil、substrate1=Substrate_copper、substrate2=Substrate_copper_tand、substrate3=Substrate_ideal。瞬态仿真 25ns。

（3）设计：Designer 的基本步骤请参看 3.6.1。最终建立好的电路如图 4.29 所示。

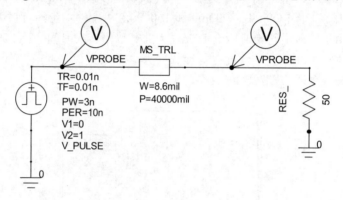

图 4.29　完整电路图

图 4.30 为无损传输线定义，图 4.31 为仅有导线损耗的传输线定义，图 4.32 为有导线损耗和介质损耗的传输线定义。

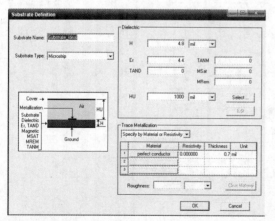 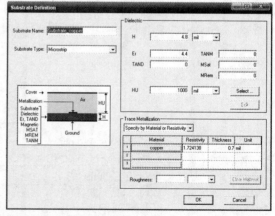

图 4.30　无损传输线 Substrate_ideal　　　图 4.31　仅有导线损耗的传输线 Substrate_copper

如图 4.33 所示选择相应的基层，三种情况分别为 Substrate_ideal、Substrate_copper 和 Substrate_copper_tand。

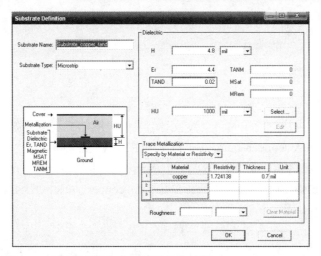

图 4.32　有导线损耗和介质损耗的传输线 Substrate_copper_tand

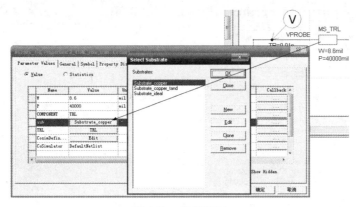

图 4.33　选择基层

仿真结果如图 4.34 所示，点虚线为理想传输线输出信号；长虚线为仅有导线损耗的传输线输出信号，可见幅度和边沿衰减明显；实线为有导线损耗和介质损耗的传输线输出信号，幅度和边沿衰减进一步加大。

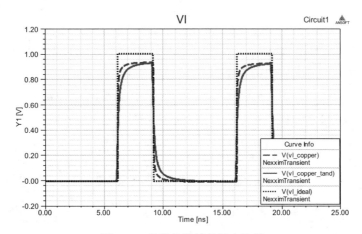

图 4.34　各种传输线的瞬态比较

（4）分析结论：如果不考虑辐射、耦合及反射，导线损耗和介质损耗是信号幅度衰减和边沿恶化的原因。

4.5.5　有耗传输线的眼图分析

有耗传输线的各个参数分别对信号眼图有什么影响？

（1）内容：分析有耗传输线的各个参数对信号的眼图影响，参考资源文件 4_5TRL_eye_copper.adsn、4_5TRL_eye_copper_tand.adsn 和 4_5TRL_eye_ideal.adsn。

（2）参数设置：EYESOURCE：TR=TF=0.01ns、Vh=1V、Vl=0V、rs=50；RES ：rl=50Ω；MS_TRL：w=8.6mil、p=40000mil、substrate1=Substrate_copper、substrate2=Substrate_copper_tand、substrate3= Substrate_ideal。

（3）设计：Designer 的基本步骤请参看 3.6.1 节。

为了进行眼图分析，要加上 EYESOURCE 源和 EYEPROBE 探针：在窗口左侧的 Project Manager 框中选择 Components 选项卡，分别选择 Nexxim Circuit Elements/Independent Sources/EYESOURCE 和 Nexxim Circuit Elements/Probes/EYEPROBE。

最终建立好的电路如图 4.35 所示。

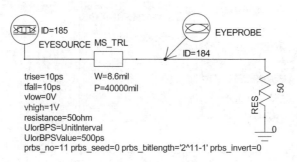

图 4.35　完整电路图

如图 4.36 所示，选择 Analysis→Add Nexxim Solution Setup→Quick Eye Analysis 命令，建立 Quick Eye Analysis。

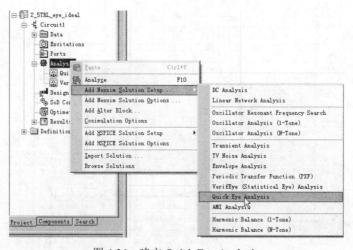

图 4.36　建立 Quick Eye Analysis

如图 4.37 所示，设置 Quick Eye Analysis。

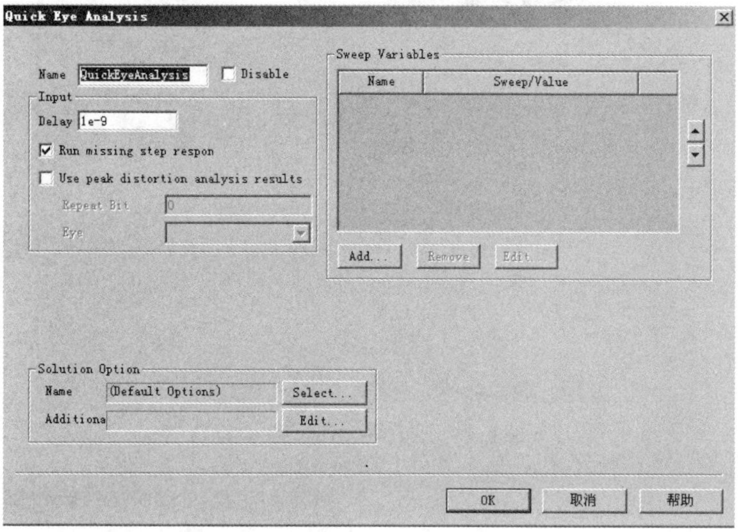

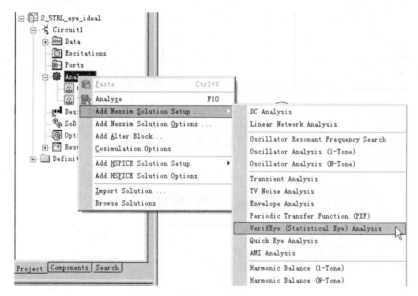

图 4.37　设置 Quick Eye Analysis

如图 4.38 所示，选择 Analysis→Add Nexxim Solution Setup→VerifEye (Statistical Eye) Analysis 命令，建立 VerifEye Analysis。

图 4.38　建立 VerifEye Analysis

如图 4.39 所示，设置 VerifEye Analysis。

如图 4.40 所示，选择 Results→Create Eye Diagram Report→Rectangular Plot 命令来创建眼图报告。设置眼图报告如图 4.41 所示，Solution：QuickEyeAnalysis、Domain：Time、Category：Voltage，观看波形 V[AEYEPROBE(required1)]。注意：这里 Primary Sweep 选择_UnitInterval 来看时序抖动对应的误码率浴盆曲线，也可以选择_Amplitude 来看幅度噪声对应的误码率浴盆曲线。

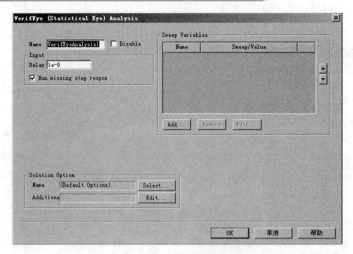

图 4.39 设置 VerifEye Analysis

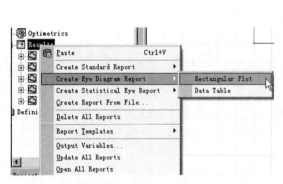

图 4.40 创建眼图报告

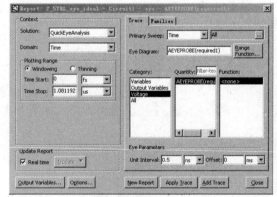

图 4.41 设置眼图报告

单击 New Reportr 按钮，如图 4.42 所示选择 Trace Characteristics→Add All Eye Measurements 命令来测量眼图参数。

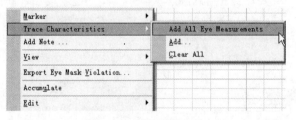

图 4.42 测量眼图参数

如图 4.43 所示为理想传输线的眼图，可知很好。

如图 4.44 所示，选择 Results→Create Standard Report→Rectangular Plot 命令来创建浴盆曲线报告。设置浴盆曲线报告如图 4.45 所示，Solution：VerifEyeAnalysis、Domain: UI、Category: Bathtub，观看波形 V[AEYEPROBE(required1)]。注意：这里 Primary Sweep 选择 _UnitInterval 来看时序抖动对应的误码率浴盆曲线，也可以选择 _Amplitude 来看幅度噪声对应的误码率浴盆曲线。

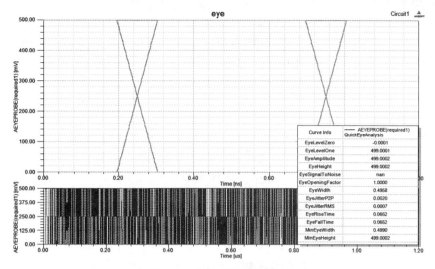

图 4.43　理想传输线的眼图

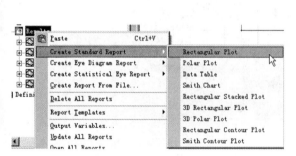

图 4.44　创建浴盆曲线报告

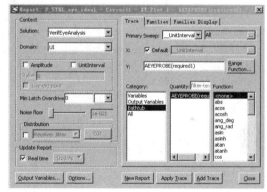

图 4.45　设置浴盆曲线报告

如图 4.46 所示为理想传输线的浴盆曲线，可知时间裕度很大。

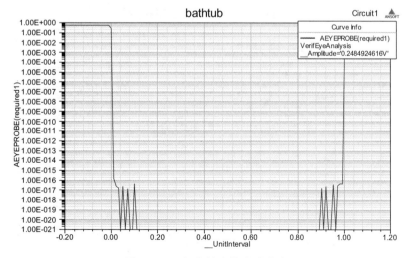

图 4.46　理想传输线的浴盆曲线

如图 4.47 所示，选择 Results→Create Standard Report→Rectangular Contour Plot 命令来创建误码率等高线。设置误码率等高线如图 4.48 所示，Solution：VerifEyeAnalysis、Domain：UI、Category：Eye，观看波形 V[AEYEPROBE(required1)]。

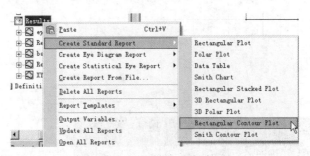

图 4.47　创建误码率等高线

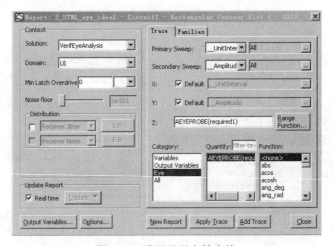

图 4.48　设置误码率等高线

如图 4.49 所示是理想传输线的误码率等高线，可见等高线面积很大。

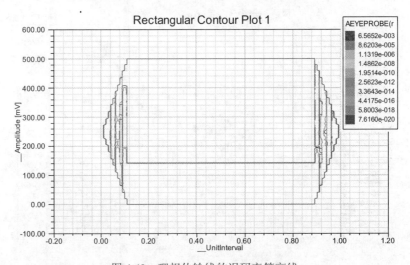

图 4.49　理想传输线的误码率等高线

同理分析其他结果如下。

如图 4.50 所示是仅有导线损耗的传输线的眼图，同理想传输线相比，边沿和幅度有所恶化。

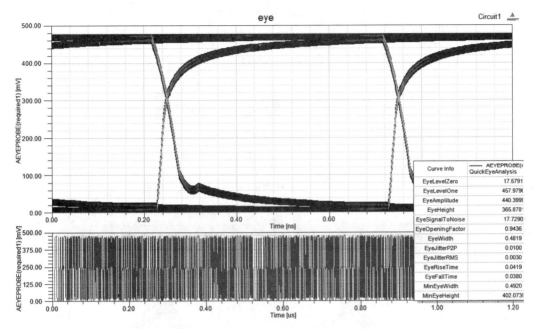

图 4.50　仅有导线损耗的传输线的眼图

如图 4.51 所示是仅有导线损耗的传输线的浴盆曲线，同理想传输线相比，在相同的误码率下时间裕度有减小。

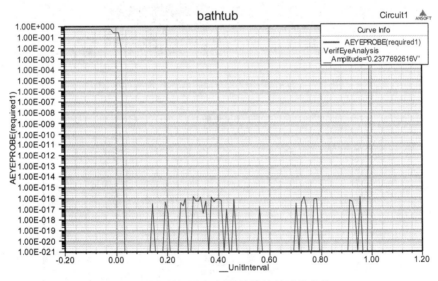

图 4.51　仅有导线损耗的传输线的浴盆曲线

如图 4.52 所示是仅有导线损耗的传输线的误码率等高线，同理想传输线相比，面积减小。

如图 4.53 所示是有导线损耗和介质损耗的传输线的眼图，边沿和幅度进一步恶化。

如图 4.54 所示是有导线损耗和介质损耗的传输线的浴盆曲线，时间裕度进一步减小。

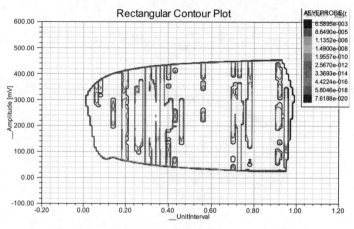

图 4.52　仅有导线损耗的传输线的误码率等高线

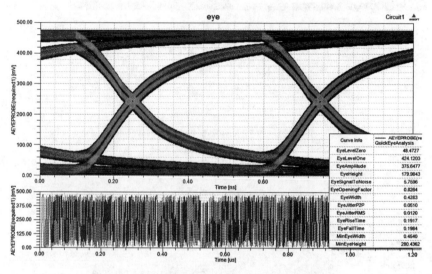

图 4.53　有导线损耗和介质损耗的传输线的眼图

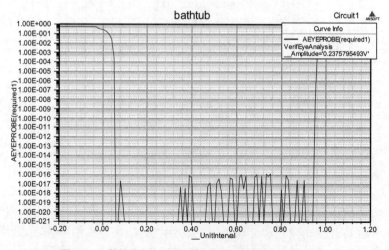

图 4.54　有导线损耗和介质损耗的传输线的浴盆曲线

如图 4.55 所示是有导线损耗和介质损耗的传输线的误码率等高线，等高线面积进一步减小。

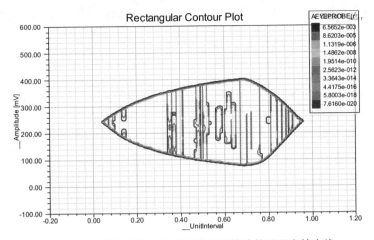

图 4.55　有导线损耗和介质损耗的传输线的误码率等高线

最后对上述三种传输线的眼图进行参数评定，如图 4.56 所示，眼图要求眼睛张开、噪声低和抖动小。

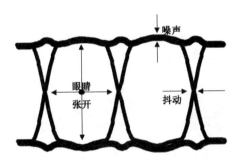

图 4.56　眼图的评定

参数数据比较如表 4.1 所示。

表 4.1　参数数据比较

	理想情况	copper（导线）	copper+tand（导线加介质）
①眼睛张开度			
眼高	499	365.878	179.9843
眼宽	0.4958	0.4819	0.4283
最小眼高	499	402.073	280.4362
最小眼宽	0.499	0.4920	0.4540
②眼睛噪声			
眼信噪比	无限大	17.7290	5.7596
③眼睛抖动			
眼抖动峰峰值	0.0020	0.01	0.0510
眼抖动均方值	0.0007	0.003	0.0120

　　另外可以看到眼上升时间：copper（导线）为 0.0491ns、copper+tand（导线加介质）为 0.1917ns；眼下降时间：copper（导线）为 0.0380ns、copper+tand（导线加介质）为 0.1984ns。可知在眼睛张开度、信噪比、抖动和边沿时间的评定中，同时存在导线损耗和介质损耗时结果最差。

　　（4）分析结论：导线损耗和介质损耗引起了信号幅度衰减和边沿恶化。

　　可以通过眼图、浴盆曲线和误码率等高线来评定信号质量，信号完整性要求信号的眼图眼睛张大、噪声低和抖动小，浴盆曲线在相同的误码率下有更大的时间裕度或幅度裕度，误码率等高线有尽可能大的面积。

5

串扰

随着电子技术和工艺的发展，串扰已经成为高速电子设计中必须面对的关键问题之一。

串扰是没有电气连接的信号线之间的感应电压和感应电流产生的电磁耦合现象。当信号在传输线上传播时，相邻信号线之间由于电磁场的相互耦合会产生不期望的噪声电压信号，即能量由一条线耦合到另一条线上。

大量传输线间的耦合会产生两方面的影响：①改变传输线的特性，即改变了传输线的特性阻抗与传输速度，这样就会对系统的时序带来不利影响；②对其他传输线产生噪声干扰，进一步降低信号质量和信号噪声余量。过大的串扰可能引起电路的误触发，导致系统无法正常工作。

本章先对串扰的产生进行原理性分析，而实际中具体的串扰分析是通过大量例子予以一一讲解，并给出主要的减小串扰的布线方法。

5.1 串扰的原理性分析

信号线之间的互感和互容耦合引起信号线或电源线上的噪声，信号串扰产生的根本原因是电磁场感应。按照耦合的机理不同，可分为电感应（容性）耦合和磁感应（感性）耦合。产生串扰（Crosstalk）的称为干扰源（Aggressor）或动态线（Active Line），而收到干扰的称为被干扰对象（Victim）或静态线（Passive Line）。通常，一个网络既是干扰源又是被干扰对象。

对于长线的耦合串扰，在静态线上两端测得的噪声电压明显不同，为了区分这两端，将距离干扰源端最近的一端称为近端（信号传输方向的后方），距离干扰源端最远的一端称为远端（信号传输方向的前方）。如图 5.1 所示，AB 线为动态线，A 点的干扰源对 CD 线上产生干扰信号，CD 线为被干扰对象，即静态线。当 AB 线上的干扰源状态变化时，会在相邻的静态线 CD 上产生串扰脉冲。

图 5.1　串扰中的动态线与静态线

5.1.1　容性耦合机制

动态线上的电压变化可在周围产生电场，而电场对处于其中的导体上的电荷流动有一定影响，因此与静态线相互作用后就会出现容性（电感应）耦合，即由于容性耦合，动态线在静态线上产生的耦合电流大小为：

$$I_c = C_M \frac{\mathrm{d}V}{\mathrm{d}t} \tag{5.1}$$

其中，C_M 为两线间的互耦电容。由于对称，耦合电流 I_c 在静态线上分成等量的两部分，分别向近端和远端传输，并进一步在静态线的负载上产生耦合电压。

图 5.2 中取两条分布传输线的一小段进行分析，V_1 是导线 1 的源电压，V_n 是产生的噪声电压，C_{12} 是两线间的互耦电容，C_{2g} 是导线 2 对地的电容，R 是导线 2 的源端接地电阻。

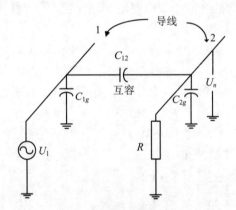

图 5.2　两导线间的容性耦合

式（5.1）为时域微分形式，下面用频域公式简单地描述两导线间的容性耦合。可得

$$V_n = \frac{\mathrm{j}\omega[C_{12}/(C_{12}+C_{2g})]}{\mathrm{j}\omega + 1/R(C_{12}+C_{2g})} V_1 \tag{5.2}$$

可见，其感应电压是源电压（V_1）、频率（$f=\omega/2\pi$）、互耦电容（C_{12}）和接地电阻（R）的函数。如果降低敏感电路上的接地电阻值，或是减少互耦电容 C_{12} 的值，均可以降低容性串扰。

容性耦合在近端造成一个较长的信号，该信号开始于 0 时刻，持续时间为 2TD。近端串扰信号随着驱动器上升边沿逐步上升，当信号前沿传输了一定长度后，近端的电流将达到一个稳定值而不再增加，该长度称为饱和长度。传输线的饱和长度 Len 为：

$$Len_{饱和} = RT \times v \tag{5.3}$$

其中，RT 为信号上升时间，v 为信号在动态线上的传输速度。

容性耦合在远端将造成一个窄脉冲信号，该信号开始于 TD 时刻，持续时间为信号上升时间 RT。从动态线上耦合到静态线上的远端噪声电流总量将集中于这个窄脉冲内，因此，信号上升时间越短，远端串扰越大。

当耦合线长度增加时，远端窄脉冲的幅度增大，而近端串扰的宽度增大。

干扰源的正跳变引发正的容性耦合近端串扰和远端串扰，两者均与驱动源的极性相同；反之，引发负的容性耦合串扰。容性耦合串扰如图 5.3 所示。

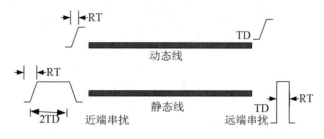

图 5.3　容性耦合串扰噪声

5.1.2　感性耦合机制

动态线上的电流变化将在导体周围产生磁场，而这个磁场会对处于其中的电荷移动产生影响，从而使静态线上出现感性（磁感应）耦合，即动态线在静态线上产生的电压噪声为：

$$V_M = -M_{12} \frac{\mathrm{d}I}{\mathrm{d}t} \tag{5.4}$$

所以动态线上电流 I 的变化经过互感 M_{12} 在静态线上产生耦合电压，该电压在静态线负载阻抗上产生电流。

如图 5.4 所示，当电流 I_1 在电路 1 中流动时，在电路 2 中产生磁通 Φ_{12}，使电路 1、2 之间存在互感 M_{12}。可以用公式简单描述两导线间的感性耦合：

$$M_{12} = \Phi_{12} / I_1 \tag{5.5}$$

$$V_n = -\frac{\mathrm{d}}{\mathrm{d}t} \int_A B \mathrm{d}A = M_{12} \frac{\mathrm{d}I_1}{\mathrm{d}t} \tag{5.6}$$

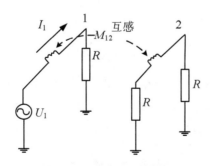

图 5.4　两电路间的感性耦合

对于固定的闭合回路，正弦信号所感应的电压为：

$$V_n = \omega B A \cos\theta \tag{5.7}$$

其中，B 是磁通密度，A 是闭合回路的面积，θ 为交链回路夹角。

可见，减少感性耦合的方法是减小 B、A 或 $\cos\theta$。

由于电流的连续性，感性耦合在静态线的近端和远端传输的耦合电流大小相等，符号相反。因此，当干扰源正跳变时，将引发正的感性耦合近端串扰和负的感性耦合远端串扰。和容性耦合类似，感性耦合在近端也是造成一个较长的信号，该信号持续时间为 2TD。感性耦合在远端也将造成一个窄脉冲信号。从动态线上耦合到静态线上的远端噪声电流总量将集中于这个窄脉冲内，因此，信号上升时间越短，远端串扰越大。

当耦合线长度增加时，远端窄脉冲的幅度增大，而近端串扰的宽度增大。

感性耦合串扰如图 5.5 所示。

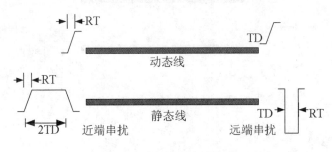

图 5.5　感性耦合串扰噪声

5.1.3　总的串扰

信号线间的串扰由容性耦合和感性耦合共同产生。当信号线处于均匀介质中，如带状线，容性耦合和感性耦合引起的串扰几乎相等。远端串扰极性相反，因此相互抵消；而近端串扰极性相同，因此相互叠加。如果信号线处于非均匀介质中，如微带线，它有一部分电磁场位于介质中，另一部分则暴露在空气中，非均匀介质导致其容性耦合稍小于感性耦合，因此远端串扰并没有完全抵消，而是呈负脉冲。对于不连续地结构，如开缝地、十字开缝地等结构，其感性耦合远大于容性耦合，因此远端串扰为负脉冲，而且幅度很大。

需要注意的是，通常的高速电路中，经常会见到低内阻的驱动器驱动传输线，当传输线负载端匹配时不会出现反射。但是在源端，近端串扰会发生反射且反射系数为负值，从而使近端串扰变为负脉冲并向远端传输，与远端串扰相叠加。

5.1.4　减小串扰的措施

以下是减小串扰的一些方法，原理不再详述。

（1）布线时尽可能增加线的间距，减小线的平行长度，从而减小串扰。

（2）高速信号线在满足条件的情况下，正确的源端端接可以减小或消除反射，从而减小串扰。

（3）对于带状传输线或微带传输线，尽量减小走线到地平面的距离，从而减小串扰。

（4）叠层设计时，尽量使用电源平面或地平面来隔离两个信号层。如果两个信号层不得不相邻时，采用垂直布线。

（5）在串扰较严重的两条线之间插入一条地线，可以起到隔离的作用，从而减小串扰。

（6）尽量避免电源和地平面的分割。如果分割不可避免，尽量让低速信号跨越狭缝。

（7）尽量用差分线传输关键的高速信号（如时钟信号）。

（8）将敏感线布为带状线或嵌入式微带线，减小介质不均匀带来的传播速度变化。

（9）3W 规则：两条相邻信号线边沿间距应至少等于两倍的线宽（信号线中心距 3W）。一般只有重要时钟信号线或关键数据信号线需要考虑。70%的电流分布在 3W 内，而 10W 内分布了 98%的电流。

5.2 不同条件下的串扰分析

5.1 节对串扰进行了原理性分析，下面利用 ANSYS 软件通过 17 个例子对不同条件下的串扰进行更为具体的分析，并一一给出分析结论。

5.2.1 上升沿对串扰的影响

（1）内容：分析上升沿对串扰的影响，参考资源文件 5.1cross_tr.adsn。

（2）参数设置：V_PULSE：TR=TF=tr ns、Vh=1V、Vl=0V、PW=（5-tr）ns、PER=10ns、TONE= 1e+10；源和负载均接 50Ω；耦合微带线（MS_MCPL02）w=8.5mil、p=2000mil、sp=17mil、substrate=FR4。瞬态仿真 3ns，参数扫描 tr 从 0.2ns 到 1.2ns，步长 0.5ns。

（3）设计：启动 Designer，基本步骤请参看 3.6.1 节。最后得到如图 5.6 所示的电路图。

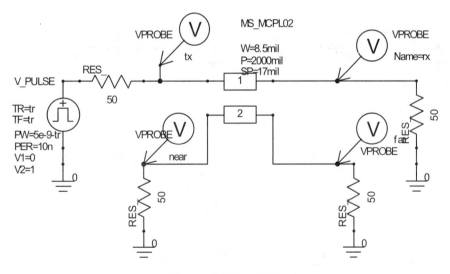

图 5.6 完整的电路图

双击图 5.6 中的 MS_MCPL02，如图 5.7 所示单击 TRL 按钮，然后按照图中步骤进行设置。注意：计算中设置 E=360、Dimension 为 mil、Frequency=1GHz，单击 Synthesis 可得到 P=6569.78mil。可知如果该传输线长度是 6569.78mil，则延时 1ns。

瞬态参数扫描仿真，参数 tr=0.2ns、0.7ns 和 1.2ns，得到如图 5.8 所示的近端串扰和如图 5.9 所示的远端串扰。

分析图 5.8 中的结果：首先可知饱和长度为 tr×6569.78/ns，耦合长度为 2000mil。

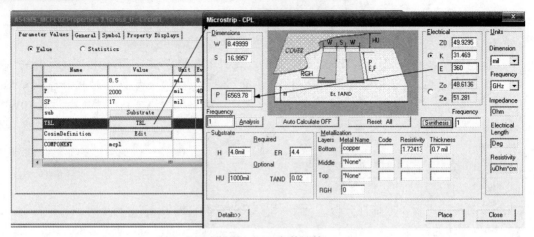

图 5.7　TRL 参数计算

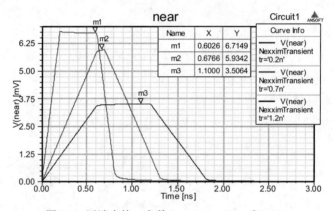

图 5.8　近端串扰，参数 tr=0.2ns、0.7ns 和 1.2ns

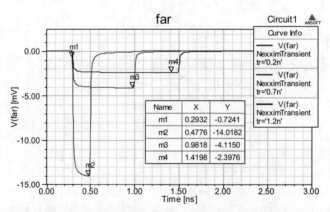

图 5.9　远端串扰，参数 tr=0.2ns、0.7ns 和 1.2ns

1）饱和长度小于耦合长度时，近端噪声电压达到一个稳定值。

2）随着 tr 加大，饱和长度大于耦合长度时，近端噪声电压峰值与饱和长度成反比。

3）近端串扰噪声持续时间到 2TD。本例 TD=2000/6569.78=0.3ns，近端串扰到 2×TD=0.6ns 开始下降。

分析图 5.9 中的结果：

远端噪声出现在 TD=0.3ns 后，脉冲宽度为 tr，脉冲面积恒定，因此脉冲峰值近似与 tr 成反比，本例中 tr=0.2ns 时，vpp=14.0；tr=0.7ns 时，vpp=4.1；tr=1.2ns 时，vpp=2.4。

（4）分析结论：

1）tr 对应的饱和长度小于耦合长度时，近端噪声电压达到一个稳定值。

2）随着 tr 加大，饱和长度大于耦合长度时，近端噪声电压峰值与饱和长度成反比。

3）近端串扰噪声持续时间到 2TD。

4）远端噪声出现在 TD 后，脉冲宽度为 tr，脉冲峰值近似与 tr 成反比。

5.2.2 耦合长度对微带线串扰的影响

（1）内容：分析耦合长度对微带线串扰的影响，参考资源文件 5.2.0cross_L.adsn、5.2.1cross_L.q3dx 和 5.2.2cross_L.adsn。

（2）参数设置：

1）短耦合线情况（传输线耦合长度远小于远端噪声耦合长度），V_PULSE：TR=TF=1 ns、Vh=1V、Vl=0V、PW=10ns、PER=20ns、TONE=1e+10；源和负载均接 50Ω、耦合微带线（MS_MCPL02）w=8.5mil、p=11mil、sp=17mil、substrate=FR4、瞬态仿真 20ns，参数扫描 11 从 1314mil 到 13140mil，步长 1314mil。

2）长耦合线情况（传输线耦合长度比拟远端噪声耦合长度），V_PULSE：TR=TF=t1 ns、Vh=1V、Vl=0V、PW=1000ns、PER=2000ns、TONE=1e+10；源和负载均接50Ω、耦合微带线（MS_MCPL02）w=8.5mil、p=11mil、sp=17mil、substrate=FR4、瞬态仿真 100ns，参数扫描 t1 从 0.1ns 到 1ns，步长 0.9ns；参数扫描 11 从 10000mil 到 20000mil，步长 10000mil。

（3）设计：

1）建立 2D 提参设计。

启动 Q3D Extractor。如图 5.10 所示单击 Tools→Options→General Options 命令来设置选项。

对图 5.11 进行单位设置，Length 为 mil。

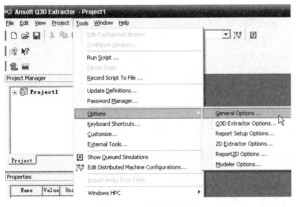

图 5.10　设置选项

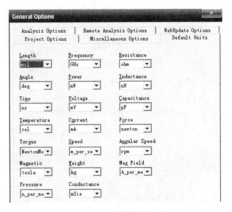

图 5.11　单位设置

如图 5.12 所示，选择 Project1→Insert→Insert 2D Extractor Design 选项加入 2D 提参设计。

如图 5.13 所示，选择 Project1→Rename 选项更改名字。

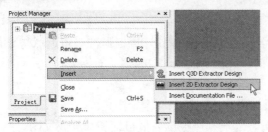

图 5.12　加入 2D 提参设计　　　　　　　　图 5.13　更改名字

2）创建 2D 图形。

按照如图 5.14 所示方式选择 Select 选项来选择材料。

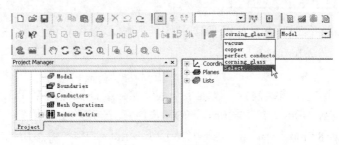

图 5.14　选择材料

如图 5.15 所示，选择理想导体材料（perfect conductor）。

图 5.15　选择理想导体

如图 5.16 所示，单击 Draw→Rectangle 命令或单击 □ 图标来创建矩形。

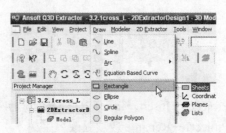

图 5.16　创建矩形

如图 5.17 所示设置矩形起点；如图 5.18 所示设置矩形尺寸；如图 5.19 所示在 Properties 的 Attribute 页中更改 Name 的 Value 来给图形命名，改为 gnd，这样建立了地的 2D 图。

| X: | -100 | Y: | 0 | Z: | 0 | Absolute ▼ | Cartesian ▼ | mil |

图 5.17　设置起点

| dX: | 200 | dY: | -0.7 | dZ: | 0 | Relative ▼ | Cartesian ▼ | mil |

图 5.18　设置尺寸

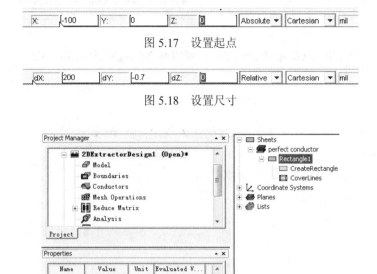

图 5.19　给图形命名

同理单击 Draw→Rectangle 命令或单击 ▭ 图标来创建矩形信号线 t1 和信号线 t2。

最终 perfect conductor 材料建立如下三个 2D 图：

gnd：[X,Y,Z,dX,dY,dZ]=[-100,0,0,200,-0.7,0]

t1：[X,Y,Z,dX,dY,dZ]=[-17,4.8,0,8.5,0.7,0]

t2：[X,Y,Z,dX,dY,dZ]=[8.5,4.8,0,8.5,0.7,0]

在图 5.15 中单击 Add Material 按钮来添加新的材料。如图 5.20 所示设置新材料参数，命名为 Material1，是一个无损介质。单击 OK 按钮后新材料出现在库中，如图 5.21 所示。

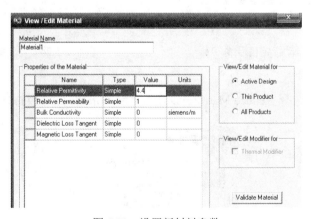

图 5.20　设置新材料参数

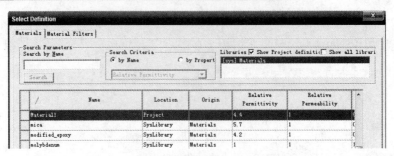

图 5.21　新材料出现在库中

单击 Draw→Rectangle 命令或单击 图标来创建介质矩形。

最终 Material1 材料建立如下 2D 图：

sub：[X,Y,Z,dX,dY,dZ]=[-100,0,0,200,4.8,0]

这样便建立了如图 5.22 所示的完整二维图。

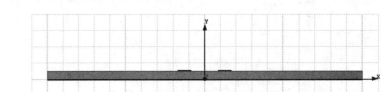

图 5.22　完整二维图

3）定义信号和地。

如图 5.23 所示，选择 Conductors→Auto Assign Signals 选项来自动指定信号线，然后如图 5.24 所示选择 gnd→Toggle→Reference Ground 选项定义参考地。

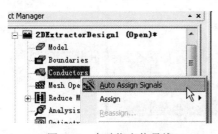

图 5.23　自动指定信号线

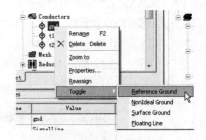

图 5.24　定义参考地

4）定义差分对。

如图 5.25 所示，选择 Reduce Matrix→Diff Pair 选项来建立差分对。

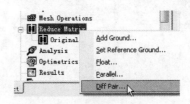

图 5.25　建立差分对

如图 5.26 所示指定差分对为 t1 和 t2，命名为 Pair1，正端参考为 t1。

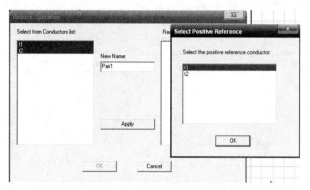

图 5.26　指定差分对、命名以及参考设定

5）建立仿真。

如图 5.27 所示，选择 Analysis→Add Solution Setup 选项，按图 5.28 设置仿真。单击 按钮进行确认检查，如图 5.29 所示显示检查通过，单击 按钮进行仿真。

图 5.27　建立仿真

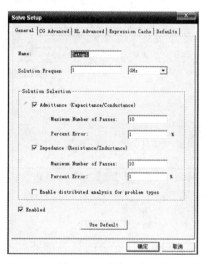

图 5.28　仿真设置

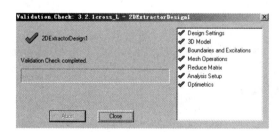

图 5.29　确认检查

6）建立报告。

仿真结束后，如图 5.30 所示，选择 Results→Create Matrix Report→Data Table 选项来建立表格报告。

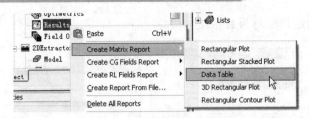

图 5.30　建立表格报告

如图 5.31 所示的报告内容为奇模速度和偶模速度，以及两者倒数之差的倒数来计算远端噪声饱和耦合长度。计算结果如图 5.32 所示，可知该微带线奇模速度为 6.7in/ns，略大于 6.44in/ns 的偶模速度，此时算出的远端噪声饱和耦合长度为对应 1ns 上升沿时的 4m。

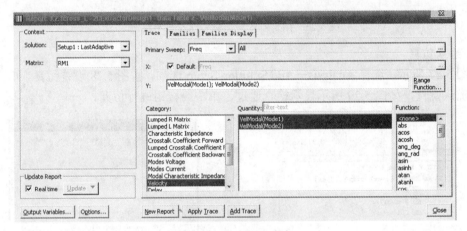

图 5.31　指定报告内容

	Freq [GHz]	VelModal(Mode1) [m_per_sec] Setup1 : LastAdaptive	VelModal(Mode2) [m_per_sec] Setup1 : LastAdaptive	1/(1/VelModal(Mode2)-1/VelModal(Mode1))/10.^9 Setup1 : LastAdaptive
1	1.000000	170526155.428746	163623154.179726	4.042014

Data Table 2　　　2DExtractorDesign1

图 5.32　计算远端噪声饱和耦合长度

启动 Designer，建立的完整电路如图 5.33 所示。为了仿真到远端噪声饱和耦合长度，又建立了长耦合线时的完整电路，如图 5.34 所示。

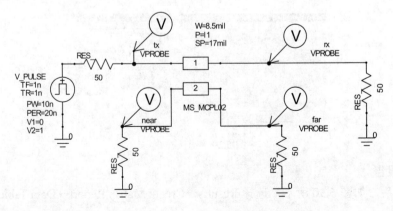

图 5.33　完整电路图

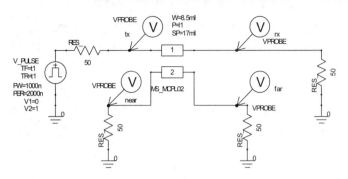

图 5.34　长耦合线时的完整电路图

双击 MS_MCPL02 耦合线，单击 Substrate 及 New 定义两个基层参数，一个是如图 5.35 所示的有耗基层参数，另一个是如图 5.36 所示的无耗基层参数。

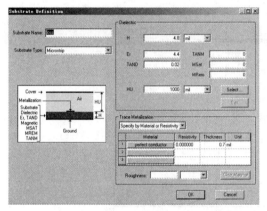

图 5.35　有耗基层参数　　　　　　　图 5.36　无耗基层参数

仿真后得到如图 5.37 所示的近端串扰图，由图 5.7 计算得到 1ns 的饱和长度为 6569.78mil，图 5.37 中的实线为 l1=6570mil。可知耦合长度小于饱和长度时，近端噪声电压峰值与耦合长度成正比；耦合长度大于饱和长度时，近端噪声电压达到一个稳定值。

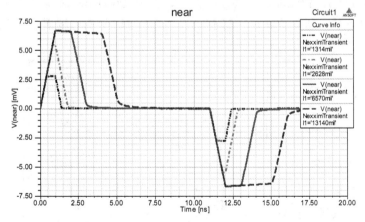

图 5.37　近端串扰，参数 l1=1314mil、2628mil、6570mil 和 13140mil

由如图 5.38 所示的远端串扰图可知，串扰值正比于耦合长度。

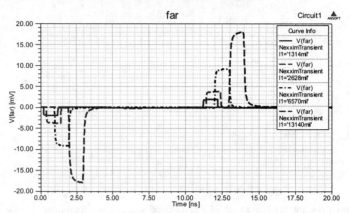

图 5.38　远端串扰，参数 l1=1314mil、2628mil、6570mil 和 13140mil

输出信号延迟正比于传输长度，如图 5.39 所示。

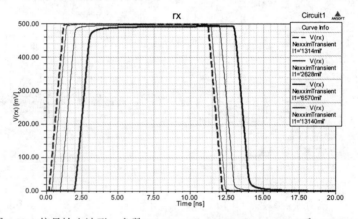

图 5.39　信号输出波形，参数 l1=1314mil、2628mil、6570mil 和 13140mil

图 5.40 为 0.1ns 上升沿脉冲信号在长耦合线的远端耦合噪声图，虚线为 0.1ns 的上升沿、实线为 1ns 的上升沿。由图 5.32 已经算出的远端噪声饱和耦合长度为对应 0.1ns 上升沿时的 15700mil，可以看到 l1=10000mil 时还没有饱和，在 l1=20000mil 时就已经饱和在 V/2 处。由图 5.39 可知 V=0.5 伏，所以饱和在 0.25 伏处。而 1ns 上升沿的远端耦合噪声还远没有饱和。

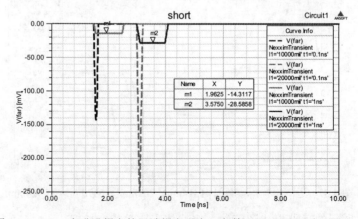

图 5.40　0.1ns 上升沿耦合的远端耦合噪声，参数 l1=10000mil 和 20000mil

加大耦合长度，对 1ns 上升沿来说，157000mil 为远端噪声饱和耦合长度，由图 5.41 可以看到 l1=100000mil 时还没饱和，在 l1=200000mil 时就已经饱和在 V/2=0.25 伏处。而 0.1ns 上升沿的远端耦合噪声（虚线）早已经饱和了。

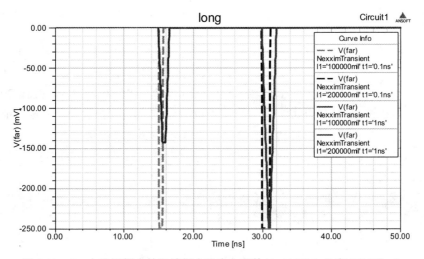

图 5.41　1ns 上升沿耦合的远端耦合噪声，参数 l1=100000mil 和 200000mil

同时还分析了有耗线的长耦合远端串扰情况，如图 5.42 所示，设置的耦合长度为 3 倍的 l1，因此耦合长度为 300000mil 和 600000mil。可知由于传输线的衰减，使得最终的饱和幅值达不到 0.25 伏，同时传输线固有的边沿时间在 300000mil 处为 3.48ns，所以 0.1ns 上升沿和 1ns 上升沿耦合过来的远端串扰噪声已经重合。

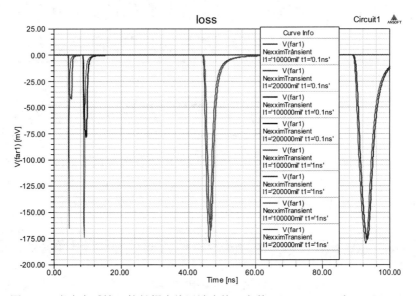

图 5.42　考虑衰减情况的长耦合线远端串扰，参数 l1=100000mil 和 200000mil

（4）分析结论：

1）耦合长度小于饱和长度时，近端噪声电压峰值与耦合长度成正比。

2）耦合长度大于饱和长度时，近端噪声电压达到一个稳定值。

3）当差分信号和共模信号的时延差小于上升沿时间时，远端噪声就与耦合长度成正比。

4）当差分信号和共模信号的时延差大于上升沿时间时，远端噪声稳定在差分幅值的一半处。

由于微带线奇模速度大于偶模速度，因此存在远端耦合噪声。

5.2.3 耦合长度对带状线串扰的影响

（1）内容：分析耦合长度对带状线串扰的影响，参考资源文件 5.3.0cross_L_stripline.adsn 和 5.3.1cross_L_stripline.q3dx。

（2）参数设置：V_PULSE：TR=TF=1 ns、Vh=1V、Vl=0V、PW=10ns、PER=20ns、TONE=1e+10；源和负载均接 50Ω、耦合带状线（SL_MCPL02）w=5mil、p=l2mil、sp=10mil、substrate=FR4、瞬态仿真 20ns，参数扫描 l2 从 1125.2mil 到 11252mil，步长 1125.2mil。

（3）设计：启动 Q3D Extractor。基本步骤请参看 5.2.2 节，建立的 2D 图形尺寸如下。

perfect conductor 材料建立四个 2D 图：

top：[X,Y,Z,dX,dY,dZ]=[-100,13.2,0,200,0.7,0]

t1：[X,Y,Z,dX,dY,dZ]=[-7.5,6.25,0,5,0.7,0]

t2：[X,Y,Z,dX,dY,dZ]=[2.5,6.25,0,5,0.7,0]

bottom：[X,Y,Z,dX,dY,dZ]=[-100,0,0,200,-0.7,0]

由图 5.20 设置的介质材料 Material1 建立一个 2D 图：

sub：[X,Y,Z,dX,dY,dZ]=[-100,0,0,200,13.2,0]

最终得到如图 5.43 所示的完整二维图。

图 5.43 完整的二维图

计算得到如图 5.44 所示的奇模速度和偶模速度，以及两者倒数之差的倒数来计算远端噪声饱和耦合长度。可知带状线的奇模速度几乎等于偶模速度，此时算出的远端噪声饱和耦合长度为对应 1ns 上升沿时的 34m。

Data Table 2 　　2DExtractorDesign1

	Freq [GHz]	VelModal(Mode1) [m_per_sec] Setup1 : LastAdaptive	VelModal(Mode2) [m_per_sec] Setup1 : LastAdaptive	1/(1/VelModal(Mode2)-1/VelModal(Mode1))/10.^9 Setup1 : LastAdaptive
1	1.000000	142924655.633256	143528070.011700	-33.996041

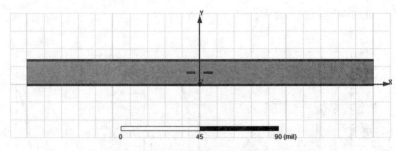

图 5.44 计算远端噪声饱和耦合长度

启动 Designer，建立的完整电路如图 5.45 所示。

双击图 5.45 中的 SL_MCPL02，如图 5.46 所示单击 TRL 按钮，然后按照图中步骤进行设置。注意：计算中设置 E=360、Dimension 为 mil、Frequency=1GHz，单击 Synthesis 可得到 P=5626.79mil。可知如果该传输线长度是 5626.79mil，则延时为 1ns。

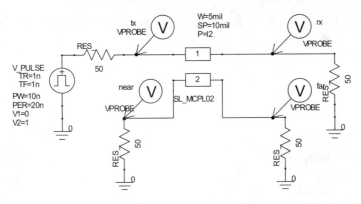

图 5.45 完整电路图

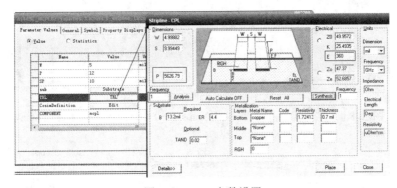

图 5.46 TRL 参数设置

仿真后得到如图 5.47 所示的近端串扰图，由图 5.46 计算得到 1ns 的饱和长度为 5626mil，图 5.47 中的长虚线为 l2=5626mil。可知耦合长度小于饱和长度时，近端噪声电压峰值与耦合长度成正比；耦合长度大于饱和长度时，近端噪声电压达到一个稳定值。

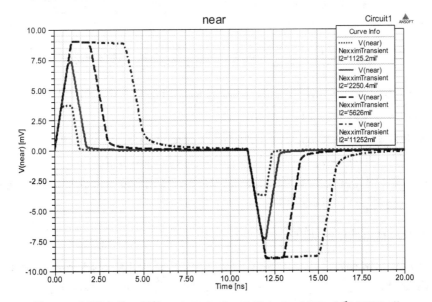

图 5.47 近端串扰，参数 l2=1125.2mil、2250.4mil、5626mil 和 11252mil

远端串扰如图 5.48 所示，信号输出波形如图 5.49 所示。可知远端串扰值非常小，虽然也正比于耦合长度，但输出信号延迟正比于传输长度。

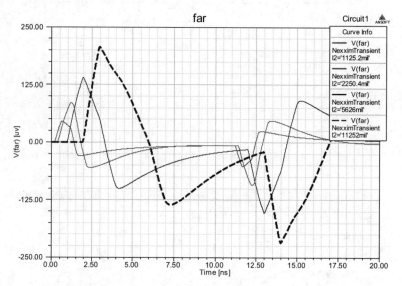

图 5.48　远端串扰，参数 l2=1125.2mil、2250.4mil、5626mil 和 11252mil

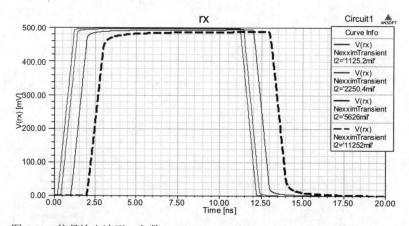

图 5.49　信号输出波形，参数 l2=1125.2mil、2250.4mil、5626mil 和 11252mil

（4）分析结论：

1）耦合长度小于饱和长度时，近端噪声电压峰值与耦合长度成正比。

2）耦合长度大于饱和长度时，近端噪声电压达到一个稳定值。

由于带状线奇模速度几乎等于偶模速度，因此远端耦合噪声非常小，这就是为什么使用厚的阻焊层来减小微带线的远端串扰。

5.2.4　耦合传输线的 SPICE 矩阵

（1）内容：求解耦合传输线的 SPICE 矩阵，参考资源文件 5.4.1cross_matrix.q3dx。

（2）参数设置：建立五条等间距耦合微带线的 SPICE 矩阵，参数见设计部分内容。

（3）设计：启动 Q3D Extractor。基本步骤请参看 5.2.2 节，建立的 2D 图形尺寸如下。

copper 材料建立六个 2D 图：

trace1：[X,Y,Z,dX,dY,dZ]=[-38.25,4.8,0,8.5,0.7,0]

trace2：[X,Y,Z,dX,dY,dZ]=[-21.25,4.8,0,8.5,0.7,0]

trace3：[X,Y,Z,dX,dY,dZ]=[-4.25,4.8,0,8.5,0.7,0]

trace4：[X,Y,Z,dX,dY,dZ]=[12.75,4.8,0,8.5,0.7,0]

trace5：[X,Y,Z,dX,dY,dZ]=[29.75,4.8,0,8.5,0.7,0]

Gnd：[X,Y,Z,dX,dY,dZ]=[-100,0,0,200,-0.7,0]

介质材料 FR4_epoxy 建立一个 2D 图：

sub：[X,Y,Z,dX,dY,dZ]=[-100,0,0,200,4.8,0]

最终得到如图 5.50 所示的完整二维图。

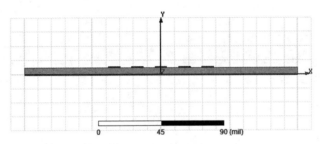

图 5.50　完整二维图

如图 5.51 所示，单击 2D Extractor→Results→Solution Data 命令查看仿真数据。

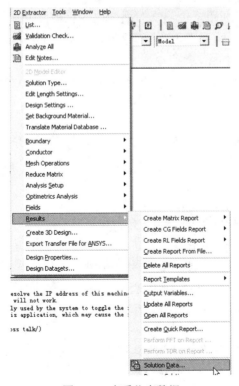

图 5.51　查看仿真数据

得到如图 5.52 所示的电容阵列和如图 5.53 所示的电感阵列。可知对角线上的值很接近，而非对角线上的值急剧下降。由此可见，间距明显影响互耦大小，尤其是从一倍间距到三倍间距的变化。

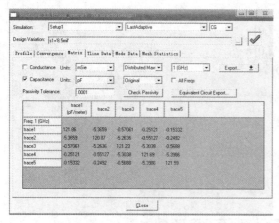

图 5.52　电容阵列

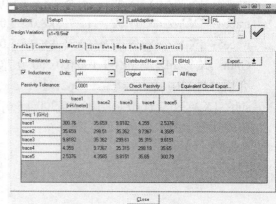

图 5.53　电感阵列

（4）分析结论：

1）耦合串扰可以用 SPICE 模型来理解和分析。

2）间距明显影响互耦大小，尤其是从一倍间距到三倍间距的变化，绝对衰减值很大。

5.2.5　典型间距下传输线的耦合电容和耦合电感

（1）内容：求解典型间距下传输线的耦合电容和耦合电感，参考资源文件 5.5.2cross_comp_1.q3dx、5.5.2cross_comp_2.q3dx 和 5.5.2cross_comp_3.q3dx。

（2）参数设置：见设计部分内容。

（3）设计：启动 Q3D Extractor。基本步骤请参看 5.2.2 节，建立的 2D 图形尺寸如下。

导体均为 Copper 材料，介质均 FR4_epoxy。

1）三倍间距情况。

trace1：[X,Y,Z,dX,dY,dZ]=[-21.25,4.8,0,8.5,0.7,0]

trace2：[X,Y,Z,dX,dY,dZ]=[12.75,4.8,0,8.5,0.7,0]

2）一倍间距情况。

trace1：[X,Y,Z,dX,dY,dZ]=[-12.75,4.8,0,8.5,0.7,0]

trace2：[X,Y,Z,dX,dY,dZ]=[4.25,4.8,0,8.5,0.7,0]

3）加入一倍间距的隔离线情况。

trace1：[X,Y,Z,dX,dY,dZ]=[-21.25,4.8,0,8.5,0.7,0]

trace2：[X,Y,Z,dX,dY,dZ]=[-4.25,4.8,0,8.5,0.7,0]

trace3：[X,Y,Z,dX,dY,dZ]=[12.75,4.8,0,8.5,0.7,0]

地和基层介质为：

Gnd：[X,Y,Z,dX,dY,dZ]=[-100,0,0,200,-0.7,0]

sub：[X,Y,Z,dX,dY,dZ]=[-100,0,0,200,4.8,0]

最终得到如图 5.54 所示的完整二维图，图中上部为三倍间距情况，中部为一倍间距情况，下部为加入一倍间距的隔离线情况。

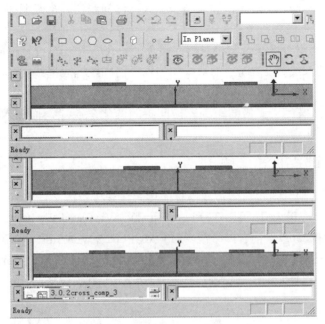

图 5.54 完整二维图（上：三倍间距，中：一倍间距，下：加入一倍间距的隔离线）

如图 5.55 所示为一倍间距的双线集中参数，左图为电容阵列、右图为电感阵列。

	t1 (pF/meter)	t2
Freq: 1 (GHz)		
t1	120.56	-5.3113
t2	-5.3113	120.66

	t1 (nH/meter)	t2
Freq: 1 (GHz)		
t1	303.83	36.016
t2	36.016	303.72

图 5.55 一倍间距的双线集中参数（左：电容阵列，右：电感阵列）

如图 5.56 所示为三倍间距的双线集中参数，左图为电容阵列、右图为电感阵列。

	t1 (pF/meter)	t2
Freq: 1 (GHz)		
t1	120.52	-0.75503
t2	-0.75503	120.79

	t1 (nH/meter)	t2
Freq: 1 (GHz)		
t1	304.58	9.257
t2	9.257	304.72

图 5.56 三倍间距的双线集中参数（左：电容阵列，右：电感阵列）

如图 5.57 所示为加入一倍间距的隔离线的集中参数，左图为电容阵列、右图为电感阵列。

	t1 (pF/meter)	t2	t3
Freq: 1 (GHz)			
t1	121.41	-5.3479	-0.58549
t2	-5.3479	121.39	-5.334
t3	-0.58549	-5.334	120.93

	t1 (nH/meter)	t2	t3
Freq: 1 (GHz)			
t1	301.82	35.578	9.8853
t2	35.578	300.95	35.53
t3	9.8853	35.53	301.64

图 5.57 加入一倍间距的隔离线的集中参数（左：电容阵列，右：电感阵列）

（4）分析结论：

1）近端噪声同相对容性耦合与相对感性耦合之和（$C_{21}/C_{11}+L_{21}/L_{11}$）成正比。

按照一倍间距的双线、三倍间距的双线和加入一倍间距的隔离线顺序，该值分别为 0.162、0.030 和 0.038。

2）远端噪声同相对容性耦合与相对感性耦合之差（$C_{21}/C_{11}-L_{21}/L_{11}$）成正比。

按照一倍间距的双线、三倍间距的双线和加入一倍间距的隔离线顺序，该值分别为 0.074、0.024 和 0.028。

通过比较可知，耦合从一倍间距到三倍间距的变化最明显，而加入隔离线同三倍间距相当。

5.2.6 耦合间距对微带线串扰的影响

（1）内容：分析耦合间距对微带线串扰的影响，参考资源文件 5.6cross_S.adsn。

（2）参数设置：V_PULSE：TR=TF=1ns、Vh=1V、Vl=0V、PW=10ns、PER=20ns、TONE=1e+10；源和负载均接 50Ω、耦合微带线（MS_MCPL02）w=8.5mil、p=7000mil、sp=s mil、substrate=FR4、瞬态仿真 25ns，参数扫描 s 从 8.5mil 到 59.5mil，步长 8.5mil。

（3）设计：启动 Designer。基本步骤请参看第 3.6.1 节。最终的电路如图 5.58 所示。

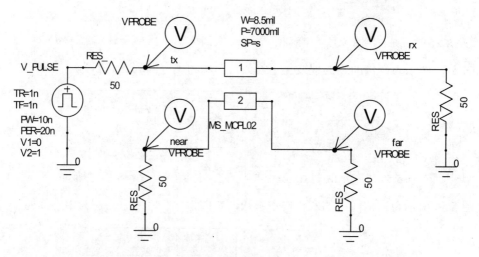

图 5.58　完整电路图

图 5.59 为近端串扰，参数 s=8.5mil、17mil、25.5mil 和 59.5mil。对微带线近端串扰噪声进行对比可知：两倍间距串扰是一倍间距串扰的 36.5%，三倍间距串扰是一倍间距串扰的 18.4%，到七倍间距时降到 4.2%。

图 5.60 为远端串扰，参数 s=8.5mil、17mil、25.5mil 和 59.5mil。对远端串扰噪声进行对比可知：两倍间距串扰是一倍间距串扰的 57.4%，三倍间距串扰是一倍间距串扰的 33.1%，到七倍间距时降到 6.0%。

（4）分析结论：串扰随间距加大而降低，粗略估算间距从一倍拉远到两倍串扰降一半，拉远到三倍串扰再降一半。

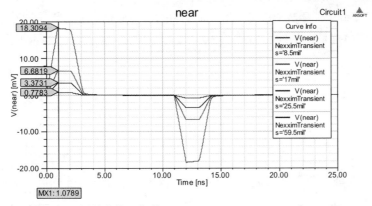

图 5.59　近端串扰，参数 s=8.5mil、17mil、25.5mil 和 59.5mil

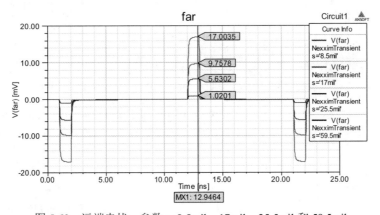

图 5.60　远端串扰，参数 s=8.5mil、17mil、25.5mil 和 59.5mil

5.2.7　耦合间距对带状线串扰的影响

（1）内容：分析耦合间距对带状线串扰的影响，参考资源文件 5.7cross_S_stripline.adsn。

（2）参数设置：V_PULSE：TR=TF=1ns、Vh=1V、Vl=0V、PW=10ns、PER=20ns、TONE=1e+10；源和负载均接 50Ω、耦合带状线（SL_MCPL02）w=5mil、p=7000mil、sp=s1 mil、substrate=FR4、瞬态仿真 20ns，参数扫描 s1 从 5mil 到 35mil，步长 5mil。

（3）设计：启动 Designer。基本步骤请参看 3.6.1 节。最终的电路如图 5.61 所示。

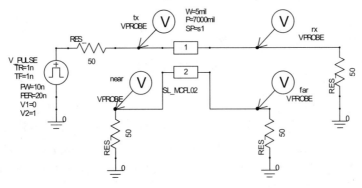

图 5.61　完整电路图

图 5.62 为近端串扰，参数 s=5mil、10mil、15mil 和 35mil。对带状线近端串扰噪声进行对比可知：两倍间距串扰是一倍间距串扰的 30.1%，三倍间距串扰是一倍间距串扰的 9.34%，到七倍时已经接近 0 了。

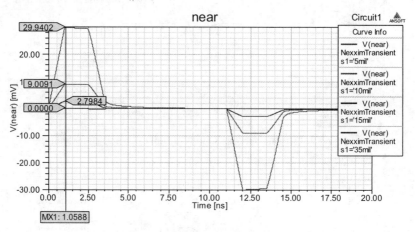

图 5.62　近端串扰，参数 s=5mil、10mil、15mil 和 35mil

图 5.63 为远端串扰，参数 s=5mil、10mil、15mil 和 35mil。远端串扰噪声虽然很小但也可以看到两倍间距串扰是一倍间距串扰的 8.85%。

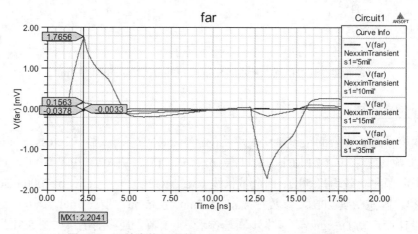

图 5.63　远端串扰，参数 s=5mil、10mil、15mil 和 35mil

（4）分析结论：

1）粗略估算间距从一倍拉远到两倍串扰降 2/3，拉远到三倍串扰再降 2/3。

2）随着间距拉大，带状线比微带线的串扰下降快。

5.2.8　脉冲宽度对串扰的影响

（1）内容：分析脉冲宽度对串扰的影响，参考资源文件 5.8cross_pulse.adsn。

（2）参数设置：V_PULSE：TR=TF=0.5ns、Vh=1V、Vl=0V、PW=pw ns、PER=20ns、TONE=1e+10；源和负载均接 50Ω、耦合微带线（MS_MCPL02）w=8.5mil、p=10000mil、sp=8.5mil、substrate=FR4、瞬态仿真 30ns，参数扫描 pw 从 1ns 到 5ns，步长 1ns。

（3）设计：启动 Designer。基本步骤请参看 3.6.1。最终的电路如图 5.64 所示。

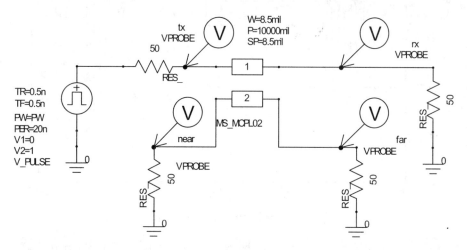

图 5.64　完整电路图

图 5.65 为近端串扰，参数 PW=1ns、2ns、3ns、4ns 和 5ns。可知由信号上升沿造成的串扰和信号下降沿造成的串扰根据 PW 的不同而叠加出不同形状：P=10000mil 的延迟为 1.5ns，因此上升沿造成的近端串扰保持到 3ns，见 m1。当 PW 大于 3ns 时，叠加出的波形不改变原有两边沿引起的两串扰脉冲形状；当 PW 小于 3ns 时，叠加出的波形减小了脉宽且第二个脉冲前沿位置不变，在 m2 处。

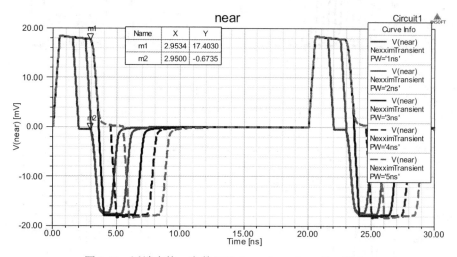

图 5.65　近端串扰，参数 PW=1ns、2ns、3ns、4ns 和 5ns

图 5.66 为远端串扰，参数 PW=1ns、2ns、3ns、4ns 和 5ns。可知由信号上升沿造成的串扰出现于 m1 处为固定，信号下降沿造成的串扰随着 PW 的加大而依次延迟出现。

图 5.67 为信号的输入/输出波形，参数 PW=1ns、2ns、3ns、4ns 和 5ns。实线为输入信号波形，虚线为输出信号波形，仅是脉宽依次加大，延迟相同。

图 5.68 为 PW=1ns 时的四端口信号全图，根据前面分析可知，由于 PW 小于 3ns，所以近端串扰脉宽变窄（虚线），m1 决定 m2，差 3.2ns。

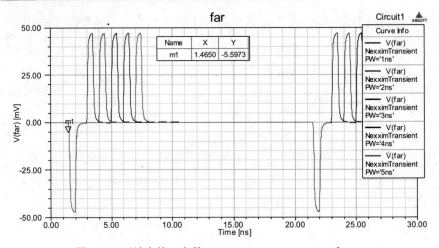

图 5.66 远端串扰，参数 PW=1ns、2ns、3ns、4ns 和 5ns

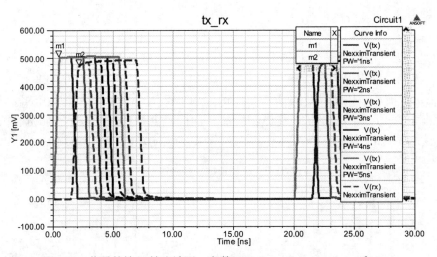

图 5.67 信号的输入/输出波形，参数 PW=1ns、2ns、3ns、4ns 和 5ns

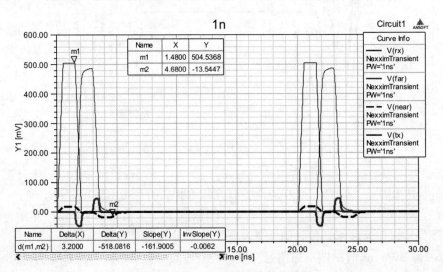

图 5.68 PW=1ns 时的四端口信号图

图 5.69 为 PW=3ns 时的四端口信号全图，根据前面分析可知，由于 PW 等于 3ns，所以近端串扰脉宽在临界边（虚线），m2 决定 m3，差 3.12ns。

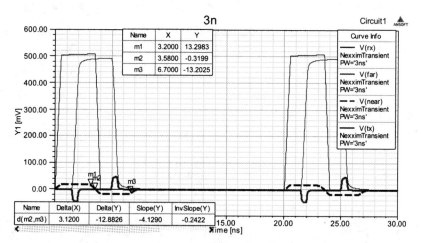

图 5.69　PW=3ns 时的四端口信号图

图 5.70 为 PW=1ns 时的四端口信号全图，根据前面分析可知，由于 PW 大于 3ns，所以近端串扰脉宽不变（虚线），m2 决定 m3，差 3.2ns。

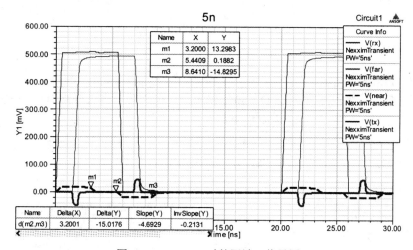

图 5.70　PW=1ns 时的四端口信号图

（4）分析结论：

1）由信号上升沿造成的近端串扰和信号下降沿造成的近端串扰，根据 PW 的不同而叠加出不同形状：上升沿造成的近端串扰脉冲保持在 2TD，当 PW 大于 2TD 时，叠加出的波形不改变原有两边沿引起的两串扰脉冲形状；当 PW 小于 2TD 时，叠加出的波形减小了脉宽且第二个脉冲前沿位置不变。

当然，如果考虑到边沿的 TR 时间，可以根据 PW+TR、PW+2TR、2TD 和 2TD+TR 的大小关系得到更为具体的叠加波形，读者可自行分析。

2）由信号上升沿造成的远端串扰出现于 TD 固定处，信号下降沿造成的远端串扰随着 PW 的加大而依次延迟出现。

5.2.9 负载端匹配下的串扰

前面分析的串扰均是两端都匹配的情况，如果仅一端匹配，串扰波形如何变化？

（1）内容：分析仅在负载端匹配时的串扰影响，参考资源文件 5.9cross_rlmatch.adsn。

（2）参数设置：V_PULSE：TR=TF=1ns、Vh=1V、Vl=0V、PW=5ns、PER=10ns、TONE=1e+10；负载接 50Ω、耦合微带线（MS_MCPL02）w=8.5mil、p=10000mil、sp=8.5mil、substrate=FR4、干扰源阻为 20Ω、被干扰线的源内阻为 rs Ω。瞬态仿真 16ns，参数扫描 rs 从 20Ω 到 80Ω，步长 30Ω。

（3）设计：启动 Designer。基本步骤请参看 3.6.1 节。最终的电路如图 5.71 所示。

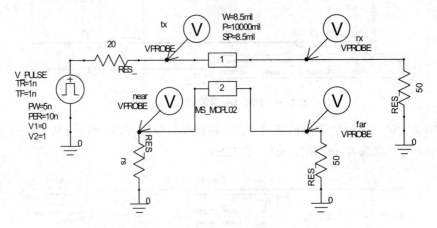

图 5.71 完整电路图

图 5.72 为近端串扰，参数 rs=20Ω、50Ω 和 80Ω。幅度从小到大分别对应 rs=20Ω、50Ω 和 80Ω，即近端串扰随被干扰线的源内阻加大而加大。

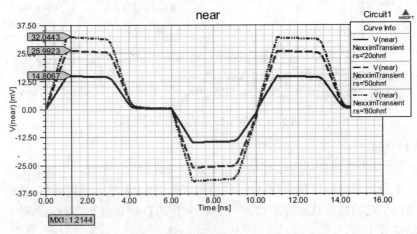

图 5.72 近端串扰，参数 rs=20Ω、50Ω 和 80Ω

图 5.73 为远端串扰，参数 rs=20Ω、50Ω 和 80Ω。幅度从小到大分别对应 rs=80Ω、50Ω 和 20Ω，即远端串扰随被干扰线的源内阻加大而减小。同时可以看到，当源端阻抗失配时，近端串扰反射，传输到远端与远端串扰相叠加。rs=20Ω、50Ω 和 80Ω 时的反射系数分别为负、0、

和正,原来的远端串扰为负脉冲,所以叠加后的远端串扰幅度随被干扰线的源内阻加大而减小。即使如果上升沿很小, 使得远端串扰脉宽很窄时也会影响到。

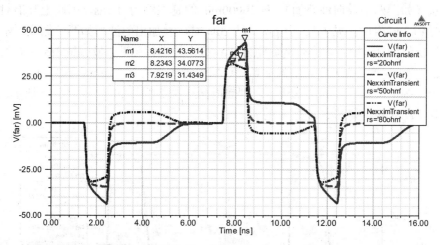

图 5.73 远端串扰,参数 rs=20Ω、50Ω 和 80Ω

(4)分析结论:

1)近端串扰随被干扰线的源内阻加大而加大。

2)当源端阻抗失配时,近端串扰反射,传输到远端与远端串扰相叠加。远端串扰随被干扰线的源内阻加大而减小。

5.2.10 源端匹配下的串扰

(1)内容:分析仅在源端匹配时的串扰影响,参考资源文件 5.10cross_rsmatch.adsn。

(2)参数设置:V_PULSE:TR=TF=0.1ns、Vh=1V、Vl=0V、PW=pw ns、PER=10ns、TONE=1e+10;源匹配 50Ω、耦合微带线(MS_MCPL02)w=8.5mil、p=10000mil、sp=8.5mil、substrate=FR4。瞬态仿真 20ns,参数扫描 pw 从 1ns 到 5ns,步长 2ns。

(3)设计:启动 Designer。基本步骤请看 3.6.1 节。最终的电路如图 5.74 所示。

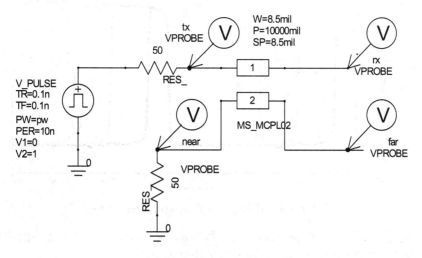

图 5.74 完整电路图

图 5.75 为源端波形，参数 pw=1ns、3ns 和 5ns。可知由信号上升沿阶跃波对应的源端波形和信号下降沿阶跃波对应的源端波形相叠加构成最终的源端波形，而且根据 pw 的不同而叠加出不同形状（如同两个反向波叠加）：P=10000mil 的延迟约为 1.5ns，因此上升沿对应的半幅值台阶保持到 3ns 附近，见 m1。当 pw 大于 3ns 时，叠加出的波形如图点划线所示，即先是半幅值台阶保持到 3ns 附近，然后是宽度为 PW-2TD 的满幅脉冲，最后是 3ns 左右的半幅值台阶到 m3 处；当 pw 等于 3ns 时，仅剩下半幅值信号如虚线所示；当 pw 小于 3ns 时，叠加出的波形为两个半幅值的脉冲，如实线所示，理想时两个脉宽均为 pw，如图 5.75 所示的 m5-m4，脉宽间距为 2TD-PW，如图 5.75 所示的 m6-m5。

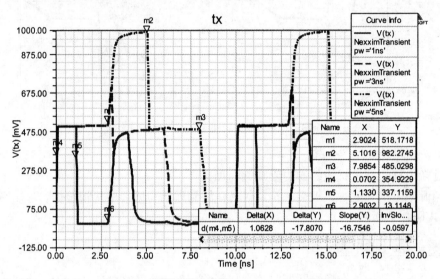

图 5.75　源端波形，参数 pw=1ns、3ns 和 5ns

图 5.76 为负载端波形，参数 pw=1ns、3ns 和 5ns，可知仅是脉宽随 pw 依次加大，延迟相同。

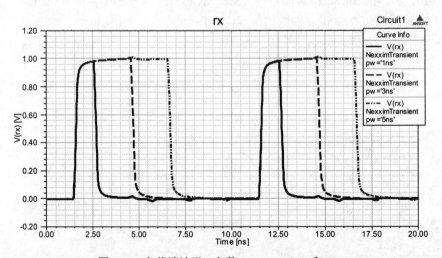

图 5.76　负载端波形，参数 pw=1ns、3ns 和 5ns

图 5.77 是远端串扰，参数 pw=1ns、3ns 和 5ns，可知由信号上升沿造成的串扰出现在固定处，信号下降沿造成的串扰随 pw 的加大而依次延迟出现。

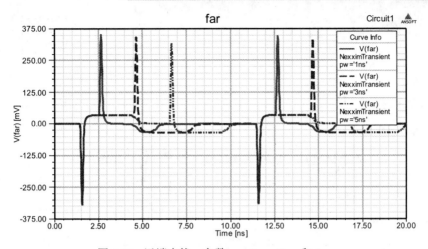

图 5.77　远端串扰，参数 pw=1ns、3ns 和 5ns

　　图 5.78 是近端串扰，参数 pw=1ns、3ns 和 5ns。可知由于负载端没匹配，所以远端串扰噪声反射回近端，加大了原有的近端串扰。

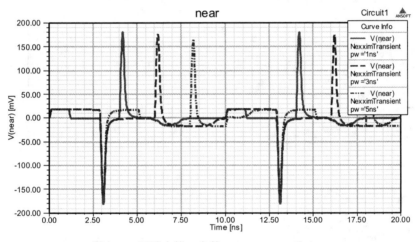

图 5.78　近端串扰，参数 pw=1ns、3ns 和 5ns

　　图 5.79 是 pw=1ns 时的四端口信号图。根据前面分析可知，由于 pw 小于 3ns，所以源端信号波形为两个半幅值的脉冲（细实线），而从远端串扰反射回近端的波形（粗实线）延迟了 TD（如远端峰值 m1 反射回近端峰值 m2，m2 比 m1 延迟了 TD），幅值也有相应的衰减，叠加后加大了近端干扰波形。

　　图 5.80 是 pw=3ns 时的四端口信号图。根据前面分析可知，由于 pw 等于 3ns，所以源端信号波形为半幅值的脉冲（细实线），而从远端串扰反射回近端的波形（粗实线）延迟了 TD，幅值也有相应的衰减，叠加后加大了近端干扰波形。

　　图 5.81 是 pw=5ns 时的四端口信号图。根据前面分析可知，由于 pw 大于 3ns，所以源端信号波形为两边 2TD 宽度的半幅值、中间是宽度为 pw-2TD 的满幅脉冲（细实线），而从远端串扰反射回近端的波形（粗实线）延迟了 TD，幅值也有相应的衰减，叠加后加大了近端干扰波形。

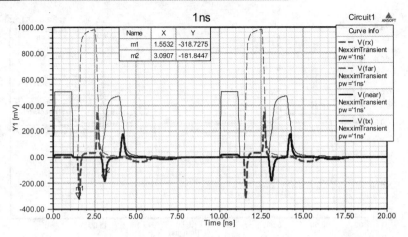

图 5.79　pw=1ns 时的四端口信号图

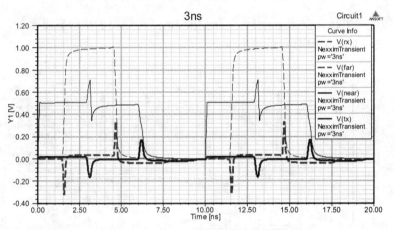

图 5.80　pw=3ns 时的四端口信号图

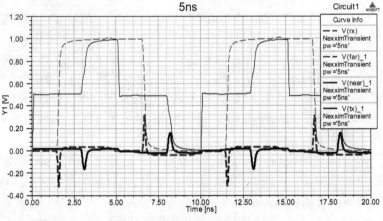

图 5.81　pw=5ns 时的四端口信号图

（4）分析结论：

1）由信号上升沿阶跃波对应的源端波形和信号下降沿阶跃波对应的源端波形相叠加，构成最终的源端波形，而且根据 pw 的不同而叠加出不同形状（如同两个反向波叠加）；

当 pw 大于 2TD 时，叠加出的波形先是半幅值台阶保持到 2TD，然后是宽度为 pw-2TD 的满幅脉冲，最后是 2TD 的半幅值台阶；

当 pw 等于 2TD 时，仅剩下半幅值信号；

当 pw 小于 2TD 时，叠加出的波形为两个半幅值的脉冲，理想时两个脉宽均为 pw，脉宽间距为 2TD-PW。

2）信号上升沿造成的远端串扰出现在固定处，信号下降沿造成的远端串扰随 pw 的加大而依次延迟出现。

3）由于负载端没匹配（高阻），所以远端串扰噪声反射回近端，加大了原有的近端干扰。从远端串扰反射回来的近端干扰延迟了 TD，幅值也有相应的衰减。

5.2.11　不匹配下的串扰

前面分析的串扰均是匹配时的情况，如果两端都不匹配，串扰波形如何变化？

（1）内容：分析两端都不匹配的串扰影响，参考资源文件 5.11cross_nomatch.adsn。

（2）参数设置：V_PULSE：TR=TF=0.1ns、Vh=1V、Vl=0V、PW=30ns、PER=60ns、TONE=1e+10；耦合微带线（MS_MCPL02）w=8.5mil、p=10000mil、sp=8.5mil、substrate=FR4、源内阻为 rsΩ、负载端开路。瞬态仿真 15ns，参数扫描 rs 从 20Ω 到 80Ω，步长 30Ω。

（3）设计：启动 Designer。基本步骤请参看 3.6.1 节。最终的电路如图 5.82 所示，可知当 rs=20Ω 和 80Ω 时两端均没有匹配。

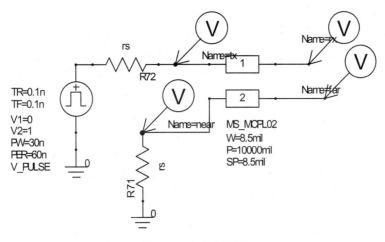

图 5.82　完整电路图

图 5.83 为 rs=20Ω 时的远近端串扰波形，准确说是干扰波形，因为该波形是串扰与反射的叠加。实线是远端串扰波形，虚线是近端串扰波形。可知由于两端均不匹配，使得两端串扰均反射到另一端，相互干扰。如远端串扰峰值 m1 反射到近端干扰 m2，由于负载 rl 大于 50Ω 的传输线特性阻抗，所以反射系数为正，使得 m1 和 m2 极性同向；近端干扰峰值 m2 又反射到远端干扰 m3，由于源阻 rs 小于 50Ω 的传输线特性阻抗，所以反射系数为负，使得 m2 和 m3 极性反向。同理远端干扰 m3 同向反射到近端干扰 m4，m4 反向到 m5，m5 同向到 m6，m6 反向到 m7 等，幅值渐小至稳定。

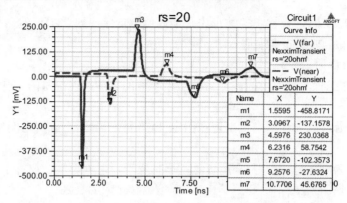

图 5.83 rs=20Ω 时的远近端串扰波形

图 5.84 为 rs=50Ω 时的远近端串扰波形，实线是远端串扰，虚线是近端串扰。可知由于源端匹配而负载端不匹配，所以仅存在一次反射。

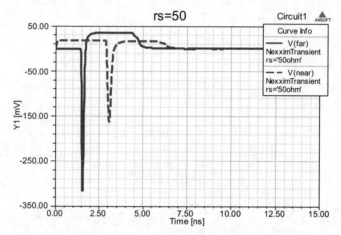

图 5.84 rs=50Ω 时的远近端串扰波形

图 5.85 为 rs=80Ω 时的远近端串扰波形，实线是远端串扰，虚线是近端串扰。可知由于两端均不匹配，使得两端串扰均反射到另一端，相互干扰。同图 5.83 的分析原理一样，只是由于两端阻抗均大于 50Ω 的传输线特性阻抗，所以反射均极性同向。

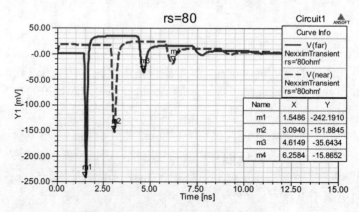

图 5.85 rs=80 Ω 时的远近端串扰波形

（4）分析结论：当两端都不匹配时，使得两端串扰均反射到另一端，相互干扰。即：干扰波形是串扰与反射的叠加。根据端阻抗与传输线特性阻抗的关系决定反射幅值和极性，多次反射后幅值渐小至稳定，这是信号完整性的瞬态特性的体现。

5.2.12　介电常数对串扰的影响

（1）内容：分析保持线宽和特性阻抗不变时，介电常数对串扰的影响，参考资源文件 5.12cross_er.adsn。

（2）参数设置：V_PULSE：TR=TF=1ns、Vh=1V、Vl=0V、PW=10 ns、PER=20ns、TONE= 1e+10；源端和负载端均匹配到 50Ω、耦合微带线（MS_MCPL02）w=8.5mil、p=8000mil、sp=8.5mil。高介电常数为 FR4 材料：er=4.4、h=4.8mil，低介电常数为 GX-PTFE 材料：er=2.55、h=3.3mil。瞬态仿真 30ns。

（3）设计：启动 Designer。基本步骤请参看 3.6.1 节。最终的电路如图 5.86 所示，上图是高介电常数情况，下图是低介电常数情况。

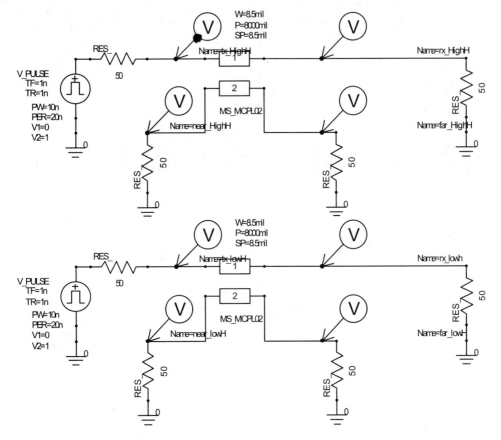

图 5.86　完整电路图（上：高介电常数，下：低介电常数）

图 5.87 为近端串扰，实线为高介电常数，虚线为低介电常数，可知该低介电常数近端串扰减小了 33%。

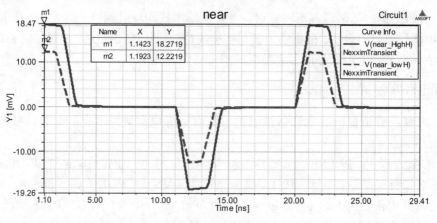

图 5.87 近端串扰

图 5.88 为远端串扰，实线为高介电常数，虚线为低介电常数，可知该低介电常数远端串扰减小了 54%。

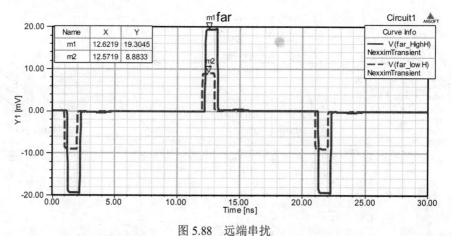

图 5.88 远端串扰

图 5.89 为信号负载端输出波形，可知实线表示的高介电常数延迟于虚线表示的低介电常数。

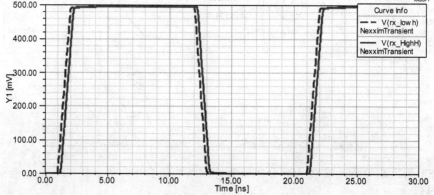

图 5.89 信号负载端输出波形

（4）分析结论：使用低介电常数材料时，为了保证特性阻抗不变而相应采用更小的介质厚度，这样减小了近端串扰和远端串扰。如本例近端串扰减小了 33%，远端串扰减小了 54%。

5.2.13　多条干扰微带线的串扰影响

（1）内容：分析多条干扰微带线的串扰影响，参考资源文件 5.13cross_multi.adsn。

（2）参数设置：分析等间距的九条耦合微带传输线的情况，中间为受干扰信号线，两边的八条线为干扰线。

1）源端匹配情况。V_PULSE：TR=TF=1ns、Vh=vi V、Vl=0V、PW=10ns、PER=20ns、TONE=1e+10；源端匹配到 50Ω、耦合微带线（MS_MCPL09）w=8.5mil、p=8000mil、sp=8.5mil、substrate=FR4：er=4.4、h=4.8mil，瞬态仿真（Nexxim Transient）25ns，参数扫描 vi=0,1。

2）负载端匹配情况。V_PULSE：TR=TF=1ns、Vh=vi V、Vl=0V、PW=10ns、PER=20ns、TONE=1e+10；rs=20Ω、负载端匹配到 50Ω、耦合微带线（MS_MCPL09）w=8.5mil、p=8000mil、sp=8.5mil、substrate=FR4：er=4.4、h=4.8mil，瞬态仿真 25ns，参数扫描 vi=0,1。

（3）设计：启动 Designer。基本步骤请参看 3.6.1 节。最终的电路源端匹配情况如图 5.90 所示，负载端匹配情况如图 5.91 所示。

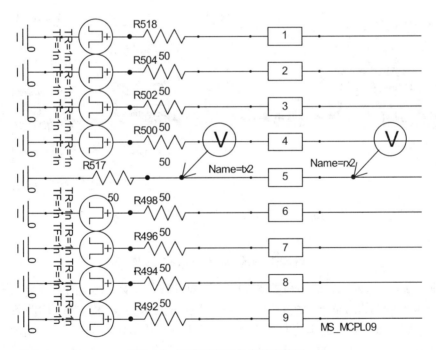

图 5.90　源端匹配时的完整电路图

图 5.92 为负载端匹配时的近端串扰，虚线为来自最靠近受干扰线的一条干扰线的串扰，接着依次是来自最近的两条干扰线的串扰（在被干扰线的两边）、来自最近的四条干扰线的串扰、来自最近的六条干扰线的串扰和来自全部八条干扰线的串扰。可知等间距情况下，来自最近的一条干扰线的串扰为 2%，来自最近的两条干扰线的串扰为 4%，几乎等于来自全部八条干扰线的串扰。

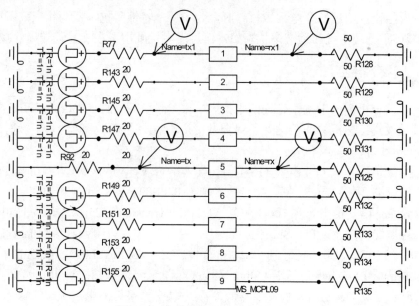

图 5.91　负载端匹配时的完整电路图

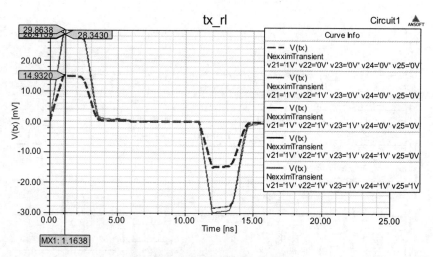

图 5.92　负载端匹配时的近端串扰

图 5.93 为负载端匹配时的远端串扰，虚线为来自最靠近受干扰线的一条干扰线的串扰，接着依次是来自最近的两条干扰线的串扰（在被干扰线的两边）、来自最近的四条干扰线的串扰、来自最近的六条干扰线的串扰和来自全部八条干扰线的串扰。可知等间距情况下，来自最近的一条干扰线的串扰为 5.1%，来自最近的两条干扰线的串扰为 10.3%，几乎等于来自全部八条干扰线的串扰。

图 5.94 为源端匹配时的近端串扰，虚线为来自最靠近受干扰线的一条干扰线的串扰，接着依次是来自最近的两条干扰线的串扰（在被干扰线的两边）、来自最近的四条干扰线的串扰、来自最近的六条干扰线的串扰和来自全部八条干扰线的串扰。可知等间距情况下，来自最近的一条干扰线的串扰为 1.94%，来自最近的两条干扰线的串扰为 3.88%，几乎等于来自全部八条干扰线的串扰。

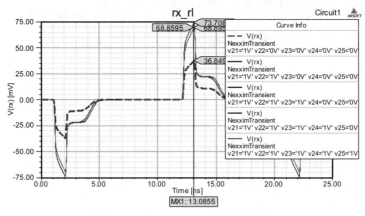

图 5.93　负载端匹配时的远端串扰

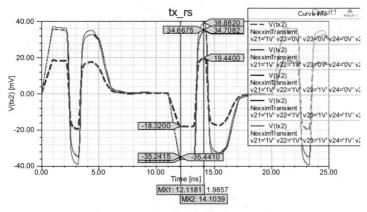

图 5.94　源端匹配时的近端串扰

图 5.95 为源端匹配时的远端串扰，虚线为来自最靠近受干扰线的一条干扰线的串扰，接着依次是来自最近的两条干扰线的串扰（在被干扰线的两边）、来自最近的四条干扰线的串扰、来自最近的六条干扰线的串扰和来自全部八条干扰线的串扰。可知等间距情况下，来自最近的一条干扰线的串扰为 3.59%，来自最近的两条干扰线的串扰为 7.18%，几乎等于来自全部八条干扰线的串扰。

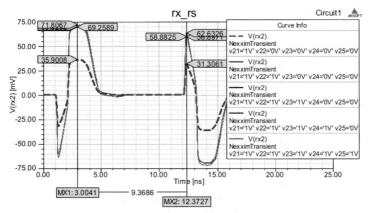

图 5.95　源端匹配时的远端串扰

（4）分析结论：从等间距条件下的多条干扰微带线的串扰分析可知，来自最近的两条干扰线（在被干扰线的两边）的串扰为来自最近的一条干扰线的串扰的两倍，几乎等于来自全部干扰线的串扰。

因此有多条等间距干扰线时，一般可算出来自最近的一条干扰线的串扰噪声，然后乘以2.1 倍便是最差情况。

5.2.14　多条干扰带状线的串扰影响

（1）内容：分析多条干扰带状线的串扰影响，参考资源文件 5.14cross_multi_stripline.adsn。

（2）参数设置：分析等间距的九条耦合带状传输线的情况，中间为受干扰信号线，两边的八条线为干扰线。

1）源端匹配情况。V_PULSE：TR=TF=1ns、Vh=vi V、Vl=0V、PW=10ns、PER=20ns、TONE=1e+10；源端匹配到 50Ω、耦合带状线（SL_MCPL09）w=5mil、p=8000mil、sp=5mil、substrate=FR4：er=4.4、B=13.2mil，瞬态仿真（Nexxim Transient）25ns，参数扫描 vi=0,1。

2）负载端匹配情况。V_PULSE：TR=TF=1ns、Vh=vi V、Vl=0V、PW=10ns、PER=20ns、TONE=1e+10；rs=20Ω；负载端匹配到 50Ω、耦合带状线（SL_MCPL09）w=5mil、p=8000mil、sp=5mil、substrate=FR4：er=4.4、B=13.2mil，瞬态仿真 25ns，参数扫描 vi=0,1。

（3）设计：启动 Designer。基本步骤请参看 3.6.1 节。最终的电路源端匹配情况如图 5.96所示，负载端匹配情况如图 5.97 所示。

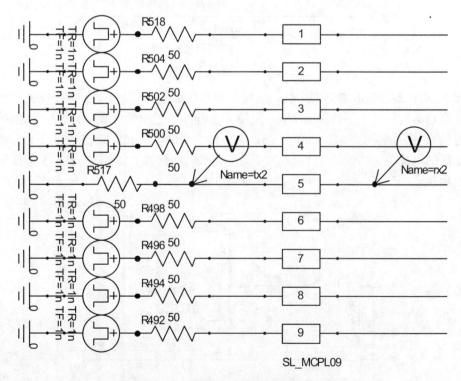

图 5.96　源端匹配时的完整电路图

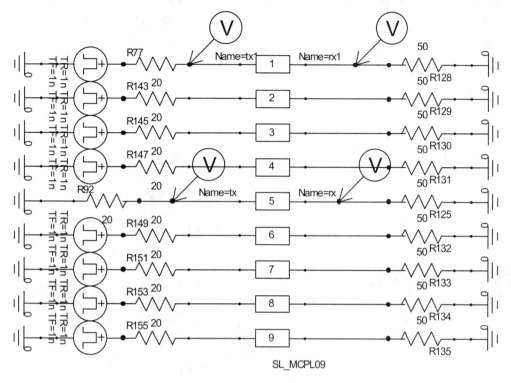

图 5.97 负载端匹配时的完整电路图

图 5.98 为负载端匹配时的近端串扰，虚线为来自最靠近受干扰线的一条干扰线的串扰，接着依次是来自最近的两条干扰线的串扰（在被干扰线的两边）、来自最近的四条干扰线的串扰、来自最近的六条干扰线的串扰和来自全部八条干扰线的串扰。可知等间距情况下，来自最近的一条干扰线的串扰为 3.47%，来自最近的两条干扰线的串扰为 6.93%，几乎等于来自全部八条干扰线的串扰。

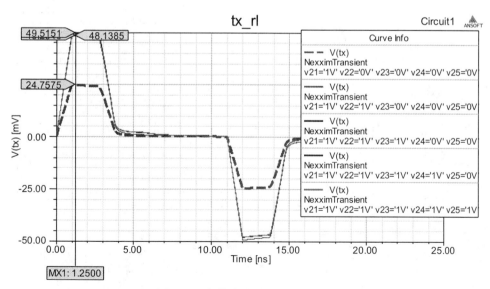

图 5.98 负载端匹配时的近端串扰

图 5.99 为负载端匹配时的远端串扰，虚线为来自最靠近受干扰线的一条干扰线的串扰，接着依次是来自最近的两条干扰线的串扰（在被干扰线的两边）、来自最近的四条干扰线的串扰、来自最近的六条干扰线的串扰和来自全部八条干扰线的串扰。可知等间距情况下，来自最近的一条干扰线的串扰为 2.3%，来自最近的两条干扰线的串扰为 4.6%，来自全部八条干扰线的串扰为 5.1%。

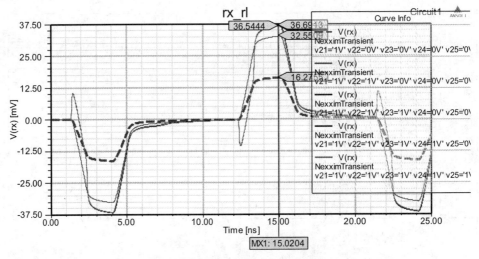

图 5.99　负载端匹配时的远端串扰

图 5.100 为源端匹配时的近端串扰，虚线为来自最靠近受干扰线的一条干扰线的串扰，接着依次是来自最近的两条干扰线的串扰（在被干扰线的两边）、来自最近的四条干扰线的串扰、来自最近的六条干扰线的串扰和来自全部八条干扰线的串扰。可知等间距情况下，来自最近的一条干扰线的串扰为 3.2%，来自最近的两条干扰线的串扰为 6.4%，来自全部八条干扰线的串扰为 8.1%。

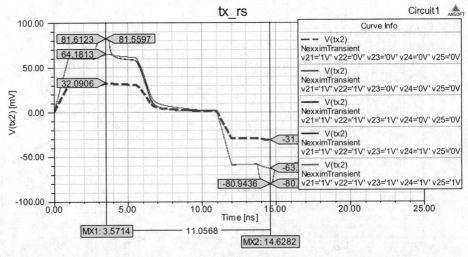

图 5.100　源端匹配时的近端串扰

图 5.101 为源端匹配时的远端串扰，虚线为来自最靠近受干扰线的一条干扰线的串扰，接

着依次是来自最近的两条干扰线的串扰（在被干扰线的两边）、来自最近的四条干扰线的串扰、来自最近的六条干扰线的串扰和来自全部八条干扰线的串扰。可知等间距情况下，来自最近的一条干扰线的串扰为 5.9%，来自最近的两条干扰线的串扰为 12.0%，几乎等于来自全部八条干扰线的串扰。

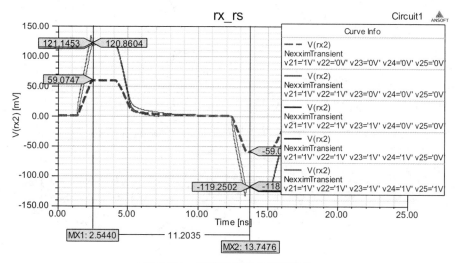

图 5.101　源端匹配时的远端串扰

（4）分析结论：从等间距条件下的多条干扰带状线的串扰分析可知，来自最近的两条干扰线（在被干扰线的两边）的串扰为来自最近的一条干扰线的串扰的两倍，几乎等于来自全部干扰线的串扰。

5.2.15　负载端匹配下防护线对串扰的影响

（1）内容：分析负载端匹配下防护线对串扰的影响，参考资源文件 5.15cross_protect_rl.adsn 和 5.15cross_protect_rl_stripline.adsn。

（2）参数设置：

1）耦合微带线情况：V_PULSE：TR=TF=1ns、V1=0V、V2=1V、PW=10ns、PER=20ns、TONE=1e+10；干扰线源内阻 20Ω、负载端匹配到 50Ω，被干扰线的源端和负载端均匹配到 50Ω，耦合微带线（MS_MCPL03）w=8.5mil、p=10000mil、sp=8.5mil、substrate=FR4：er=4.4、h=4.8mil，瞬态仿真 30ns。

防护线分别为：开路、短路和匹配 50Ω。

2）耦合带状线情况：V_PULSE：TR=TF=1ns、V1=0V、V2=1V、PW=10ns、PER=20ns、TONE=1e+10；干扰线源内阻 20Ω、负载端匹配到 50Ω，被干扰线的源端和负载端均匹配到 50Ω，耦合带状线（SL_MCPL03）w=5mil、p=10000mil、sp=5mil、substrate=FR4：er=4.4、B=13.2mil，瞬态仿真 30ns。

防护线分别为开路、短路和匹配 50Ω。

（3）设计：启动 Designer。基本步骤请参看 3.6.1 节。最终的电路如图 5.102 所示，上图是防护线开路时情况，中图是防护线短路时情况，下图是防护线匹配时情况。为了进一步比较，计算了同参数下两根传输线的一倍间距和三倍间距的情况。

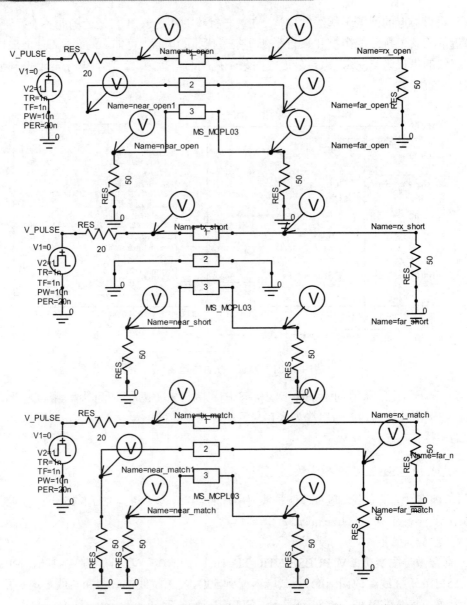

图 5.102　完整电路图（上：防护线开路　中：防护线短路　下：防护线匹配）

　　首先分析微带线的情况。图 5.103 为近端串扰的情况。m1、m2、m3、m4 和 m5 分别标注在一倍间距、三倍间距、防护线短路、防护线开路和防护线匹配的波形上。可知此时防护线开路略大于防护线短路，防护线匹配时明显小。

　　图 5.104 为远端串扰的情况。m1、m2、m3、m4 和 m5 分别标注在防护线开路、防护线匹配、防护线短路、三倍间距和一倍间距的波形上。为了看清楚，图 5.105 将远端串扰局部放大，可知此时从大到小顺序为防护线开路、防护线匹配和防护线短路。

　　图 5.106 为防护线上的远端串扰，可知防护线开路时防护线上的远端串扰（虚线）明显大于防护线匹配时防护线上的远端串扰（实线），因此防护线开路时的屏蔽效果还不如不加防护线的情况。

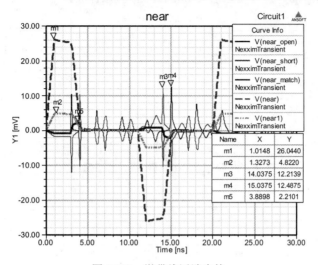

图 5.103　微带线近端串扰

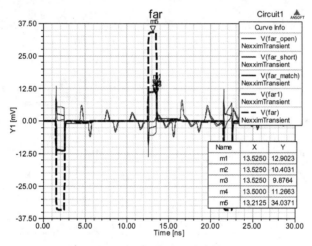

图 5.104　微带线远端串扰

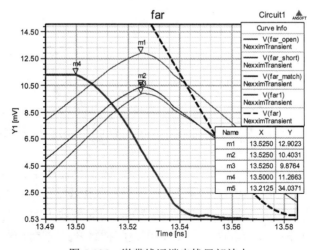

图 5.105　微带线远端串扰局部放大

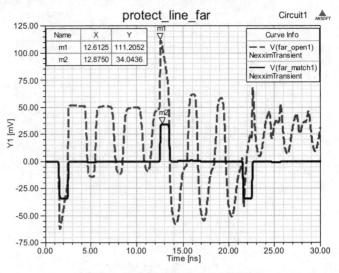

图 5.106　微带线防护线上的远端串扰

　　图 5.107 为防护线上的近端串扰，可知防护线开路时防护线上的近端串扰（虚线）明显大于防护线匹配时防护线上的近端串扰（实线）。因此防护线开路时的屏蔽效果还不如不加防护线的情况。

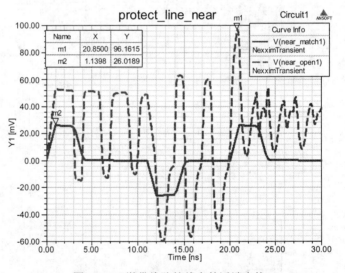

图 5.107　微带线防护线上的近端串扰

　　对于带状线情况也进行了分析。图 5.108 为近端串扰的情况。m1、m2、m3、m4 和 m5 分别标注在一倍间距、三倍间距、防护线短路、防护线匹配和防护线开路的波形上。可知此时从大到小顺序为防护线开路、防护线短路和防护线匹配。

　　图 5.109 为远端串扰的情况。m1、m2、m3、m4 和 m5 分别标注在防护线开路、防护线短路、防护线匹配、一倍间距和三倍间距的波形上。可知，三种防护线接法均大大增加了远端噪声。

　　图 5.110 为防护线上的远端串扰，可知防护线开路时防护线上的远端串扰（虚线）明显大于防护线匹配时防护线上的远端串扰（实线），因此防护线开路时的屏蔽效果还不如不加防护线的情况。

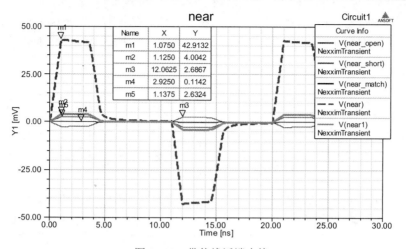

图 5.108　带状线近端串扰

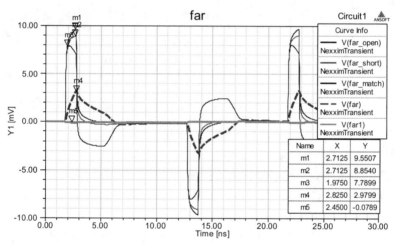

图 5.109　带状线远端串扰

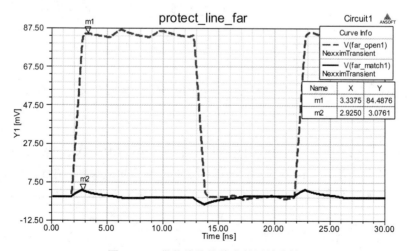

图 5.110　带状线防护线上的远端串扰

图 5.111 为防护线上的近端串扰，可知防护线开路时防护线上的近端串扰（虚线）明显大于防护线匹配时防护线上的近端串扰（实线）。因此防护线开路时的屏蔽效果还不如不加防护线的情况。

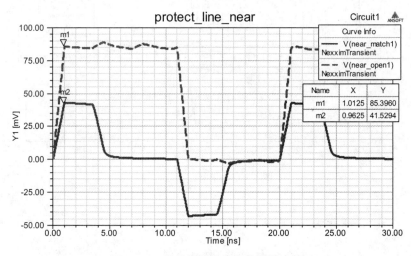

图 5.111　带状线防护线上的近端串扰

（4）分析结论：

1）对于微带线的近端串扰，防护线开路略大于防护线短路，防护线匹配时串扰明显小。

2）对于微带线的远端串扰，从大到小顺序为防护线开路、防护线匹配和防护线短路。

3）对于微带线，防护线开路时防护线上的串扰明显大于防护线匹配时防护线上的串扰，因此防护线开路时的屏蔽效果还不如不加防护线的情况。

4）对于带状线的近端串扰，从大到小顺序为防护线开路、防护线短路和防护线匹配。

5）对于带状线的远端串扰，同不加防护线相比，三种防护线接法均大大增加了远端噪声。

6）对于带状线，防护线开路时防护线上的串扰明显大于防护线匹配时防护线上的串扰，因此防护线开路时的屏蔽效果还不如不加防护线的情况。

总之选择用防护线进行屏蔽时，应该用短路防护线或匹配防护线形式，两者在不同情况下互有大小。

5.2.16　源端匹配下的防护线对串扰的影响

（1）内容：分析源端匹配下的防护线对串扰的影响，参考资源文件 5.16cross_protect_rs.adsn 和 5.16cross_protect_rs_stripline.adsn。

（2）参数设置：

1）耦合微带线情况：V_PULSE：TR=TF=1ns、V1=0V、V2=1V、PW=10ns、PER=20ns、TONE=1e+10；干扰线源端匹配到 50Ω，被干扰线的源端和负载端均匹配到 50Ω，耦合微带线（MS_MCPL03）w=8.5mil、p=10000mil、sp=8.5mil、substrate=FR4：er=4.4、h=4.8mil，瞬态仿真 30ns。

防护线分别为开路、短路和匹配 50Ω。

2）耦合带状线情况：V_PULSE：TR=TF=1ns、V1=0V、V2=1V、PW=10ns、PER=20ns TONE=

1e+10；干扰线源端匹配到 50Ω，被干扰线的源端和负载端均匹配到 50Ω，耦合带状线
（SL_MCPL03）w=5mil、p=10000mil、sp=5mil、substrate=FR4：er=4.4、B=13.2mil，瞬态仿
真 30ns。

　　防护线分别为开路、短路和匹配 50Ω。

　　（3）设计：启动 Designer。基本步骤请参看 3.6.1 节。最终的电路如图 5.112 所示。上图
是防护线开路时的情况，中图是防护线短路时的情况，下图是防护线匹配时的情况。为了进一
步比较，计算了同参数下两根传输线的一倍间距和三倍间距的情况。

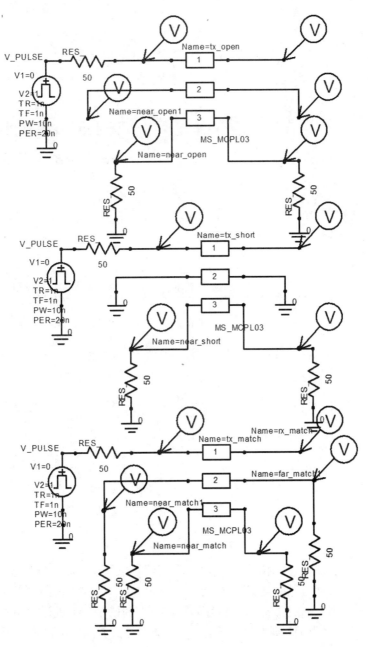

图 5.112　完整电路图（上：防护线开路，中：防护线短路，下：防护线匹配）

首先分析微带线的情况。图 5.113 为近端串扰的情况。m1、m2、m3、m4 和 m5 分别标注在一倍间距、三倍间距、防护线开路、防护线短路和防护线匹配的波形上。可知此时防护线开路大于防护线短路，防护线匹配时最小。

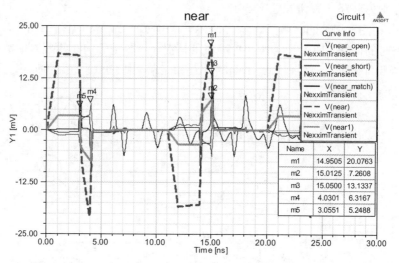

图 5.113　微带线近端串扰

图 5.114 为远端串扰的情况。m1、m2、m3、m4 和 m5 分别标注在一倍间距、三倍间距、防护线开路、防护线短路和防护线匹配的波形上，可知此时从大到小顺序为防护线开路、防护线短路和防护线匹配。

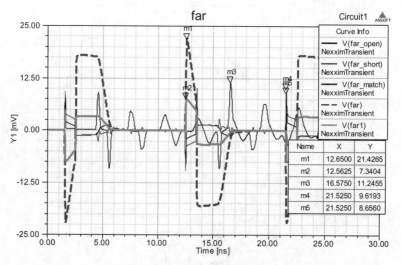

图 5.114　微带线远端串扰

图 5.115（a）是负载端的输出信号，可以看到信号电平有波动，局部放大如图 5.115（b）所示，虚线表示有开路防护线时的信号输出信号，可知此时叠加的噪声波动最大。

图 5.116 为防护线上的远端串扰，可知防护线开路时防护线上的远端串扰（虚线）明显大于防护线匹配时防护线上的远端串扰（实线），因此防护线开路时的屏蔽效果还不如不加防护线的情况。

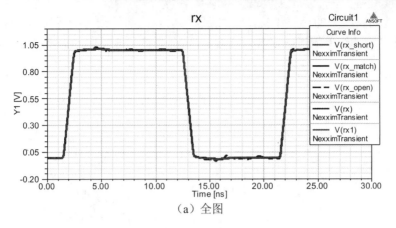

（a）全图

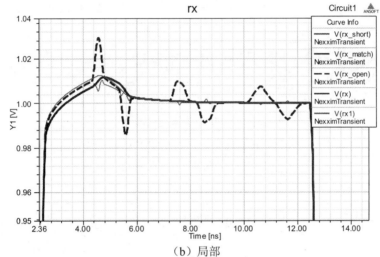

（b）局部

图 5.115 负载端输出信号

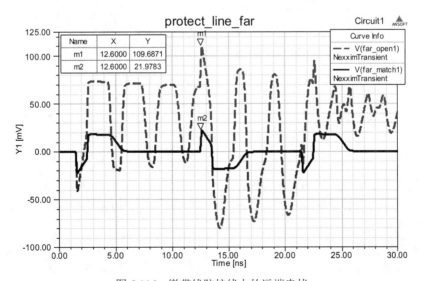

图 5.116 微带线防护线上的远端串扰

图 5.117 为防护线上的近端串扰，可知防护线开路时防护线上的近端串扰（虚线）明显大于防护线匹配时防护线上的近端串扰（实线）。因此防护线开路时的屏蔽效果还不如不加防护线的情况。

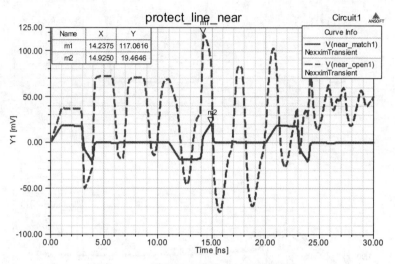

图 5.117　微带线防护线上的近端串扰

对带状线情况也进行了分析。图 5.118 为近端串扰的情况。m1、m2、m3、m4 和 m5 分别标注在一倍间距、三倍间距、防护线开路、防护线短路和防护线匹配的波形上。可知此时防护线开路大于防护线短路，防护线匹配时最小。

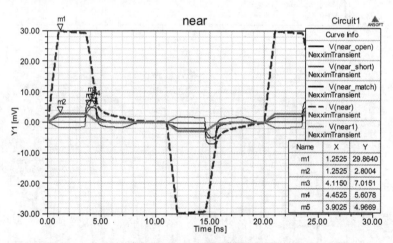

图 5.118　带状线近端串扰

图 5.119 为远端串扰的情况。m1、m2、m3、m4 和 m5 分别标注在一倍间距、三倍间距、防护线开路、防护线短路和防护线匹配的波形上。可知，防护线短路略小于防护线匹配，而防护线开路大于它们。

图 5.120 为防护线远端串扰，可知防护线开路时防护线上的远端串扰（虚线）明显大于防护线匹配时防护线上的远端串扰（实线），因此防护线开路时的屏蔽效果还不如不加防护线的情况。

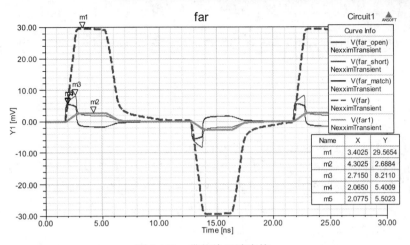

图 5.119　带状线远端串扰

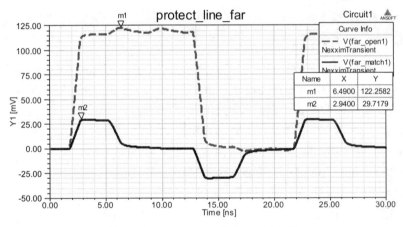

图 5.120　带状线防护线上的远端串扰

　　图 5.121 为防护线近端串扰，可知防护线开路时防护线上的近端串扰（虚线）明显大于防护线匹配时防护线上的近端串扰（实线）。因此防护线开路时的屏蔽效果还不如不加防护线的情况。

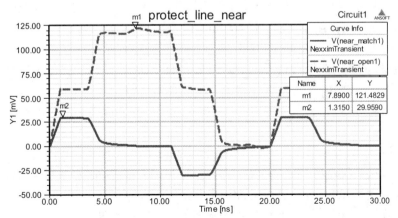

图 5.121　带状线防护线上的近端串扰

（4）分析结论：

有开路防护线时的信号输出，叠加的噪声波动最大，即此时干扰信号线的输出信号也明显受到干扰。

1）对于微带线的近端串扰，防护线开路大于防护线短路，防护线匹配时最小。

2）对于微带线的远端串扰，从大到小顺序为防护线开路、防护线短路和防护线匹配。

3）对于微带线，防护线开路时防护线上的串扰明显大于防护线匹配时防护线上的串扰，因此防护线开路时的屏蔽效果还不如不加防护线的情况。

4）对于带状线的近端串扰，防护线开路大于防护线短路，防护线匹配时最小。

5）对于带状线的远端串扰，防护线短路略小于防护线匹配，而防护线开路大于它们。

6）对于带状线，防护线开路时防护线上的串扰明显大于防护线匹配时防护线上的串扰，因此防护线开路时的屏蔽效果还不如不加防护线的情况。

总之选择用防护线进行屏蔽时，应该用短路防护线或匹配防护线形式，两者在不同情况下互有大小。

5.2.17　干扰时序对信号的影响

（1）内容：分析干扰时序对信号的影响，参考资源文件 5.17cross_timing_rl.adsn、5.17cross_timing_rs.adsn、5.17cross_timing_rs_stripline.adsn 和 5.17cross_timing_rl_stripline.adsn。

（2）参数设置：两个干扰源在信号线两边且等间距。

1）负载端匹配的耦合微带线情况：V_PULSE：TR=TF=1ns、V1=0V、V2=1V、PW=10ns、PER=20ns、TONE=1e+10；源内阻 20Ω、负载端匹配到 50Ω，耦合微带线（MS_MCPL03）w=8.5mil、p=20000mil、sp=8.5mil、substrate=FR4：er=4.4、h=4.8mil，瞬态仿真 30ns。两边的干扰线分别为同相和反相。

2）负载端匹配的耦合带状线情况：V_PULSE：TR=TF=1ns、V1=0V、V2=1V、PW=10ns、PER=20ns、TONE=1e+10；源内阻 20Ω、负载端匹配到 50Ω，耦合带状线（SL_MCPL03）w=5mil、p=20000mil、sp=5mil、substrate=FR4：er=4.4、B=13.2mil，瞬态仿真 30ns。两边的干扰线分别为同相和反相。

3）源端匹配的耦合微带线情况：V_PULSE：TR=TF=1ns、V1=0V、V2=1V、PW=10ns、PER=20ns、TONE=1e+10；源匹配到 50Ω，耦合微带线（MS_MCPL03）w=8.5mil、p=20000mil、sp=8.5mil、substrate=FR4：er=4.4、h=4.8mil，瞬态仿真 30ns。两边的干扰线分别为同相和反相。

4）源端匹配的耦合带状线情况：V_PULSE：TR=TF=1ns、V1=0V、V2=1V、PW=10ns、PER=20ns、TONE=1e+10；源匹配到 50Ω，耦合带状线（SL_MCPL03）w=5mil、p=20000mil、sp=5mil、substrate=FR4：er=4.4、B=13.2mil，瞬态仿真 30ns。两边的干扰线分别为同相和反相。

（3）设计：启动 Designer。基本步骤请参看 3.6.1 节。由于拓扑相同，所以仅给出微带线时的电路图，带状线仅是将 MS_MCPL03 换成 SL_MCPL03，并进行相应参数设置。最终负载端匹配的电路如图 5.122 所示，源端匹配的电路如图 5.123 所示。

图 5.124 为负载端匹配的耦合微带线的输出信号，虚线为两边的干扰信号同相，可知干扰同相时的被干扰信号线输出信号延迟于干扰反相时。这是因为同相时电力线大多在介质中，反

相时电力线有许多在空气中，所以同相的有效介电常数大一些、速度慢一些。同时由于反相干扰信号设置的幅值相同，所以干扰幅度抵销，被干扰信号线输出波形比同相时完整。

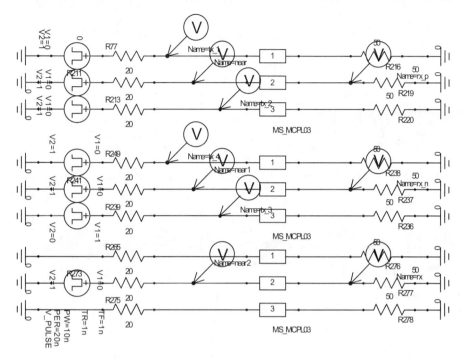

图 5.122　负载端匹配的电路图（上：同相干扰，中：反相干扰，下：无干扰）

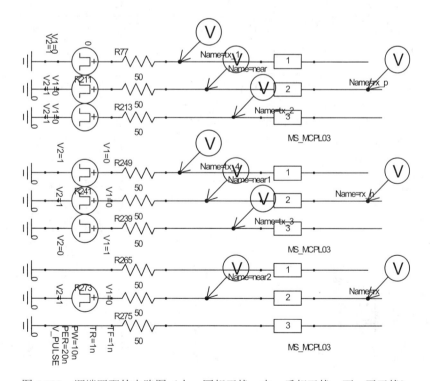

图 5.123　源端匹配的电路图（上：同相干扰，中：反相干扰，下：无干扰）

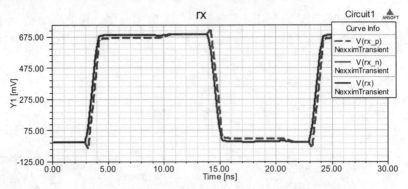

图 5.124　负载端匹配的耦合微带线的输出信号

　　图 5.125 为负载端匹配的耦合带状线的输出信号，虚线为两边的干扰信号同相，可知被干扰信号线的输出之间没有相对延迟，这是因为电力线都在介质中，有效介电常数相同。同时由于反相干扰信号设置的幅值相同，所以干扰幅度抵销，被干扰信号线输出波形比同相时完整。

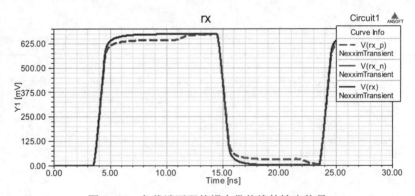

图 5.125　负载端匹配的耦合带状线的输出信号

　　图 5.126 为源端匹配的耦合微带线的输出信号，虚线为两边的干扰信号同相，可知干扰同相时的被干扰信号线输出信号延迟于干扰反相时。这是因为同相时电力线大多在介质中，反相时电力线有许多在空气中，所以同相的有效介电常数大一些、速度慢一些。同时由于反相干扰信号设置的幅值相同，所以干扰幅度抵销，被干扰信号线输出波形比同相时完整。

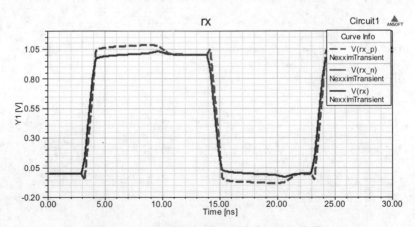

图 5.126　源端匹配的耦合微带线的输出信号

图 5.127 为源端匹配的耦合带状线的输出信号，虚线为两边的干扰信号同相，可知被干扰信号线的输出之间没有相对延迟，这是因为电力线都在介质中，有效介电常数相同。同时由于反相干扰信号设置的幅值相同，所以干扰幅度抵销，被干扰信号线输出波形比同相时完整。

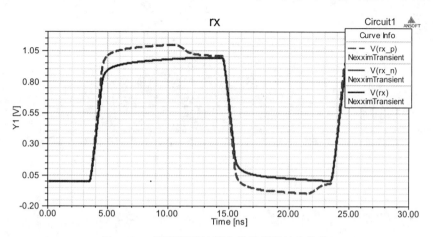

图 5.127   源端匹配的耦合带状线的输出信号

（4）分析结论：

1）对于耦合微带线，因为干扰源之间同相时电力线大多在介质中，干扰源之间反相时电力线有许多在空气中，所以同相的有效介电常数大一些，使得被干扰信号延迟于干扰源之间反相时的情况。

2）对于耦合带状线，因为电力线都在介质中，有效介电常数相同，被干扰信号线的输出之间没有相对延迟。

3）如果反相干扰信号设置的幅值相同，则干扰幅度抵销，被干扰信号线输出波形比同相时完整。

5.3   PCB 中的串扰分析实例

下面介绍一个 PCB 中的串扰分析实例，本例包括以下内容：

（1）导入 .ANF 文件和 Component 文件，创建 SIwave 项目。

（2）使用自动端口生成在选中的节点上放置端口。

（3）运行 SYZ 参数仿真，绘制传输、反射和串扰曲线。

（4）导出全波 SPICE 子电路。

（5）修改走线形状，减少串扰。

鉴于篇幅有限，具体步骤请见光盘中的文档"PCB 中的串扰分析实例"。

要分析的 PCB 电路如图 5.128 所示，在 Nets 项中找到 ST_CTL 和 ST_ERROR 走线，添加端口，设置仿真条件。

运行 SYZ 仿真，最终得到的曲线如图 5.129 所示。从上到下分别是：ST_CTL 的传输曲线、ST_CTL 的反射曲线和 ST_CTL 对 ST_ERROR 的串扰曲线。

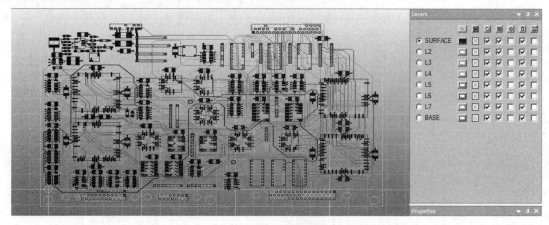

图 5.128　电路版图

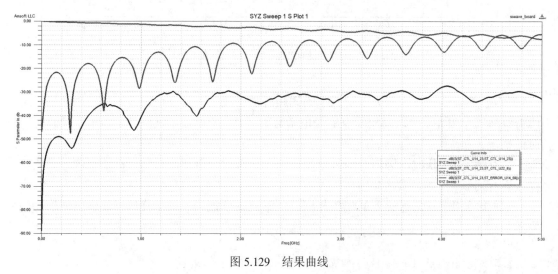

图 5.129　结果曲线

　　选择菜单项 Results→SYZ→SYZ Sweep 1→Compute FWS sub-circuit…，导出全波 SPICE 子电路模型。

5.4　封装中的串扰分析实例

　　本例将演示如何使用 SIwave 对一个四层板封装结构进行 S 参数仿真，我们将会了解到：使用自动端口生成来创建端口，S 参数的计算，在 Ansoft Designer 中用 Touchstone 文件仿真串扰，差分 S 参数计算，全波 SPICE 子电路输出，RLGC 子电路输出。要分析的封装电路如图 5.130 所示。鉴于篇幅有限，具体步骤请见光盘中的文档"封装中的串扰分析实例"。

　　在 SIwave 中进行 SYZ 仿真，得到 PART_FREE_INIT 和 TXD_12_0__DLL_LTC 的插入损耗和回波损耗曲线，如图 5.131 所示。导出 Touchstone 文件 bga_s-para.s4p。

图 5.130　项目设计实例

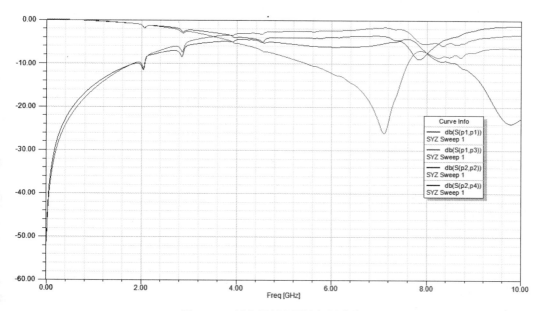

图 5.131　插入损耗和回波损耗曲线

在 Designer 中创建电路如图 5.132 所示，其中的 S 参数端口模型指向 bga_s-para.s4p。

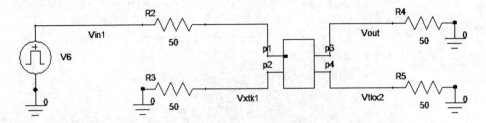

图 5.132　要在 Designer 中创建的电路

进行瞬态仿真，生成的输入/输出及串扰波形如图 5.133 所示，曲线从上到下依次是(Vin1)、V(Vout)、V(Vxtk1)和 V(Vxtk2)。

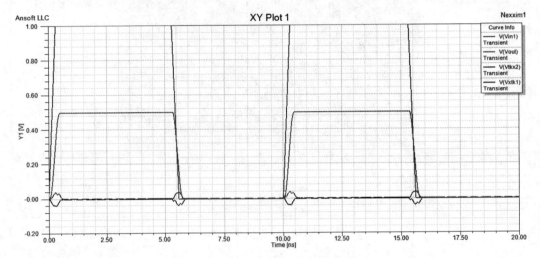

图 5.133　输入/输出及串扰波形

6 差分线

高速电路中的关键信号传输常用差分线结构，如光载波通信协议 OC 中、低电压差分信号 LVDS 等。差分线即平行耦合传输线，常用的有耦合带状线和耦合微带线。

同单端传输线相比，差分线的优点在于：不易受噪声干扰，抗串扰和不连续突变性能好，同时还减小了对他人的干扰。然而由于要使用两根线来传输信号，使得信号线数量加倍，因此差分线一般用于板上关键信号线的传输，如系统时钟线。

从场的角度来说，差分线传输的主模是 TEM 模（或准 TEM 模），其一般采用奇模、偶模的分析方法，即采用奇模激励和偶模激励两种状态。其他的激励状态可看作是这两种状态的叠加。奇模激励就是在耦合线的两个导体带上加的电压幅度相等、相位相反；偶模激励则是在两个导体带上加的电压幅度相等、相位也相等。耦合带状线的电场结构如图 6.1 所示，耦合微带线的场结构如图 6.2 所示，可知奇模激励和偶模激励的场结构不同，因此存在各自的模速度和模阻抗。

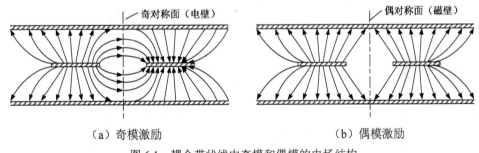

（a）奇模激励　　　　　　　　　　　（b）偶模激励

图 6.1　耦合带状线中奇模和偶模的电场结构

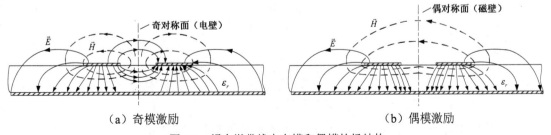

（a）奇模激励　　　　　　　　　　　（b）偶模激励

图 6.2　耦合微带线中奇模和偶模的场结构

6.1 差分线基本理论

6.1.1 差分线中的参数

1. 特性阻抗矩阵 Z_o

差分线作为均匀双导体传输线，其特性阻抗是反映传输线在行波状态下电压与电流之间关系的一个量，其值仅取决于传输线所填充的介质和线的横向尺寸，与线的长度无关。由图6.3 可定义出特性阻抗矩阵：

$$Z_o = \begin{bmatrix} Z_{o11} & Z_{o12} \\ Z_{o21} & Z_{o22} \end{bmatrix} \tag{6.1}$$

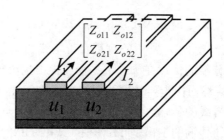

图 6.3 均匀双导体传输线

2. 差分信号与共模信号

任意一对耦合线上的信号 u_1 和 u_2 都可以分解为差分信号与共模信号之和，其中差分信号 V_{diff} 为两导体带上的电压信号之差，而共模信号 V_{cm} 为两导体带上的电压信号平均值，定义如下：

$$V_{diff} = u_1 - u_2$$
$$V_{cm} = \frac{u_1 + u_2}{2} \tag{6.2}$$

3. 差分阻抗和共模阻抗

差分阻抗 Z_{diff} 为差分信号的电压与其电流的比值，共模阻抗 Z_{cm} 为共模信号的电压与其电流的比值，如图 6.4 所示，其定义如下：

$$Z_{diff} = \left. \frac{u_d}{i_d} \right|_{u_{cm}=0}$$
$$Z_{cm} = \left. \frac{u_{cm}}{i_{cm}} \right|_{u_d=0} \tag{6.3}$$

比较图 6.3 和图 6.4 可得：

$$Z_{diff} = 2(Z_{o11} - Z_{o12})$$
$$Z_{cm} = \frac{Z_{o11} + Z_{o12}}{2} \tag{6.4}$$

可知单根线对地阻抗及两线间的阻抗影响着差分阻抗和共模阻抗。

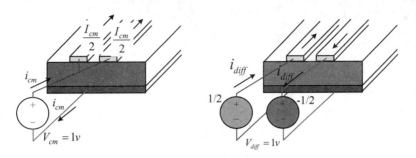

图 6.4　差分阻抗和共模阻抗的定义

4. 奇模阻抗 Z_{co} 和偶模阻抗 Z_{ce}

奇模阻抗 Z_{co} 为在奇模激励下（两个导体带上加的电压幅度相等、相位相反），单根导体带对接地板的阻抗；偶模阻抗 Z_{ce} 为在偶模激励下（两个导体带上加的电压幅度相等、相位也相等），单根导体带对接地板的阻抗。

由于定义的是单根对地阻抗，所以有：

$$Z_{co} = Z_{diff}/2 = Z_{o11} - Z_{o12}$$

$$Z_{ce} = 2Z_{cm} = Z_{o11} + Z_{o12}$$

（6.5）

由式（6.5）可知奇模阻抗小于偶模阻抗。

5. 奇模相速度和偶模相速度

同第 4 章有损耗传输线中的相速度式（4.20）类似，奇模偶模均有自己的相速度，对于微带线来说相速度为：

$$v_{pe} = \frac{v_0}{\sqrt{\varepsilon_{ee}}} \ , \quad v_{pe} = \frac{v_0}{\sqrt{\varepsilon_{ee}}}$$

（6.6）

$$\varepsilon_{ei} = \frac{C_i}{C_i^a} \qquad i\begin{cases} e & \text{表示偶模} \\ o & \text{表示奇模} \end{cases}$$

（6.7）

C_i^a 表示 $\varepsilon_r=1$ 时，单根微带线对接地板的奇、偶模电容；C_i 表示填充了相对介电常数为 ε_r 的介质后，单根微带线对接地板的奇、偶模电容。由图 6.2 可知，奇模激励时空气中的电场多于偶模激励时，因此奇模的等效相对介电常数 ε_{eo} 小于偶模的等效相对介电常数 ε_{ei}，所以奇模相速度大于偶模相速度。

对于带状线来说，由于完全在介质中，所以奇、偶模相速度均为 $v_0/\sqrt{\varepsilon_r}$。奇模相速度和偶模相速度影响着远端串扰。

6.1.2　差分线的端接匹配

差分线的端接匹配可以分为差分匹配和共模匹配，分别避免奇模和偶模激励时信号的反射。差分线的匹配网络分为 PI 型匹配网络和 T 型匹配网络，当然两者可相互转化。按如下的MATLAB 程序进行：

```
% PI to T
y=pai(r12,r31,r23)
r1=(r12*r31)/(r12+r23+r31)
r2=(r12*r23)/(r12+r23+r31)
r3=(r23*r31)/(r12+r23+r31)
```

```
% T to PI
y=T(r1,r2,r3)
r12=(r1*r2+r1*r3+r2*r3)/r3
r23=(r1*r2+r1*r3+r2*r3)/r1
r31=(r1*r2+r1*r3+r2*r3)/r2
```

1．PI 型匹配网络

当采用如图 6.5 所示的 PI 型网络匹配时，要考虑到奇模、偶模两种激励状态。

（1）偶模激励时，$V_1 = V_2$，因此节点 1 和节点 2 之间没有电流通过，因此：

$$R_1 = R_2 = Z_{ce} \tag{6.8}$$

（2）奇模激励时，$V_1 = -V_2$，因此节点 1 和节点 2 中间点为零电位点，从而可以把 R_3 分成两个 $\frac{1}{2}R_3$ 电阻串联的形式，两电阻中点为零电位点。因此：

$$\frac{1}{Z_{co}} = \frac{1}{R_1} + \frac{2}{R_3} \quad \Rightarrow R_3 = \frac{2Z_{ce}Z_{co}}{Z_{ce} - Z_{co}} \tag{6.9}$$

2．T 型匹配网络

当采用如图 6.6 所示的 T 型网络进行端接匹配时，同样要考虑到奇模和偶模两种激励状态。

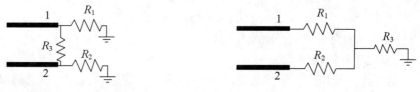

图 6.5　PI 型匹配网络　　　　　　　　图 6.6　T 型匹配网络

（1）奇模激励时，$V_1 = -V_2$，从而 R_1 和 R_2 中间点处为零电位，故有：

$$R_1 = R_2 = Z_{co} \tag{6.10}$$

（2）偶模激励时，$V_1 = V_2$，节点 1 和节点 2 之间没有电流流过，将 R_3 等效为两个 $2R_3$ 电阻的并联，从而 R_1 和 $2R_3$ 的串联应该等于偶模阻抗，即：

$$R_1 + 2R_3 = Z_{ce} \quad \Rightarrow R_3 = \frac{1}{2}(Z_{ce} - Z_{co}) \tag{6.11}$$

根据需要选择匹配形式。本章 6.2.4 节是对差分线匹配的分析。

6.1.3　差分传输可以减小串扰

系统互连采用差分传输方式可以明显减小差分信号对其他线的串扰，这是由于差分信号产生的电磁场相互抵消。

具体来说，对于容性耦合，因为两根线上所加的电压幅度相同、相位相反，因此所感应出的电压也是幅度相同、相位相反，差分线之间的距离很小，所以互容也几乎相同，因此差分线对其他信号线的容性串扰很小。

对于感性耦合，因为其电流是相反的，所以磁感应强度相反，因此差分线对其他信号线感性串扰也很小。

同样由于差分线之间的距离很近，所以其他干扰源对两线的干扰可以差分掉，但要注意共模的辐射问题。同时差分线的不对称传输使得差分信号向共模信号转换产生 EMI。

本章 6.2.5 节是分析差分信号到共模信号的转换，6.2.6 节是对差分对的串扰的分析。

6.1.4　差分传输在不连续问题中可减小信号不完整

奇模激励时信号能量不仅是在导体带与地层之间传输，而且两个导体带之间也有强的耦合（如果拿掉所有地层，两传输带仍可作为双导体传输线传输 TEM 模），因此地的不连续对它的影响小；而偶模激励下，能量仅在导体带与地层之间传输，因此地层的不连续性会导致信号的改变。

本章 6.2.7 节是对差分对在不连续结构中的分析。

6.2　不同条件下的差分线分析

前面对差分线进行了原理性分析，下面利用 ANSYS 软件通过 7 个例子对差分线在不同条件下进行更为具体的分析，并一一给出分析结论。

6.2.1　间距对差分线各种参数的影响

（1）内容：分析间距对差分线各种参数的影响，参考资源文件 6.1Z_s.q3dx。

（2）参数设置：见设计，参数扫描间距 s1 从 8.5mil 到 17mil，步长 4.25mil；从 17mil 到 51mil，步长 8.5mil。

（3）设计：

1）建立 2D 图。

启动 Q3D Extractor。基本步骤请参看 5.2.2 节，导体均为 Copper 材料，介质为 FR4_epoxy，参数 s1 初值 8.5mil、参数 h 初值 4.8mil。建立的 2D 图形尺寸如下：

差分对为：

t1：[X,Y,Z,dX,dY,dZ]=[-0.5*s1-8.5mil,h,0,8.5,0.7,0]

t2：[X,Y,Z,dX,dY,dZ]=[0.5*s1,h,0,8.5,0.7,0]

地和基层介质为：

gnd：[X,Y,Z,dX,dY,dZ]=[-100,0,0,200,-0.7,0]

sub：[X,Y,Z,dX,dY,dZ]=[-100,0,0,200,h,0]

最终得到如图 6.7 所示的二维图。

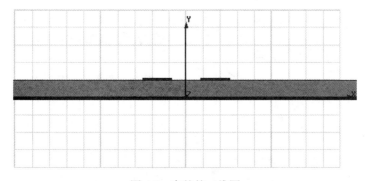

图 6.7　完整的二维图

如图 6.8 所示，单击 2D Extractor→Design Properties 命令来设置参数。

可以得到如图 6.9 所示的参数表，并更改参数的初值。

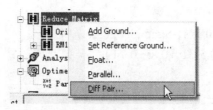

图 6.8　设置参数　　　　　　　　图 6.9　设置的参数表

2）建立差分对。

如图 6.10 所示，选择 Reduce Matrix→Diff Pair 选项来建立差分对。

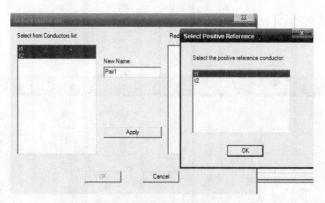

图 6.10　建立差分对

按如图 6.11 所示指定差分对为 t1 和 t2，命名为 Pair1，正端参考为 t1。

图 6.11　指定差分对、命名以及参考设定

最后完成差分对定义，如图 6.12 所示。

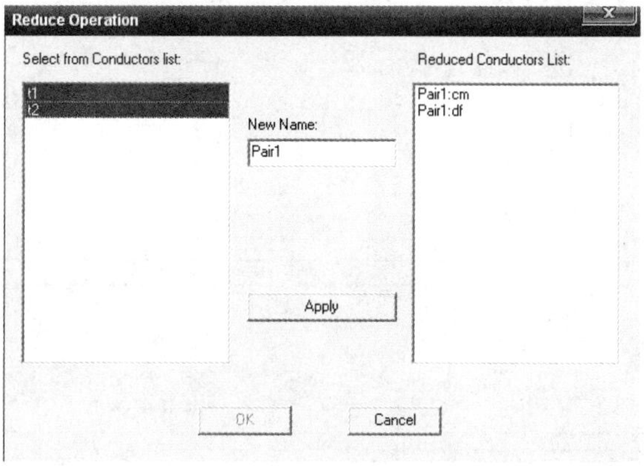

图 6.12　完成差分对定义

3）仿真分析设置。

如图 6.13 所示，选择 Analysis→Add Solution Setup 选项，按照图 6.14 设置仿真。

图 6.13　建立仿真

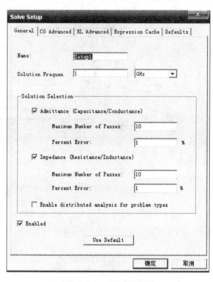

图 6.14　仿真设置

如图 6.15 所示，选择 Optimetrics→Add→Parametric 选项，按照图 6.16 设置参数扫描内容：s1 从 8.5mil 到 17mil，步长 4.25mil；从 17mil 到 51mil，步长 8.5mil。

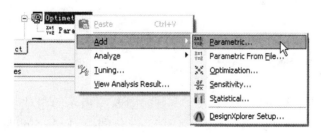

图 6.15　建立参数扫描

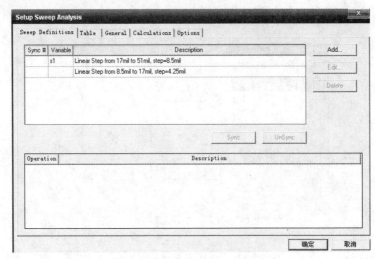

图 6.16   设置参数扫描内容

单击 <img> 按钮进行确认检查。

如图 6.17 所示，选择 Optimetrics→Analyze→All 选项或单击 <img> 按钮进行仿真。

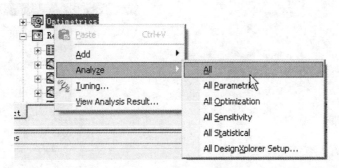

图 6.17   参数扫描开始

4）建立图表报告。

如图 6.18 所示，选择 Results→Create Matrix Report→Rectangular Plot 选项建立表图报告。

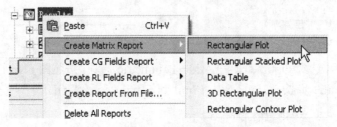

图 6.18   建立表图报告

下面分别讨论几组参数：

● 相对耦合度。

如图 6.19 所示定义相对电容耦合度。得到如图 6.20 所示的相对电容耦合度图。可知一倍间距 s1=8.5mil 时的相对电容耦合度为 4.39%，三倍间距 s1=25.5mil 时的相对电容耦合度为 0.62%。

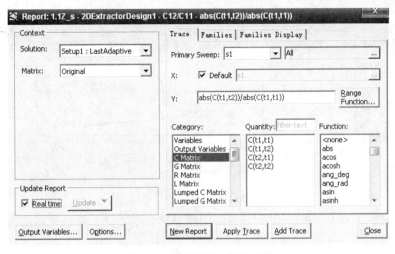

图 6.19　定义相对电容耦合度

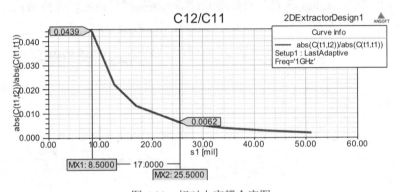

图 6.20　相对电容耦合度图

　　按照图 6.21 定义相对电感耦合度。得到如图 6.22 所示的相对电感耦合度图。可知一倍间距 s1=8.5mil 时的相对电感耦合度为 11.83%，三倍间距 s1=25.5mil 时的相对电感耦合度为 3.03%。

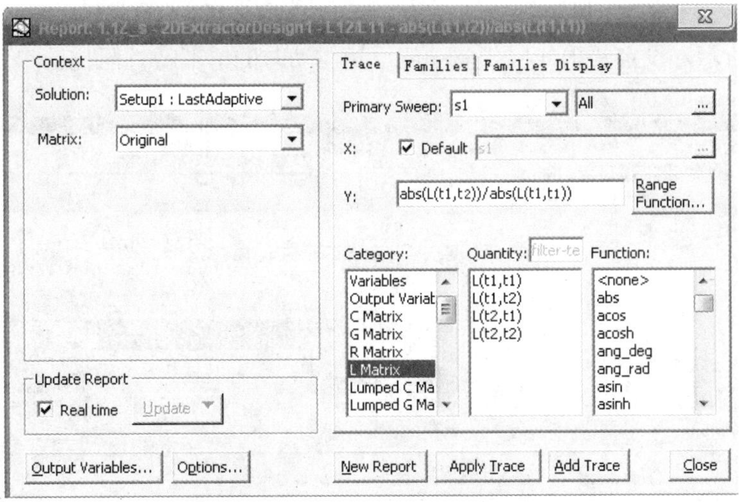

图 6.21　定义相对电感耦合度

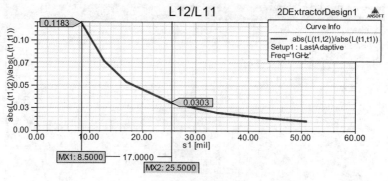

图 6.22　相对电感耦合度图

可知微带线的间距从一倍间距到三倍间距相对耦合度下降最快，之后随着间距的加大耦合度下降缓慢。

● 单端特性阻抗。

分析第二根相邻信号线在不同驱动条件下对第一根信号线单端特性阻抗的影响。

图 6.23 为设定第二根线为固定电平时，第一根信号线的单端特性阻抗。

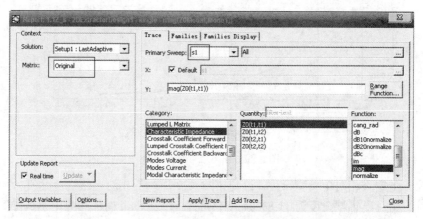

图 6.23　设定第二根线固定电平时的单端特性阻抗

如图 6.24 所示，设定两根线同相驱动或反相驱动时的单端特性阻抗。

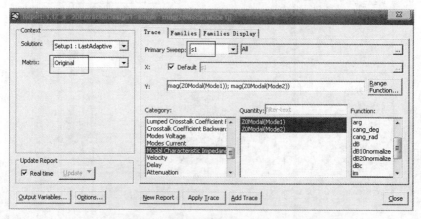

图 6.24　设定两根线同相驱动或反相驱动时的单端特性阻抗

得到不同驱动下的单端特性阻抗如图 6.25 所示，上面虚线为两线同相驱动的单端特性阻抗，中间细实线为第二根线为固定电平的单端特性阻抗，下面粗实线为两线反相驱动的单端特性阻抗。可知单端特性阻抗从大到小依次排列分别是：两线同相驱动、第二根线固定电平和两线反相驱动。随着距离 s1 加大，三种情况的特性阻抗值趋于接近。

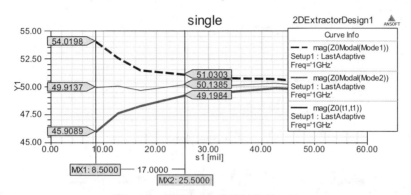

图 6.25　不同驱动下的单端特性阻抗

两线同相驱动（偶模）时的单端特性阻抗为偶模阻抗；两线反相驱动（奇模）时的单端特性阻抗为奇模阻抗。

● 几种阻抗的关系。

图 6.26 为设定差分阻抗和共模阻抗。

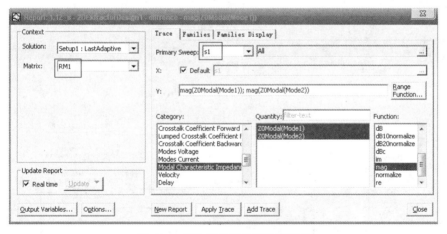

图 6.26　设定差分阻抗和共模阻抗

图 6.27 是几种阻抗的关系图，从上到下分别是：差分阻抗、偶模阻抗、奇模阻抗和共模阻抗。这里，差分阻抗=2×奇模阻抗，共模阻抗=0.5×偶模阻抗。随着距离 s1 加大，差分阻抗逐渐增大到只有单根信号线的特性阻抗的两倍、共模阻抗逐渐降低到单根信号线的特性阻抗的一半。

● 模速度。

奇模和偶模均按照各自的速度传播。图 6.28 为设定奇模速度和偶模速度。

图 6.29 为奇模速度和偶模速度与间距参数 s1 的关系图，上面的实线为奇模速度，下面的虚线为偶模速度，可知微带线奇模速度大于偶模速度，这是由于奇模时电力线在空气中较多所以相对介电常数较低。随着距离加大，两种速度由于双导线的相关性降低而趋于接近。

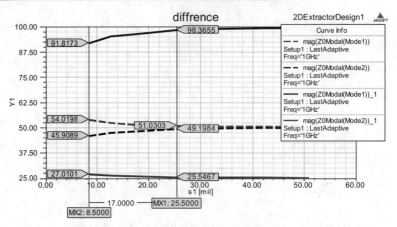

图 6.27　几种阻抗的关系图

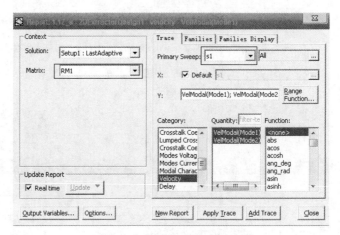

图 6.28　设定奇模速度和偶模速度

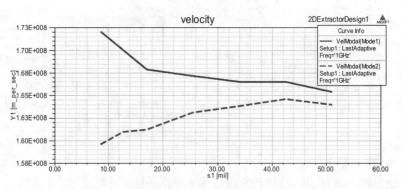

图 6.29　奇模和偶模速度与间距参数 S1 的关系图

（4）分析结论：

1）耦合微带线从一倍间距到三倍间距相对耦合度下降最快，之后随着间距的加大，耦合度下降缓慢。

2）单端特性阻抗从大到小依次排列分别是：两线同相驱动（偶模）、第二根线固定电平和两线反相驱动（奇模），偶模阻抗大于奇模阻抗。随着距离 s1 加大，三种情况的特性阻抗值趋于接近。

3）差分阻抗=2×奇模阻抗，共模阻抗=0.5×偶模阻抗。随着距离 s1 加大，差分阻抗逐渐增大到只有单根信号线的特性阻抗的两倍、共模阻抗逐渐降低到单根信号线的特性阻抗的一半。

4）微带线奇模速度大于偶模速度，随着距离加大，两种速度由于双导线的相关性降低而趋于接近。

另外，阻抗随参数的变化如下：

1）导线宽度 W 与阻抗成反向关系，W 值越大，阻抗越低。

2）介电常数 ER 与阻抗成反向关系，ER 值越大，阻抗越低。

3）导线厚度 T 与阻抗成反向关系，T 值越大，阻抗越低。

4）介质厚度 H 与阻抗成同向关系，H 值越大，阻抗越高。

5）差分线间距 S 与差分阻抗成同向关系、与共模阻抗成反向关系。

6.2.2　返回路径平面距离对阻抗的影响

（1）内容：分析返回路径平面距离对阻抗的影响，参考资源文件 6.2Z_h.q3dx。

（2）参数设置：见设计部分内容，参数扫描 h 从 4.8mil 到 38.4mil，步长 4.8mil。

（3）设计：启动 Q3D Extractor。基本步骤请看 5.2.2 节。导体均为 Copper 材料，介质为 FR4_epoxy，参数 s1 初值为 8.5mil、参数 h 初值为 4.8mil，建立的 2D 图形尺寸如下：

差分对为：

t1：[X,Y,Z,dX,dY,dZ]=[-0.5*s1-8.5mil,h,0,8.5,0.7,0]

t2：[X,Y,Z,dX,dY,dZ]=[0.5*s1,h,0,8.5,0.7,0]

地和基层介质为：

gnd：[X,Y,Z,dX,dY,dZ]=[-100,0,0,200,-0.7,0]

sub：[X,Y,Z,dX,dY,dZ]=[-100,0,0,200,h,0]

参数扫描 h 从 4.8mil 到 38.4mil，步长 4.8mil。

最后完整的二维图如图 6.7 所示。

按照图 6.30 来设置 h 参数扫描内容：h 从 4.8mil 到 38.4mil，步长 4.8mil。

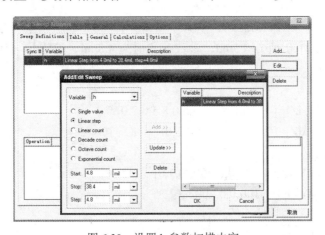

图 6.30　设置 h 参数扫描内容

得到如图 6.31 所示的几种阻抗随 h 的变化图，粗实线为差分阻抗，虚线为单端特性阻抗。

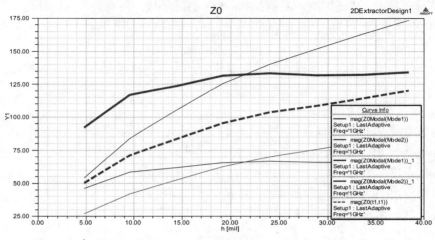

图 6.31　阻抗随 h 的变化图

（4）分析结论：当返回路径平面距离达到一倍信号间距时，差分阻抗的变化已经很小了，当距离达到三倍信号间距时由于返回路径的电流完全重叠使得差分阻抗达到最大值而不再增加，而单端特性阻抗仍不断增加。

这就是为什么差分线经过不完整地平面后仍能保证信号完整。

6.2.3　阻焊层厚度对阻抗的影响

PCB 的顶层表面上附着阻焊层时会对微带线阻抗有何影响？

（1）内容：分析阻焊层厚度对阻抗的影响，参考资源文件 6.3Z_h_soldermask.q3dx（阻焊层厚度大于信号线厚度）和 6.3Z_h_soldermask1.q3dx（阻焊层厚度小于信号线厚度）。

（2）参数设置：见设计。

1）阻焊层厚度大于信号线厚度。参数扫描 h1 从 0.7mil 到 2.4mil，步长 0.1mil；从 2.4mil 到 14.4mil，步长 2.4mil。

2）阻焊层厚度小于信号线厚度。参数扫描 h1 从 0.001mil 到 0.1mil，步长 0.099mil；从 0.1mil 到 0.7mil，步长 0.1mil。

（3）设计：启动 Q3D Extractor。基本步骤请参看 5.6.2 节。导体均为 Copper 材料，介质为 FR4_epoxy，参数 s1 初值为 8.5mil、参数 h 初值为 4.8mil、参数 h1 初值为 4.8mil，建立的 2D 图形尺寸如下：

差分对为：

t1：[X,Y,Z,dX,dY,dZ]=[-0.5*s1-8.5mil,h,0,8.5,0.7,0]

t2：[X,Y,Z,dX,dY,dZ]=[0.5*s1,h,0,8.5,0.7,0]

地和基层介质为：

gnd：[X,Y,Z,dX,dY,dZ]=[-100,0,0,200,-0.7,0]

sub：[X,Y,Z,dX,dY,dZ]=[-100,0,0,200,h,0]

阻焊层为：

1）阻焊层厚度大于信号线厚度时。

sub_solder：[X,Y,Z,dX,dY,dZ]=[-100,h,0,200,h1,0]

2）阻焊层厚度小于信号线厚度时。

sub1_solder：[X,Y,Z,dX,dY,dZ]=[-100mil,h,0,91.5mil-0.5*s1,h1,0]

sub2_solder：[X,Y,Z,dX,dY,dZ]=[-0.5*s1,h,0,s1,h1,0]

sub3_solder：[X,Y,Z,dX,dY,dZ]=[0.5*s1+8.5mil,h,0,91.5mil-0.5*s1,h1,0]

最后得到如图 6.32 所示的完整二维图，上图为阻焊层厚度大于信号线厚度，下图为阻焊层厚度小于信号线厚度。

图 6.33 为设置的参数表。

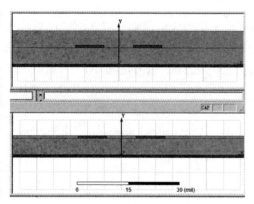

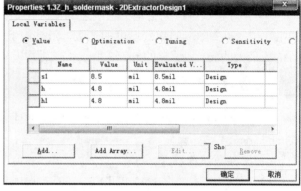

图 6.32　完整的二维图　　　　　　　　图 6.33　设置的参数表

图 6.34 为设置的参数扫描内容：阻焊层厚度大于信号线厚度时，h1 从 0.7mil 到 2.4mil，步长 0.1mil；从 2.4mil 到 14.4mil，步长 2.4mil。阻焊层厚度小于信号线厚度时，h1 从 0.001mil 到 0.1mil，步长 0.099mil；从 0.1mil 到 0.7mil，步长 0.1mil。

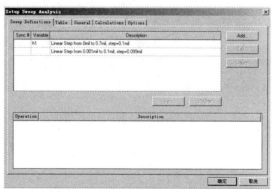

（a）阻焊层厚度大于信号线厚度　　　　　（b）阻焊层厚度小于信号线厚度

图 6.34　设置 h1 参数扫描内容

图 6.35 是各种阻抗随 h1 的变化图，从大到小依次为差分阻抗、偶模阻抗、奇模阻抗和共模阻抗。对于差分阻抗，从最大的 m1 到恒定的 m2 减小了 17%；对于共模阻抗，从最大的 m3 到恒定的 m4 减小了 10%。

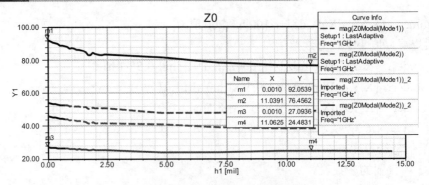

图 6.35　各种阻抗随 h1 的变化图

（4）分析结论：无论是工艺制造的原因还是为了减小微带线远端耦合噪声而专门采用厚的阻焊层，可知随着阻焊层厚度的加大，阻抗由于相对介电常数的加大而减小。本例中，差分阻抗从最大的 m1 到恒定的 m2 减小了 17%，共模阻抗从最大的 m3 到恒定的 m4 减小了 10%。

6.2.4　差分线的匹配

（1）内容：分析差分线的匹配，参考资源文件 6.1diff_comm_match1.adsn 和 6.2diff_comm_match2.adsn。

（2）参数设置：

1）两端为差分信号，V_PULSE：TR=TF=1ns、Vh=1V、Vl=0V、PW=10ns、PER=20ns、TONE=1e+10；源内阻为 10Ω、耦合微带线（MS_MCPL02）w=8.5mil、p=2000mil、sp=8.5mil、substrate=FR4、瞬态仿真 30ns。

2）一端接 DC=0，另一端 V_PULSE：TR=TF=1ns、Vh=1V、Vl=0V、PW=10ns、PER=20ns、TONE=1e+10；源内阻为 10Ω、耦合微带线（MS_MCPL02）w=8.5mil、p=2000mil、sp=8.5mil、substrate=FR4、瞬态仿真 30ns。

（3）设计：启动 Designer。基本步骤请参看 3.6.1 节。

首先按照图 6.36 来计算奇模阻抗和偶模阻抗，可知奇模阻抗 Z_o=46.2048，偶模阻抗 Z_e=53.4762。可以计算出 T 型匹配的电阻值 $R_1=Z_o=R_2=(Z_e-Z_o)/2$。加上差分探针 VPROBE_DIFF，最终的电路如图 6.37 所示，上图是没有匹配，中间图是仅差分信号匹配，下图是差分信号和共模信号均匹配。

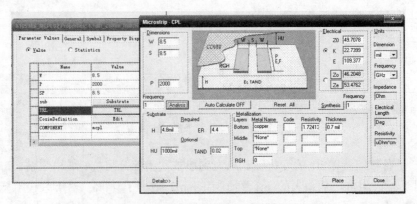

图 6.36　计算奇模阻抗和偶模阻抗

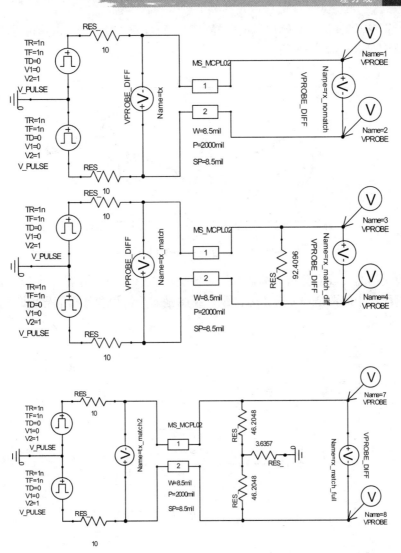

图 6.37　差分信号输入的完整电路图（上：没有匹配，中：差分信号匹配，下：差分信号和共模信号均匹配）

　　图 6.38 是三种情况下负载输出端的差分信号，虚线是没有匹配时的输出，可知存在振荡，另外两种情况信号完整。

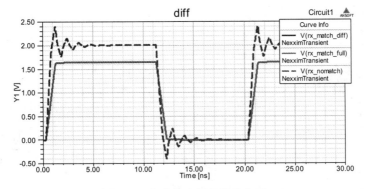

图 6.38　负载输出端的差分信号

　　图 6.39 是三种情况下负载输出端的共模信号，可知只有实线标出的第三种情况不振荡，另外两种情况均存在振荡。

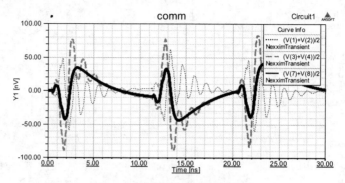

图 6.39　负载输出端的共模信号

　　为了看得更清楚，我们分析单端输入信号情况。如图 6.40 所示的单端信号输入电路图，上图是没有匹配，中间图是仅差分信号匹配，下图是差分信号和共模信号均匹配。

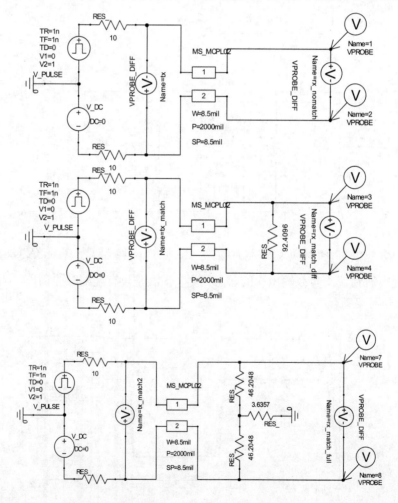

图 6.40　单端信号输入的完整电路图（上：没有匹配，中：差分信号匹配，下：差分信号和共模信号均匹配）

　　图 6.41 是三种情况下负载输出端的差分信号，实线为差分输入，短虚线为没有差分匹配时的差分输出，长虚线为差分端接后的差分输出。可知没有匹配时的输出存在振荡，另外两种情况信号完整。

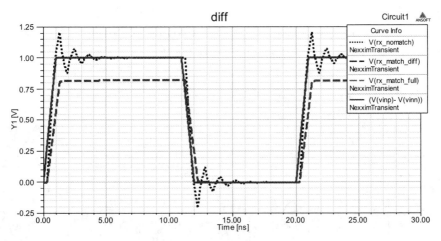

图 6.41　负载输出端的差分信号

　　图 6.42 是三种情况下负载输出端的共模信号，实线为共模输入，短虚线为没有共模匹配时的共模输出，长虚线为共模匹配后的共模输出。可知只有共模匹配时不振荡，另外两种情况均存在振荡。

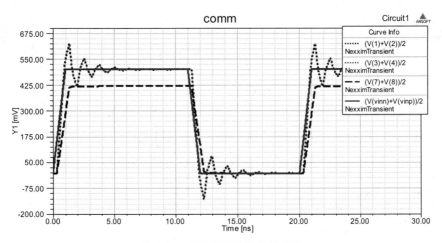

图 6.42　负载输出端的共模信号

　　（4）分析结论：差分线由于存在两种模式，所以存在各自的匹配，哪种模式不匹配都会造成该模式的振荡。只是由于我们常用奇模方式工作，所以不去共模匹配，此时理想差分对的共模信号为 DC 电平，所以不匹配影响不大。

6.2.5　差分信号到共模信号的转换

　　（1）内容：分析差分信号到共模信号的转换，参考资源文件 6.3diff_to_comm.adsn。
　　（2）参数设置：分析信号源失配的时间对差分信号的影响。

两端为差分信号，V_PULSE：TR=TF=1ns、Vh=1V、Vl=0V、PW=10ns、PER=20ns、TONE=1e+10；源内阻为 10Ω、耦合微带线（MS_MCPL02）w=8.5mil、p=2000mil、sp=8.5mil、substrate=FR4，其中一端信号的延迟设为 TD=td ns，瞬态仿真 30ns，参数扫描失配时间 td 从 0.2ns 到 2ns，步长 0.5ns。

（3）设计：启动 Designer。基本步骤请参看 3.6.1 节。最终的电路如图 6.43 所示，上图为仅差分信号匹配，下图为差分信号和共模信号均匹配。

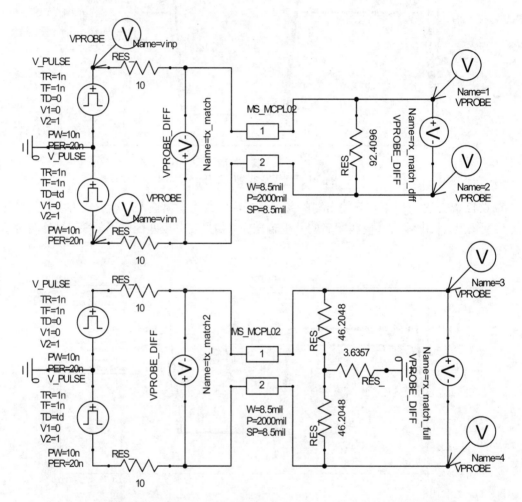

图 6.43　完整电路图（上：仅差分信号匹配，下：差分信号和共模信号均匹配）

图 6.44 为负载输出端的差分信号，参数 td=0.2ns、0.7ns 和 2ns。为了对比，给出实线标出的输入差分信号，此时可知虚线标出的输出差分信号是输入差分信号的延迟和分压，随着 td 的增大而失真加大。

图 6.45 为共模信号匹配时负载输出端的共模信号，参数 td=0.2ns、0.7ns 和 2ns。为了对比，给出实线标出的输入共模信号，此时可知虚线标出的输出共模信号是输入共模信号的延迟和分压，随着 td 的增大，输出共模信号随着输入共模信号的增大而增大，产生有害的 EMI 脉冲。

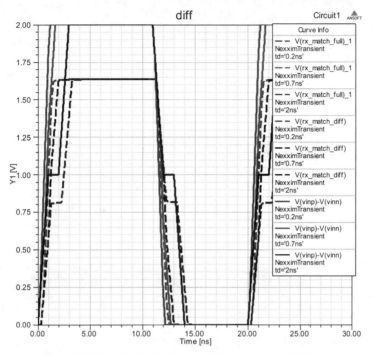

图 6.44　负载输出端的差分信号，参数 td=0.2ns、0.7ns 和 2ns

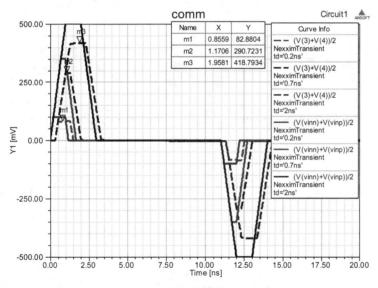

图 6.45　共模信号匹配时负载输出端的共模信号，参数 td=0.2ns、0.7ns 和 2ns

图 6.46 是仅差分信号匹配时负载输出端的共模信号，参数 td=0.2ns、0.7ns 和 2ns。为了对比，给出实线标出的输入共模信号，此时可知虚线标出的输出共模信号产生振荡，幅值比输入还大，且随着 td 的增大，输出共模信号随着输入共模信号的增大而增大。

图 6.47 为 td=0.2ns 时仅差分信号匹配时的主要输出信号：从上到下依次为输出差分信号、输出正端信号、输出共模信号和输出负端信号。可知边沿偏差 20%时输出差分信号完整，但由于共模不匹配，造成输出单端信号和输出共模信号已经产生振荡。

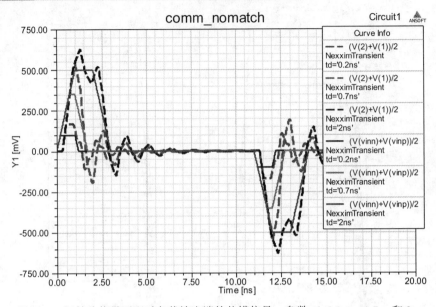

图 6.46　仅差分信号匹配时负载输出端的共模信号，参数 td=0.2ns、0.7ns 和 2ns

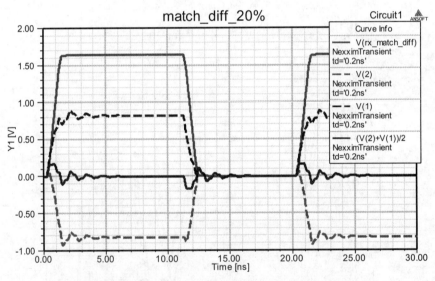

图 6.47　td=0.2ns 时仅差分信号匹配时的主要输出信号

图 6.48 为 td=0.2ns 时差分信号和共模信号均匹配时的主要输出信号：从上到下依次为输出差分信号、输出正端信号、输出共模信号和输出负端信号。可知虽然由于差分信号和共模信号均匹配而得到输出单端信号和输出共模信号振荡消失，但共模信号依然存在 EMI 脉冲。

（4）分析结论：

1）差分信号在传输中的不匹配（如串扰、负载偏差、延迟偏差、边沿偏差等）均会造成差分信号的失真。

2）差分信号在传输中的不匹配会造成差分信号到共模信号的转换，不管是否共模端接均引起 EMI。

因此差分路径要尽可能地对称。

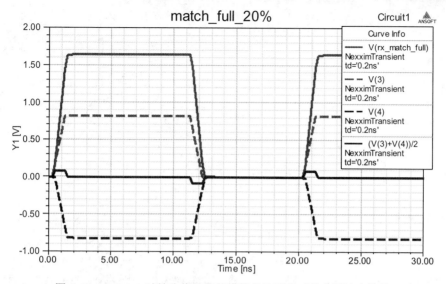

图 6.48　td=0.2ns 时差分信号和共模信号均匹配时的主要输出信号

6.2.6　差分对的串扰分析

（1）内容：分析差分对的串扰，参考资源文件 6.4diff_cross.adsn 和 6.5diff_diff_cross.adsn。

（2）参数设置：

1）单端信号对差分对的串扰分析：V_PULSE：TR=TF=1ns、Vh=1V、Vl=0V、PW=10ns、PER=20ns、TONE=1e+10；源内阻为 20Ω、耦合微带线（MS_MCPL3A）w1=w2=w3=8.5mil、p=8000mil、s1=8.5mil、s2=8.5mil（紧耦合）/17mil（弱耦合）、substrate=FR4，瞬态仿真 30ns。

2）差分对之间的串扰分析：V_PULSE：TR=TF=1ns、Vh=1V、Vl=0V、PW=10ns、PER=20ns、TONE=1e+10；源内阻为 20Ω、耦合微带线（MS_MCPL4A）w1=w2=w3=8.5mil、p=8000mil、s1=8.5mil、s2=8.5mil（紧耦合）/17mil（弱耦合）、substrate=FR4，瞬态仿真 30ns。

（3）设计：启动 Designer。基本步骤请参看 3.6.1 节。

图 6.49 为单端信号对差分对的串扰电路图，上图是差分对弱耦合的情况，下图是差分对紧耦合的情况。

图 6.50 是差分对的近端差分串扰，虚线代表弱耦合时的情况，可知一倍间距紧耦合的差分串扰噪声比两倍间距的弱耦合时降低了 11%。

图 6.51 是差分对的远端差分串扰，虚线代表弱耦合时的情况，可知紧耦合的差分串扰噪声比弱耦合时低。

图 6.52 是差分对的近端共模串扰，虚线代表弱耦合的情况，可知紧耦合的共模串扰噪声比弱耦合时高。

图 6.53 是差分对的远端共模串扰，虚线代表弱耦合的情况，可知紧耦合的共模串扰噪声比弱耦合时高。

图 6.54 为差分对之间的串扰电路图，上图是差分对紧耦合的情况，下图是差分对弱耦合的情况。

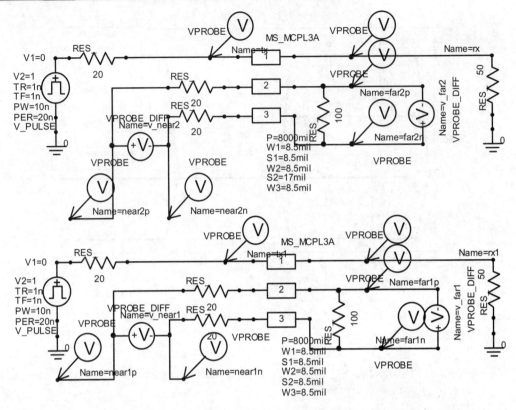

图 6.49 单端信号对差分对的串扰电路图（上：差分对弱耦合，下：差分对紧耦合）

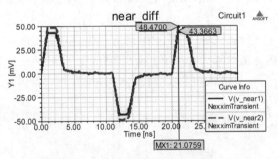

图 6.50 差分对的近端差分串扰

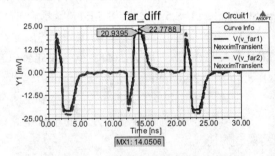

图 6.51 差分对的远端差分串扰

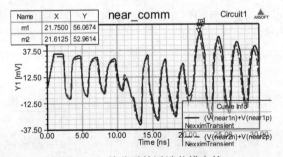

图 6.52 差分对的近端共模串扰

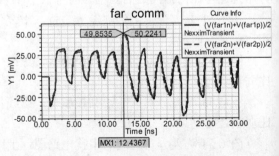

图 6.53 差分对的远端共模串扰

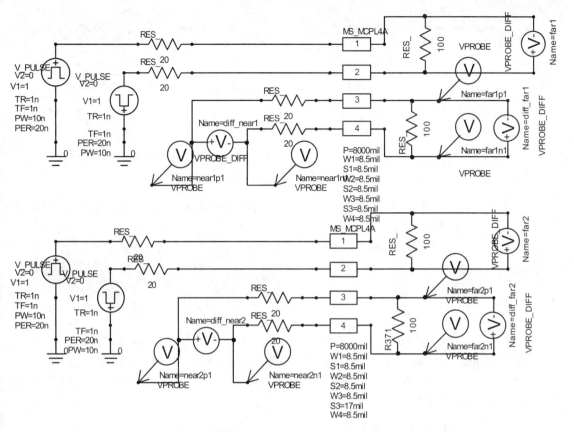

图 6.54　差分对之间的串扰电路图（上：差分对紧耦合，下：差分对弱耦合）

图 6.55 是差分对的远端差分串扰，虚线代表弱耦合的情况，可知紧耦合的差分串扰噪声比弱耦合时低。

图 6.56 是差分对的近端差分串扰，虚线代表弱耦合的情况，可知一倍间距紧耦合的差分串扰噪声比两倍间距的弱耦合时低。

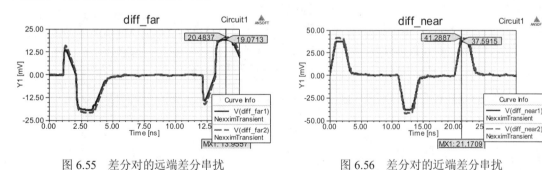

图 6.55　差分对的远端差分串扰　　　　　图 6.56　差分对的近端差分串扰

图 6.57 是差分对的远端共模串扰，虚线代表弱耦合的情况，可知紧耦合的共模串扰噪声比弱耦合时高。

图 6.58 是差分对的近端共模串扰，虚线代表弱耦合的情况，可知紧耦合的共模串扰噪声比弱耦合时高。

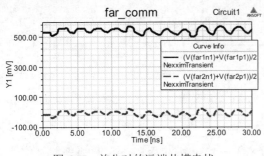
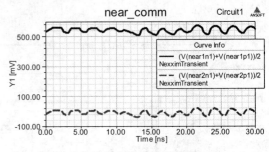

图 6.57　差分对的远端共模串扰　　　　图 6.58　差分对的近端共模串扰

（4）分析结论：

1）紧耦合减小差分串扰噪声。这是由于差分对的耦合度越大，两条线上的噪声越接近相同，差分之后的噪声就越低。

2）紧耦合增加共模串扰噪声。这是因为紧耦合的远端线离干扰源更近。

因此串扰会在差分线上产生共模噪声，这就是要在外接双绞线中加上共模扼流器的原因。

6.2.7　分析缝隙对差分对的影响

（1）内容：分析缝隙对差分对的影响，参考资源文件 6.7EM_nogap_diff.adsn（无缝差分对）、6.7EM_gap_diff.adsn（有缝差分对）和 6.7EM_gap_single_s_l.adsn（有缝单根线）。

（2）参数设置：V_PULSE：TR=TF=0.3ns、diff_Vh=1V、Vl=0V、PW=10ns、PER=20ns、TONE=1e+10，瞬态仿真 15ns。

（3）设计：基本步骤请参看 7.7.2。

如图 6.59 所示建立了三种情况的版图。

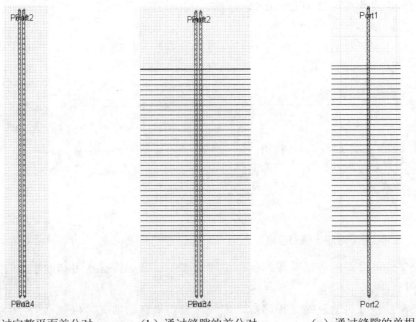

（a）通过完整平面差分对　　　（b）通过缝隙的差分对　　　（c）通过缝隙的单根线

图 6.59　三种情况的版图

差分对坐标分别为：

TRACE1：起点[-12.75 -500]，尺寸[8.5 1000]，终点[-4.25 500]；

TRACE2：起点[4.25 -500]，尺寸[8.5 1000]，终点[12.75 500]。

可知 TRACE1 和 TRACE2 为一倍间距。

地缝坐标为：Slot 起点[-2000 -300]，尺寸[4000 600]，终点[2000 300]。

通过缝隙的单根线建立 6.7EM_gap_single_s_l.adsn 见 7.7.2 节。

最终的有缝差分对完整电路如图 6.60 所示（6.7EM_gap_diff.adsn），负载端各接 50Ω。

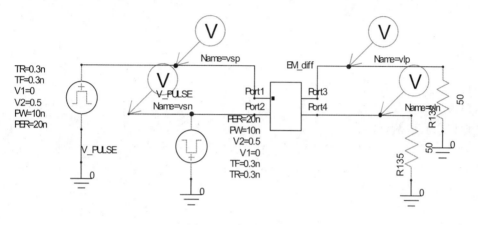

图 6.60　完整电路图

如图 6.61 所示为三种情况的输出曲线，从左到右依次是：虚线的差分输入信号、没有缝隙的差分输出信号、通过 600mil×4000mil 缝隙的差分输出信号和通过 600mil×4000mil 缝隙的单端线波形。

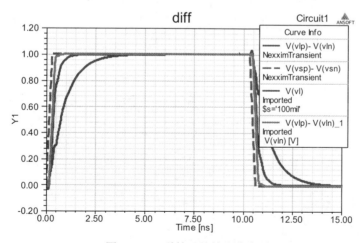

图 6.61　三种情况的输出曲线

（4）分析结论：可知单端线受到缝隙影响明显，而差分对由于回流信号几乎相互抵消而提高了抗缝隙干扰能力，虽然也受到一定影响，但可以保证信号完整。

7

缝隙和过孔

缝隙和过孔是典型的不连续结构，存在地回流问题。本章首先进行了原理性分析，然后给出一些参数估算公式，这些只是估算，如缝隙电感是一阶近似值，要想得到更精确的值，就要通过电磁仿真或测试得到。

信号有频域和时域两种特性，所以信号的分析也分时域和频域，比如在 7.7.1 "多层 PCB 下缝隙的四种分析"中可以看到对同一个电路，信号可以进行 S 参数分析、CLK 瞬态分析、TDR 分析和眼图分析，对分析和解决信号完整性问题给予了极大的帮助。

7.1 过孔的等效电路

过孔是指 PCB 板上钻的小孔，用于连接 PCB 板的不同叠层，即把元件和走线连接起来。典型的过孔由金属柱、焊盘和反焊盘组成。金属柱是在过孔的孔壁圆柱面上用化学沉积的方法镀上一层金属，是不同叠层之间的电气通路。焊盘用于将金属柱与元件或走线连接起来。反焊盘则是焊盘与叠层上金属之间间隔的空白部分，用于隔离。过孔的结构很多，如图 7.1 所示，有焊盘内孔、一致孔、邻孔、插孔等；从叠层的角度分，有通孔、盲孔和埋孔等。为不失一般性，我们讨论通孔的结构，如图 7.2 所示。

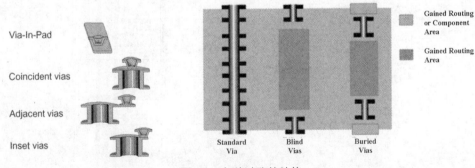

图 7.1 各种过孔的结构

通孔的 π 型等效电路如图 7.3 所示（存在 Stub 寄生电容），并联寄生电容值估算如下：

$$C\_pad = \frac{1.41\varepsilon_r TD_1}{D_2 - D_1} \tag{7.1}$$

其中，C_pad：过孔的寄生电容（pF），D_2：反焊盘的直径（in），D_1：焊盘的直径（in），T：印制电路板厚度（in），ε_r：电路板的相对介电常数。

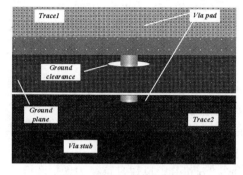

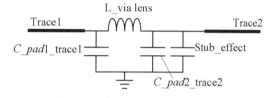

图 7.2　典型的通孔结构图　　　　　图 7.3　典型通孔的等效电路

此外，过孔还存在着寄生串联电感（局部电感），其数值估算如下：

$$L\_vialens = 5.08h\left[\ln\left(\frac{4h}{d}\right)+1\right]\qquad(7.2)$$

式中，L：寄生串联电感（nH）；h：过孔长度（in）；d：过孔直径（in）。

由 7.7.7 节"分析过孔直径、焊盘直径和反焊盘直径的影响"可以看出，孔有电容效应和电感效应：

（1）电容效应来源于反焊盘（反向关系）、焊盘（正向关系）、stub（正向关系）。

（2）电感效应来源于孔长（正向关系）。

（3）两者效应均有孔直径（正向关系电容、反向关系电感）。

（4）电感加大和电容加大均使衰减增加，所以尽量采用大的反焊盘、小的焊盘、短的 stub、短的孔长。接地孔直径尽量大，以保证小的接地电感。

（5）这几个参数之间的优化尽量做到阻抗的匹配。

当频率较低时，过孔可以起到很好的连接作用，其寄生效应可忽略。但是在高速电路设计中，过孔的寄生效应明显，将会影响到信号的传输质量。

7.2　存在地孔时的电感

常在过孔旁边添加地孔，作用有两点：首先是提供完整的地、减小回流电感；其次是由于与地孔互感的存在，而减小过孔在两参考层之间的有效电感（参考层外的过孔局部电感还存在）。如图 7.4 所示可以得到不同位置的地孔情况。

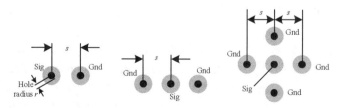

图 7.4　地孔的位置（左：一个地孔，中：两个对称地孔，右：四个对称地孔）

当存在一个地孔、两个对称地孔、四个对称地孔和同轴地时，其两参考层之间的过孔电感分别为：

$$L = \frac{\mu}{2\pi} 2h \ln\frac{s}{r}, \quad L = \frac{\mu}{2\pi} h\left(\frac{3}{2}\ln\frac{s}{r} + \frac{1}{2}\ln 2\right), \quad L = \frac{\mu}{2\pi} h\left(\frac{3}{4}\ln\frac{s}{r} + \frac{1}{4}\ln 2\right), \quad L = \frac{\mu}{2\pi} h \ln\frac{s}{r} \quad (7.3)$$

其中：s 是信号过孔中心和地孔中心之间的距离，r 是过孔的半径，h 是两个参考层之间的间距。尺寸单位都是 in。

7.3　过孔的匹配

从如图 7.3 所示的通孔等效电路可知，过孔的"特性阻抗"可以表示成 $Z = \sqrt{L/C}$，我们可以用参数扫描及优化来进行匹配。图 7.5 为用 ANSYS 软件建模的 3D 过孔，分别参数扫描反焊盘直径和介电常数变化时的过孔特性阻抗。由图 7.6 可知，反焊盘直径的增加和介电常数的减少可以增加特性阻抗，这样我们就可以找到合适的孔尺寸使阻抗匹配。

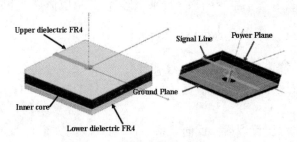

图 7.5　过孔 3D 建模

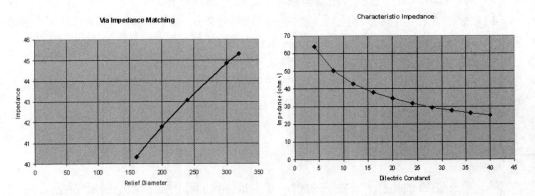

图 7.6　过孔的特性阻抗仿真（左：参数扫描反焊盘直径，右：参数扫描介电常数）

7.4　HDI 技术的过孔比较

随着生产技术的不断发展，电子产品无不向轻薄短小的方向发展，当前移动通信终端、数码终端等微型手提式电子产品都是高密度互连（High Density Interconnect，HDI）技术发展的结晶。

高密度互连是目前最新的线路板制程技术，通过微孔道的形成，线路板层与层之间能互相连接，而这种高密度互连制作工艺，再配合增层法技术的采用，使线路板能实现向着薄而小的方向发展。

所谓增层法，是以双面或四面电路板为基础，采用逐次压合（Sequential Lamination）的方法，在其板外逐次增加线路层，并以非机械钻孔方式的微孔作为增层间的互连，而在部分层次间连通的盲孔（Blind Hole）与埋孔（Buried Hole），可省下通孔在板面上的占用空间，有限的外层面积尽量用于布线和焊接零件，这就是现在最受关注的多层线路板制程技术——增层法。

配合增层法技术而采用的微孔技术，可造成高密度互连结构的超薄多层线路板，而这种微孔制程技术目前大体可分为三类：感光成孔式导孔技术、乾式电浆蚀孔技术与三激光钻孔技术。

我们利用 ANSYS 软件建模，对微孔与标准通孔进行一些比较，通孔、盲孔和埋孔如图7.7 所示。

1. 通孔的 S 参数

标准通孔是我们最常用的过孔，为通孔柱结构，建模如图7.8 所示，我们在相邻两层走线。图7.9 是标准过孔 S 参数仿真结果，左图为幅值，可以看出 5GHz 以上反射系数大于-10dB，而且存在谐振；右图为相位图，可以看出相移的变化（$2\pi l/\lambda$），尤为重要的是存在色散（相移随频率非线性）。

Vias—Blind,Buried and Through

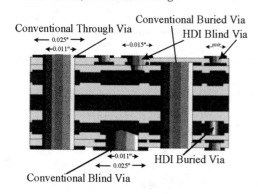

图 7.7　通孔、盲孔和埋孔的比较

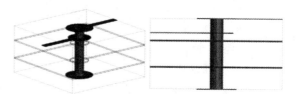

图 7.8　标准过孔建模

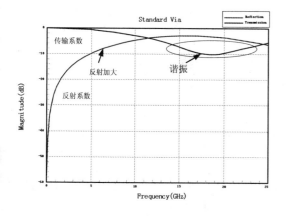

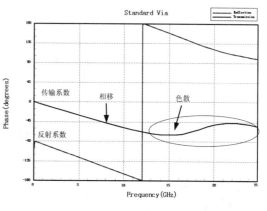

图 7.9　标准过孔 S 参数仿真结果（左：幅值图，右：相位图）

2. 微过孔的 S 参数

微过孔建模如图 7.10 所示。仿真结果如图 7.11 所示，左图为幅值，我们可以看出 25GHz 时反射系数还不到-10dB，匹配比标准过孔好，而且在所需频段不存在谐振；右图为相位图，可以看出相移的变化也小于标准过孔，而且无色散。

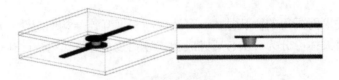

图 7.10　微过孔建模

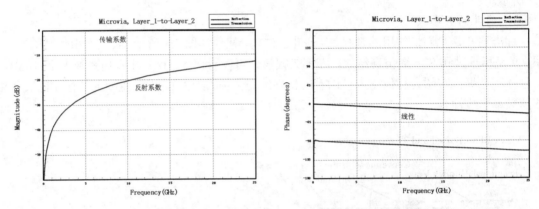

图 7.11　微过孔 S 参数仿真结果（左：幅值图，右：相位图）

3. 两种过孔在旁路中的比较

去耦电容通过过孔连接到电源层或地层上，要保证引线低阻抗尤其电感要小。下面我们来计算上述两种过孔的阻抗。

（1）标准过孔。

图 7.12 是标准过孔的建模。图 7.13 是阻抗的仿真结果，左图是由模型求出的电抗图（阻抗的虚部），可以看出电抗随频率的变化的快慢，由斜率可近似计算出等效电感约 1.0nH；右图是相位图，可知其存在谐振（跨越感性和容性）。

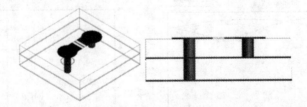

图 7.12　标准过孔建模

（2）微过孔。

同理，建模微过孔如图 7.14 所示。阻抗的仿真结果如图 7.15 所示，左图是电抗图（阻抗的虚部），可以看出微过孔的等效电感为 40pH；右图是相位图，可知没有谐振频率。由比较进一步说明了微过孔的优势。

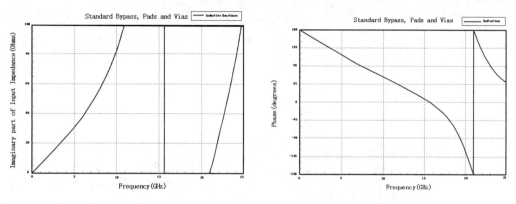

图 7.13　标准过孔用在旁路中的仿真结果（左：电抗图，右：相位图）

图 7.14　微过孔建模

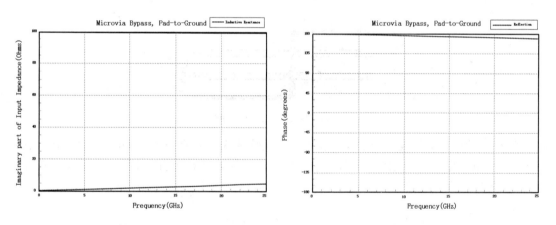

图 7.15　微过孔用在旁路中的仿真结果（左：电抗图，右：相位图）

可见 HDI 可以进一步保证信号的完整性。

7.5　地回流问题

在高频时，地回流不是选择长度最短路径，而是选择具有最小电感、最小阻抗的路径。为了减小回流电感，应该保证选择环路面积最小、最靠近信号线的路径，因此高速信号线旁一定要提供低阻抗的地。低噪声回流路径要求：①回流路径连续；②回流路径抗干扰。

地平面由于信号过孔的通过而不完整，如图 7.16 左图所示，改变了地回流的流向，增大了环路电感。而实际中过孔常常会穿过多个平面造成多个平面的不完整，如图 7.16 右图所示，地回流要从第三层流回第二层就需要通过两平面的瞬态阻抗，这种返回路径突变（RPD）不仅增加了阻抗不连续、加大了接地阻抗，同时加大了地回流路径引起信号线与供电平面的耦合，以及加大 EMI。因此要在过孔附近提供"地"，若参考层具有相同电位则放置地孔，若参考层具有不相同电位则放置旁路电容。回流电感使信号沿变慢，并增加了对其他线的串扰，恶化了信号完整性。

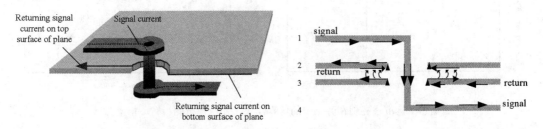

图 7.16　过孔造成的地/电源平面的不完整（左：单平面地，右：多平面地/电源）

下面用 ANSYS 软件对两种情况进行仿真分析。

7.5.1　不同电位的参考层放置旁路电容

根据前面介绍的原理，建立如图 7.17 所示 S/P/G/S 结构的四层板，在 1 处接输入脉冲信号，4 处加直流电源，3 处接输出匹配负载，信号线由过孔穿过源层 5 处和地层 2 处。

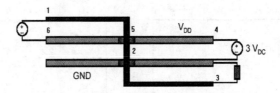

图 7.17　过孔穿过源层和地层的示意图

图 7.18 给出了信号线的源端 1、过孔 2 及负载端 3 的仿真波形，可以看出信号输出的 3 处出现不完整现象。从图 7.19 中同样可以看出电源层 5 处和 6 处的电压弹动。如图 7.20 所示，这是由回流路径高阻所致。

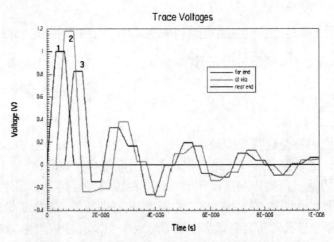

图 7.18　信号线的源端 1、过孔 2 及负载端 3 的波形

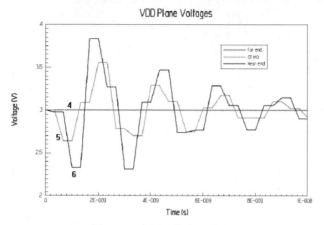

图 7.19 电源层的电压弹动

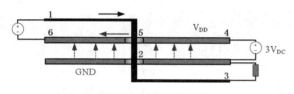

图 7.20 回流路径图

我们在回流路径上加一个大电容，如图 7.21 所示，以提供低阻路径。之后再次进行仿真，得到如图 7.22 所示的结果，可以看出信号线的信号非常完整，取得了理想的结果。同样电源层上的电压弹动也很小，如图 7.23 所示。

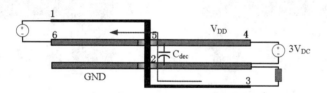

图 7.21 在回流路径上加电容

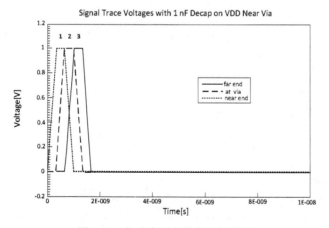

图 7.22 加电容后的信号线的波形

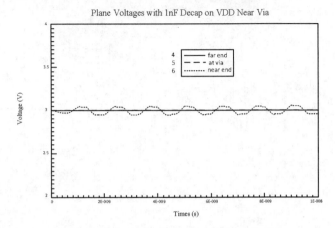

图 7.23   加电容后的电源层的电压弹动

7.5.2   相同电位的参考层放置连接孔

根据前面介绍的原理，对相同电位的参考层要放置连接孔，连接孔的位置影响回流电感。可以通过参数扫描或优化的方法，得到最小环路电感，从而解决复杂的连接回流问题。

我们分析 S/G/G+S 结构，两地之间用地孔连接，如图 7.24 所示，可以看出回流路径。过孔的位置决定了地回流路径，如图 7.25 所示。

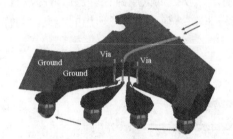

图 7.24   信号/地/地/信号结构

图 7.25   过孔位置和回流路径的关系

对过孔的位置进行参数扫描，使环路电感最小，即优化最佳回流路径。仿真结果如图 7.26 所示，可知左右过孔的位置分别为 3.5 和 2.5 时，环路电感最小。

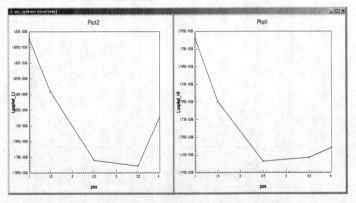

图 7.26   仿真结果显示的过孔位置和环路电感的关系（左：左地孔位置，右：右地孔位置）

7.6　参考平面的缝隙

如 7.5 节所述，在高频时地回流不是选择长度最短路径，而是选择具有最小电感、最小阻抗的路径。为了减小回流电感，应该保证选择环路面积最小、最靠近信号线的路径，因此高速信号线旁一定要提供低阻抗的地。

在实际电路中，对不同器件供电电压可能不同，这就需要把电源层分割成若干块，从而产生电源层的缝隙。此外，有时地平面层需要布信号线也会造成地缝，而连续的密集过孔使得反焊盘造成了源、地的不完整。

7.6.1　参考平面缝隙对信号的影响

如图 7.27 所示为一条跨过参考平面缝隙的信号线，首先信号沿着信号线从驱动端输出到接收端，而回流却受到缝隙的阻拦，即使有少部分电流通过了缝隙的杂散电容沿信号线下方回流，但大部分电流绕道而行，这样增大了回流面积，增大了回流电感，恶化了信号。

也可以从阻抗的角度来分析信号，即无缝处的信号线为特性阻抗，缝隙处的信号线阻抗加大产生了不连续，恶化了信号。缝隙对信号的影响主要有两方面，一是使信号沿恶化，二是增加了对其他线的串扰。

1. 信号沿恶化

狭长的缝隙等效为串联电感，如第 4 章"反射"中分析那样使信号边沿变缓。当缝隙的长度（电流绕过的距离近似为 2D）使信号的返回路径延时比信号的上升或下降时间更长时，信号沿上将会出现台阶，台阶的长度与缝隙的长度 2D 成正向关系，如图 7.28 所示。此外，台阶的高低则取决于缝隙的离散电容，缝隙宽度 W 越窄离散电容越大，因为 $I = CdV/dt$，所以通过离散电容耦合的返回电流部分也就越大，台阶也就越高，如图 7.29 所示。

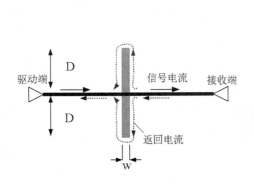

图 7.27　信号和回流通过缝隙的示意图

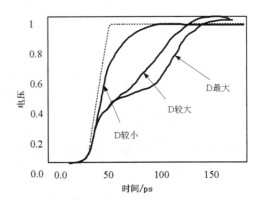

图 7.28　缝隙长度 D 对信号的影响

2. 增加了对其他线的串扰

如图 7.30 所示，缝隙改变了回流路径，串扰在回流路径处的其他信号线，虽然有的信号线"很远"，但缝隙却把串扰噪声引来了。

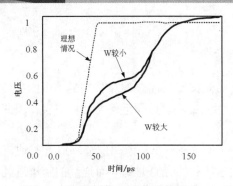

图 7.29　缝隙宽度 W 对信号的影响

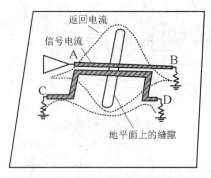

图 7.30　缝隙增加了串扰

7.6.2　参考平面缝隙的参数估算

下面给出缝隙的参数估算公式，这些只是估算，如缝隙电感是一阶近似值，要想得到更精确的值，就要通过电磁仿真或测试得到。

1.　串联电感

信号通道串联的等效电感：

$$L\_slot \approx 5D\ln\left(\frac{D}{W}\right) \tag{7.4}$$

这里，L_slot 是等效串联电感（nH）、D 是缝隙的长度（in）、W 是缝隙的宽度（in），可知长缝电感大。

2.　上升时间（10%到90%的上升沿）

当缝隙在较长的信号线中间处，等效电感 L_slot 同 Z_0 相当于一个 L/R 滤波器，缝隙引起的上升时间为：

$$t_{r(L/R)} \approx 2.2\frac{L\_slot}{2Z_0} \tag{7.5}$$

根据输入信号的上升时间 $t_{r(input)}$，可以得出信号经过缝隙后的上升时间为：

$$t_{r(output)} = \sqrt{\left(t_{r(L/R)}\right)^2 + \left(t_{r(input)}\right)^2} \tag{7.6}$$

当缝隙靠近信号线负载端时，容性负载 C 使得滤波器变为了 LC 形式，缝隙引起的上升时间为：

$$t_{r(LC)} \approx 3(LC)^{1/2} \tag{7.7}$$

根据输入信号的上升时间 $t_{r(input)}$，可以得出信号经过缝隙后的上升时间为：

$$t_{r(output)} = \sqrt{\left(t_{r(LC)}\right)^2 + \left(t_{r(input)}\right)^2} \tag{7.8}$$

3.　LC 的 Q 值

根据 Q 值的不同，等效的 LC 电路可能会产生振荡。Q 值的大小如式（7.9）所示。当 Q 值大于 1 时，电路会产生振荡；Q 值等于 1 时，上升时间如式（7.7）所示；Q 值小于 1 时，上升时间变慢。

$$Q = \frac{(L/C)^{1/2}}{R_s} \tag{7.9}$$

这里：L 是等效串感、C 是负载电容、R_s 是源电阻。

4. 串扰的计算

由第 6 章"串扰"可知，变化的电流产生耦合串扰电压：

$$V_{crosstalk} = L_{Mutual} \frac{\Delta I}{t_r} \tag{7.10}$$

当缝隙在较长的信号线中间处，瞬态负载为 Z_0，耦合串扰电压为：

$$V_{crosstalk} = L_{Mutual} \frac{\Delta V}{t_r \cdot Z_0} \tag{7.11}$$

当缝隙靠近信号线负载端，则瞬态负载为电容 C，耦合串扰电压为：

$$V_{crosstalk} = L_{Mutual} \frac{1.52 \cdot \Delta V \cdot C}{t_r^2} \tag{7.12}$$

这里，t_r 是上升沿时间、ΔV 是输入信号幅值。缝隙增大了互耦电感，增大了串扰。

7.6.3 解决参考面缝隙的方法

（1）尽量避免参考面的分割。
（2）分割面相邻完整参考面。
（3）尽可能让低速信号通过缝隙。
（4）使用差分对传输。
（5）缝隙两边跨接旁路电容。

7.7 典型条件下的缝隙/过孔分析

前几节对缝隙和过孔进行了原理性分析，下面利用 ANSYS 软件通过 8 个例子对典型条件下的不连续情况进行更为具体的分析，并一一给出分析结论。

7.7.1 多层 PCB 下的缝隙的四种分析

信号有频域和时域两种特性，所以信号的分析也分时域和频域，其中 S 参数分析为频域，CLK 瞬态分析、TDR 分析和眼图分析为时域。下面通过分析多层 PCB 下的缝隙例子来说明信号完整性的频域和时域结合方法，先进行参数提取，然后进行场路协同仿真。本例选用 SIwave 进行参数提取，结合 Designer 进行场路仿真。

（1）内容：分析多层 PCB 下的缝隙，参考资源文件 6_0Slot.siw 和 6_0Slot.adsn。进行四种分析：S 参数分析、CLK 瞬态分析、眼图分析和 TDR 分析。

（2）参数设置：分析外层走线通过缝隙和内层走线通过缝隙的情况，参数设置见设计部分内容。

（3）设计：启动 SIwave。基本步骤请参看本章的 7.7.4 节和 7.7.5 节。

1）创建叠层和过孔结构。

单击 Edit→Layer Stackup 命令或单击 图标，建立如图 7.31 所示的六层板叠层结构。trace1 在顶层、trace2 在中间层、trace3 在底层，为 S/G/S/P/G/S 结构。

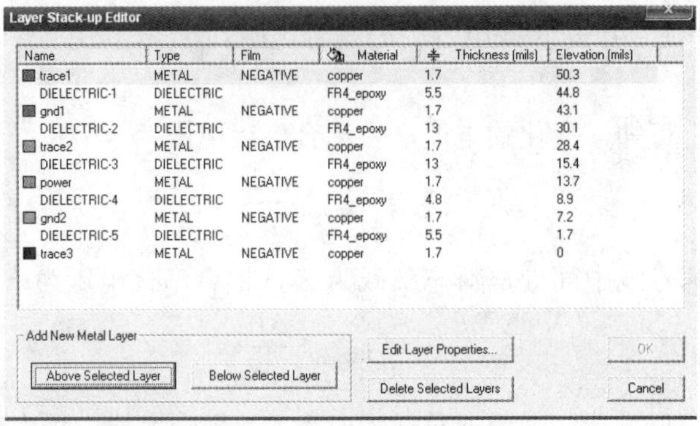

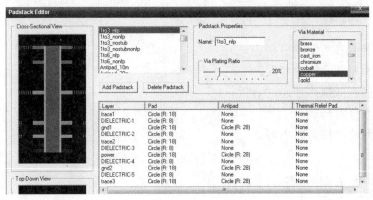

图 7.31　六层板叠层结构

单击 Edit→Padstacks 命令或单击 图标，设置过孔直径为 8mil、焊盘大小为 10mil 宽、反焊盘大小为 10mil 宽，建立如图 7.32 所示的从 trace1 到 trace2 的孔结构，定义名字为 1to3_nfp。

图 7.32　孔结构

2）创建图形。

①建立电源/地层图形。

首先是建立电源/地层图形。如图 7.33 所示选择操作层，Layers 中选中 gnd1，单击图标 或单击 Draw→Rectangle 进行图形创建。

gnd1：起点[x y]=[-1500 -500]，尺寸[dx dy]=[3000 2000]。同理建立同尺寸的 power 层和 gnd2 层。

建立地缝。如图 7.34 所示单击 Draw→Drawing Mode→Subtract 命令选择减操作，建立两个地缝：

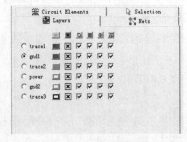

图 7.33　选择操作层

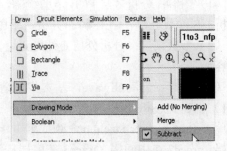

图 7.34　选择减操作

1：起点[x y]=[-500 -250]，尺寸[dx dy]=[60 500]；

2：起点[x y]=[500 750]，尺寸[dx dy]=[60 500]。

②建立信号线。

建立走线图形。如图 7.35 所示单击 Draw→Drawing Mode→Merge 命令建立合并操作。

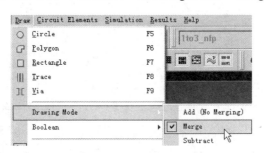

图 7.35　建立合并操作

在 Layers 框中选中 trace1，单击 Draw→Set Trace Width 命令或单击 ⚭ 图标来设置线宽，输入 10，来建立信号线：第一段线尺寸：单击起点[x y]=[-1000 0]、尺寸[dx dy]=[1000 0]，双击终点（或按 Enter 键两次）完成。第二段线尺寸：单击起点[x y]=[-1000 500]、尺寸[dx dy]=[1000 0]，双击终点（或按 Enter 键两次）完成。第三段线尺寸：单击起点[x y]=[-1000 1000]、尺寸[dx dy]=[1000 0]，双击终点（或按 Enter 键两次）完成。

在 Layers 框中选中 trace2，第一段线尺寸：单击起点[x y]=[0 0]、尺寸[dx dy]=[1000 0]，双击终点（或按 Enter 键两次）完成。第二段线尺寸：单击起点[x y]=[0 500]、尺寸[dx dy]=[1000 0]，双击终点（或按 Enter 键两次）完成。第三段线尺寸：单击起点[x y]=[0 1000]、尺寸[dx dy]=[1000 0]，双击终点（或按 Enter 键两次）完成。

建立过孔。单击 Draw→Via 命令或单击][图标来添加过孔。如图 7.36 所示，选择图 7.32 建立好的名为 1to3_nfp 的过孔。分别在[x y]= [0 0]和[x y]= [0 1000]处单击放置过孔。弹出如图 7.37 所示的 Merge Nets 对话框，单击 OK 按钮。

图 7.36　选择孔的名字　　　　　图 7.37　合并图形名字

3）加端口。

单击 ⊞ 图标或单击 Circuit Elements→Port 命令，起点：[x y]=[-1000 0]，尺寸[dx dy]=[0 0]，

或在（-1000,0）处双击。如图 7.38 所示，正端选 trace1，负端选 gnd1。如图 7.39 所示，端口名为 PORT1_top，阻抗为 50Ω。

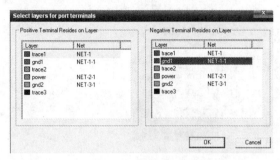 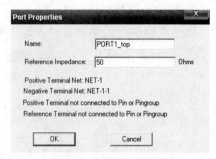

图 7.38　选择端口层　　　　　　　　　图 7.39　定义端口属性

同理，起点：[x y]=[1000 0]，尺寸[dx dy]=[0 0]，或在（1000,0）处双击。如图 7.40 所示，正端选 trace2，负端选 gnd1。端口名为 PORT2_top，阻抗为 50Ω。

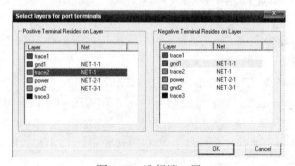

图 7.40　选择端口层

同样建立另外四个端口：

起点：[x y]=[-1000 500]，尺寸[dx dy]=[0 0]，或在（-1000,500）处双击。正端选 trace1，负端选 gnd1。端口名为 PORT1，阻抗为 50Ω。

起点：[x y]=[1000 500]，尺寸[dx dy]=[0 0]，或在（1000,500）处双击。正端选 trace2，负端选 gnd1。端口名为 PORT25，阻抗为 50Ω。

起点：[x y]=[-1000 1000]，尺寸[dx dy]=[0 0]，或在（-1000,1000）处双击。正端选 trace1，负端选 gnd1。端口名为 PORT1_bottom，阻抗为 50Ω。

起点：[x y]=[1000 1000]，尺寸[dx dy]=[0 0]，或在（1000,1000）处双击。正端选 trace2，负端选 gnd1。端口名为 PORT2_bottom，阻抗为 50Ω。

最终的版图如图 7.41 所示，上面的为地缝临内层走线，中间的为无地缝，下面的为地缝临外层走线。

4）计算 S 参数。

单击 Simulation→Compute S-,Y-,Z-parameters 命令，按如图 7.42 所示的对话框来计算 S 参数，进行仿真。

5）输出 Touchstone 文件。

单击 Results→S-,Y-,Z-parameters→Export to Touchstone File 命令，保存名为 6_0Slot，这样就建立了 6_0Slot.s6p 文件。

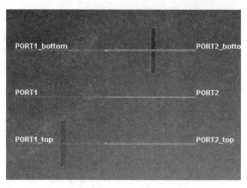

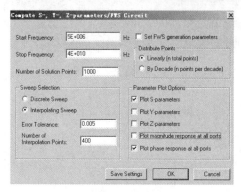

图 7.41　最终的版图（上：地缝临内层走线，
中：无地缝，下：地缝临外层走线）

图 7.42　S 参数计算设置

6）建立 S 参数报告和 TDR 报告。

仿真完成之后会出现 Reporter 窗口，如图 7.43 所示，选择 Results→Create Report 选项来创建报告。选择报告类型，如图 7.44 所示。

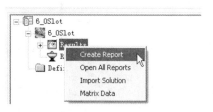

图 7.43　建立结果报告

图 7.44　选择报告类型

首先看 S 参数。Domain 为 Sweep，如图 7.45 所示选择看 dB(S(PORT2,PORT1))、dB(S(PORT2_bottom, PORT1_bottom))和 dB(S(PORT2_top, PORT1_top))的图形。

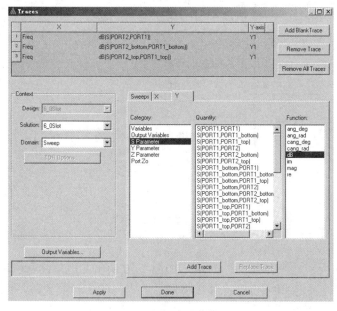

图 7.45　选择看 S 参数图形

最终结果如图 7.46 所示，从上到下依次是无地缝、地缝临内层走线和地缝临外层走线情况，可知地缝引起衰减加大，而地缝临外层走线使衰减更大。

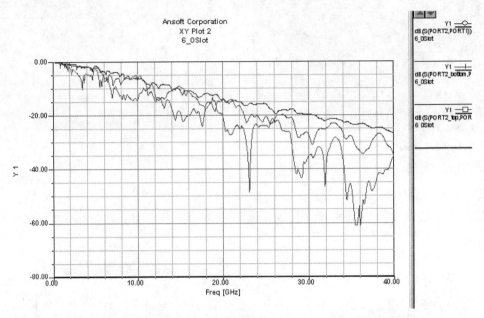

图 7.46　三种情况的 S21 比较

最后看 TDR。重新按图 7.43 和图 7.44 建立新报告，Domain 为 Time，如图 7.47 所示设置 TDR 参数。

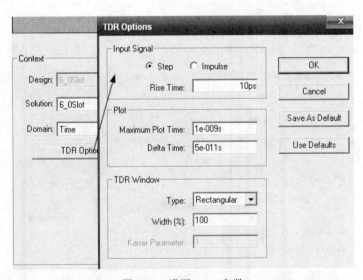

图 7.47　设置 TDR 参数

如图 7.48 所示选择看 TDR 阻抗。

得到如图 7.49 所示的没有缝隙的 TDR、如图 7.50 所示的地缝临内层走线的 TDR 和如图 7.51 所示的地缝临外层走线的 TDR。可知临外层走线的地缝产生了更大的阻抗（等效电感加大），而过孔也引起了阻抗的不连续。

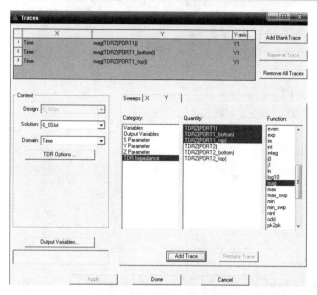

图 7.48 选择看 TDR 阻抗

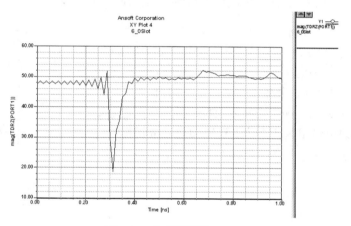

图 7.49 没有缝隙的 TDR

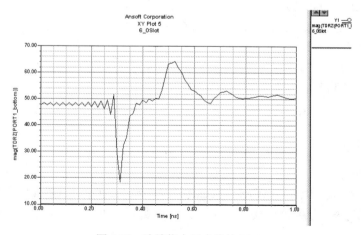

图 7.50 地缝临内层走线的 TDR

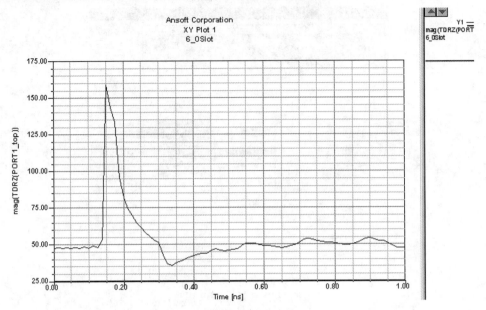

图 7.51　地缝临外层走线的 TDR

7）建立 Designer 电路。

启动 Designer，命名为 6_0Slot。选择 6_0Slot→Insert→Insert Circuit Design 选项，分别建立名为 clk、eye、S_parameter 和 TDR 四个电路，如图 7.52 所示。基本步骤请参看 3.6.1 节。

建立的 clk、eye、S_parameter 和 TDR 四种仿真电路均包括三部分：建立电路图、建立仿真设置和建立分析报告。

下面简单说明步骤，具体的步骤参见 2.8 节表格所列的相关例子。

①clk。

● 建立电路图。

单击 Insert→Insert Circuit Design 命令，在建立好的 clk 电路中单击 Project→Add Model→Add Nport Model 命令加入

图 7.52　建立四个电路

N 端口模型，指向 SIwave 提取好的 6_0Slot.s6p 文件，此时文件夹 Models 中出现了该模型。最终的电路图如图 7.53 所示，上图为负载端匹配情况，下图为源端匹配情况。TR=TF=0.1ns、PW=5ns 和 PER=10ns。

● 建立仿真设置。

如图 7.54 所示选择 Analysis→Add Nexxim Solution Setup→Transient Analysis 选项来建立瞬态仿真。

如图 7.55 所示，仿真时间为 10ns，步长 0.01ns，单击 OK 按钮确定参数设置。

● 建立分析报告。

如图 7.56 所示选择 Results→Create Standard Report→Rectangular Plot 选项来建立分析报告。

按照图 7.57 来设置观察的电压波形，先观看波形 V(vlmatch)、V(vlmatch_top) 和 V(vlmatch_bot)。

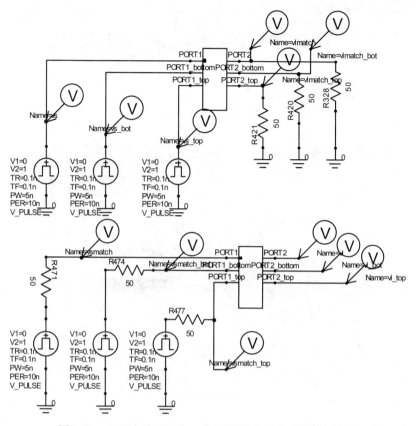

图 7.53　CLK 电路图（上：负载端匹配，下：源端匹配）

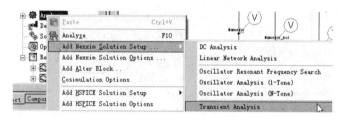

图 7.54　建立瞬态仿真

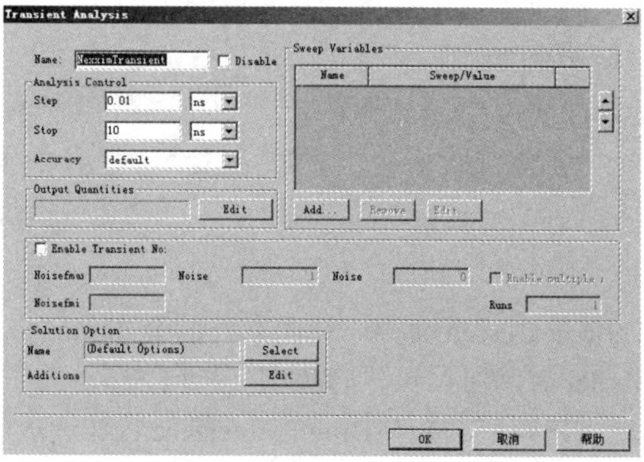

图 7.55　设置瞬态仿真参数

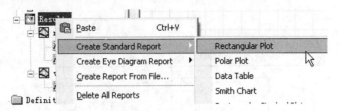

图 7.56　建立分析报告

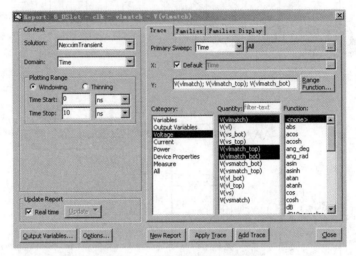

图 7.57　设置观察的电压波形

得到如图 7.58 所示的负载端匹配下的负载端输出，粗实线是地缝临外层走线情况，可知此时信号有个小台阶，而其他两种情况相当。

同理可看波形 V(vl)、V(vl_top) 和 V(vl_bot)，图 7.59 为源端匹配下的负载端输出，粗实线是地缝临外层走线情况，可知振幅最大，而其他两种情况相当，无缝时（虚线）振幅稍小一点。

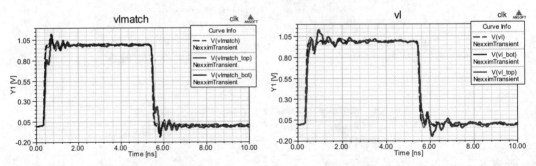

图 7.58　负载端匹配下的负载端输出　　　　图 7.59　源端匹配下的负载端输出

②S_parameter。

● 建立电路图。

单击 Insert→Insert Circuit Design 命令，在建立好的 S_parameter 电路中，单击 Project→Add Model→Add Nport Model 命令加入 N 端口模型，指向 SIwave 提取好的 6_0Slot.s6p 文件，此时文件夹 Models 中出现了该模型。单击 Draw→Interface Port 选项加上端口，最终的 6 端口电路图如图 7.60 所示。

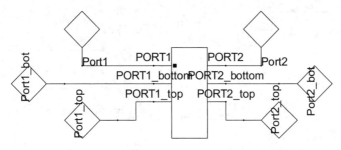

图 7.60　S 参数仿真电路图

● 建立仿真设置。

如图 7.61 所示选择 Analysis→Add Nexxim Solution Setup→Linear Network Analysis 选项加入线性网络分析。图 7.62 为设置仿真频率参数，频率从 5MHz 到 40GHz，1000 个点。

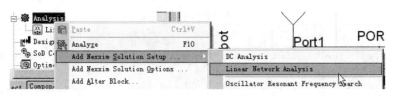

图 7.61　加入线性网络分析

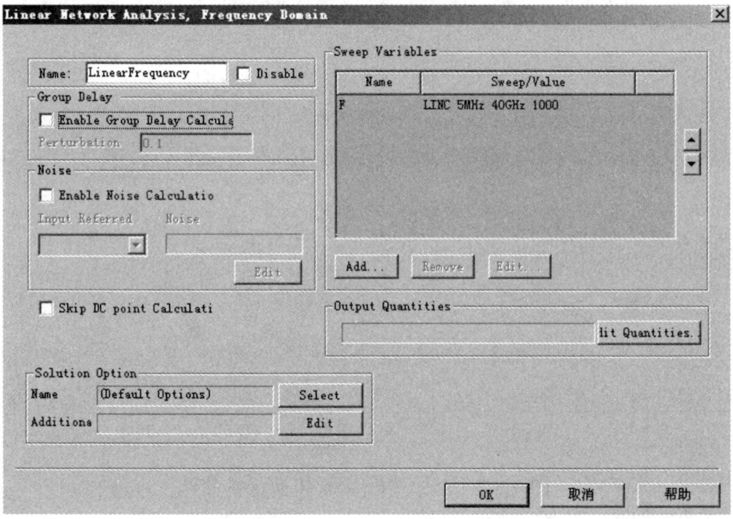

图 7.62　设置仿真频率参数

● 建立分析报告。

选择 Results→Create Standard Report→Rectangular Plot 选项来建立 S 参数分析报告。如图 7.63 所示选择分析 dB(S(Port2, Port1))、dB(S(Port2_bot, Port1_bot)) 和 dB(S(Port2_top, Port1_top))。

得到如图 7.64 所示的三种情况下的传输特性曲线，从上到下依次是无地缝、地缝临内层走线和地缝临外层走线情况，可知地缝引起衰减加大，而地缝临外层走线使衰减更大。由于该 S 参数表是从 SIwave 提取的，所以该结果同图 7.46 一样。

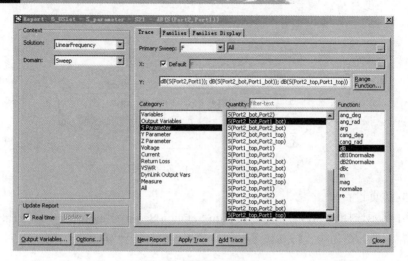

图 7.63　建立 S21 参数

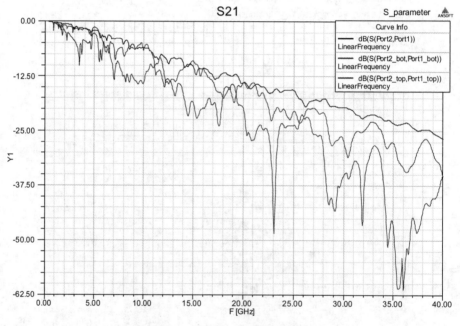

图 7.64　三种情况下的传输特性曲线

③eye。

● 建立电路图。

单击 Insert→Insert Circuit Design 命令，在建立好的 eye 电路中，单击 Project→Add Model →Add Nport Model 命令加入 N 端口模型，指向 SIwave 提取好的 6_0Slot.s6p 文件，此时文件夹 Models 中出现了该模型。为了进行眼图分析，要加上 EYESOURCE 源和 EYEPROBE 探针：在窗口左侧的 Project Manager 框中选择 Components 选项卡，分别选择 Nexxim Circuit Elements →Independent Sources→EYESOURCE 选项和 Nexxim Circuit Elements→Probes→EYEPROBE 选项。最终建立好的电路如图 7.65 所示。

为探针指定各自的源，如图 7.66 所示是把第一个探针 required1 指定到 ID=503 的源。

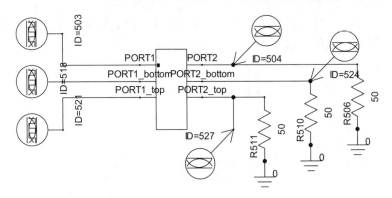

图 7.65　EYE 分析电路图

● 建立仿真设置。

如图 7.67 所示，选择 Analysis→Add Nexxim Solution Setup→Quick Eye Analysis 选项，建立 Quick Eye Analysis。

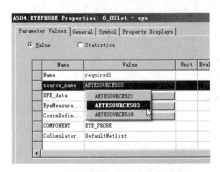

图 7.66　给探针指定源 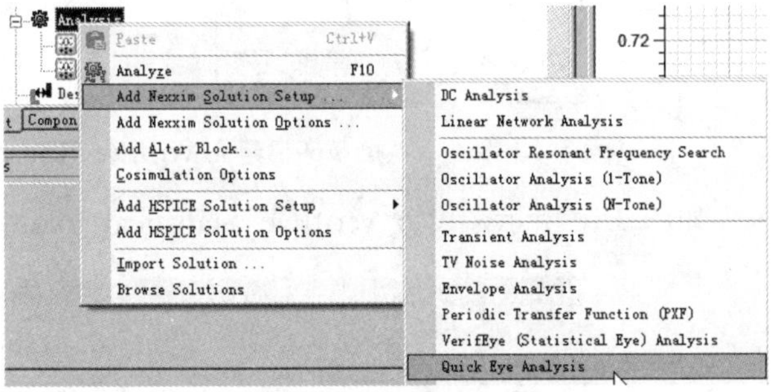　　　　　图 7.67　建立 Quick Eye Analysis

如图 7.68 所示，设置 Quick Eye Analysis。

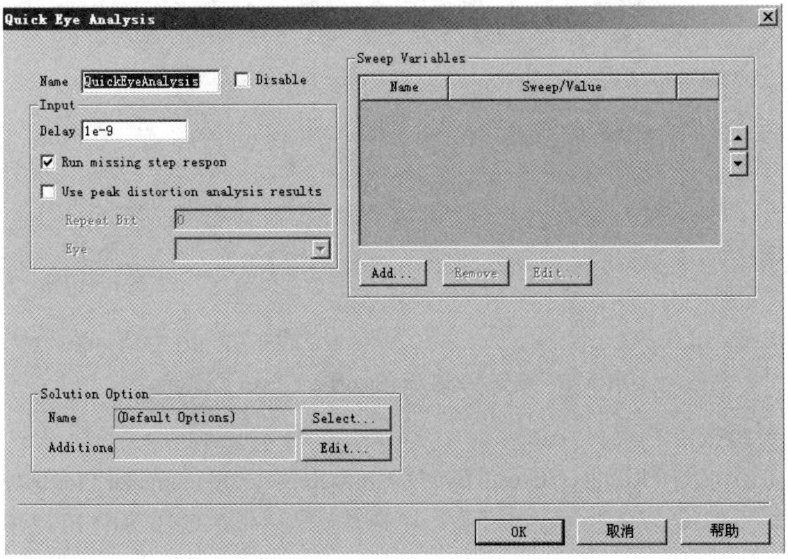

图 7.68　设置 Quick Eye Analysis

如图 7.69 所示，选择 Analysis→Add Nexxim Solution Setup→VerifEye (Statistical_Eye) Analysis 选项，建立 VerifEye (Statistical_Eye) Analysis。

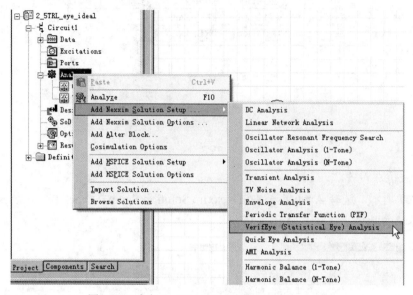

图 7.69　建立 VerifEye (Statistical_Eye) Analysis

如图 7.70 所示，设置 VerifEye (Statistical_Eye) Analysis。

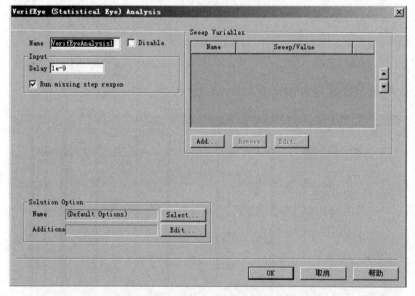

图 7.70　设置 VerifEye (Statistical_Eye) Analysis

● 建立分析报告。

如图 7.71 所示，选择 Results→Create Eye Diagram Report→Rectangular Plot 选项来创建眼图报告。设置眼图报告如图 7.72 所示，由于有三个探针，所以依次选择 AEYEPROBE(required1)，Solution：QuickEyeAnalysis、Domain：Time、Category：Voltage，观看波形 V(AEYEPROBE (required1))。

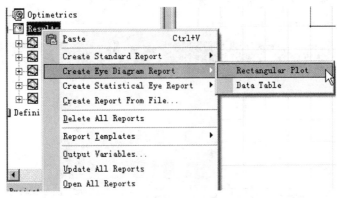

图 7.71　创建眼图报告

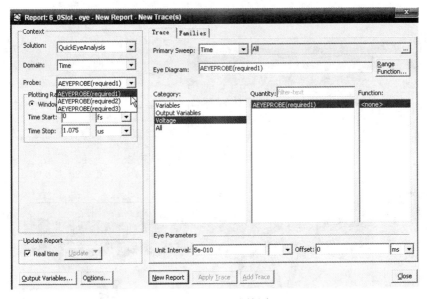

图 7.72　设置眼图报告

单击 New Report 按钮，右击，如图 7.73 所示选择 Trace Characteristics→Add All Eye Measurements 选项来测量眼图参数。

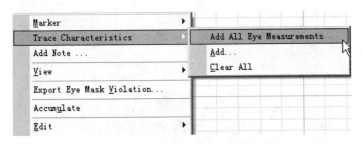

图 7.73　测量眼图参数

得到如图 7.74 所示的仅有过孔时的眼图、如图 7.75 所示的缝隙开在外层走线下的眼图和如图 7.76 所示的缝隙开在内层走线上的眼图。可知缝隙开在外层走线下的眼图边沿退化明显，边沿较粗、抖动加大。

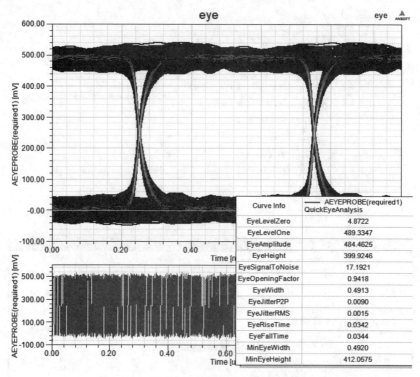

图 7.74　无地缝仅有过孔时的眼图

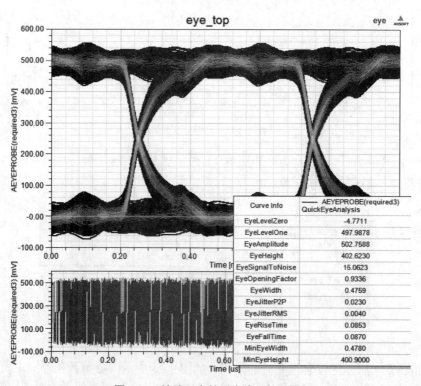

图 7.75　缝隙开在外层走线下的眼图

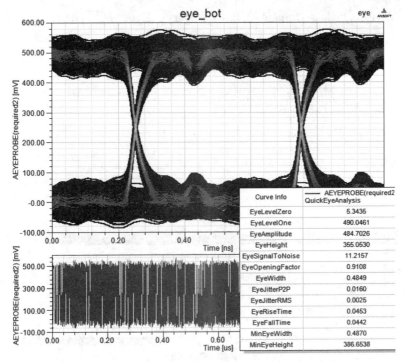

图 7.76   缝隙开在内层走线上的眼图

得到的参数数据比较如表 7.1 所示。

表 7.1   数据比较

	仅有过孔	缝隙开在外层走线下	缝隙开在内层走线上
眼高	399.9	402.6	355.1
眼宽	0.4913	0.4759	0.4849
最小眼高	412.05	400.9000	386.65
最小眼宽	0.4920	0.4780	0.4870
眼抖动峰峰值	0.0090	0.0230	0.0160
眼抖动均方值	0.0015	0.0040	0.0025
眼上升时间	0.0342	0.0853	0.0453
眼下降时间	0.0344	0.0870	0.0442

如图 7.77 所示，选择 Results→Create Standard Report→Rectangular Plot 选项来创建浴盆图报告。设置浴盆图报告如图 7.78 所示，由于有三个探针，所以依次选择 AEYEPROBE(required1)，Solution：VerifEyeAnalysis、Domain：UI、Category：Bathtub，观看源端波形 V(AEYEPROBE(required1))。

图 7.79 为三种情况的浴盆图比较，可知从走线无缝（虚线）、缝隙临内走线（点划线）到缝隙临外走线（实线）时间裕度依次变小。

如图 7.80 所示，选择 Results→Create Standard Report→Rectangular Contour Plot 选项来创建等高线图。设置等高线图如图 7.81 所示，由于有三个探针，所以依次选择 AEYEPROBE(required1)，

Solution：VerifEyeAnalysis、Domain：UI、Category：Eye，观看源端波形 V(AEYEPROBE(required1))。

图 7.77　创建浴盆图报告

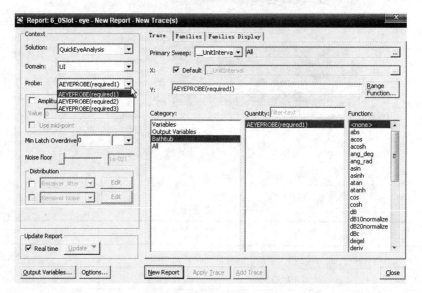

图 7.78　设置浴盆图报告

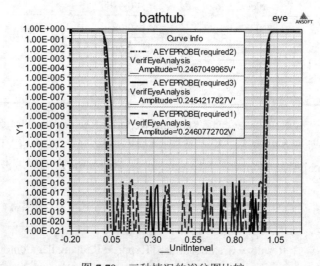

图 7.79　三种情况的浴盆图比较

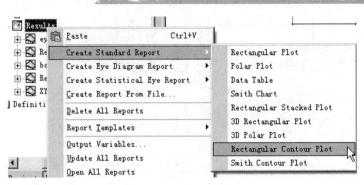

图 7.80　创建等高线图

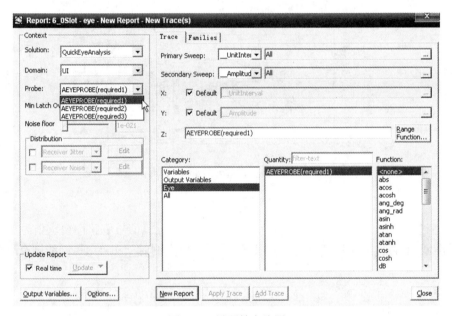

图 7.81　设置等高线图

　　图 7.82 是无地缝时的等高线图，图 7.83 是地缝临内层走线时的等高线图，图 7.84 是地缝临外层走线时的等高线图，可知无地缝时的等高线面积最大，地缝引起面积的缩小是明显的。

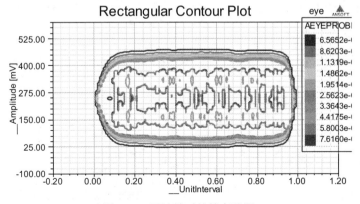

图 7.82　无地缝时的等高线图

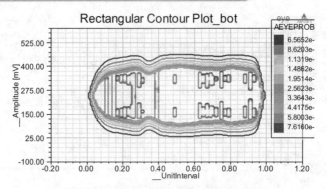

图 7.83　地缝临内层走线时的等高线图

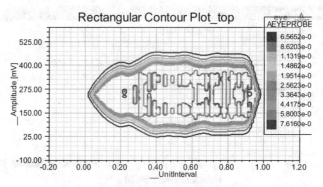

图 7.84　地缝临外层走线时的等高线图

可知通过眼图、浴盆图和等高线图可以评定信号质量，信号完整性要求信号的眼图眼睛张大、噪声低和抖动小，浴盆图在相同的误码率下有更大的时间裕度，等高线图有尽可能大的面积。

④TDR。

● 建立电路图。

单击 Insert→Insert Circuit Design 命令，在建立好的 TDR 电路中单击 Project→Add Model →Add Nport Model 命令加入 N 端口模型，指向 SIwave 提取好的 6_0Slot.s6p 文件，此时文件夹 Models 中出现了该模型。为了进行 TDR 分析，要加上 TDR 源：在窗口左侧的 Project manager 框中选择 Components 选项卡，选择 Nexxim Circuit Elements→Probes→TDR_Single_Ended 选项。最终建立好的 TDR 测试电路如图 7.85 所示。

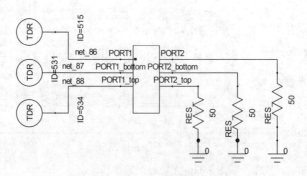

图 7.85　TDR 测试电路图

● 建立仿真设置。

如图 7.86 所示，选择 Analysis→Add Nexxim Solution Setup→Transient Analysis 选项来建立瞬态仿真。

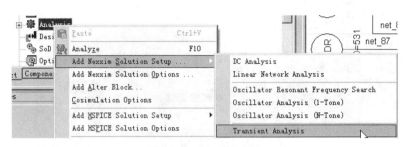

图 7.86　建立瞬态仿真

按图 7.87 所示进行仿真参数设置，仿真时间为 1ns，步长 1ps，单击 OK 按钮确定。

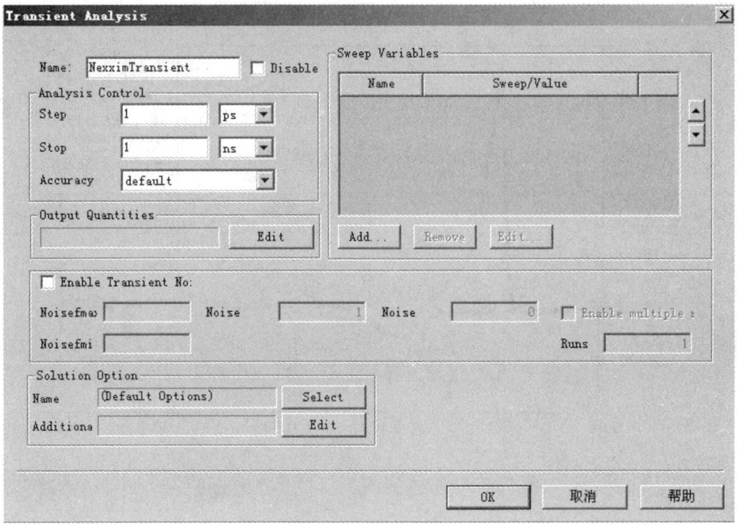

图 7.87　仿真参数设置

● 建立分析报告。

选择 Results→Create Standard Report→Rectangular Plot 选项来建立分析报告。按图 7.88 建立阻抗分析。

图 7.89 是三种情况的 TDR 分析曲线，可知临外层走线的地缝（虚线）产生了更大的阻抗（等效电感加大），而过孔也引起了阻抗的不连续（三条线重合在一起）。由于该 S 参数表是从 SIwave 提取的，所以该结果同图 7.49、图 7.50 和图 7.51 一样。

（4）分析结论：

1）地缝的电感效应引起衰减加大，而地缝临外层走线使衰减更大。

2）地缝临内层走线比地缝临外层走线的信号完整性好。

3）信号有频域和时域两种特性，所以信号的分析也分时域和频域，其中 S 参数分析为频域，CLK 瞬态分析、TDR 分析和眼图分析为时域。信号完整性的频域和时域结合方法是先进行参数提取，然后进行场路协同仿真。

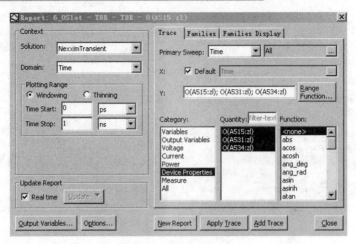

图 7.88　建立阻抗分析

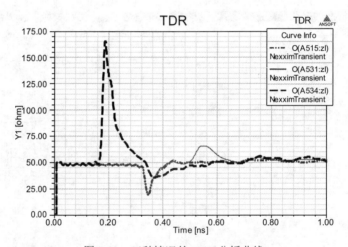

图 7.89　三种情况的 TDR 分析曲线

7.7.2　分析缝隙对传输线的影响

（1）内容：分析缝隙对传输线的影响，参考资源文件 5.1EM_gap_single.adsn（地缝尺寸 200mil×200mil）、5.1EM_gap_single_l.adsn（地缝尺寸 200mil×4000mil）、5.1EM_gap_single_l_large.adsn（地缝尺寸 200mil×40000mil）、5.1EM_gap_single_l_s400.adsn（地缝尺寸 800mil×4000mil）和 5.1EM_gap_single_s_l.adsn（地缝尺寸 600mil×4000mil）。

（2）参数设置：V_PULSE：TR=TF=0.3ns、Vh=1V、Vl=0V、PW=10ns、PER=20ns、TONE=1e+10，瞬态仿真 15ns。

（3）设计：Designer 的基本步骤请看看 3.6.1 节。其他需要说明的步骤如下：

1）建立平面电磁设计。

启动 Designer，建立文件 5.1EM_gap_single_l.adsn，如图 7.90 所示，右击选择 Insert→Insert EM Design 选项建立平面电磁设计。

如图 7.91 所示，右击 EMDesign→Rename 选项，重命名为 EM_single。

如图 7.92 所示为建立常规选项设计。如图 7.93 所示为单位设置，Length 为 mil。

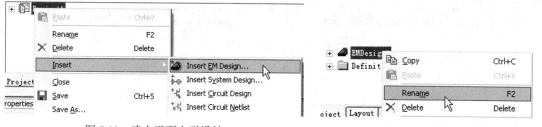

图 7.90　建立平面电磁设计　　　　　　　　图 7.91　重命名

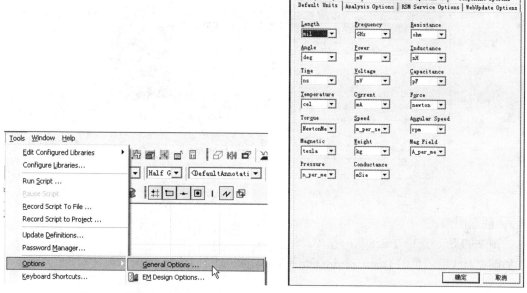

图 7.92　常规选项设计　　　　　　　　　　图 7.93　单位设置

2）建立叠层。

如图 7.94 所示，单击 Layout→Layers 命令。按图 7.95 所示加入地平面层 Ground，同理按图 7.96 所示加入介质层 Dielectric，按图 7.97 所示加入信号层 Trace。

图 7.94　建立叠层

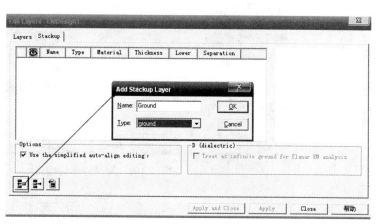

图 7.95　加入地平面层

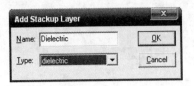

图 7.96 加入介质层

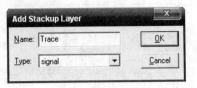

图 7.97 加入信号层

按图 7.98 所示定义各层材料和厚度，介质为 FR4_epoxy、厚度 4.8mil，信号线为 copper、厚度 0.675mil，地平面为 copper。

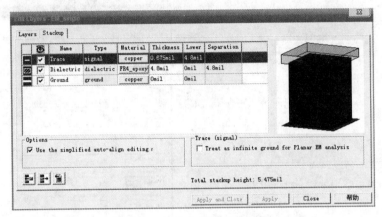

图 7.98 定义各层材料和厚度

3）创建图形。

如图 7.99 所示选中 Trace 信号层。

如图 7.100 所示单击 Draw→Primitive→Rectangle 命令或单击▣图标创建矩形信号线。

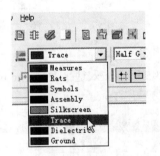

图 7.99 选中信号层

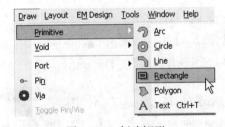

图 7.100 创建矩形

如图 7.101 所示填写矩形起始点为[X Y]=[-4.25 -500]，如图 7.102 所示填写矩形尺寸=[8.5 1000]，得到终点为[4.25 500]。

图 7.101 定义矩形起始点

| X: | -4.2500 | Y: | -500.0000 | Delta X: | 0.9500 | Delta Y: | 0.0000 |

| X: | 4.2500 | Y: | 500.0000 | Delta X: | 8.5000 | Delta Y: | 1000.0000 |

图 7.102 定义矩形尺寸

同理，如图 7.103 所示选中 Ground 层。

通过在地层上建立图形来定义地缝，按图 7.100 至图 7.102 所示的方法填写矩形起始点为 [X Y]=[-2000 -100]，填写矩形尺寸=[4000 200]，得到终点为[2000 100]。

4）定义端口。

如图 7.104 所示单击 Edit→Select Edges 命令来确定用边线选择。按图 7.105 方式选中要定义端口的矩形边线。

图 7.103　选中地平面层　　图 7.104　确定边线选择　　图 7.105　选中矩形边线

如图 7.106 所示单击 Draw→Port→Create Edge Port 命令来建立端口，此时端口 Port1 出现，如图 7.107 所示。同理定义 Port2。

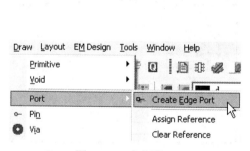

图 7.106　建立端口　　图 7.107　端口出现

此时信号线通过缝隙的整个版图建立完成，如图 7.108 所示。

可以如图 7.109 所示单击 EM Design→3D Viewer 命令选择三维视图，得到了信号线通过缝隙的三维版图，如图 7.110 所示。

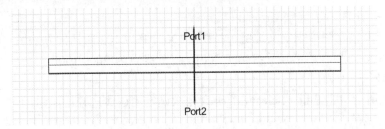

图 7.108　信号线通过缝隙的整个版图

图 7.109　选择 3 维视图

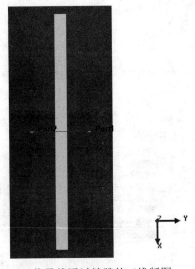

图 7.110　信号线通过缝隙的三维版图

5）定义端口激励。

如图 7.111 所示选择 Excitations→Port Excitations 选项或单击 图标来定义端口激励。按图 7.112 所示方式根据需要编辑端口激励源，本例全选。

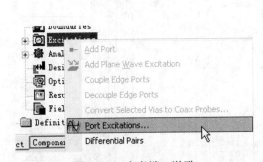

图 7.111　定义端口激励

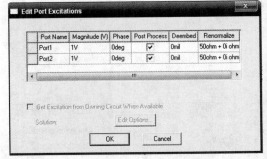

图 7.112　根据需要编辑端口激励源

6）平面电磁仿真参数设置。

如图 7.113 所示选择 Analysis→Add Planar EM Solution Setup 选项来建立平面电磁仿真。按图 7.114 所示方式进行平面电磁仿真参数设置，按图 7.115 所示方式进行频扫设置。

图 7.114 平面电磁仿真参数设置

图 7.113 建立平面电磁仿真

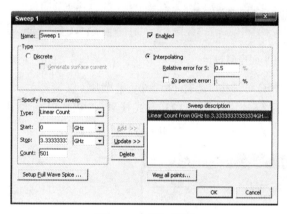

图 7.115 频扫设置

7）确认检查。

如图 7.116 所示单击 EM Design→Validation Check 命令或单击 图标来确认检查。图 7.117 为确认检查通过。

图 7.116 确认检查

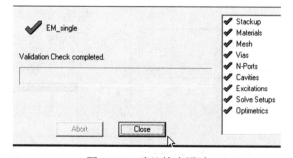

图 7.117 确认检查通过

8）建立电路设计。

①调入 EM 电路模型。

如图 7.118 所示右击选择 Insert→Insert Circuit Design 选项建立电路设计。

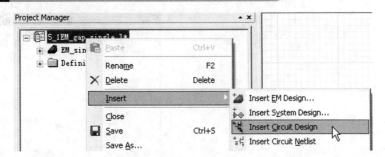

图 7.118　建立电路设计

按图 7.119 方式选择 EM_single→Copy 选项来拷贝平面电磁设计。

按图 7.120 方式选择 Circuit1→Paste 选项粘贴到电路设计中。

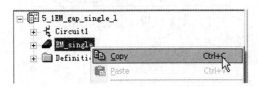

图 7.119　拷贝平面电磁设计

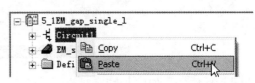

图 7.120　粘贴到电路设计中

　　弹出如图 7.121 所示的对话框，选择 No copy 单选项（仅链接）。此时工作区出现如图 7.122 所示的代表该端口的图标符号。按图 7.123 方式找到 V_PULSE，结果如图 7.124 所示。双击查找的结果后，把源加入到工作区。同理加上 VPROBE 探针。

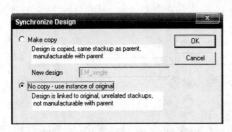

图 7.121　选择 No copy 仅链接

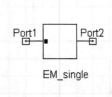

图 7.122　建立了图标符号

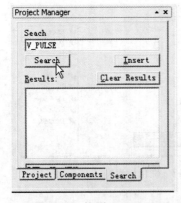

图 7.123　找到 V_PULSE

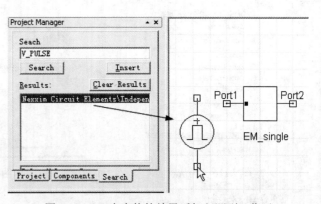

图 7.124　双击查找的结果后加入源到工作区

最后得到如图 7.125 所示的完整电路图。

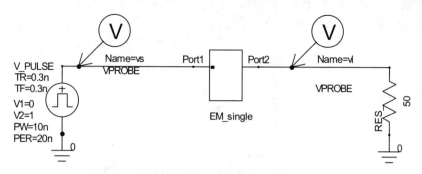

图 7.125　完整的电路图

②仿真设置。

如图 7.126 所示选择 Analysis→Add Nexxim Solution Setup→Transient Analysis 选项建立瞬态仿真。

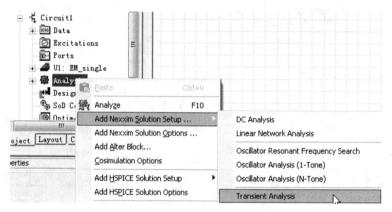

图 7.126　建立瞬态仿真

按图 7.127 所示进行瞬态分析设置，仿真 15ns。

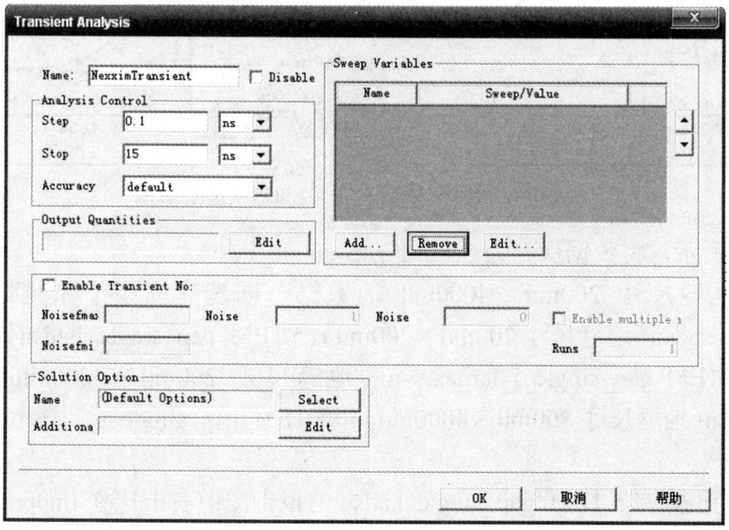

图 7.127　瞬态分析设置

如图 7.128 所示选择 Analysis→Analysis 选项或按 F10 键来启动仿真。

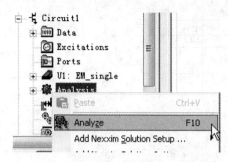

图 7.128　启动仿真

③建立报告。

如图 7.129 所示选择 Results→Create Standard Report→Rectangular Plot 选项建立报告。

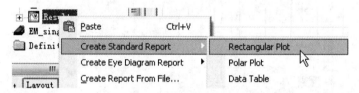

图 7.129　建立报告

最后得到如图 7.130 所示的传输线输入和输出波形，右击选择 Export 选项进行数据输出。

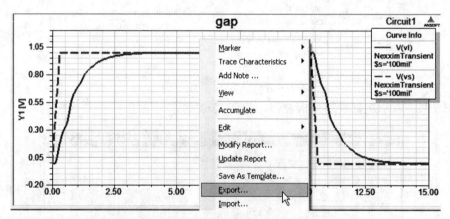

图 7.130　输出传输线的输入和输出波形数据

如图 7.131 所示，将数据保存为 5.1EM_gap_single_l.csv。

至此得到地缝尺寸 200mil×4000mil 的数据，同理建立了一系列地缝尺寸仿真：5.1EM_gap_single.adsn（地缝尺寸 200mil×200mil）、5.1EM_gap_single_l.adsn（地缝尺寸 200mil×4000mil）、5.1EM_gap_single_l_large.adsn（地缝尺寸 200mil×40000mil）、5.1EM_gap_single_l_s400.adsn（地缝尺寸 800mil×4000mil）和 5.1EM_gap_single_s_l.adsn（地缝尺寸 600mil×4000mil）

如图 7.132 所示，在 5.1EM_gap_single_l.adsn 的报告图中右击选择 Import 选项加入其他仿真数据，例如如图 7.133 中选择加入 5.1EM_gap_single.csv。

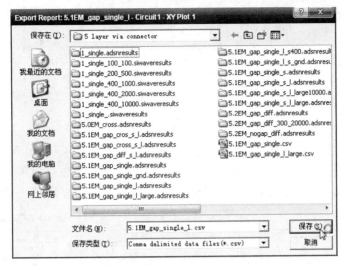

图 7.131　数据存为 5.1EM_gap_single_l.csv

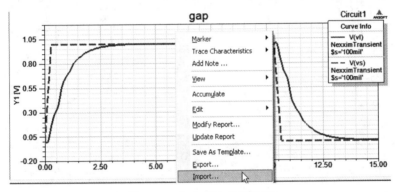

图 7.132　加入其他仿真数据

图 7.133　选择加入 5.1EM_gap_single.csv

最终按照图 7.134 的缝隙尺寸定义，对于不同尺寸的缝隙（W×L）分析结果如下。

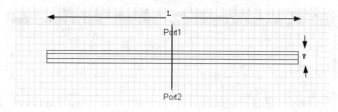

图 7.134 缝隙尺寸定义

图 7.135 是通过不同 L 缝隙的传输线输出波形，L=200mil、4000mil 和 40000mil。这里虚线是输入信号，向下的曲线分别是通过尺寸为 200mil×200mil、200mil×4000mil 和 200mil×40000mil 缝隙的波形。可知 L 越大，信号台阶越长，这是因为信号路径变长。

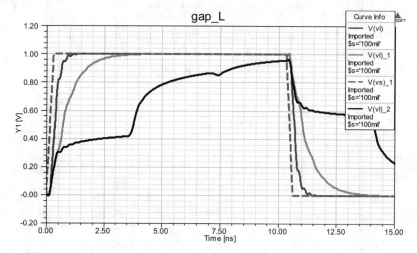

图 7.135 通过缝隙的传输线输出波形，L=200mil、4000mil 和 40000mil

图 7.136 是通过不同 w 缝隙的传输线输出波形，w=200mil、600mil 和 800mil。

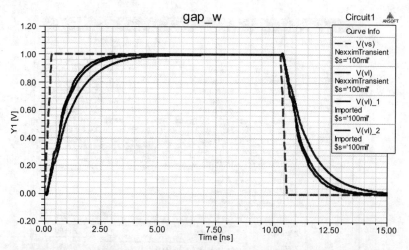

图 7.136 通过缝隙的传输线输出波形，w=200mil、600mil 和 800mil

这里虚线是输入信号，向下的曲线分别是通过尺寸为 200mil×4000mil、600mil×4000mil 和 800mil×4000mil 缝隙的波形。可知 w 越大，信号台阶越低，这是因为缝隙的耦合电容变小。

（4）分析结论：缝隙的存在加大了信号回流路径，增大了地回流面积及回流电感，因此影响信号完整。

1）缝隙 L 越大，信号台阶越长，这是因为信号路径变长。

2）缝隙 w 越大，信号台阶越低，这是因为缝隙的耦合电容变小。

7.7.3　分析缝隙对串扰的影响

（1）内容：分析缝隙对串扰的影响，参考资源文件 5.0EM_cross.adsn（无缝串扰）5.1EM_gap_single_ s_l.adsn（通过缝隙无串扰）和 5.1EM_gap_cross_s_l.adsn（通过缝隙串扰）。

（2）参数设置：V_PULSE：TR=TF=0.3ns、Vh=1V、Vl=0V、PW=10ns、PER=20ns TONE=1e+10，瞬态仿真 15ns。

（3）设计：基本步骤请参看 7.7.2 节。

如图 7.137 所示建立了三条信号线通过完整地平面的版图，三条线坐标分别为：

TRACE1：起点[-4.25 -500]，尺寸[8.5 1000]，终点[4.25 500]；

TRACE2：起点[29.75 -500]，尺寸[8.5 1000]，终点[38.25 500]；

TRACE3：起点[1000 -500]，尺寸[8.5 1000]，终点[1008.5 500]。

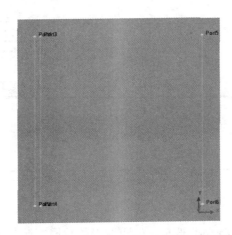

图 7.137　三条信号线通过完整平面的三维版图

可知 TRACE1 和 TRACE2 为三倍间距，TRACE3 和 TRACE2 有一百倍间距以上。

如图 7.138 所示建立了三条信号线通过缝隙的版图，三条线坐标同上。

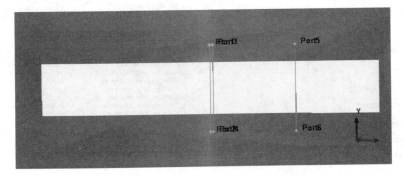

图 7.138　三条信号线通过缝隙的三维版图

地缝坐标为：Slot 起点[-2000 -300]，尺寸[4000 600]，终点[2000 300]。

最终的完整电路如图 7.139 所示，信号加在 TRACE1 上且负载 50Ω 端接匹配。其他两条信号线均为 50Ω 端接。

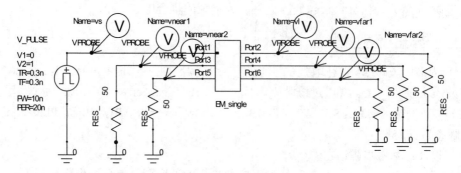

图 7.139　完整电路图

仿真得到的通过完整平面的传输线远端串扰如图 7.140 所示，虚线为 TRACE2 的远端串扰波形，实线为 TRACE3 的远端串扰波形。可以看到 TRACE3 由于距离很远而没有串扰。

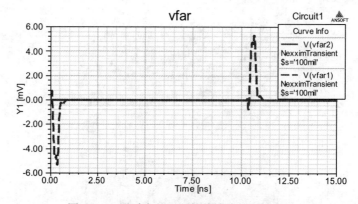

图 7.140　通过完整平面的传输线的远端串扰

如图 7.141 所示选择 Export 选项，输出图形的数据，保存成如图 7.142 所示的文件名 5.0EM_cross_vfar.csv。

图 7.141　数据输出

图 7.142　保存成文件 5.0EM_cross_vfar.csv

通过完整平面的传输线近端串扰如图 7.143 所示，虚线为 TRACE2 的近端串扰波形，实线为 TRACE3 的近端串扰波形。可以看到 TRACE3 由于距离很远而没有串扰。

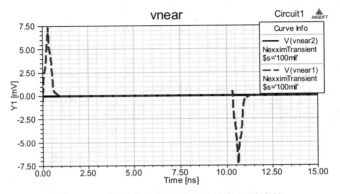

图 7.143　通过完整平面的传输线的近端串扰

图 7.144 为有缝隙的远端串扰图，右击选择 Import 选项引入完整平面的串扰数据。如图 7.145 所示选择前面已经建立好的完整平面的远端串扰文件 5.0EM_cross_vfar.csv。

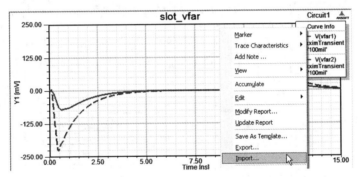

图 7.144　有缝隙的远端串扰图中引入完整平面的串扰数据

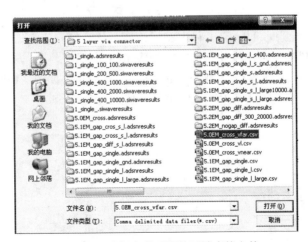

图 7.145　选择完整平面的远端串扰文件

最后由如图 7.146 所示的有/无缝隙的远端串扰比较可知，无缝隙时 TRACE3 的远端串扰幅值仅为 5.8μV、TRACE2 的远端串扰幅值为 5.24mV，而有缝隙时 TRACE3 的远端串扰幅值为 70.23mV、TRACE2 的远端串扰幅值高达 225.35mV。从极性看可知，通过地缝后的远端串扰感性耦合远大于容性耦合，正输入干扰信号时为负脉冲。

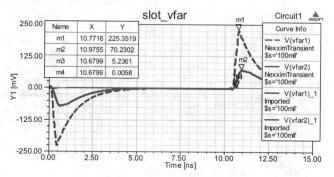

图 7.146　有/无缝隙的远端串扰比较

同理，由如图 7.147 所示的有/无缝隙的近端串扰比较可知，无缝隙时 TRACE3 的近端串扰幅值仅为 6.4μV、TRACE2 的近端串扰幅值为 7.35mV，而有缝隙时 TRACE3 的近端串扰幅值为 69.89mV、TRACE2 的近端串扰幅值高达 219.57mV。可见缝隙大大增加了串扰幅值，就算是 TRACE3 这样离得很远的信号线，也会由于处在干扰源的地回流路径中而受到大的串扰。

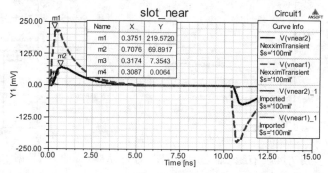

图 7.147　有/无缝隙的近端串扰比较

图 7.148 为有/无缝隙的 TRACE1 输出波形比较，从左到右依次是：长虚线的输入波形、实线的无缝隙波形和实线的有缝隙波形，同时调入了相同地缝尺寸下去掉 TRACE2 和 TRACE3 后的波形（前面已经仿真过的例子 5.1EM_gap_cross_s_l.adsn），如图 7.148 中的短虚线所示。可见缝隙不仅衰减了信号的边沿和幅值，同时由于串扰加大而进一步衰减传输信号的边沿和幅值。

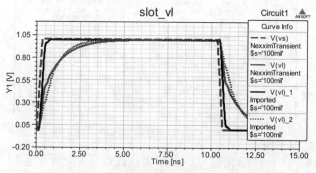

图 7.148　有/无缝隙的 TRACE1 输出波形比较

（4）分析结论：

1）缝隙大大增加了串扰幅值，连 TRACE3 这样离得很远的信号线也会由于处在干扰源的地回流路径中而受到大的串扰。

2）缝隙不仅衰减了信号的边沿和幅值，同时由于串扰加大而进一步衰减传输信号的边沿和幅值。

7.7.4 分析加载电容的缝隙对传输线的影响

（1）内容：分析加载电容的缝隙对传输线的影响，参考资源文件 gap_cap.adsn。

（2）参数设置：V_PULSE：TR=TF=0.9ns、Vh=1V、Vl=0V、PW=10ns、PER=20ns、TONE=1e+10，电容：C=1E-8、L=1E-11；瞬态仿真 20ns。比较有电容和无电容时缝隙对传输线的影响。

（3）设计：启动 SIwave。

1）创建叠层。

单击 🐢图标或单击 Edit→Layer Stackup 命令，编辑 TRACE 为 copper、厚度 0.7mil；介质为 FR4_epoxy、厚度 5.5mil；GND 为 copper，厚度 0.7mil。创建如图 7.149 所示的叠层。

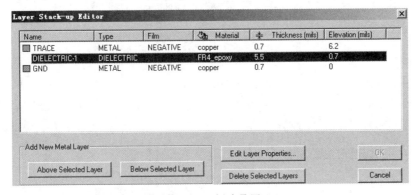

图 7.149　创建叠层

2）创建图形。

①建立信号线。

如图 7.150 所示先将单位设置成 mils，然后在 Layers 选项卡中选中 TRACE 单选项，单击 Draw→Set Trace Width 命令或单击 ✳图标来设置线宽，如图 7.151 所示输入 10。

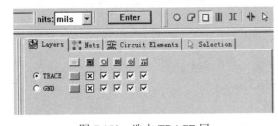

图 7.150　选中 TRACE 层

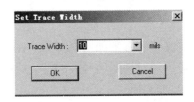

图 7.151　设置线宽

建立两条信号线：

第一条信号线：单击起点[x y]=[-8250 0]、尺寸[dx dy]=[4500 0]，双击终点（或按 Enter

键两次）完成。

第二条信号线：单击起点[x y]=[-2250 0]、尺寸[dx dy]=[4500 0]，双击终点（或按 Enter 键两次）完成。

②建立地层。

在 Layers 选项卡中选中 GND 单选项，单击 □ 图标或单击 Draw→Rectangle 命令。

起点[x y]=[-8500 -4000]，尺寸[dx dy]=[11000 8000]，终点[x y]=[2500 4000]，如图 7.152 所示。

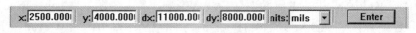

图 7.152　创建矩形地层

创建地缝：如图 7.153 所示，选择 Subtract，Layers 中选中 GND，单击图标 □ 或单击 Draw →Rectangle，建立两条地缝。

地缝 1：起点[x y]=[-6200 -4000]，尺寸[dx dy]=[400 7500]，终点[x y]=[-5800 3500]。

地缝 2：起点[x y]=[-200 -4000]，尺寸[dx dy]=[400 7500]，终点[x y]=[200 3500]。

图 7.153　选择减操作

3）加电容。

单击 C 图标或单击 Circuit Elements→Capacitor 命令。

起点[x y]=[-200 0]，尺寸[dx dy]=[400 0]，终点[x y]=[200 0]。如图 7.154 所示选择电容端接层，正端选 GND，负端选 GND。

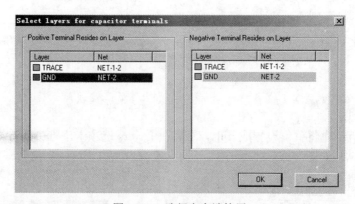

图 7.154　选择电容端接层

定义电容参数如图 7.155 所示，C=1E-008、L=1E-011。

最后通过地缝信号线的整个版图如图 7.156 所示。

4）加端口。

单击 图标或单击 Circuit Elements→Port 命令。

起点[x y]=[-8250 0]，尺寸[dx dy]=[0 0]，终点[x y]=[-8250 0]。如图 7.157 所示建立的端口正端选 TRACE，负端选 GND。端口名为 port1_nocap，阻抗为 50Ω，如图 7.158 所示。

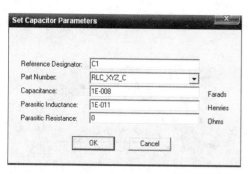

图 7.155　定义电容参数

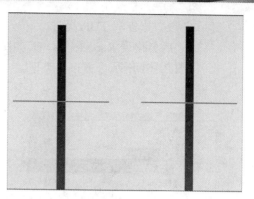

图 7.156　通过地缝信号线的整个版图
（左：没有电容，右：加载电容）

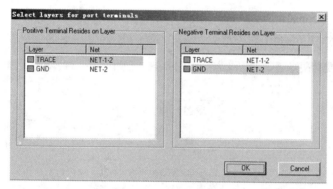

图 7.157　建立端口

同理，起点[x y]=[-2250 0]，尺寸[dx dy]=[0 0]，终点[x y]=[-2250 10]。端口正端选 TRACE，负端选 GND，端口名为 port1_capl，阻抗为 50Ω。起点[x y]=[-3750 0]，尺寸[dx dy]=[0 0]，终点[x y]=[-3750 10]。正端选 TRACE，负端选 GND。端口名为 port2_nocap，阻抗为 50Ω。起点[x y]=[2250 0]，尺寸[dx dy]=[0 0]，终点[x y]=[2250 10]。正端选 TRACE，负端选 GND。端口名为 port2_capl，阻抗为 50Ω。

5）计算 S 参数。

单击 Simulation→Compute S-,Y-,Z-parameters 命令，如图 7.159 所示计算 S 参数。

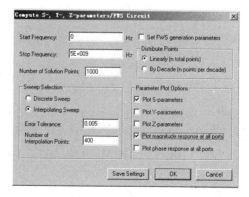

图 7.158　定义端口参数

图 7.159　计算 S 参数

6）建立 S 参数报告和 TDR 报告。

仿真完成之后会出现 Reporter 窗口，如图 7.160 所示，选择 Results→Create Report 选项来创建报告。按图 7.161 所示选择报告类型。

图 7.160　建立结果报告

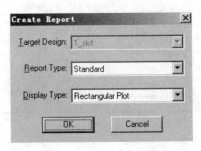

图 7.161　选择报告类型

首先看 S 参数。Domain 为 Sweep，如图 7.162 所示选择看 dB(S(port2_capl, port1_capl))和 dB(S(port2_nocap, port1_nocap))的图形。

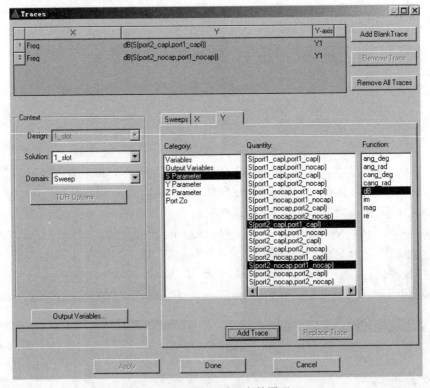

图 7.162　选择看 S 参数图形

最终结果如图 7.163 所示，上面为有电容的曲线，下面为没有电容的曲线，可知增加电容可减小地回流阻抗、减小衰减。注意：电容的寄生电感会增加电抗而恶化信号。

最后看 TDR。重新按图 7.160 和图 7.161 建立新报告，Domain 为 Time，如图 7.164 所示设置 TDR 参数。

如图 7.165 所示选择看 TDR 阻抗。

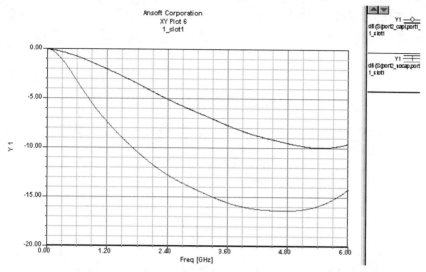

图 7.163 有无电容的 S21 比较

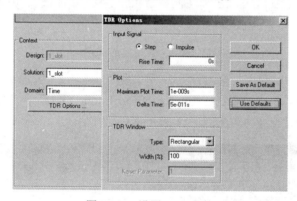

图 7.164 设置 TDR 参数

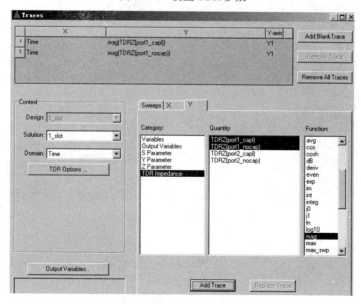

图 7.165 选择看 TDR 阻抗

得到如图 7.166 所示的 TDR 图，上面为没有电容的曲线，下面为有电容的曲线。可知首先是匹配很好的信号线，经过地缝时没有电容的阻抗大大高于有电容的阻抗。

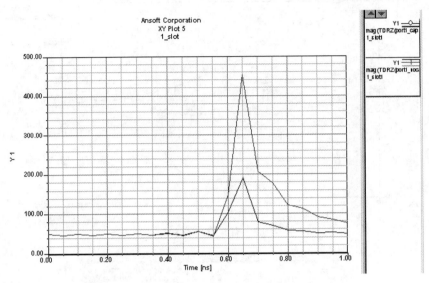

图 7.166　有无电容的 TDR

7）输出 Touchstone 文件。

单击 Results→S-,Y-,Z-parameters→Export to Touchstone File 命令，如图 7.167 所示，保存名字为 1_slot，这样便建立了 4 端口文件 1_slot.s4p 文件。

图 7.167　输出 1_slot.s4p 文件

8）建立 Designer 电路。

启动 Designer，如图 7.168 所示单击 Project→Add Model→Add Nport Model 命令加入 N 端口模型。

按图 7.169 所示方式将模型指定到前面已经建立好的文件 1_slot.s4p。

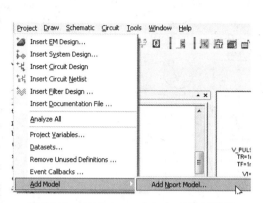

图 7.168　在 Designer 中加入 N 端口模型

图 7.169　模型指定到文件 1_slot.s4p

最后将模型命名为 slot，如图 7.170 所示完成模型定义。

此时文件夹 Models 中出现了该模型 slot，如图 7.171 所示。

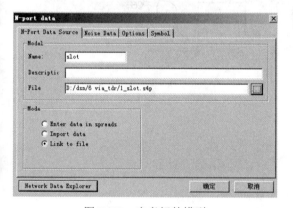

图 7.170　定义好的模型

图 7.171　Models 文件夹中出现该模型

按住模型 slot 并拖动到工作区，弹出如图 7.172 所示的对话框，定义模型端口选项。

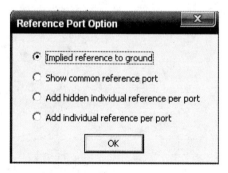

图 7.172　定义模型端口选项

最终的电路图如图 7.173 所示，上为负载端匹配，下为源端匹配。

图 7.174 是负载端匹配时的负载端输出信号，虚线是有电容的情况，实线是没有电容的情况。可知没有加载电容的缝隙所对应的波形边沿恶化大，而缝隙加载电容由于提供了低阻抗回路而缩短了回流路径和减小回路电感，以提高信号完整。

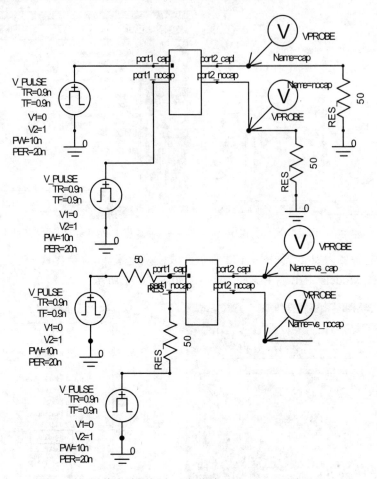

图 7.173　最终电路图（上：负载端匹配，下：源端匹配）

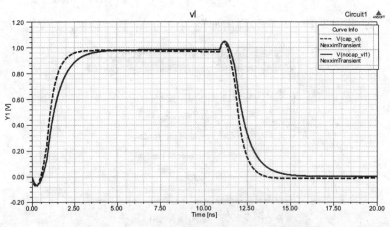

图 7.174　负载端匹配时的负载端输出信号

图 7.175 为源端匹配时的负载端输出信号，实线是没有加电容的缝隙情况，振荡幅度加大。

（4）分析结论：缝隙加载电容由于提供了低阻抗回路而缩短了回流路径和减小回路电感，以提高信号完整。同时要注意信号随着电容的寄生电感加大而恶化。

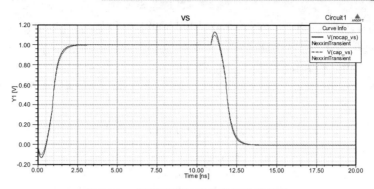

图 7.175 源端匹配时的负载端输出信号

7.7.5 分析增加平面层的缝隙对传输线的影响

（1）内容：分析增加平面层的缝隙对传输线的影响，参考资源文件 1_single_S2000L2000_gnd_t.siw（缝隙平面下加 BOT 层）、1_single_S2000L2000_gnd_t1.siw（信号线上面加 TOP 层）、gap_top.adsn 和 gap_bot.adsn。

（2）参数设置：V_PULSE:TR=TF=1ns、Vh=1V、Vl=0V、PW=40ns、PER=80ns、TONE=1e+10。比较两种平面情况：信号线上面加 TOP 层和缝隙平面下加 BOT 层。瞬态仿真 85ns。

（3）设计：

1）信号线上面加 TOP 层

启动 SIwave。基本步骤请参看 7.7.4 节。

①创建叠层。

如图 7.176 所示增加顶层的叠层结构，单击 图标或单击 Edit→Layer Stackup 命令，编辑 TRACE 为 copper、厚度 0.7mil；介质为 FR4_epoxy、厚度 5.5mil；GND 为 copper、厚度 0.7mil；TOP 为 copper、厚度 0.7mil。

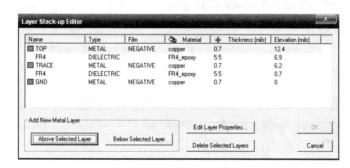

图 7.176 增加顶层的叠层结构

②创建图形。

在 Layers 选项卡中选中 TRACE，单击 Draw→Set Trace Width 命令或单击 图标来设置线宽，输入 10，建立信号线：单击起点[x y]=[-2250 0]、尺寸[dx dy]=[4500 0]，双击终点（或按 Enter 键两次）完成。

在 Layers 选项卡中选中 TOP，单击 图标或单击 Draw→Rectangle 命令。

起点[x y]=[-2500 -1500]，尺寸[dx dy]=[5000 3000]，终点[x y]=[2500 1500]。

在 Layers 选项卡中选中 GND，单击 ▫ 图标或单击 Draw→Rectangle 命令。

起点[x y]=[-2500 -1500]，尺寸[dx dy]=[5000 3000]，终点[x y]=[2500 1500]。

加地缝：选择 Subtract，在 Layers 选项卡中选中 GND，单击 ▫ 图标或单击 Draw→Rectangle 命令。

起点[x y]=[-1000 -1000]，尺寸[dx dy]=[2000 2000]，终点[x y]=[1000 1000]。

③加端口。

单击 💾 图标或单击 Circuit Elements→Port 命令。

起点[x y]=[-2250 0]，尺寸[dx dy]=[0 0]，终点[x y]=[-2250 0]。正端选 TRACE，负端选 GND。端口名为 port1，阻抗为 50Ω。

同理，起点[x y]=[2250 0]，尺寸[dx dy]=[0 0]，终点[x y]=[2250 0]。正端选 TRACE，负端选 GND。端口名为 port2，阻抗为 50Ω。

最终得到整个版图如图 7.177 所示。

④计算 S 参数。

单击 Simulation→Compute S-,Y-,Z-parameters 命令，如图 7.178 所示计算 S 参数。

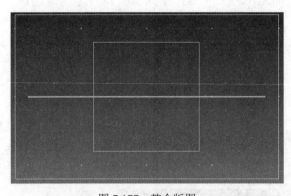

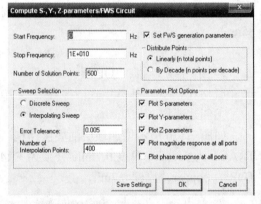

图 7.177　整个版图　　　　　　　　　　图 7.178　计算 S 参数

为了方便比较，在图 7.176 的基础上，将叠层中 TRACE 上方的 FR4 层厚增大到 10mil，如图 7.179 所示建立新的叠层，计算相应的 S 参数。

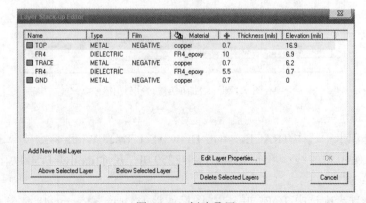

图 7.179　创建叠层

启动 Designer。最终的电路如图 7.180 所示，左边为负载端匹配，右边为源端匹配。建立了三种 Nport：addtop、toph 和 s2000l2000，分别对应 TOP 层的 FR4 厚 5.5mil、TOP 层的 FR4 厚 10mil 和没加 TOP 层的情况。

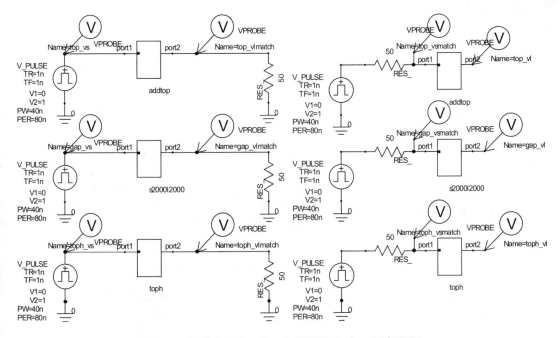

图 7.180　最终电路图（左：负载端匹配　右：源端匹配）

图 7.181 为负载端匹配时的负载端输出信号，虚线是没有 TOP 层的负载端波形，粗实线是 FR4 厚 10mil 的 TOP 层时的负载端波形，细实线是 FR4 厚 5.5mil 的 TOP 层时的负载端波形。可知在信号线上方增加了 TOP 层，由于提供了完整回流路径而提高了信号完整性，但由于增加了 TOP 层和 FR4 层而改变了信号线的特性阻抗（变小），产生失配振荡。FR4 厚 10mil 的 TOP 层比 FR4 厚 5.5mil 的 TOP 层对信号线的特性阻抗影响小一些，但仍然是不匹配的（图中存在振荡，FR4 厚 5.5mil 的阻抗更低造成过冲更大）。如果 TOP 层过远，虽然增加了信号线的匹配，但由于加大了缝隙处的阻抗，使信号边沿变缓而恶化信号，因此更好的方法是调整信号线宽度。

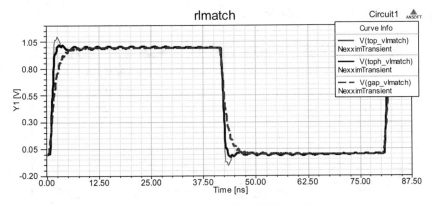

图 7.181　负载端匹配时的负载端输出信号

　　同样从如图 7.182 所示的源端匹配时的负载端输出信号和如图 7.183 所示的源端匹配时的源端信号中可以看到，虚线对应的没有 TOP 层时的波形比有 TOP 层的实线波形振荡幅值大，粗实线对应的 FR4 厚 10mil 的 TOP 层比细实线对应的 FR4 厚 5.5mil 的 TOP 层好（FR4 厚 5.5mil 的阻抗更低造成信号沿变慢）。

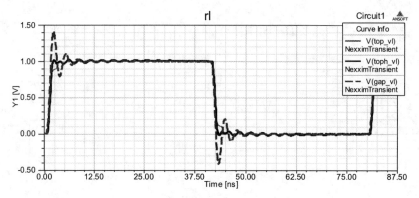

图 7.182　源端匹配时的负载端输出信号

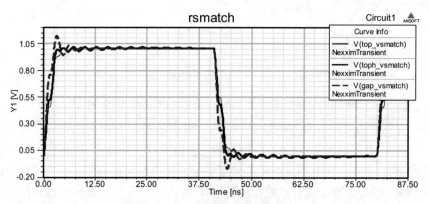

图 7.183　源端匹配时的源端信号

2）缝隙平面下加 BOT 层。

①创建叠层。

增加底层的叠层结构如图 7.184 所示。

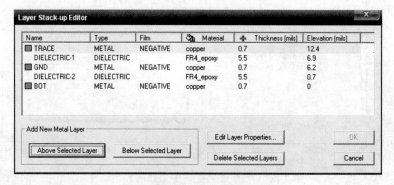

图 7.184　增加底层的叠层结构

②创建图形。

在 Layers 选项卡中选中 TRACE，单击 Draw→Set Trace Width 命令或单击 ╬ 图标来设置线宽，输入 10，建立信号线：单击起点[x y]=[-2250 0]、尺寸[dx dy]=[4500 0]，双击终点（或按 Enter 键两次）完成。

在 Layers 选项卡中选中 BOT，单击 □ 图标或单击 Draw→Rectangle 命令。

起点[x y]=[-2500 -1500]，尺寸[dx dy]=[5000 3000]，终点[x y]=[2500 1500]。

在 Layers 选项卡中选中 GND，单击 □ 图标或单击 Draw→Rectangle 命令。

起点[x y]=[-2500 -1500]，尺寸[dx dy]=[5000 3000]，终点[x y]=[2500 1500]。

加地缝：选择 Subtract，在 Layers 选项卡中选中 GND，单击 □ 图标或单击 Draw→Rectangle 命令。

起点[x y]=[-1000 -1000]，尺寸[dx dy]=[2000 2000]，终点[x y]=[1000 1000]。

③加端口。

单击 ⚟ 图标或单击 Circuit Elements→Port 命令。

起点：[x y]=[-2250 0]，尺寸[dx dy]=[0 0]，终点[x y]=[-2250 0]。正端选 TRACE，负端选 GND。端口名为 port1，阻抗为 50Ω。

同理，起点：[x y]=[2250 0]，尺寸[dx dy]=[0 0]，终点[x y]=[2250 0]。正端选 TRACE，负端选 GND。端口名为 port2，阻抗为 50Ω。

④计算 S 参数。

单击 Simulation→Compute S-,Y-,Z-parameters 命令，如图 7.178 所示计算 S 参数，进行仿真。

⑤输出 Touchstone 文件。

单击 Results→S-,Y-,Z-parameters→Export to Touchstone File 命令，保存名为 1_single_S2000L2000_gnd_t，这样就建立了在地缝下增加 BOT 层的 1_single_S2000L2000_gnd_t.s2p 文件。

⑥建立 TDR 仿真。

仿真完成之后会出现 Reporter 窗口，如图 7.185 所示选择 Results→Create Report 选项来创建报告。

按图 7.186 所示进行类型选择。

图 7.185　创建报告

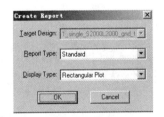

图 7.186　选择类型

按图 7.187 所示设置 TDR 参数。

单击 OK 按钮后，Add Trace 创建如图 7.188 所示的 TDR 图，单击 Done 按钮完成。

图 7.189 是加了 BOT 层的 TDR，可知加了 BOT 后地缝处阻抗为 75Ω。为了方便对比，得到如图 7.190 所示的无 BOT 层仅有缝隙时的 TDR，图（a）缝隙尺寸为 s=2000mil、l=2000mil，图（b）缝隙尺寸为 s=200mil、l=2000mil，可知地缝带来了电感效应，大的缝隙阻抗加大，而加了 BOT 后阻抗大大降低。

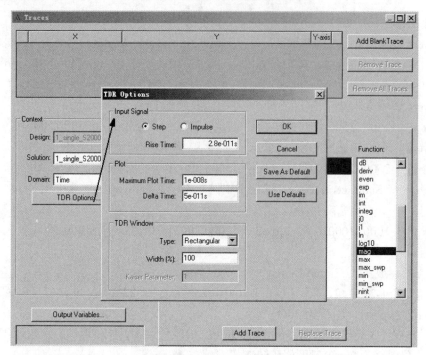

图 7.187　设置 TDR 参数

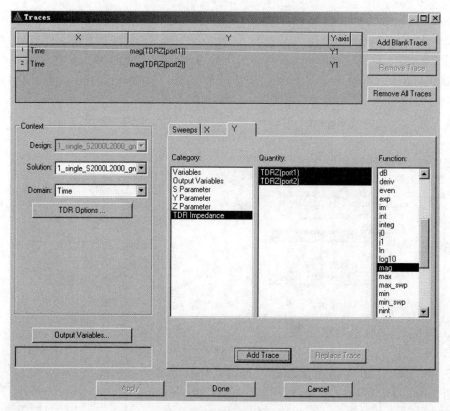

图 7.188　创建 TDR 图

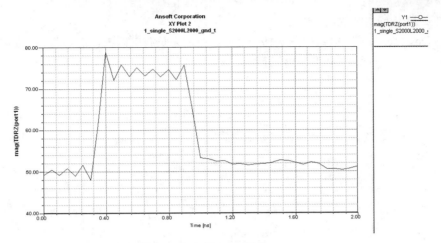

图 7.189　加了 BOT 层的 TDR

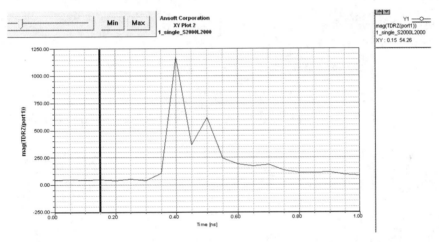

（a）s=2000mil、l=2000mil

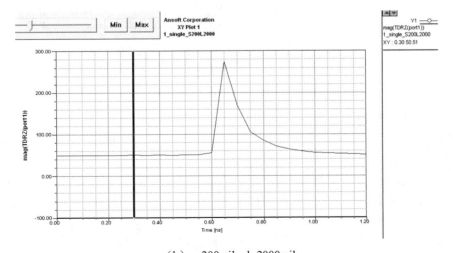

（b）s=200mil、l=2000mil

图 7.190　无 BOT 仅有缝隙时的 TDR

⑦建立 Designer 电路。

启动 Designer，最终电路如图 7.191 所示，左边为负载端匹配，右边为源端匹配。建立了两种 Nport：addbots 和 s2000l2000，分别对应有 BOT 层和没加 BOT 层的情况。

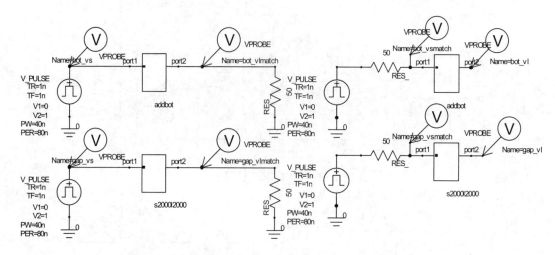

图 7.191　最终电路图（左：负载端匹配，右：源端匹配）

分析如图 7.192 所示的负载端匹配时的负载端输出信号，虚线是输入信号，向下的曲线分别是有 BOT 层和没有 BOT 层的输出波形。可知加了 BOT 层提供低阻提高了信号完整性。

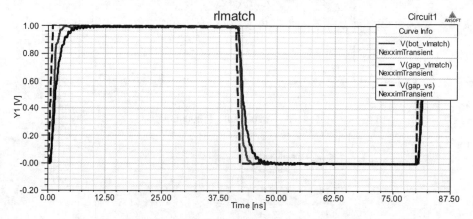

图 7.192　负载端匹配时的负载端输出信号

同样根据如图 7.193 所示的源端匹配时的负载端输出信号可知，虚线对应的没有 BOT 层的输出波形振荡幅度大于有 BOT 层的负载端输出波形，可知加了 BOT 层提供低阻提高了信号完整性。

图 7.194 是上述几种情况的负载端匹配时的负载端输出信号，过冲从大到小分别是细实线的 FR4 厚 5.5mil 的 TOP 层、粗实线的 FR4 厚 10mil 的 TOP 层、加 BOT 层和虚线的没有任何附加层的负载端输出波形。

同样分析了图 7.195 所示几种情况的源端匹配时的负载端输出信号，过冲从大到小的波形分别是加 BOT 层、粗实线的 FR4 厚 10mil 的 TOP 层和细实线的 FR4 厚 5.5mil 的 TOP 层。

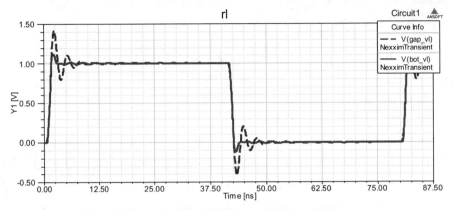

图 7.193　源端匹配时的负载端输出信号

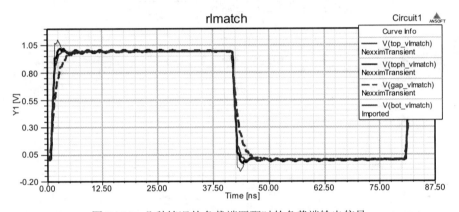

图 7.194　几种情况的负载端匹配时的负载端输出信号

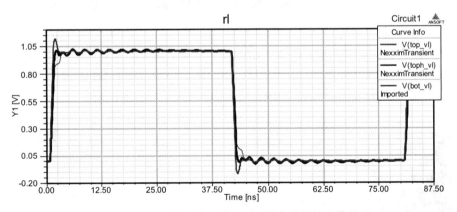

图 7.195　几种情况的源端匹配时的负载端输出信号

（4）分析结论：

1）在信号线上方增加 TOP 层由于提供了完整回流路径而提高了信号完整性，但如果增加 TOP 层而改变了信号线的特性阻抗会产生失配振荡，如果 TOP 层过远就影响了地缝处的阻抗及地回流使信号边沿变缓而恶化信号，因此更好的方法是加 TOP 层后调整信号线宽度。

2）在缝隙平面下加 BOT 层提供低阻提高了信号完整性。

两种方法缝隙处的阻抗均产生变化（加大），所以不可能匹配，因此采用差分方式会更好。

7.7.6 分析过孔长度及 stub 的影响

（1）内容：分析过孔长度以及 stub 的影响，参考资源文件 6_5Via_stub.siw。

（2）参数设置：见设计。在六层板中建立三种情况的过孔，分别是顶层走线到底层走线的过孔、顶层走线到中间层走线的过孔和顶层走线到中间层走线无 stub 的过孔。

（3）设计：启动 SIwave。基本步骤请看 7.7.4 节和 7.7.5 节。

1）创建叠层和过孔结构。

单击 Edit→Layer Stack 命令或单击 图标，建立如图 7.196 所示的六层板叠层结构。trace1 在顶层，trace2 在中间层，trace3 在底层，为 S/G/S/P/G/S 结构。

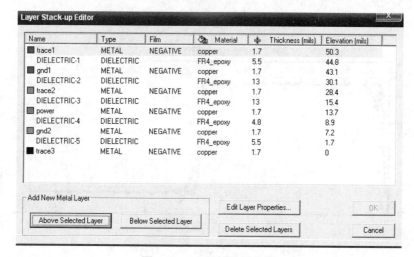

图 7.196 六层板叠层结构

单击 Edit→Padstacks 命令或单击 图标，设置过孔直径为 8mil、焊盘大小为 10mil 宽、反焊盘大小为 10mil 宽。建立如图 7.197 所示的从 trace1 到 trace2 的有 nfp 无 stub 孔结构，定义名为 1to3_nostub；建立如图 7.198 所示的从 trace1 到 trace2 的有 nfp 有 stub 孔结构，定义名为 1to3_nfp；建立如图 7.199 所示的从 trace1 到 trace3 的有 nfp 孔结构，定义名为 1to6_nfp。

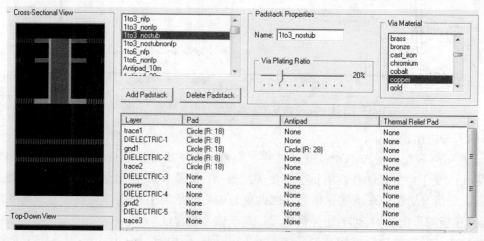

图 7.197 从 trace1 到 trace2 的无 Stub 孔结构

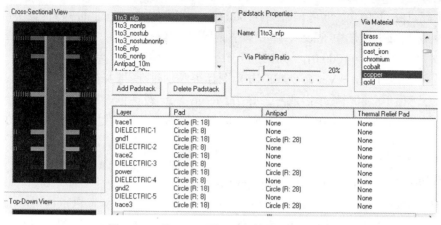

图 7.198　从 trace1 到 trace2 的有 nfp 孔结构

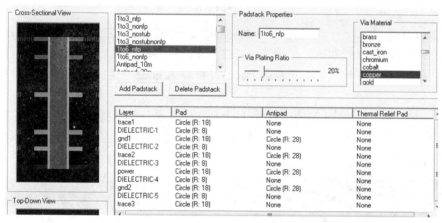

图 7.199　从 trace1 到 trace3 的有 nfp 孔结构

2）创建图形。

①建立电源/地层图形。

首先是建立电源/地层图形。在 Layers 选项卡中选中 gnd1，单击 口 图标或单击 Draw→Rectangle 命令进行图形创建。

gnd1：起点[x y]=[-1500 -500]、尺寸[dx dy]=[3000 1000]。同理建立同尺寸的 gnd2 层和 power 层。

②建立信号线。

然后是建立走线图形。单击 Draw→Drawing Mode→Merge 命令。

在 Layers 选项卡中选中 trace1，单击 Draw→Set Trace Width 命令或单击 ⼗ 图标设置线宽，输入 10，建立第一段信号线尺寸：单击起点[x y]=[-1000 -200]、尺寸[dx dy]=[1000 0]，双击终点（或按 Enter 键两次）完成。第二段信号线尺寸：单击起点[x y]=[-1000 0]、尺寸[dx dy]=[1000 0]，双击终点（或按 Enter 键两次）完成。第三段信号线尺寸：单击起点[x y]=[-1000 200]、尺寸[dx dy]=[1000 0]，双击终点（或按 Enter 键两次）完成。

在 Layers 选项卡中选中 trace2，单击 ⼗ 图标来设置线宽 10，第一段信号线尺寸：单击起点[x y]=[0 -200]、尺寸[dx dy]=[1000 0]，双击终点（或按 Enter 键两次）完成。第二段信号线尺寸：单击起点[x y]=[0 0]、尺寸[dx dy]=[1000 0]，双击终点（或按 Enter 键两次）完成。

在 Layers 选项卡中选中 trace3，单击✛图标来设置线宽为 10，信号线尺寸：单击起点[x y]=[0 200]、尺寸[dx dy]=[1000 0]，双击终点（或按 Enter 键两次）完成。

建立过孔。单击 Draw→Via 命令或单击🔟图标来添加过孔。选择建立好的名为 1to3_nostub 的过孔，在[x y]= [0 -200]处单击放置。弹出 Merge Nets 对话框，单击 OK 按钮。选择名为 1to3_nfp 的过孔，在[x y]= [0 0]处单击放置。选择名为 1to6_nfp 的过孔，在[x y]= [0 200]处单击放置。

3）加端口。

单击图标或单击 Circuit Elements→Port 命令。

在（-1000,-200）处双击，正端选 trace1，负端选 gnd1，端口名为 PORT1_1to3nostub，阻抗为 50Ω。在（-1000,0）处双击，正端选 trace1，负端选 gnd1，端口名为 PORT1_1to3，阻抗为 50Ω。在（-1000,200）处双击，正端选 trace1，负端选 gnd1，端口名为 PORT1_1to6，阻抗为 50Ω。

在（1000,-200）处双击，正端选 trace2，负端选 gnd1，端口名为 PORT2_1to3nostub，阻抗为 50Ω。在（1000,0）处双击，正端选 trace2，负端选 gnd1，端口名为 PORT2_1to3，阻抗为 50Ω。在（1000,200）处双击，正端选 trace3，负端选 gnd2，端口名为 PORT2_1to6，阻抗为 50Ω。

得到三种情况的版图如图 7.200 所示，自上到下分别是顶层走线到底层走线过孔、顶层走线到中间层走线过孔和顶层走线到中间层走线无 stub 的过孔情况。从图 7.201 的三维图可以很好地看到孔和走线结构。

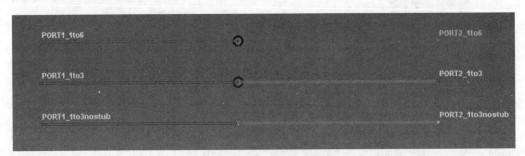

图 7.200　三种情况的版图

图 7.201　三维图

4）计算 S 参数。

单击 Simulation→Compute S-,Y-,Z-parameters 命令，如图 7.42 所示计算 S 参数，进行仿真。

5）建立 S 参数报告和 TDR 报告。

　　仿真完成之后会出现 Reporter 窗口，选择 Results→Create Report 选项来创建报告。最后得到如图 7.202 所示的 S 参数曲线，从上到下分别是顶层走线到中间层走线无 stub 的过孔、顶层走线到底层走线的过孔和顶层走线到中间层走线有 stub 的过孔情况。可知由于长孔增加了电感效应加大衰减，而 stub 的电容效应导致更大的信号衰减，因此 PCB 采用薄的介质好一些，而且尽量在顶层走线换层，如果在中间层换层则最好去掉 stub。

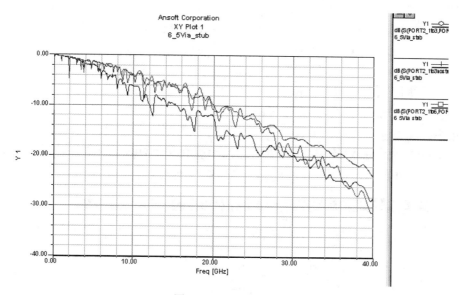

图 7.202　S 参数曲线

　　如图 7.203 所示的 TDR 曲线中，过孔处从上到下分别是顶层走线到底层走线过孔、顶层走线到中间层走线无 stub 的过孔和顶层走线到中间层走线有 stub 的过孔情况。说明 stub 增加等效电容，孔长增加等效电感。

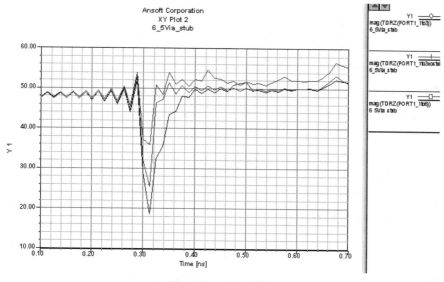

图 7.203　TDR 曲线

（4）分析结论：

1）通过短孔和长孔比较可知，长孔增加了电感效应，增加了信号衰减，因此 PCB 采用薄的介质好一些。

2）通过有无 stub 比较可知，stub 增加了电容效应，增加了信号衰减，因此尽量在顶层走线换层，如果在中间层换层则最好去掉 stub。

7.7.7 分析过孔直径、焊盘直径和反焊盘直径的影响

（1）内容：分析不同的过孔直径、焊盘直径和反焊盘直径的影响，参考资源文件 6_2Via_Antipad.siw、6_3Via_dia.siw、6_4Via_PAD.siw 和 6_6Via_NFP.siw。

（2）参数设置：见设计部分内容。在六层板中建立了四种情况，分别是不同孔直径、不同焊盘直径、不同反焊盘直径和去掉没用到的焊盘（no NFP）。

（3）设计：启动 SIwave。基本步骤请参 7.7.4 节和 7.7.5 节。

1）创建叠层和过孔结构。

单击 Edit→Layer Stack 命令或单击 图标，建立如图 7.204 所示的六层板叠层结构。trace1 在顶层，trace2 在中间层，trace3 在底层，为 S/G/S/P/G/S 结构。

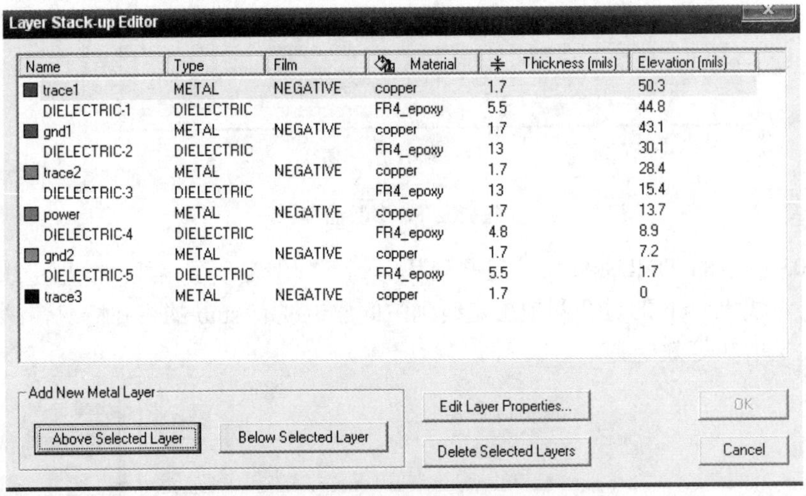

图 7.204　六层板叠层结构

单击 Edit→Padstacks 命令或单击 图标，孔直径为 8mil、焊盘大小为 10mil 宽、反焊盘大小为 10mil 宽是典型尺寸，其他尺寸均在此基础上进行改变。建立如图 7.205 所示的从 trace1 到 trace3 的通孔，三种不同尺寸的反焊盘对应的 Antipad 设置：18mil、23mil 和 28mil，名字分别定义为 Antipad_10m、Antipad_15m 和 Antipad_20m。

同理，建立如图 7.206 所示的从 trace1 到 trace3 的通孔，三种不同尺寸的焊盘对应的 Pad 设置：13mil、18mil 和 28mil，对应的 Antipad 设置：23mil、28mil 和 38mil，名字分别定义为 PAD_5m、PAD_10m 和 PAD_20m。

同理，建立如图 7.207 所示的从 trace1 到 trace3 的通孔，三种不同尺寸的孔直径对应的 VIA 为 4mil、8mil 和 16mil，对应的 PAD 为 14mil、18mil 和 26mil，对应的 Antipad 为 24mil、28mil 和 36mil，名字分别定义为 VIA_4m、VIA_8m 和 VIA_16m。

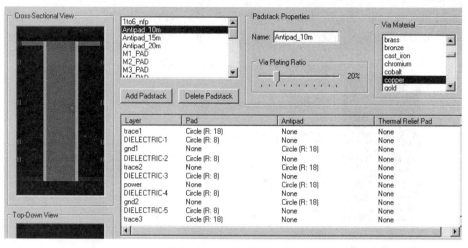

图 7.205　不同的反焊盘

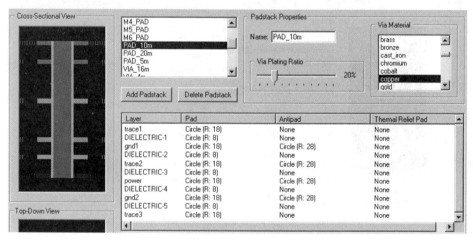

图 7.206　不同的焊盘

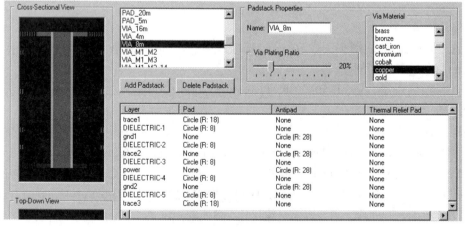

图 7.207　不同的孔直径

还建立了如图 7.208 所示的从 trace1 到 trace3 的无 NFP 孔结构，名字定义为 1to6_nonfp，建立了如图 7.209 所示的从 trace1 到 trace3 的有 NFP 孔结构，名字定义为 1to6_nfp。

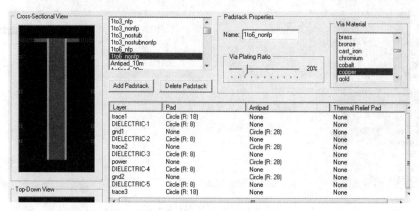

图 7.208　从 trace1 到 trace3 的无 NFP 孔结构

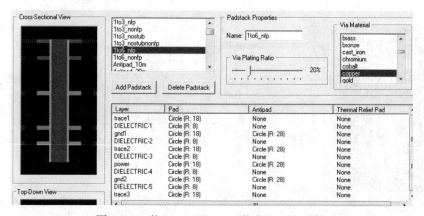

图 7.209　从 trace1 到 trace3 的有 NFP 孔结构

2）创建图形。

四种情况的图形尺寸一致，仅是过孔类型不同。在比较 NFP 时，只用到前两个位置的走线。

①建立电源/地层图形。

首先建立电源/地层图形。在 Layers 选项卡中选中 gnd1，单击□图标或单击 Draw→Rectangle 命令进行图形创建。

gnd1：起点[x y]=[-1500 -500]、尺寸[dx dy]=[3000 1000]。同理建立同尺寸的 gnd2 层和 power 层。

②建立信号线。

然后建立走线图形。单击 Draw→Drawing Mode→Merge 命令。

在 Layers 选项卡中选中 trace1，单击 Draw→Set Trace Width 命令或单击✥图标设置线宽为 10。建立第一段信号线尺寸：单击起点[x y]=[-1000 -200]、尺寸[dx dy]=[1000 0]，双击终点（或按 Enter 键两次）完成。第二段信号线尺寸：单击起点[x y]=[-1000 0]、尺寸[dx dy]=[1000 0]，双击终点（或按 Enter 键两次）完成。第三段信号线尺寸：单击起点[x y]=[-1000 200]、尺寸

[dx dy]=[1000 0]，双击终点（或按 Enter 键两次）完成。

在 Layers 选项卡中选中 trace3，单击 ⧗ 图标来设置线宽为 10，第一段信号线尺寸：单击起点[x y]=[0 -200]、尺寸[dx dy]=[1000 0]，双击终点（或按 Enter 键两次）完成。第二段信号线尺寸：单击起点[x y]=[0 0]、尺寸[dx dy]=[1000 0]，双击终点（或按 Enter 键两次）完成。第三段信号线尺寸：单击起点[x y]=[0 200]、尺寸[dx dy]=[1000 0]，双击终点（或按 Enter 键两次）完成。

建立过孔。单击 Draw→Via 命令或单击 ⵊ 图标来添加过孔。选择建立好的第一个过孔，在[x y]= [0 -200]处单击放置，出现 Merge Nets 对话框，单击 OK 按钮。选择建立好的第二个过孔，在[x y]= [0 0]处单击放置。选择建立好的第三个过孔，在[x y]= [0 200]处单击放置。

3）加端口。

单击 ⚇ 图标或单击 Circuit Elements→Port 命令。

在（-1000,-200）处双击，如图 7.210 所示正端选 trace1，负端选 gnd1，端口名为 PORT1_1，阻抗为 50Ω。在（-1000,0）处双击，正端选 trace1，负端选 gnd1，端口名为 PORT1_2，阻抗为 50Ω。在（-1000,200）处双击，正端选 trace1，负端选 gnd1，端口名为 PORT1_3，阻抗为 50Ω。

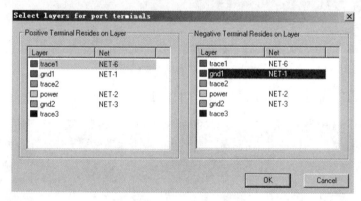

图 7.210　trace1 端口层设置

在（1000,-200）处双击，如图 7.211 所示正端选 trace3，负端选 gnd2，端口名为 PORT2_1，阻抗为 50Ω。在（1000,0）处双击，正端选 trace3，负端选 gnd2，端口名为 PORT2_2，阻抗为 50Ω。在（1000,200）处双击，正端选 trace3，负端选 gnd2，端口名为 PORT2_3，阻抗为 50Ω。

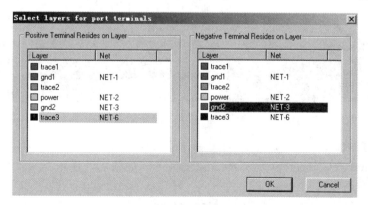

图 7.211　trace3 端口层设置

得到不同孔直径的版图，如图 7.212 所示，自上到下分别是 VIA=16mil、8mil 和 4mil。

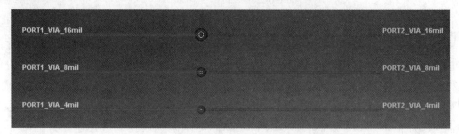

图 7.212　不同孔直径的版图

得到不同反焊盘的版图，如图 7.213 所示，自上到下分别是 Antipad=20mil、10mil 和 15mil。

图 7.213　不同反焊盘的版图

得到不同焊盘的版图，如图 7.214 所示，自上到下分别是 Pad=20mil、10mil 和 5mil。

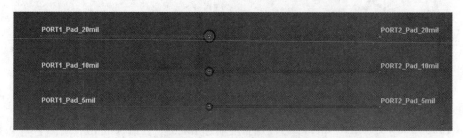

图 7.214　不同焊盘的版图

得到有无 NFP 的版图，如图 7.215 所示，上为无 NFP 的情况，下为有 NFP 的情况。

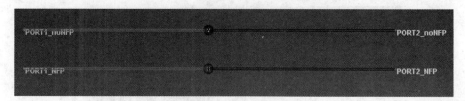

图 7.215　有无 NFP 的版图

4）计算 S 参数。

单击 Simulation→Compute S-,Y-,Z-parameters 命令，如图 7.42 所示计算 S 参数，进行仿真。

5）建立 S 参数报告和 TDR 报告。

仿真完成之后，会出现 Reporter 窗口，选择 Results→Create Report 命令来创建 S 参数报告和 TDR 报告。

①孔直径。

图 7.216 为不同孔直径的 S 参数，从上到下依次是 VIA=4mil、8mil 和 16mil，可知孔径加大衰减加大，这是因为寄生电容加大了。

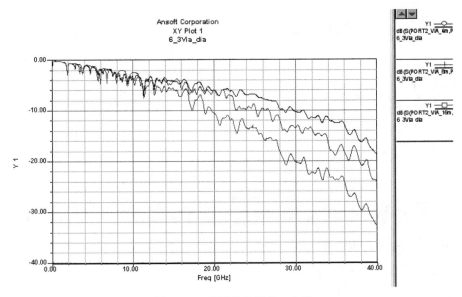

图 7.216　不同孔直径的 S 参数

图 7.217 是不同孔直径的 TDR，从上到下依次是 VIA=4mil、8mil 和 16mil，可知孔直径小时，以孔长的电感效应为主，加大孔径寄生电容加大，最后以孔的电容效应为主。

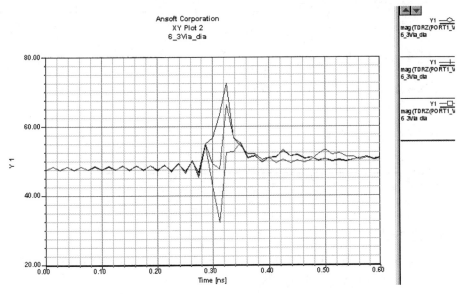

图 7.217　不同孔直径的 TDR

②焊盘直径。

图 7.218 为不同焊盘直径的 S 参数，从上到下依次是 Pad=5mil、10mil 和 20mil，可知焊盘直径加大衰减加大，这是因为寄生电容加大了。

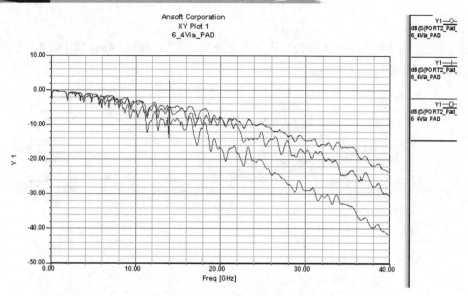

图 7.218　不同焊盘直径的 S 参数

图 7.219 是不同焊盘直径的 TDR，从上到下依次是 Pad=5mil、10mil 和 20mil，可知随着焊盘直径的加大寄生电容加大。

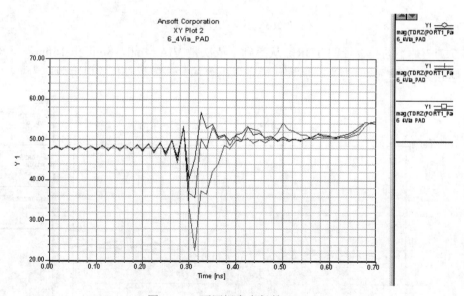

图 7.219　不同焊盘直径的 TDR

③反焊盘直径。

图 7.220 为不同反焊盘直径的 S 参数，从上到下依次是 Antipad=20mil、15mil 和 10mil，可知反焊盘直径加大衰减减小，这是因为寄生电容减小了。

图 7.221 是不同反焊盘直径的 TDR，从上到下依次是 Antipad=20mil、15mil 和 10mil，可知随着反焊盘直径的加大寄生电容减小。

图 7.222 为有无 NFP 的 S 参数，上面曲线为无 NFP 情况，可知有 NFP 比无 NFP 衰减大，这同前面的焊盘分析结果一致。

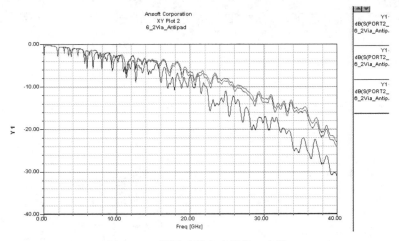

图 7.220　不同反焊盘直径的 S 参数

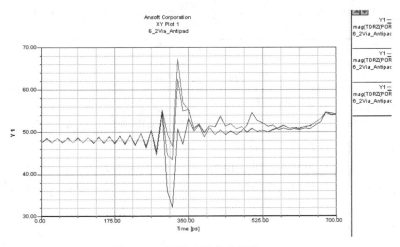

图 7.221　不同反焊盘直径的 TDR

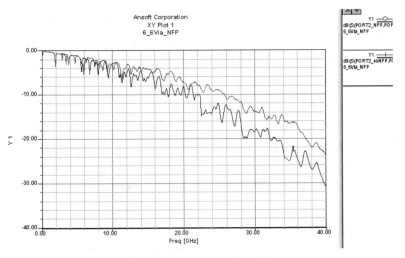

图 7.222　有无 NFP 的 S 参数

图 7.223 是有无 NFP 的 TDR，上面曲线为无 NFP 情况，可知有 NFP 比无 NFP 的寄生电容大。

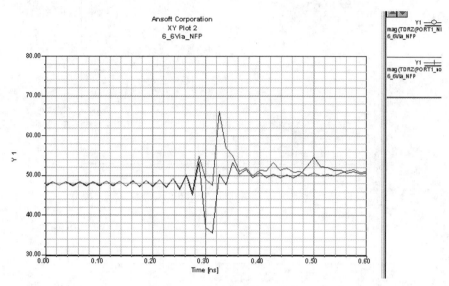

图 7.223　有无 NFP 的 TDR

（4）分析结论：孔有电容效应和电感效应：

1）电容效应来源于反焊盘（反向关系）、焊盘（正向关系）、stub（正向关系）。

2）电感效应来源于孔长（正向关系）。

3）两者效应均有孔直径（正向关系电容、反向关系电感）。

4）电感加大和电容加大均使衰减增加，所以尽量采用大的反焊盘、小的焊盘、短的 stub、短的孔长。接地孔直径尽量大，以保证小的接地电感。

5）这几个参数之间的优化尽量做到阻抗的匹配。

7.7.8　分析加地孔的影响

（1）内容：分析加地孔的影响，参考资源文件 6_7Gnd_Via.siw 和 6_7Gnd_Via.adsn。

（2）参数设置：见设计部分内容。在六层板中建立了五种情况，分别是没有换层孔、没有地孔、有相同距离的两个地孔、有相同距离的四个地孔和有两个远距离的地孔。

（3）设计：启动 SIwave。基本步骤请参看 7.7.4 节和 7.7.5 节。

1）创建叠层和过孔结构。

单击 Edit→Layer Stack 命令或单击 图标，建立如图 7.224 所示的六层板叠层结构。trace1 在顶层，trace2 在中间层，trace3 在底层，为 S/G/S/P/G/S 结构。

单击 Edit→Padstacks 命令或单击 图标，设置过孔直径为 8mil、焊盘大小为 10mil 宽、反焊盘大小为 10mil 宽。建立如图 7.225 所示的从 gnd1 到 gnd2 的地孔结构，定义名字为 gnd_via。

2）创建图形。

①建立电源/地层图形。

首先建立电源/地层图形。在 Layers 选项卡中选中 gnd1，单击 图标或单击 Draw→Rectangle 命令进行图形创建。

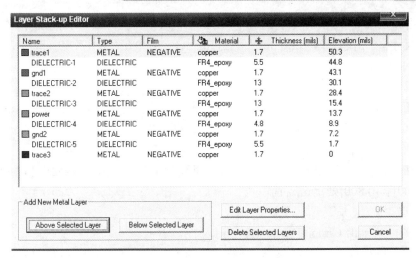

图 7.224　六层板叠层结构

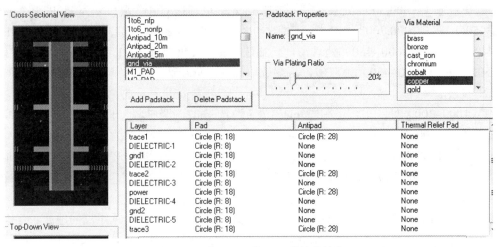

图 7.225　从 gnd1 到 gnd2 的地孔结构

gnd1：起点[x y]=[-1500 -500]、尺寸[dx dy]=[3000 1500]。同理建立同尺寸的 gnd2 层和 power 层。

②建立信号线。

然后建立走线图形。单击 Draw→Drawing Mode→Merge 命令。

在 Layers 选项卡中选中 trace1，单击 Draw→Set Trace Width 命令或单击 ✛ 图标设置线宽为 10。建立第一段信号线尺寸：单击起点[x y]=[-1000 -300]、尺寸[dx dy]=[1000 0]，双击终点（或按 Enter 键两次）完成。第二段信号线尺寸：单击起点[x y]=[-1000 0]、尺寸[dx dy]=[1000 0]，双击终点（或按 Enter 键两次）完成。第三段信号线尺寸：单击起点[x y]=[-1000 300]、尺寸[dx dy]=[1000 0]，双击终点（或按 Enter 键两次）完成。第四段信号线尺寸：单击起点[x y]=[-1000 700]、尺寸[dx dy]=[1000 0]，双击终点（或按 Enter 键两次）完成。第五段信号线尺寸：单击起点[x y]=[-1000 -450]、尺寸[dx dy]=[2000 0]，双击终点（或按 Enter 键两次）完成。

在 Layers 选项卡中选中 trace3，单击 ✛ 图标来设置线宽为 10。第一段信号线尺寸：单击起点[x y]=[0 -300]、尺寸[dx dy]=[1000 0]，双击终点（或按 Enter 键两次）完成。第二段信号线尺寸：单击起点[x y]=[0 0]、尺寸[dx dy]=[1000 0]，双击终点（或按 Enter 键两次）完成。第三段信号线尺寸：单击起点[x y]=[0 300]、尺寸[dx dy]=[1000 0]，双击终点（或按 Enter 键两次）完成。第四段信号线尺寸：单击起点[x y]=[0 700]、尺寸[dx dy]=[1000 0]，双击终点（或按 Enter 键两次）完成。

建立过孔。单击 Draw→Via 命令或单击 Ⅱ 图标来添加过孔。选择建立好的 1to6_nfp 过孔，在[x y]= [0 -300]处单击放置，出现 Merge Nets 对话框，单击 OK 按钮。分别在[x y]= [0 0]处、在[x y]= [0 300]处和在[x y]= [0 700]处单击。

选择建立好的 gnd_via 过孔，分别在[x y]= [-42 -42]、[-42 42]、[42 -42]、[42 42]、[0 240]、[0 360]、[0 600]和[0 800]处单击放置。

3）加端口。

单击 图标或单击 Circuit Elements→Port 命令。

在（-1000,-300）处双击，正端选 trace1，负端选 gnd1，端口名为 PORT1_nogndvia，阻抗为 50Ω。在（-1000,0）处双击，正端选 trace1，负端选 gnd1，端口名为 PORT1_4gndvia，阻抗为 50Ω。在（-1000,300）处双击，正端选 trace1，负端选 gnd1，端口名为 PORT1_2gndvia，阻抗为 50Ω。在（-1000,700）处双击，正端选 trace1，负端选 gnd1，端口名为 PORT1_2 viaFar，阻抗为 50Ω。在（-1000,-450）处双击，正端选 trace1，负端选 gnd1，端口名为 PORT1，阻抗为 50Ω。在（1000,-450）处双击，正端选 trace1，负端选 gnd1，端口名为 PORT2，阻抗为 50Ω。

在（1000,-300）处双击，正端选 trace3，负端选 gnd2，端口名为 PORT2_nogndvia，阻抗为 50Ω。在（1000,0）处双击，正端选 trace3，负端选 gnd2，端口名为 PORT2_4gndvia，阻抗为 50Ω。在（1000,300）处双击，正端选 trace3，负端选 gnd2，端口名为 PORT2_2gndvia，阻抗为 50Ω。在（1000,700）处双击，正端选 trace3，负端选 gnd2，端口名为 PORT2_2 viaFar，阻抗为 50Ω。

得到五种情况的版图如图 7.226 所示，自上到下分别是：有两个远距离的地孔、有相同距离的两个地孔、有相同距离的四个地孔、没有地孔和没有换层孔。而通过如图 7.227 所示的三维图可以清楚地看到孔的结构。

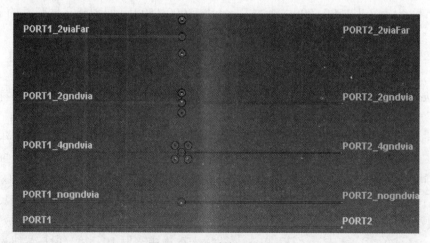

图 7.226　五种情况的版图

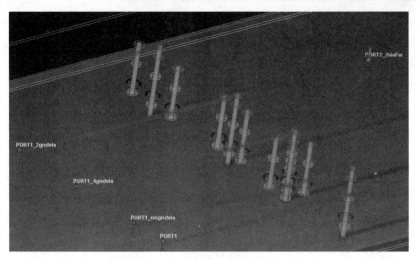

图 7.227　三维图

4）计算 S 参数。

单击 Simulation→Compute S-,Y-,Z-parameters 命令，如图 7.42 所示计算 S 参数，进行仿真。

5）输出 Touchstone 文件。

单击 Results→S-,Y-,Z-parameters→Export to Touchstone File 命令，保存名字为 6_7Gnd_Via，这样就建立了 6_7Gnd_Via.s10p 文件。

6）建立 S 参数报告。

仿真完成之后会出现 Reporter 窗口，创建 S 参数报告。

图 7.228 是几种情况下到 20GHz 的 S 参数，从上到下依次是：没有换层孔、有相同距离的四个地孔、有相同距离的两个地孔、有两个远距离的地孔和没有地孔。可见地孔减小了地回流的电感，随着到过孔相同距离的地孔数量增加，电感减小；距离增加，电感增大。

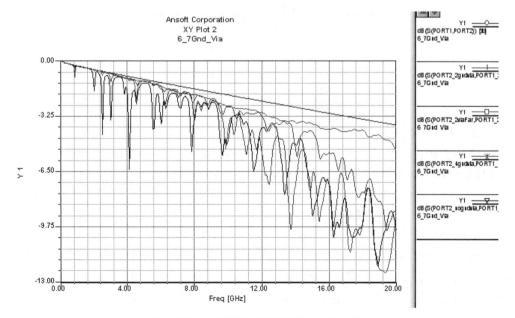

图 7.228　几种情况下到 20GHz 的 S 参数

图 7.229 是几种情况下到 50GHz 的 S 参数，可知有相同距离的四个地孔时边带衰减很快，其次是有相同距离的两个地孔的边带衰减。这是由于随着到过孔相同距离的地孔数量的增加，并联电容增加。由如图 7.230 所示的典型通孔的 PI 型等效电路可知，地孔的存在加大了 C_1 和 C_2，通过零极点分析得到，电容的加大使低通曲线更接近矩形，边沿变陡。

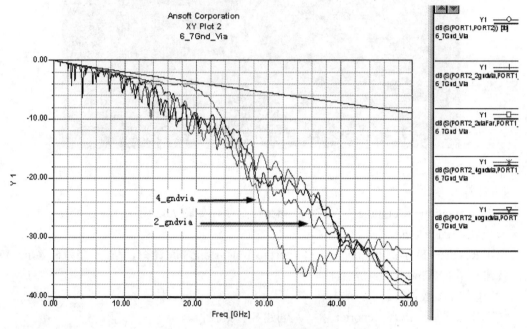

图 7.229　几种情况下到 50GHz 的 S 参数

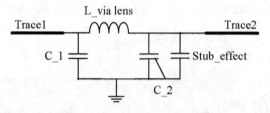

图 7.230　典型通孔结构的等效电路

7）建立 Designer 电路。

启动 Designer，定义名字为 6_7Gnd_Via.adsn。右击选择 Insert→Insert Circuit Design 命令建立 CLK 电路，单击 Project→Add Model→Add Nport Model 命令加入 N 端口模型，指向 SIwave 提取好的 6_7Gnd_Via.s10p 文件，此时文件夹 Models 中出现了该模型。基本步骤请参看 3.6.1 节。建立的 CLK 电路如图 7.231 所示。

图 7.232 是负载端匹配下的负载端输出，可知电平处有振荡，高电平处放大后如图 7.233 所示。虚线是没有地孔时、点划线是两个近地孔时、粗实线是四个近地孔的情况，振荡幅度从小到大分别为：没有换层孔、有相同距离的四个地孔、有相同距离的两个地孔、有两个远距离的地孔和没有地孔。可见地孔减小了地回流的电感，随着到过孔相同距离的地孔数量增加，电感减小；距离增加，电感增大。

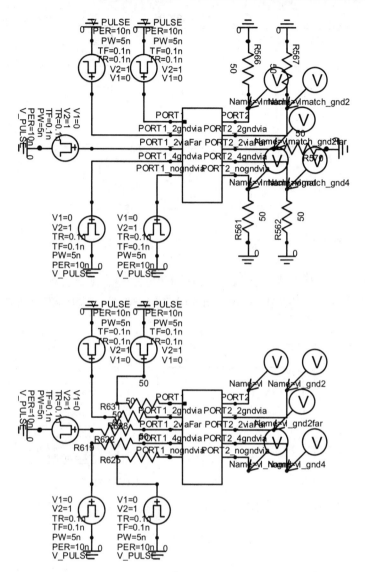

图 7.231   CLK 电路图（上：负载端匹配，下：源端匹配）

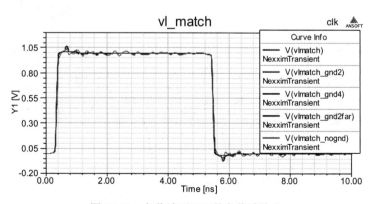

图 7.232   负载端匹配下的负载端输出

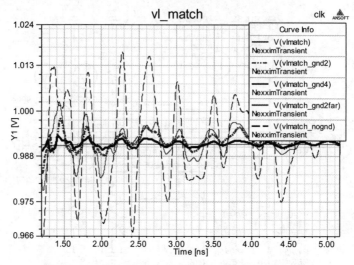

图 7.233 负载端匹配下负载端输出的高电平处放大

图 7.234 是源端匹配下的负载端输出，可知电平处有振荡，高电平处放大后如图 7.235 所示。

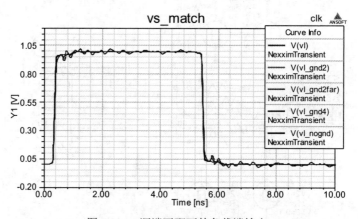

图 7.234 源端匹配下的负载端输出

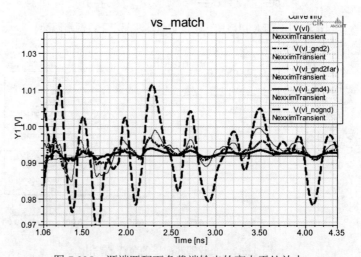

图 7.235 源端匹配下负载端输出的高电平处放大

虚线是没有地孔时、点划线是两个近地孔时、粗实线是四个近地孔的情况，振荡幅度从小到大分别为：没有换层孔、有相同距离的四个地孔、有相同距离的两个地孔、有两个远距离的地孔和没有地孔。可见地孔减小了地回流的电感，随着到过孔相同距离的地孔数量增加，电感减小；距离增加，电感增大。

（4）分析结论：

1）地孔减小了地回流的电感，随着到过孔相同距离的地孔数量增加，电感减小；距离增加，电感增大。减小了地回流的电感使噪声幅度减小。

2）随着到过孔相同距离的地孔数量的增加，并联电容增加，使得通孔 PI 型等效电路的 C_1 和 C_2 加大，这样零极点分析得到电容的加大使低通曲线更接近矩形，边沿变陡。

8

高速互连通道仿真

通过前几章的学习，设计者已经深入地分析了信号完整性的各种问题并掌握了相应的解决方法。在此基础上，本章将展示一些典型的高速互连通道的仿真实例。

8.1 PCI–E 串行通道仿真

PICe 8GT/s 通道如图 8.1 所示，PCIe 卡是目标适配器，DUT（Device Under Test）是被测设备。本实例展示了如何对电路板上的典型串行通道进行仿真。

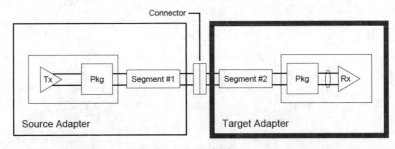

（a）示意图

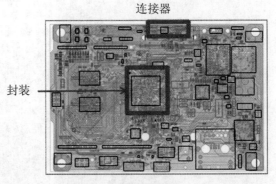

（b）版图

图 8.1　PICe 8GT/s 通道

1. 开始 SIwave

单击 Microsoft 开始按钮并选择 All Programs→ANSYS Electromagnetics→ANSYS Electromagnetics Suite 17.1→ANSYS SIwave 2016.1 命令，如图 8.2 所示，启动 SIware 程序。

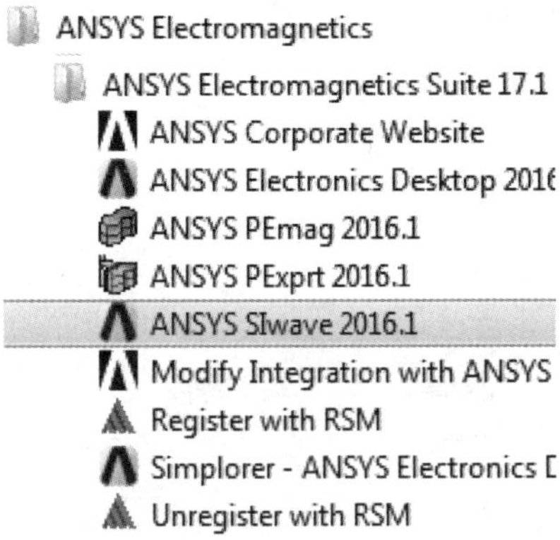

ANSYS Electromagnetics
　ANSYS Electromagnetics Suite 17.1
　　ANSYS Corporate Website
　　ANSYS Electronics Desktop 2016
　　ANSYS PEmag 2016.1
　　ANSYS PExprt 2016.1
　　ANSYS SIwave 2016.1
　　Modify Integration with ANSYS
　　Register with RSM
　　Simplorer - ANSYS Electronics [
　　Unregister with RSM

图 8.2　启动 SIwave

2. 打开一个 SIwave 项目

选择菜单项 File→Open 命令，浏览文件 siwave_serial.siw，单击 Open 按钮，得到如图 8.3 所示的版图。

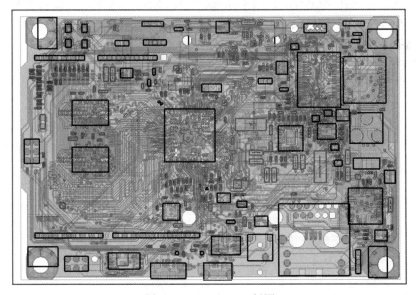

图 8.3　siwave_serial 版图

3. 导入预定义的图层叠层

选择菜单项 Import→Layer Stackup 命令，浏览名为 siwave_serial.stk 的文件，单击 Open 按钮。

选择菜单项 Home→Layer Stackup Editor 命令，打开 Layer Stack-up Editor 对话框，如图 8.4 所示。

验证叠层尺寸和材料属性，单位为 mil，单击 OK 按钮退出。

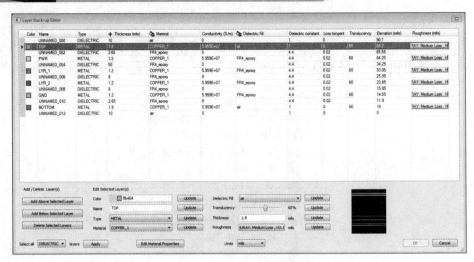

图 8.4 导入预定义的图层叠层

4. 选择仿真网络

该实例使用 SIwave SYZ 求解器来仿真 PCIe 网络，PCIE0_TX0_P_C、PCIE0_RX0_N、PCIE0_RX0_P、PCIE0_TX0_N、PCIE0_TX0_N_C、PCIE0_TX0_P 和 GND 作为端口的负参考网络。

如图 8.5 所示，选择 Workspace 中的 Single Ended Nets 选项卡，选择以下 6 个网络：

- PCIE0_RX0_N：☑Checked
- PCIE0_RX0_P：☑Checked
- PCIE0_TX0_N：☑Checked
- PCIE0_TX0_N_C：☑Checked
- PCIE0_TX0_P：☑Checked
- PCIE0_TX0_P_C：☑Checked

注意：此时 SIwave 17.1 中会有一个新的工作区来显示哪些网络被选中。单击 Visibility→Show Mode: Show Selections Only 命令，单击 View→Fit All 命令来放大走线。

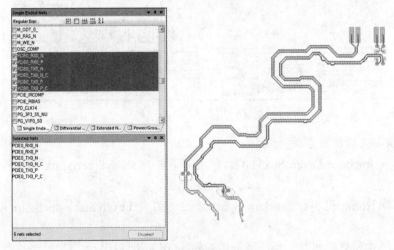

图 8.5 选择仿真网络

5. 生成电路元件

如图 8.6 所示，更改端口的命名规则：单击 Tools→Generate Port on Selected Nets…命令，单击 Naming Convention，在 Circuit Element 列中找到 Port，选中 Use Naming Convention 复选框，将 Port 行中的 Name 文本框更改为$NETNAME_$REFDES_$POSTERMINAL，单击 Save 按钮，单击 OK 按钮。

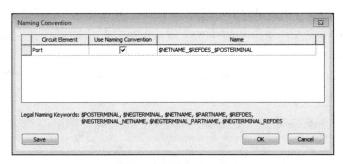

图 8.6　生成电路元件

6. 生成端口

在选定的网络上自动创建端口，如图 8.7 所示。

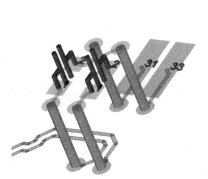
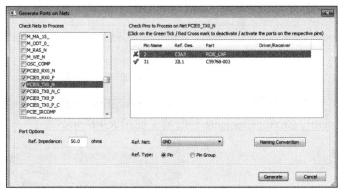
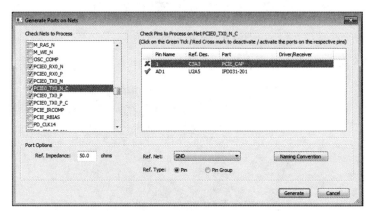

图 8.7　自动创建端口

（1）留在 Generate Ports on Nets…对话框（或者单击 Tools 选项卡，选择 Generate Port on Selected Nets 以返回到 the Generate Ports on Nets…对话框）。

（2）选定的 6 条走线将参考最近的 GND 脚，自动将端口放置在其引脚位置。

（3）由于两个 TX 网络上有串联电容器，因此电容器的引脚会显示在该列表中，但是我们不需要在这些引脚位置上定义端口，所以创建端口时取消选择这些引脚：

高亮 PCIE0_TX0_N，单击 Pin Name 2 旁边的绿色复选标记，使其成为红色 X；

高亮 PCIE0_TX0_N_C，单击 Pin Name 1 旁边的绿色复选标记，使其成为红色 X；

高亮 PCIE0_TX0_P，单击 Pin Name 2 旁边的绿色复选标记，使其成为红色 X；

高亮 PCIE0_TX0_P_C，单击 Pin Name 1 旁边的绿色复选标记，使其成为红色 X。

（4）单击 Generate。

单击 Home→Circuit Element Parameters 命令，选择 Ports 选项卡，如图 8.8 所示定义 8 个端口，单击 OK 按钮退出。

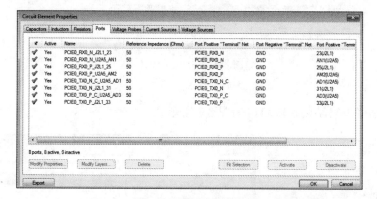

图 8.8　定义 8 个端口

为了查看顶层的端口，单击 Visibility→Show All 命令，选择 View 选项卡，取消选中 Simplify Circuit Elements 复选项，如图 8.9 所示。

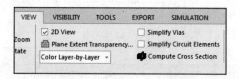

图 8.9　设置 View 选项卡

在 Layers 工作区中取消选择所有图层，只选择 TOP 层，如图 8.10 所示。

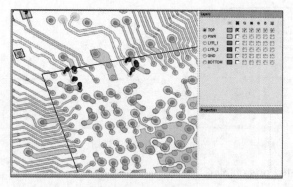

图 8.10　查看 TOP 层

7. 保存 SIwave 项目

选择菜单项 File→Save 命令，保存 SIwave 项目。

8. 计算 S 参数

选择菜单项 Simulation→Compute S-, Y-, Z-Parameters…命令，更改设置，如图 8.11 所示。

> Compute exact DC point:☑Checked
> Frequency Range Setup：Start Freq: 0，Stop Freq: 20GHz，Num. points / Step Size : 801，Distribution: Linear。
> Sweep Selection：Interpolating Sweep
> SIwave with 3D DDM:☑ Checked

单击 OK 按钮，开始仿真。

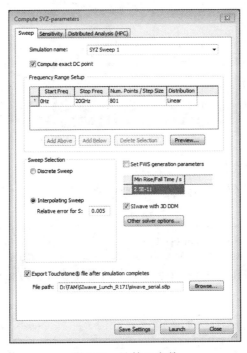

图 8.11　计算 S 参数

9. 编辑报告图

在 Results 对话框中，右击 SYZ Sweep 1→Plot Magnitude/Phase 命令；如图 8.12 所示，选中 Select transmission terms 复选框以显示插入损耗（S_{21}）图；选中 Select self terms to display 复选框以显示所有回波损耗（S_{11}）图；单击 Plot 列标题可以显示所有的曲线。

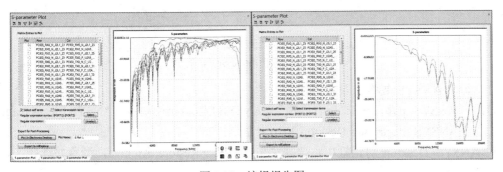

图 8.12　编辑报告图

如图 8.13 所示，再次单击 Plot 列标题可禁止显示所有曲线；选中 Select transmission terms 复选框以显示两条走线的插入损耗；向下滚动列表，在串接了电容的两条走线旁放置复选标记：

PCIE0_TX0_N_C_U2A5_AD1，PCIE0_TX0_N_J2L1_31

PCIE0_TX0_P_C_U2A5_AD3，PCIE0_TX0_P_J2L1_33

最后单击 × 按钮关闭。

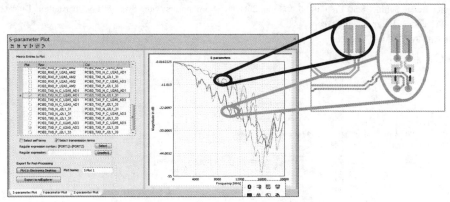

图 8.13　显示两条走线的插入损耗

10. 导出 State Space 模型

单击 Results→SYZ→SYZ Sweep 1→Compute FWS sub-circuit 命令，弹出如图 8.14 所示的对话框。

Filename: siwave_serial

Full Wave SPICE Subcircuit Format: Nexxim SSS

Passivity: Enforce model passivity

单击 OK 按钮，单击 File→Save 命令，导出的文件被命名为 siwave_serial_8.sss 来表示端口的数量。

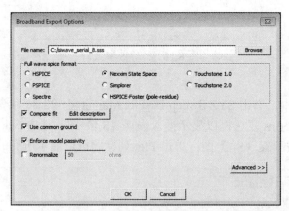

图 8.14　导出 State Space 模型

11. 访问 ANSYS 电路

要访问 ANSYS 电路，单击"所有程序"→ANSYS Electromagnetics→ANSYS Electromagnetics Suite 17.1→ANSYS Electronics Desktop 2016.1 命令。

在 ANSYS Desktop 对话框中，选择菜单项 File→Restore Archive，浏览并选择 Circuit_Serial_Channel_raw.aedtz。

单击 Open 按钮，命名 Designer 项目为 Circuit_Serial_Channel_raw.aedt；单击 Save 按钮，单击 Close 按钮关闭存档窗口，如图 8.15 所示。

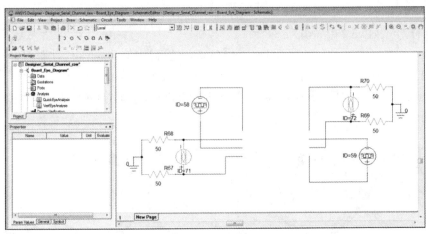

图 8.15　访问 ANSYS 电路

12. 导入 State Space 模型

如图 8.16 所示，在 Component Libraries 对话框中，单击 Import Models→Add Model→Add State-space Model 命令；在 N-port data 对话框中，更改名称为 siwave_serial。

单击 Browse 按钮并选择 siwave_serial_8.sss；单击 Open 按钮，将模型放入电路设计中。

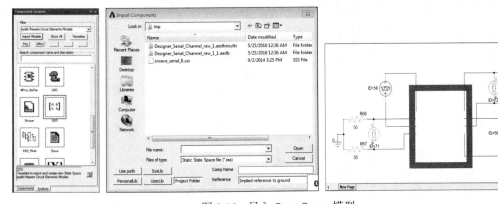

图 8.16　导入 State Space 模型

13. 设置原理图

将名为 siwave_serial 的模型拖放到原理图中，操作如下：选择 Reference Port Option: Implied reference to ground；单击 OK 按钮；放置 8 端口模型，使端口对齐，如图 8.17 所示；按 Esc 键停止放置其他模型。

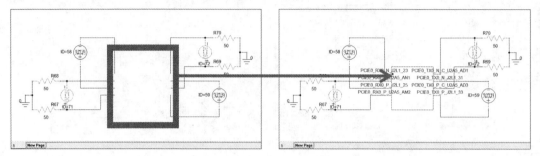

图 8.17 设置原理图

14. 运行 QuickEye 和 VerifEye 分析

展开 Board_Eye_Diagram 并展开 Project Manager 窗口中的 Analysis，此时已经定义了两个仿真：QuickEye Analysis 和 VerifEye Analysis；单击 Circuit→Analyze 命令；求解完成后，在 Project Manager 窗口中展开 Results，双击查看 TX0 Eye Diagram 和 RX0 Eye Diagram 的结果，如图 8.18 所示。

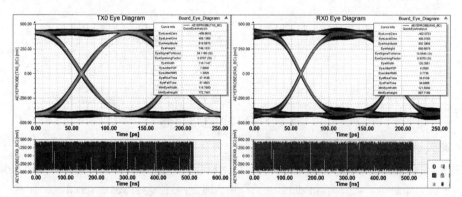

图 8.18 TX0 Eye Diagram 和 RX0 Eye Diagram 的结果

双击查看 TX0_Bathtub 和 RX0_Bathtub 的结果，如图 8.19 所示。

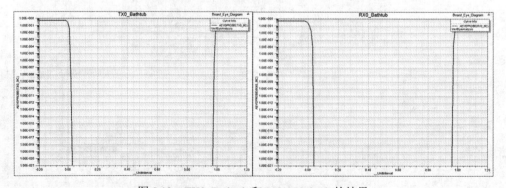

图 8.19 TX0_Bathtub 和 RX0_Bathtub 的结果

15. 运行用于 PCIe 的 Python 脚本

根据 PCI Express 规范，我们可以创建一个 Python 脚本来测试 SIwave 提取结果。根据掩码的相关知识，我们可以在 Designer 中自动创建绘图。模板规范如图 8.20 所示。

Symbol	Parameter	Value	Units	Comments
$V_{RX-CH-EH}$	Eye height	25 (min)	mVPP	Eye height at BER=10^{-12}
$T_{RX-CH-EW}$	Eye width at zero crossing	0.3 (min)	UI	Eye width at BER=10^{-12}
$T_{RX-DS-OFFSET}$	Peak EH offset from UI center	+/- 0.1	UI	
V_{RX-DFE_COEFF}	Range for DFE d_1 coefficient	+/- 30	mV	Feedback coefficient

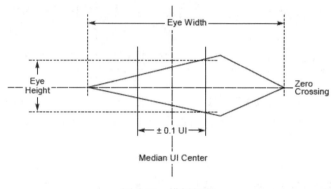

图 8.20　模板规范

如图 8.21 所示运行 Python 脚本：单击 Circuit→Toolkit→PCIe_3 命令；单击 Run 按钮。图 8.22 为用于 PCIe 的 Python 脚本。图 8.23 为仿真结果，可知 PASS。

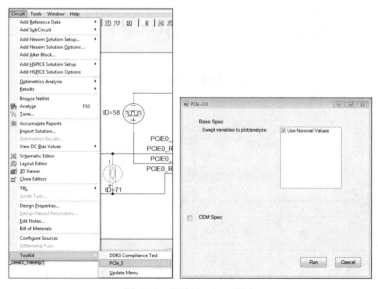

图 8.21　运行 Python 脚本

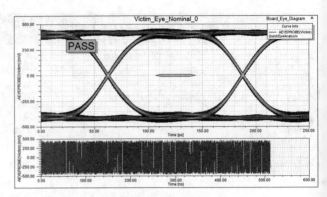

图 8.22　用于 PCIe 的 Python 脚本　　　　　图 8.23　仿真结果

8.2　PCI Express Gen3 PCB（HFSS 3D 电气版图设计）

本实例旨在展示如何利用 HFSS 3D 版图功能来创建、仿真和分析 PCI Express Gen 3 的部分印制电路板。除常见情况外，本实例将着重介绍参数化 3D 版图功能，用于参数化走线宽度、电介质厚度、蚀刻因子等。

1.　开始

（1）启动 ANSYS Designer。

要访问 ANSYS Designer，单击 Microsoft Start→Programs→ANSYS EM→Designer program group→ANSYS Designer 命令。

（2）打开一个新项目。

在 ANSYS Designer 窗口中，单击标准工具栏中的，或者选择菜单项 File→New 命令。如图 8.24 所示，单击 Project→Insert→Insert EM Design 选项。选择 Layout Technology 窗口，单击 None 按钮。

图 8.24　选择 Insert EM Design

HFSS 3D 版图的工作流程图如图 8.25 所示。

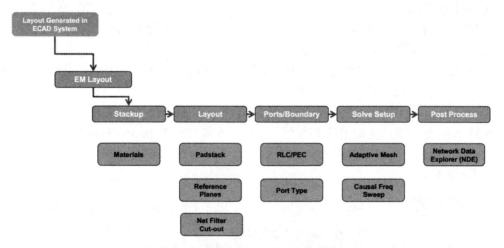

图 8.25　HFSS 3D 版图的工作流程图

（3）版图操作。

工具栏如图 8.26 所示。

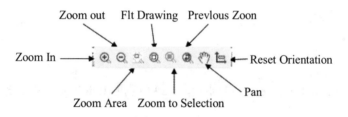

图 8.26　工具栏

快捷键：更改视图是一个常用的操作，因此存在一些常用的快捷键。按下相应的键并拖动左键。

（4）旋转：ALT+拖动。

此外，还有 9 个预定义的视角可以通过按住 ALT 键并双击如图 8.27 所示的位置来选择。

（5）平移：Shift+拖动。

（6）动态缩放：ALT+Shift+拖动。

（7）充满视窗：Ctrl+D 组合键。

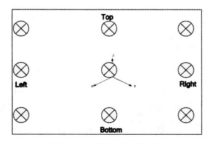

图 8.27　预定义的视角

2. 版图导入和几何裁剪

（1）版图导入。

推荐的输入格式有：Ansoft 中性文件扩展（ANX）；直接输入 SiP，MCM 或 BRD（需要安装 Cadence，不需要 Cadence 许可证）。

如图 8.28 所示，在 Designer 中选择菜单项 File→Import→ANX，浏览 pcie_gen3_fab3_final.anx 文件，设置如下：

（2）Actions 选项卡：选定 Create new Design in selected。

（3）Nets 选项卡：先取消选中所有，再选中所有 Nets 的 Import 复选框。

（4）Options 选项卡：取消选中 Configure Components。

单击 OK 按钮。

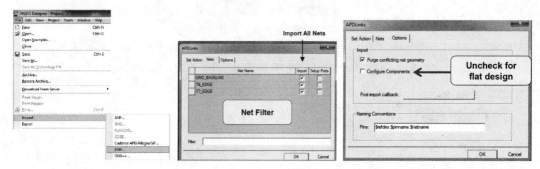

图 8.28　版图导入

（5）叠层修改。

选择菜单项 Layout→Layers，得到如图 8.29 所示的 Edit Layers 对话框。

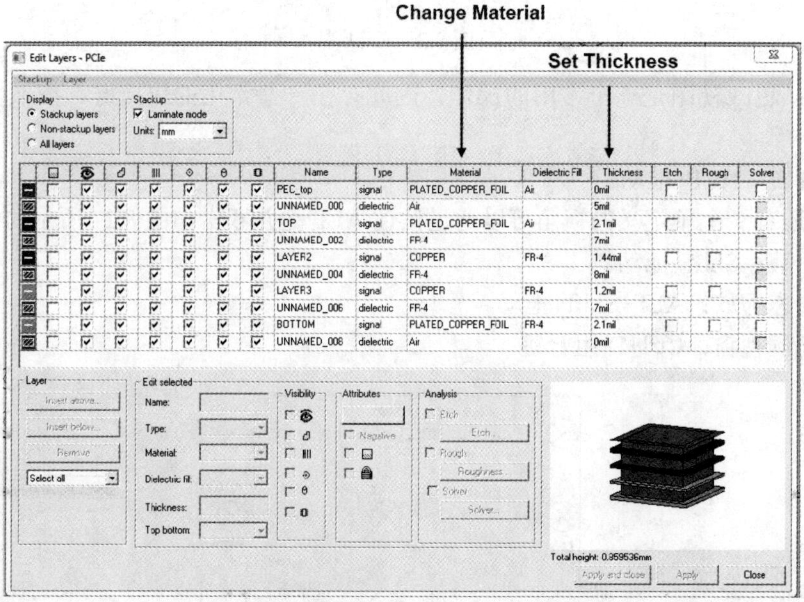

Change Material

Set Thickness

图 8.29　Edit Layers 窗口

版图的可见性和选择性如图 8.30 所示。

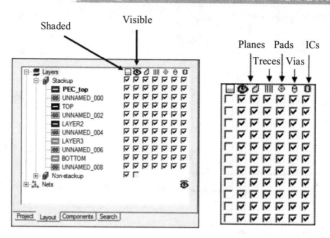

图 8.30　版图的可见性和选择性

（6）创建剪切的范围。

为了创建剪切后的版图，就要给出待剪切区域的范围。选择菜单项 Draw→Primitive→Rectangle，弹出如图 8.31 所示的消息框，单击 OK 按钮。

如图 8.32 所示，本例绘制的剪切区域是底板，该范围以红色显示。

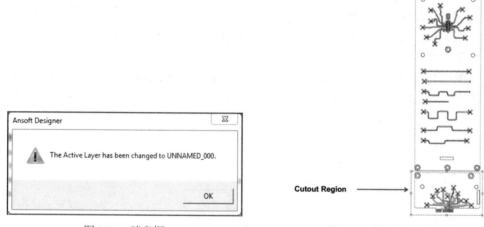

图 8.31　消息框

图 8.32　剪切范围是底板

如果没有创建剪切范围，则可以使用 Cutout Subdesign 对话框来进行：

（7）对于过滤网络。

没有任何范围，选择所需的网络，单击 OK 按钮，产生的子设计将只包含选定的网络。

（8）自动创建范围。

不需要选择任何范围，选择所需的网络，单击 Auto-Generate Extent 按钮，将自动创建一个多边形。

（9）创建剪切子设计。

如图 8.33 所示，确保矩形被选中并以红色高亮显示，在工具栏中选择 Layout→Cutout Subdesign 命令，检查 Include 中所有框被选定，在 Clip at extents 中选中 GND_BASELINE 网络，单击 OK 按钮，创建新的剪切子设计。得到的结果如图 8.34 所示。

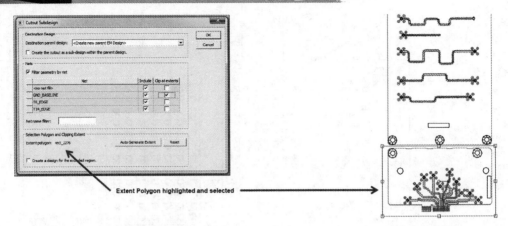

图 8.33　创建剪切子设计

（10）创建另一个剪切范围。

选择菜单项 Draw→Primitive→Rectangle，设置如下：

X：2134 mil，Y：-1242 mil，按 Enter 键锁定第一个点；

X：3703mil，Y：-3376 mil，按 Enter 键锁定第二个点。

（11）创建另一个剪切子设计。

如图 8.35 所示，确保矩形被选中并以红色高亮显示，在工具栏中选择 Layout→Cutout Subdesign 命令，检查 Include 中所有框被选定，在 Clip at extents 中选定 GND_BASELINE 网络，单击 OK 按钮。

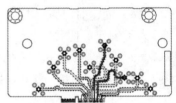

图 8.34　剪切子设计

（12）保存项目。

选择菜单项 File→Save As，设置文件名为 PCI_Gen3，单击 Save 按钮。

通过单击如图 8.36 所示的快捷图标，最终设计版图如图 8.37 所示。

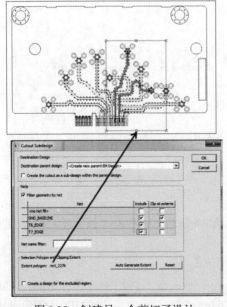

图 8.35　创建另一个剪切子设计

图 8.36　快捷图标

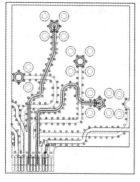 

（a）自上而下的视图　　　　　　　　　（b）3D 的视图

图 8.37　最终的版图

3. SMA 连接器的端口创建

（1）添加层。

选择菜单项 Layout→Layers，打开 Stackup Editor。

单击顶层的第一列，选择顶层，如图 8.38 所示。右击新层，选择 Insert Signal Layer Above 命令并将其命名为 PEC_top。

![图8.38 编辑层窗口截图]

图 8.38　编辑层

通过单击 material 列中的按钮来调用 material manager，将新 PEC_top 的材料属性更改为 PEC，将所有 Signal 层的材料属性更改为 Copper，将新 UNAMED_000 电介质层的材料属性更改为 Air，将 UNAMED_000 空气介质层的厚度更改为 5mil（需要输入单位）。单击 Apply and Close 按钮。

（2）添加 SMA 的端口参考多边形。

通过在 Project manager 的 Layout 选项卡中双击要激活的层，或者在工具栏中选择下拉菜单更改激活层的方法，将 PEC_top 信号层激活，如图 8.39 所示。

通过单击菜单项 Draw→Primitives→Rectangle 创建基本模型（Primitive），在 T6_EDGE 网络附近的 SMA 连接器周围绘制一个矩形来代表参考多边形。

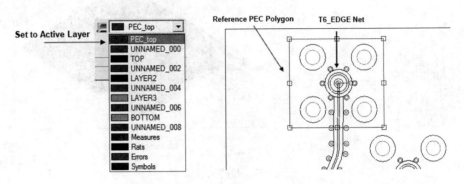

图 8.39　添加 SMA 的端口参考多边形

（3）在 T6_EDGE 网络一侧添加 SMA 连接器引脚。

如图 8.40 所示，在 Layout Editor 中按住 Ctrl 键，以图形方式选中全部四个 GND 连接器焊盘/引脚，默认的选择颜色为红色。在 Properties 对话框中单击 Padstack Usage 按钮，显示通孔属性，并且出现如图 8.41 所示的 Padstack Usage and Definition 对话框。

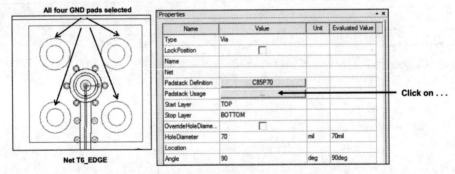

图 8.40　编辑属性

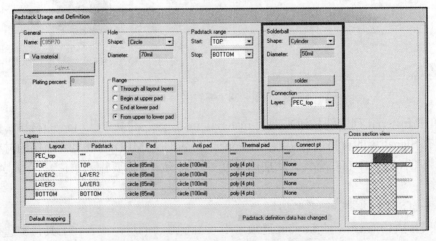

图 8.41　Padstack Usage and Definition 对话框

在 Solderball 框中的 Shape 下拉列表中选择 Cylinder 选项,Layer 层应自动设置为添加的 PEC_top 信号层,如果设置不正确,可手动选择正确的图层。如有必要,将焊球直径改为 50mil、改变材料属性,单击 OK 按钮,在如图 8.42 所示的对话框中可以选择创建一个新的定义或编辑当前的定义。编辑当前定义会更改版图中相同类型的所有焊盘,而创建新的定义只会修改所选焊盘。选择 Only this via or pin 单选项。

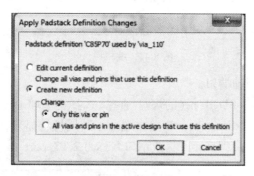

图 8.42　编辑定义

（4）创建垂直间隙同轴端口。

如图 8.43 所示选中 T6_EDGE 网络的焊盘/通孔,选择菜单项 Draw→Port→Create 或单击 图标,展开项目树查看 Excitations,单击端口,其属性将显示在 Properties 对话框中。将 HFSS Type 从 Gap (coax)切换到 Gap,系统将自动从水平 Gap(coax)端口切换到垂直端口,更改端口名称为 1.T6_port_in。

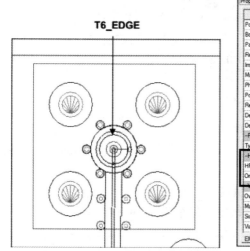

图 8.43　T6_EDGE 网络建立端口

以上是对 T6_EDGE 网络建立端口,下面对 T7_EDGE 网络执行相同的操作来建立端口。

（5）在 T7_EDGE 网络一侧添加 SMA 连接器引脚。

如图 8.44 所示在 Layout Editor 中按住 Ctrl 键,以图形方式选中全部四个 GND 连接器焊盘/引脚,默认选择颜色为红色。在 Properties 对话框中单击 Padstack Usage 按钮,显示通孔属性,重复图 8.41 和图 8.42 的步骤。

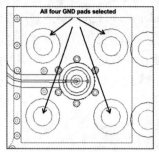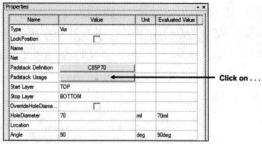

图 8.44　编辑属性

（6）创建垂直间隙同轴端口。

如图 8.45 所示选中 T7_EDGE net 的焊盘/通孔，选择菜单项 Draw→Port→Create 命令或单击图标，展开项目树查看 Excitations，单击端口，其属性将显示在 Properties 对话框中。将 HFSS Type 从 Gap (coax)切换到 Gap，更改端口名称为 2.T7_port_in。

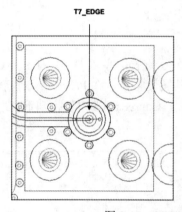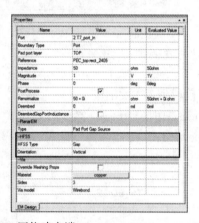

图 8.45　T7_EDGE 网络建立端口

4．PCIe 连接器端口创建

（1）添加 PCIe 连接器的端口参考多边形。

如图 8.46 所示从 Project manager 的 Layout 选项卡中双击要激活的层，或者在工具栏中的下拉菜单中选择激活层，来激活 PEC_top 信号层。选择菜单项 Draw→Primitives→Rectangle，创建基本模型（Primitive），设置如下：

X：2086 mil，Y：-3110mil，按 Enter 键锁定第一个点；

X：2747 mil，Y：-3268 mil，按 Enter 键锁定第二个点。

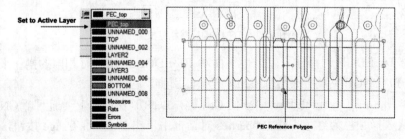

图 8.46　添加 PCIe 连接器的端口参考多边形

（2）在 PCIe 连接器的 TOP 焊盘上添加端口。

如图 8.47 所示在 Layout Editor 中，以图形方式选择 T6_EDGE 网络的矩形焊盘，默认选择颜色为红色。

选择菜单项 Draw→Port→Create 或单击■图标，属性将显示在 Properties 对话框中。单击 EM Design 选项卡，将 HFSS Type 从 Gap(coax)切换到 Gap，系统会自动将水平 Gap(coax)端口切换到垂直端口。更改端口名称为 3.T6_port_out。

以图形方式选择 T7_EDGE 网络的矩形焊盘，选择菜单项 Draw→Port→Create 命令或单击■图标，将在 Properties 对话框中显示属性，单击 EM Design 选项卡，将 HFSS Type 从 Gap (coax)切换到 Gap，系统会自动将水平 Gap(coax)端口切换到垂直端口。更改端口名称为 4.T7_port_out。

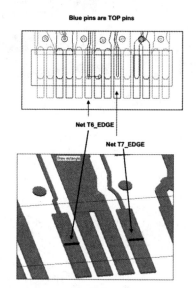

图 8.47　在 PCIe 连接器的 TOP 焊盘上添加端口

（3）将 PEC 边界条件添加到 PCIe 连接器引脚。

如图 8.48 所示，单击 Layout 选项卡查看 Layers，移除除 TOP 层之外的所有可见性选项，使 TOP 层是唯一可见层。滚动到 Layout 选项卡中列表的底部，展开 Nets，删除 T6_EDGE 和 T7_EDGE 旁边的复选标记，此时只有 GND_BASELINE 网络可见。

按住 Ctrl 键，以图形方式选择所有 GND 引脚的矩形焊盘（共 7 个），选择菜单项 Draw→Port→Create 或单击■图标，将在 Properties 对话框中显示属性。单击 EM Design 选项卡，将 HFSS Type 从 Gap(coax)切换到 Gap，系统会自动将水平 Gap (coax)端口切换到垂直端口。将 Boundary Type 从 Port 切换至 PEC。

5. 边界范围和求解设置

（1）改变 EM 边界。

如图 8.49 所示，单击 EM Design→HFSS Extents 来调整 HFSS 外边界。在 Set HFSS Model Extents 对话框中，设置 Dielectric 的 Horizontal Padding 为 0.1，Airbox 的 Horizontal Padding 为 0，Vertical Positive Padding 为 0.2，单击 OK 按钮。

要查看 HFSS box，单击 EM Design→3D Viewer 命令。

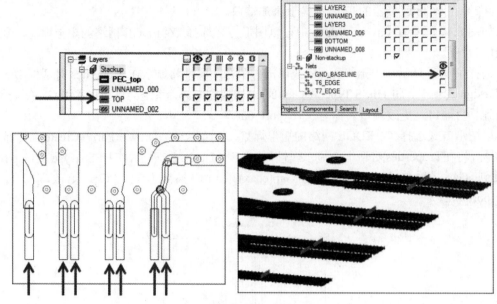

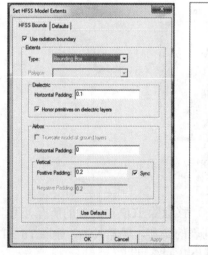

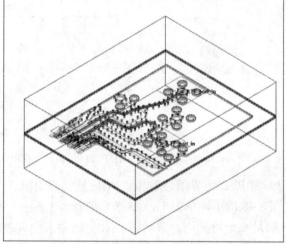

图 8.48　边界类型从 Port 切换至 PEC

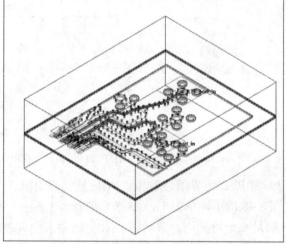

图 8.49　改变 EM 边界

（2）求解设置。

如图 8.50 所示，选择菜单项 EM Design→Solution Setup→Add HFSS Solution Setup，设置 Solution Frequency 和 Maximum Number of Passes，其余为默认值，单击 OK 按钮，弹出 Frequency Sweep 对话框。输入 Stop/Start/Step size，选中 Use Q3D to solve DC point 复选项，单击 Update 按钮，单击 OK 按钮。

6. 参数分析

（1）设置线宽参数扫描变量。

如图 8.51 所示，关闭除 TOP 层以外所有图层的可见性，仅使信号线可视，在 Project Manager 中单击 Layout 选项卡，单击眼球图标可以使所有图层可见。

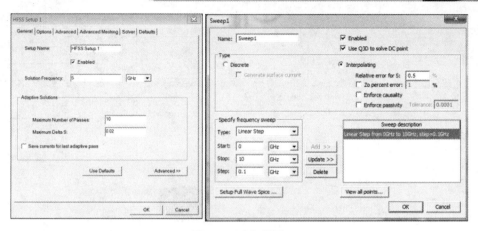

图 8.50　求解设置

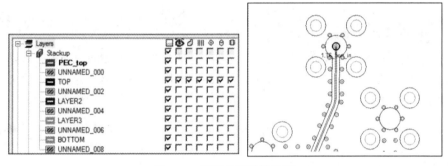

图 8.51　图层的可见性设置

如图 8.52 所示，以图形方式选中 T6_EDGE 走线，在 Properties 对话框中，将 PathWidth 的值改为$trace_w，使本地变量只用于本设计而非整个项目。在 Add Variable 对话框中保持其值为 7.25mil。

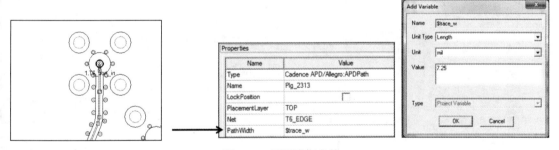

图 8.52　设置线宽参数

（2）设置金属厚度参数扫描变量。

在 3D 版图环境中可以对属性参数化，如电介质厚度、金属厚度、蚀刻、Groisse 和 Hurray 模型的表面粗糙度参数。

选择 Layout→Layers 命令，为 Dielectric Thickness 分配变量，如图 8.53 所示。

将 TOP 层的厚度更改为$TOP_LT，此为全局变量，供项目中的所有设计使用。

在 Add Variable 对话框中，输入值为 0.7mil，然后单击 OK 按钮。

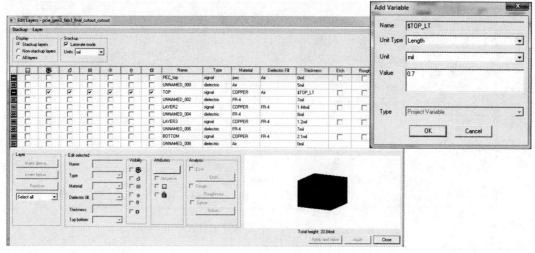

图 8.53　设置金属厚度参数

（3）设置电介质厚度参数扫描变量。

添加一个变量来扫描 TOP 层走线下方的电介质厚度。在 Edit Layers 对话框中设置 UNNAMED_002 的 Thickness = $DIEL2_T，Value = 7mil，如图 8.54 所示。输入厚度后，单击 OK 按钮接受更改。

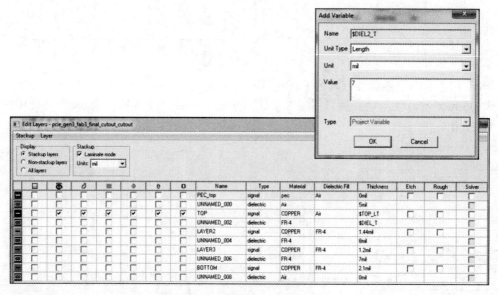

图 8.54　设置电介质厚度参数

（4）设置蚀刻参数扫描变量。

接下来添加一个变量来扫描 TOP 层的蚀刻因子。

在 Edit Layers 对话框中选中 TOP 层的 Etch 栏，高亮该行时，单击 Etch:0 按钮，将 Etch factor 设置为$TOP_Etch，如图 8.55 所示，接受默认值"0"，然后单击 OK 按钮。Etch factor 为 0 表示不进行蚀刻，尝试赋予 Etch factor 不同的值有助于加深对数字含义的理解。

注意：正的 Etch factor 会使顶部比底部窄，而负的 Etch factor 会使顶部比底部宽。

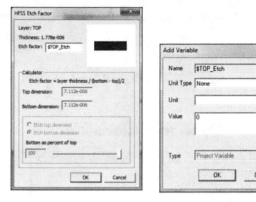

图 8.55　设置蚀刻参数

（5）设置参数扫描。

如图 8.56 所示，单击菜单项 EM Design→Optimetrics Analysis→Add Parametric，在 Setup Sweep Analysis 对话框中单击 Add 按钮。

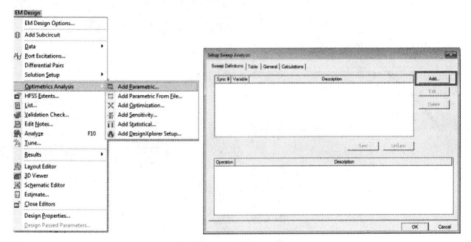

图 8.56　设置参数扫描

如图 8.57 所示，设置线宽度$trace_w 的范围从 7mil 到 8mil，步长为 0.5mil。设置如下：Variable:$ trace_w，选择 Linear Step 单选项，Start: 7 mil，Stop: 8 mils，Step: 0.5mils。

单击 Add 按钮，单击 OK 按钮。

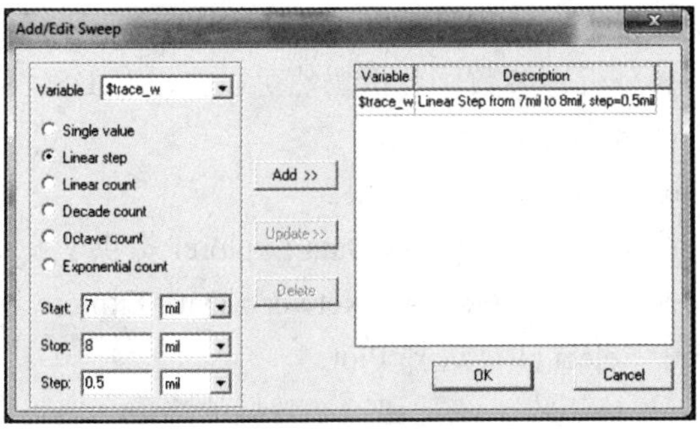

图 8.57　设置线宽度$trace_w 范围

如图 8.58 所示，设置走线厚度$TOP_LT 的范围从 0.7mil 到 1mil，步长为 0.15mil。设置如下：

在 Setup Sweep Analysis 对话框中单击 Add 按钮。

Variable: $TOP_LT，选择 Linear Step 单选项，Start: 0.7 mil，Stop: 1.0 mil，Step: 0.15 mil。

单击 Add 按钮，单击 OK 按钮。

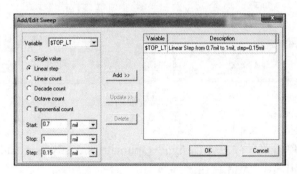

图 8.58　设置走线厚度$TOP_LT 范围

为了将参数扫描的次数保持在练习可控的水平，同步线宽变量。如图 8.59 所示，按住 Ctrl 键并选中列表中的两行，单击 Sync 按钮。

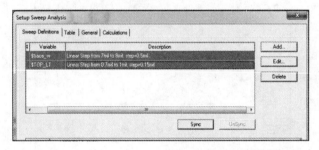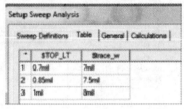

图 8.59　变量同步

选择 Table 选项卡，确认有三个仿真。单击 OK 按钮，关闭 Setup Sweep Analysis 窗口，单击菜单项 File→Save。

（6）开始参数扫描。

通过在项目树中扩展 Optimetrics 来启动参数扫描，右击 Parametric Setup 1，选择 Analyze 选项。

使用分布式求解选项（DSO）许可证，每个参数扫描可以在不同的处理器/计算机上并行运行。如果没有设置分布式分析，参数化分析仍然可以在没有 DSO 的情况下运行，此时每个参数化分析将在机器上串行运行。

（7）使用 Network Data Explorer 浏览结果。

对于端口数量较大的终端数据，Network Data Explorer 提供了一个高效而动态的调查结果机制。在项目树中，单击 Sweep 1→Results→Network Data Explore 选项，如图 8.60 所示，设置格式 db/Phase(deg)。选中 Select all，选择 Plot。

ND Explorer 有多种可视化矩阵、统计和频率数据的选项，它可以轻松比较多个网络数据源，也可以容易地创建被过滤或阈值化的 N-port 数据模型。

7. 高性能计算（HPC）设置

（1）HPC 本地项目设置。

选择菜单项 EM Design→EM Design Options 命令，弹出如图 8.61 所示的对话框，可用于覆盖 Global 选项中的 Number of processors 设置。

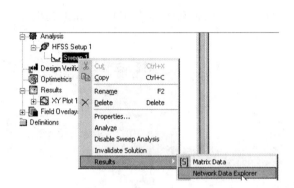

图 8.60　使用 Network Data Explorer 浏览结果　　　　图 8.61　EM Design Options

（2）并行分析的高性能计算设置。

如果有高性能计算许可证，则在 General Options 对话框中定义的机器上，并行求解频率扫描。

选择 Tools→Options→General Options 命令，弹出如图 8.62 所示的 General Options 对话框，选择 Analysis Options 选项卡，单击 Analysis Machine Options 中的 Distributed 单选按钮，然后单击 Edit Distributed Machine Configurations 按钮，显示 Distributed Machine Configurations 对话框，单击 Add 按钮。

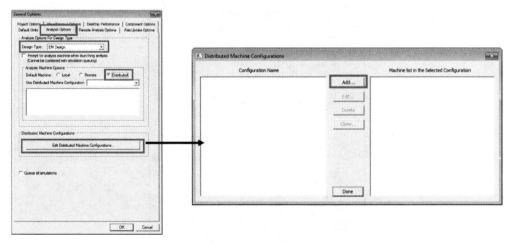

图 8.62　HPC 设置 1

如图 8.63 所示，在 Distributed Analysis Machines 对话框的 Configuration name 输入框中输入 HPC_Setup1，即在分布式分析中使用的机器的 IP 地址。如果计算机上有多个处理器，并且想在本机上分发任务，则将 IP 地址 127.0.0.1 输入到 IP Address 输入框中。输入与处理器、计算机或 HPC 许可证一样多的地址。在本实例中，假设有四个处理器在本地计算机上分配扫描。操作如下：

1）在 IP Address 输入框中输入 127.0.0.1。

2）单击四次 Add machine to list 按钮。

3）单击 OK 按钮。

4）单击 Done 按钮，关闭 Distributed Machine Configurations 对话框。

5）确保在 Use Distributed Machine Configuration 下拉列表框中选择 HPC_Setup1 选项。

6）单击 OK 按钮，关闭 General Options 对话框。

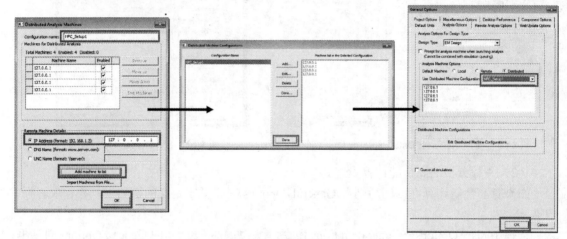

图 8.63　HPC 设置 2

如果想使用多个处理器进行自适应仿真，或者为每个分布式机器进行设置，单击 Tools→Options→EM Design Options 命令，单击 EM Design Options 选项卡，如图 8.64 所示。

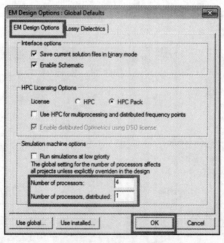

图 8.64　HPC 设置 3

在 Number of processors 输入框中输入 4，将自适应通道使用的处理器数量设置为 4。

在 Number of processors, distributed 输入框中输入 1，这是每个分布式频率点使用的处理器数量。假设计算机有四个处理器，而我们正在对四个内核分配频率仿真，则将这个数字设置为 1。

8.3   DDR3 Compliance

8.3.1   SIwave S 参数提取

随着 IO 的速度不断增加，对设计技术的要求越来越高。在制造之前通过仿真来发现问题，可以节省时间和成本。由于 SIwave 能提供快速准确的仿真结果，因此在加快开发时间上起到了关键作用。可以通过工具箱对性能进行详细分析，通过瞬态分析来检查结果是否符合规范。图 3.1 为本实例实际的 PCB，下面我们来分析这个版图。

图 8.65   实际的 PCB

1．启动 SIwave

（1）启动 SIwave 程序。

单击 Microsoft Start→Programs→ANSYS Electromagnetics→ANSYS Electromagnetics Suite 17.1→ANSYS Siwave 2016.1 命令，如图 8.66 所示。

（2）打开 .siw file（SIwave File）。

在 Welcome to ANSYS Siwave 2016.1 对话框中，选择菜单项 Open Project，找到 galileo.siw 文件，如图 8.67 所示，单击 Open 按钮。

图 8.66   启动 SIwave

图 8.67   打开 .siw file

（3）改变视图。

1）从视图访问（如图 8.68 所示）。

2）快捷方式。

由于更改视图是经常使用的操作，因此存在常用的快捷键。按下相应的键并拖动鼠标即可。

旋转：ALT+拖动，此外还有 9 个预定义的视角可以通过按住 ALT 键并双击如图 3.5 所示的位置来选择。

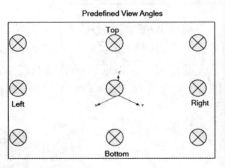

图 8.68　从视图访问

图 8.69　9 项预定义的视角

平移：Shift+拖动。

动态缩放：ALT+Shift+拖动或使用鼠标上的滚轮。

2．SIwave 提取 S 参数

（1）设置仿真选项。

1）选择菜单项 Simulation→Options，或单击如图 8.70 所示的快捷图标。

图 8.70　Options 快捷图标

2）单 SI/PI 选项卡，选择 SI simulation 单选项，如图 8.71 所示。

3）选择 Multiprocessing 选项卡（HPC 可以通过选项来启用）。

选择 Use HPC Licensing 复选项，如图 8.72 所示；选择 HPC Pack；选择 cores 的数量为 4。

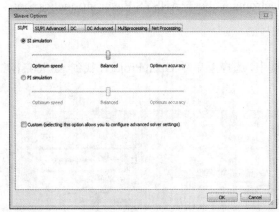

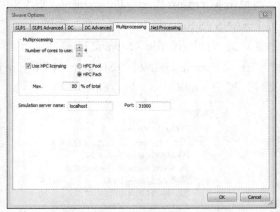

图 8.71　设置 SI/PI 选项卡

图 8.72　设置 Multiprocessing 选项卡

4）单击 OK 按钮。

图 3.9 是 Intel® Galileo Gen 2 电路板，现在市面上有售。

可以通过单击颜色框右侧的复选框来更改图层的可视性，如图 8.74 所示，颜色框允许用户选择轮廓或阴影视图形式。

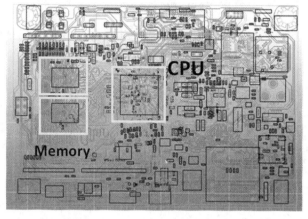

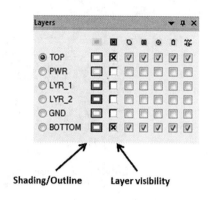

Shading/Outline   Layer visibility

图 8.73   Intel® Galileo Gen 2 电路板   图 8.74   层视图设置

（2）PCB 的叠层验证。

按照如图 8.75 所示的 SIwave 工作流程向导，逐步进行项目的仿真。因为现有的项目已经被打开，因此可以跳过导入组件文件和导入叠层这两个步骤。此示例中的第一步是验证叠层。

单击 Verify Stackup，弹出如图 8.76 所示的 Layer Stackup Editor 对话框，单位设置为 mils。

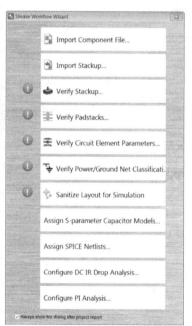

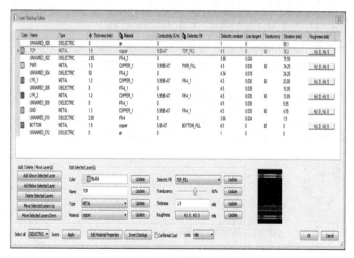

图 8.75   SIwave 工作流程向导   图 8.76   叠层验证

检查验证堆叠和材料属性，检查无误后单击 OK 按钮，关闭 SIwave Workflow Wizard 对话框。

（3）准备添加端口。

通过单击来选择 CPU 芯片位于屏幕中心的黑色轮廓，如图 8.77 所示，变黄表明已被选中。

CPU 芯片采用的是 Intel® Quark SoC X1000，单击 Tools 选项卡，选中 Generate Circuit Element on Components，如图 8.78 所示。

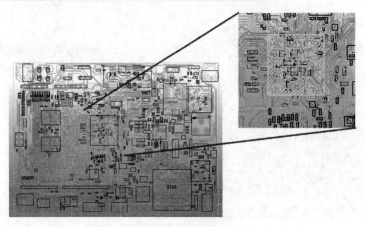

图 8.77　选中芯片

图 8.78　选中 Generate Circuit Element on Components

（4）电路元件生成对话框。

单击图 8.79 中的 Naming Convention 按钮；在如图 8.80 所示的 Naming Convention 对话框中选择 Circuit Element 中的 Port；勾选 Use Naming Convention 复选框；将 Name 改为 $REFDES_$NETNAME；单击 OK 按钮。

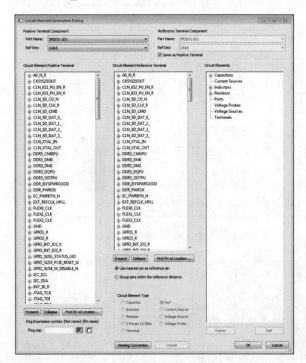

图 8.79　电路元件生成窗口

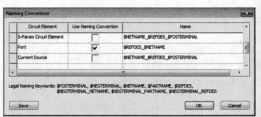

图 8.80　命名

（5）创建 CPU 芯片的端口。

如果此时 Part Name 不是 IPD031-201，那么在 Positive Terminal Component 的 Part Name 中找到 IPD031-201 并单击。

使用 Circuit Element Positive Terminal 文本框中的滚动条来查找 M_CK_0_；按住 Ctrl 键，单击图 8.81 中的选项。

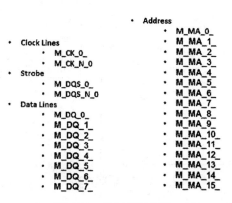

图 8.81　待创建的正端

松开 Ctrl 键，在 Circuit Element Reference Terminal 列表框中找到 GND 并单击，如图 8.82 所示。

在 Circuit Element Type 列表框中单击 Port，单击 Create 按钮。

在 Circuit Elements 列表框中单击 Ports 旁边的 ⊞ 按钮来检查是否添加齐了这 28 个端口。

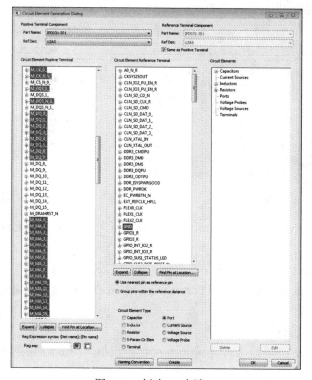

图 8.82　创建 28 个端口

（6）为 DDR3 芯片创建端口。

保持 Circuit Element Generation Dialog 窗口处于打开状态，在 Positive Terminal Component 框中的 Part Name 下拉列表框中选择 G83568-001 选项，在 Ref Des 下拉列表框中选择 U1B5 选项，如图 8.83 所示。

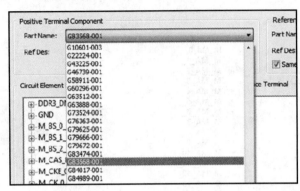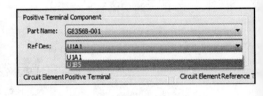

图 8.83　选择 DDR3 芯片

另外一种方法是：在 Circuit Element Generation Dialog 窗口中单击 OK 按钮。如图 8.84 所示，在电路板上单击要选择的组件，在菜单栏中选择 Circuit Elements→Generate on Components 命令。在 Circuit Element Positive Terminal 列表框中找到 M_CK_0_。

按住 Ctrl 键，单击图 8.85 中的选项。

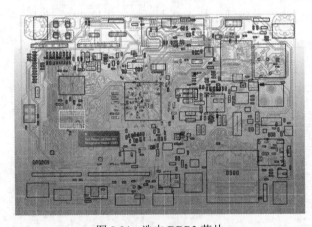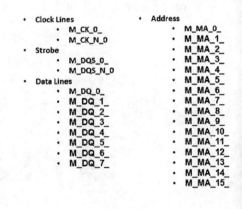

图 8.84　选中 DDR3 芯片　　　　　　　　图 8.85　待创建的正端

松开 Ctrl 键，在 Circuit Element Reference Terminal 列表框中找到 GND 并单击，如图 8.86 所示。

在 Circuit Element Type 列表框中单击 Port，单击 Create 按钮。

在 Circuit Elements 列表框中单击 Ports 旁边的 按钮来检查是否添加齐了这 28 个端口，检查无误后单击 OK 按钮。

（7）设置 S 参数仿真。

选择 Simulation→Compute SYZ-parameters 命令或单击图 8.87 中的快捷图标。

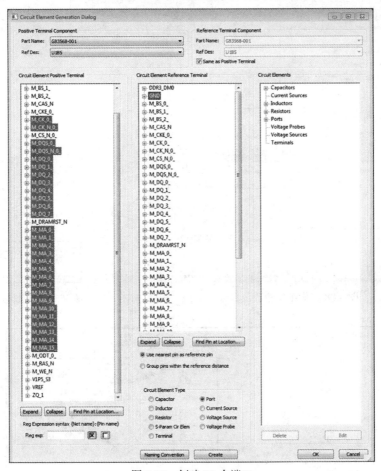

图 8.86　创建 28 个端口

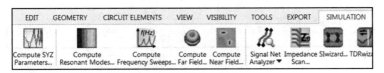

图 8.87　Compute SYZ-parameters 快捷图标

在如图 8.88 所示的对话框中勾选 Compute exact DC point 复选框；输入扫频频率：Start Freq: 0 Hz，Stop Freq: 4 GHz，Num. Points/Step Size: 1000，Distribution: Linear；选择 Interpolating Sweep 单选项，单击 OK 按钮，开始仿真。

注意：终止频率的选择是基于膝点频率，用下式描述：

$$f_{\max} = 0.5/t_{risetime(10\%-90\%)}$$

（8）检验结果。

选择菜单项 Results→SYZ→SYZ Sweep 1→Plot Magnitude/Phase，如果 x 轴是对数刻度，更改为线性刻度，按照图 8.89 单击 Log x 图标。

在如图 8.90 所示的对话框中选中 Select transmission terms 复选框，可以查看传输系数；在如图 8.91 所示的对话框中选中 Select self terms 复选框，查看反射系数；关闭该对话框；选择菜单项 File→Save，然后单击 File→Exit 命令退出。

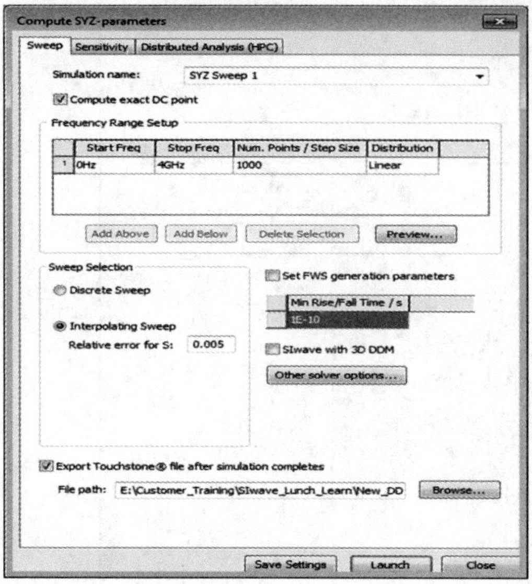

图 8.88　设置 S 参数仿真

图 8.89　单击 Logx 图标

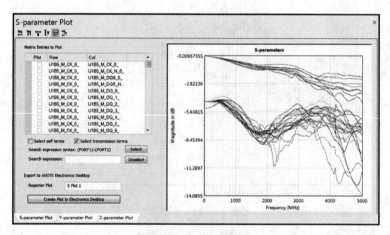

图 8.90　查看传输系数

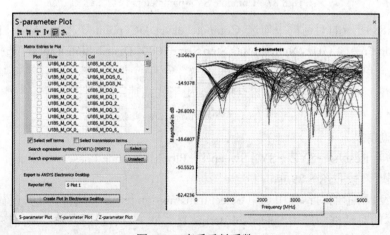

图 8.91　查看反射系数

8.3.2　DDR 一致性测试

启动 ANSYS Circuit 来实现 DDR 一致性测试，具体步骤如下。

（1）单击 Microsoft Start 按钮。

选择 All Programs→ANSYS Electromagnetics→ANSYS Electromagnetics Suite 17.1→Electronics Desktop 2016.1 命令，打开电路设计。

（2）打开.aedt 文件（ANSYS Desktop File）。

选择菜单项 File→Open，找到 galileo.aedt，单击 Open 按钮。

（3）展开 galileo。

单击 Project Manager 中 galileo 的田按钮，双击 DDR Compliance，单击 Intermediate Step 选项卡，显示如图 8.92 所示的窗口。

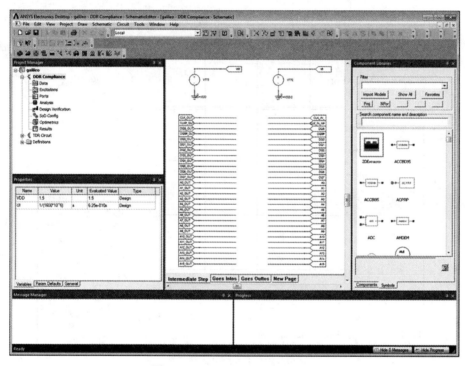

图 8.92　Intermediate Step 选项卡

（4）展开 DDR Compliance。

单击文件中 DDR Compliance 旁边的田按钮。

（5）将 SIwave 模型导入到电路中。

如图 8.92 在右侧 Component Libraries 中单击 Import Models，选择 NPort，如图 8.93 所示；选择以前保存过的 galileo.s56p；将模型的名称更改为 galileo_DDR；单击 Open 按钮；在原理图中放置模型，如图 8.94 所示，按 Esc 键完成操作。

（6）设置源和负载。

选择 Goes Intos 选项卡来检查源的设置，如图 8.95 所示，选择 Goes Outtos 选项卡来检查负载的设置，如图 8.96 所示。

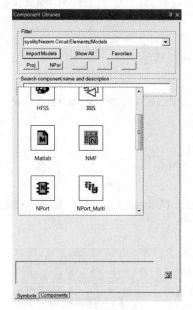

图 8.93　导入 NPort

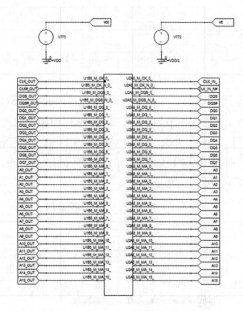

图 8.94　放置模型

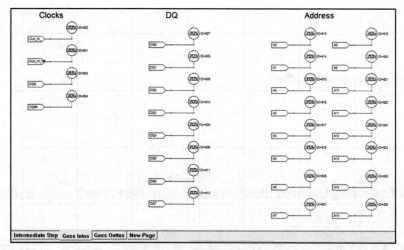

图 8.95　Goes Intos 选项卡

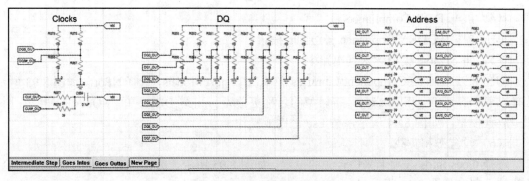

图 8.96　Goes Outtos 选项卡

（7）添加分析项。

在 Project Manager 中选择 Analysis→Transient Analysis 选项，更改 Stop 项为 200 ns；单击 OK 按钮；选择菜单项 Circuit→Analyze 或者按 F10 键。

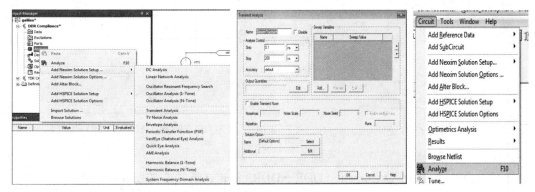

图 8.97　添加分析项

（8）打开 DDR3 工具箱。

选择菜单项 Circuit→Toolkit→DDR3 Compliance Test，如图 8.98 所示。

按照图 8.99 设置 Mode 为 Write；选中下列复选框：AC Timing–Clock；AC Timing–Data；AC Timing–Command and Address；Input Measurement Levels。

图 8.98　选择 DDR3 Compliance Test

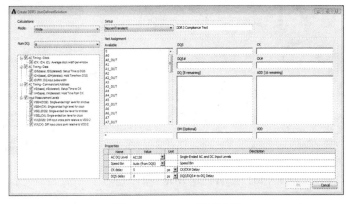

图 8.99　DDR3 测试设置

（9）设定 DQ、DQS、ADD、VDD 和 CLK。

如图 8.100 所示，在 Net Assignment 下面的过滤器文本框中输入 *_OUT；选择所有 A#_OUT 网络（按住 Ctrl 键并逐个单击或按住 Shift 键并选择两边的点），右击并选择 Assign to ADD 选项。

选择所有 DQ #_OUT 网络（和 A#_OUT 的步骤一样），右击并选择 Assign to DQ 选项。

选择 DQS_OUT，右击并选中 Assign to DQS 选项。

选择 DQS#_OUT，右击并选中 Assign to DQS#选项。

选择 CK_OUT，右击并选中 Assign to CK 选项。

选择 CK#_OUT，右击并选中 Assign to CK#选项。

过滤器文本框中只保留*，使用 Net Assignment 的滚动条找到 vdd。

选择 vdd，右击并选中 Assign to VDD 选项，单击 OK 按钮。最终得到图 8.101。

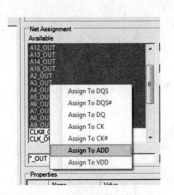

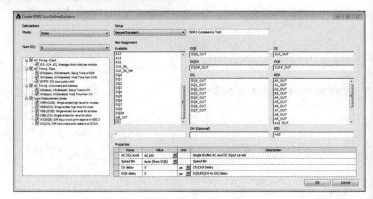

图 8.100　A#_OUT 网络分配 ADD　　　　　图 8.101　设定 DQ、DQS、ADD、VDD 和 CLK

（10）生成结果。

选择 Results→Create Document→DDR→DDR3 Report 选项，如图 8.102 所示。

单击 OK 按钮，在结果中已创建新的用户定义报告，如图 8.103 所示。

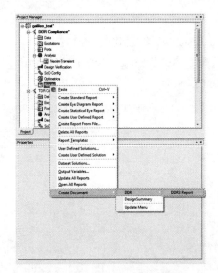

图 8.102　选择创建 DDR3 报告　　　　　图 8.103　创建新的报告

（11）查看结果。

双击图 8.103 中的 DDR3 compliance Report，选择 Command and Address Timing 命令，得到如图 8.104 所示的测试报告，注意观察是否有 FAIL 结果。如果有，单击该结果会给出测量总结，关闭该报告窗口。测量结果如图 8.105 所示。

Command and Address Timing[a]

Metric	Worst Actual	Worst Margin	Spec Value	Unit	Result
Tvb(base)	113.777	-56.2229	170	ps	FAIL
Tva(base)	-8.78591	-128.786	120	ps	FAIL
Tvb(derated)	None	None	170	ps	FAIL
Tva(derated)	None	None	120	ps	FAIL

[a] JESD79-3F, Section 13.1 Command and Address Timing

图 8.104　测试报告

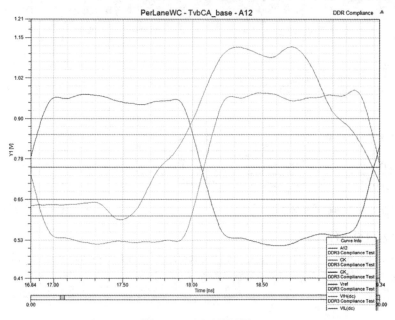

图 8.105　测试结果图

8.3.3　TDR 故障排除

在前面的示例中，命令和地址时序参数有些不满足 DDR3 规范要求。Designer 还有其他测试评估内容，如 TDR。

（1）TDR 测试前的准备工作。

由于本例中已经准备好了一个电路，因此在项目管理器中展开 TDR Circuit 并双击。

（2）放置模型。

通过单击⊞按钮在项目管理器中扩展 Definitions 和 Components 区域单击并将 galileo_DDR 拖动到原理图窗口；在 Reference Port Option 窗口单击 OK 按钮；将该模型放置在 TDR 和电阻之间，确保顶部 TDR 连接到 M_CK_0_，另一端连接到 M_DQS_0_，根据需要加长或缩短连线，按 Esc 键退出放置原理图。整个过程如图 8.106 所示。

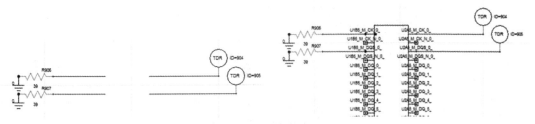

图 8.106　放置模型

（3）设置分析项并运行。

右击 Project Manager 下的 Analysis，选择 Add Nexim Solution Setup→Transient Analysis 命令，如图 8.107 所示；在如图 8.108 所示的对话框中使用默认选项；单击 OK 按钮确定，右击 Analysis，选择 Analyze 命令或者按 F10 键开始分析。

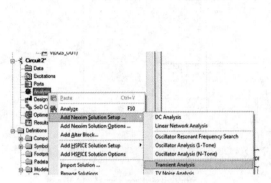

图 8.107　选择瞬态分析

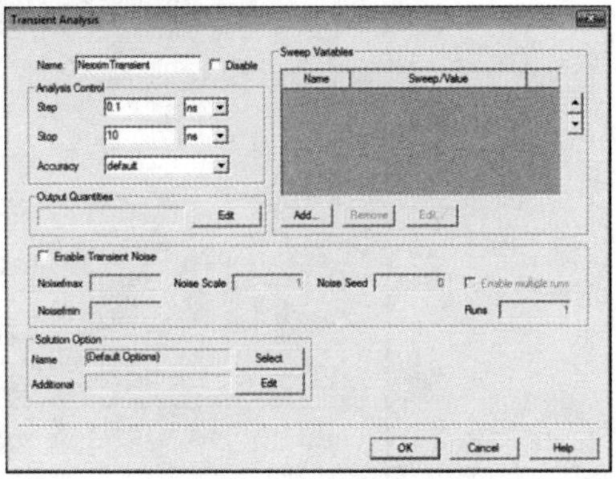

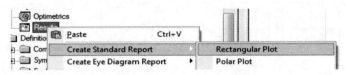

图 8.108　设置瞬态分析

（4）生成 TDR 结果。

右击 Project Manager 下的 Results，选择 Create Standard Report→Rectangular Plot 命令，如图 8.109 所示。

图 8.109　选择创建结果图

弹出一个窗口，在 Category 列表框中选择 Device Properties 选项，如图 8.110 所示。

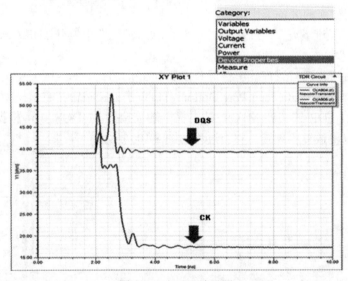

图 8.110　TDR 结果图

按住 Ctrl 键并单击 Quantity 中的两个对象，单击 New Report 按钮。

（5）TDR 阻抗。

观察图 8.111 中的 TDR 曲线，很明显阻抗最初大约为 36Ω，然后减小到 18Ω，路径中存在明显的感应尖峰。图 8.112 为版图中所对应的位置。

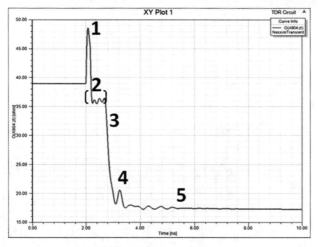

图 8.111　TDR 曲线

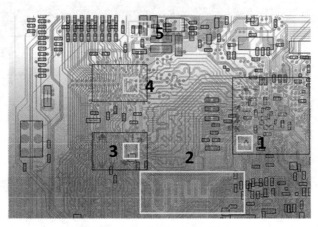

图 8.112　版图对应的位置

8.4　高速互连通道协同仿真

以一个高速互连通道的仿真过程为例，介绍 ANSYS 各软件在信号完整性设计中的协同仿真。如图 8.113 所示，这里的高速互连通道由源端 buffer、倒装芯片封装（Flipchip Package）、带状传输线（Stripline）、差分过孔（Differential Via）、SMA 连接器（SMA Connector）、接收 buffer 这样六部分组成。其中，源端 buffer 和接收端 buffer 均在 Designer 中直接调用相应的 ibis-AMI 模型，倒装芯片封装的仿真通过 AnsoftLinks 与 HFSS 的协同来完成，带状传输线在 Q3D 中建模，差分过孔及 SMA 连接器在 HFSS 中建模。而高速互连通道的系统级仿真则在 Designer 中完成。

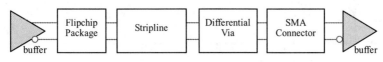

图 8.113　高速互连通道系统

8.4.1　AnsoftLinks 与 HFSS 协同仿真 Flipchip 封装

AnsoftLinks 是一个接口软件，它可以非常方便地读取版图数据，其支持许多主流的 EDA。

在 AnsoftLinks 窗口中导入本例中的.ANF 文件（flipchip.anf），将 AnsoftLinks 设计文件保存为 flipchip.apx 文件，如图 8.114 所示。

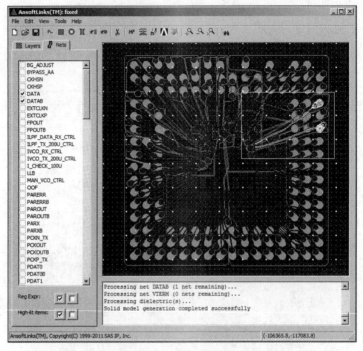

图 8.114　保存 AnsoftLinks 设计文件

从 AnsoftLinks 导出 HFSS 设计文件，命名为 hfss_flipchip.hfss。在 HFSS 中进行封装互连通道的 S 参数仿真，最后得到图 8.115，上面的是传输系数，下面的是反射系数。

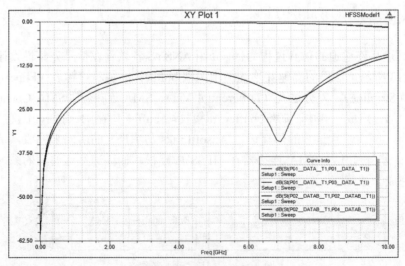

图 8.115　绘制 S 参数图

8.4.2　Q3D 提取差分 Stripline 寄生参数

下面我们展示如何在 **Q3D Extractor** 软件中创建一个带状差分对的 **2D** 横截面。模型及参数如图 8.116 和图 8.117 所示。

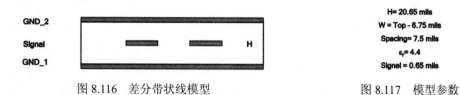

图 8.116　差分带状线模型　　　　　　　　　图 8.117　模型参数

提取寄生参数,同时可以仿真差分特性阻抗随不同线宽和间距值变化的结果。得到图 8.118 所示的特性阻抗图。

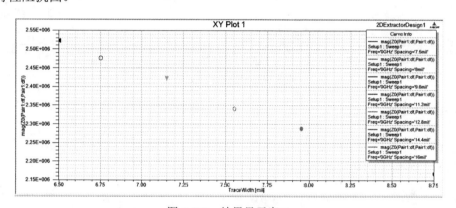

图 8.118　结果显示窗口

8.4.3　HFSS 对差分过孔建模

HFSS 是很精确的提参分析工具,特别适用于不规则的模型分析,下面使用 **HFSS** 来建立如图 8.119 所示的差分过孔模型。

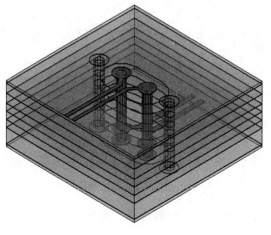

图 8.119　差分过孔模型

在 HFSS 中进行差分过孔的 S 参数仿真，最后得到图 8.120，上面的是传输系数，下面的是反射系数。

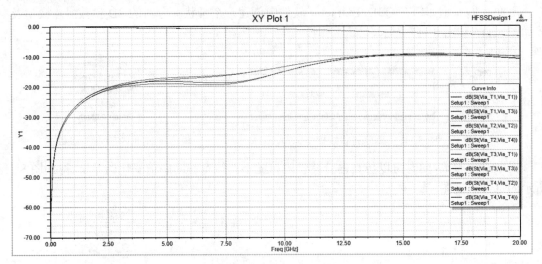

图 8.120　终端 S 参数曲线

8.4.4　HFSS 对 SMA 连接器建模

了解了 8.4.3 节中的 HFSS 使用方法，在本例中会很快创建、仿真和分析一个 PCB 板的 SMA 连接器。本例中将建模如图 8.121 所示的无源器件。

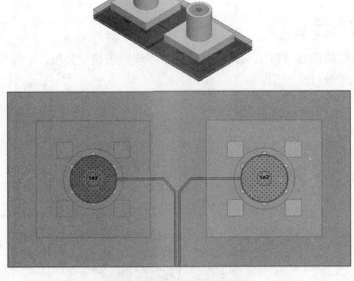

图 8.121　SMA 连接器模型

在 HFSS 中进行 SMA 连接器的 S 参数仿真，最后得到图 8.122，上面的是传输系数，下面的是反射系数。

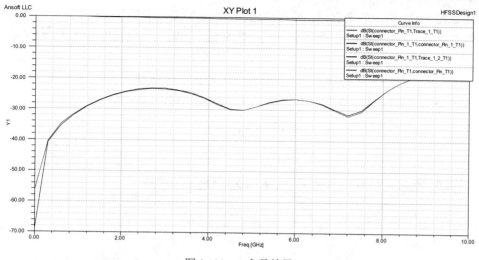

图 8.122　S 参数结果

8.4.5　Designer 对整个高速互连通路进行系统仿真

8.4.1 至 8.4.4 分别建立了 Flipchip 封装、差分线 Stripline、差分过孔和 SMA 连接器的模型，下面将这四个模型调入 Designer 中，连线后的原理图如图 8.123 所示。通过设置进行高速互连通路的系统仿真。

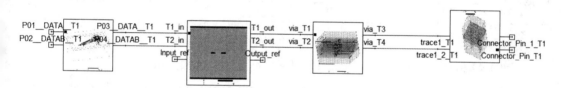

图 8.123　连线后的原理图

得到图 8.124 所示的 S 参数，用来观察高速互连通路的传输特性和反射特性。其中从上到下的曲线分别是 S42、S31、S22 和 S11，可知传输特性在 6GHz 处为-2dB，反射系数小于-10dB。

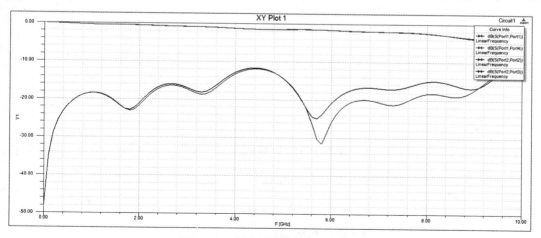

图 8.124　高速互连通路的 S 参数图

得到如图 8.125 所示的带有测试模板的眼图，可知眼睛没有触及模板，同时看到眼图边沿交点处的直方图，可知抖动小。为了显示眼图的参数，如眼高、眼幅度、眼宽、峰值抖动、抖动有效值、最小眼宽、最小眼高等，右击 eye 并选择 Trace Characteristics→Add All Eye Measurements 命令，加入这些参数，可知该信号的眼图眼睛张开大（EyeHeight、EyeWidth）、噪声低（EyeSignalToNoise）和抖动小（EyeJitterP2P、EyeJitterRMS）。

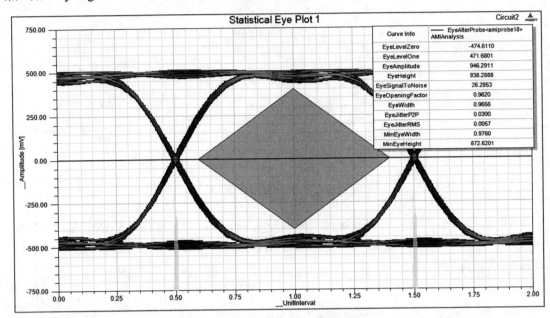

图 8.125　加入参数显示的眼图

得到图 8.126 所示的高速互连通路的误码率等高线图，可知面积大。

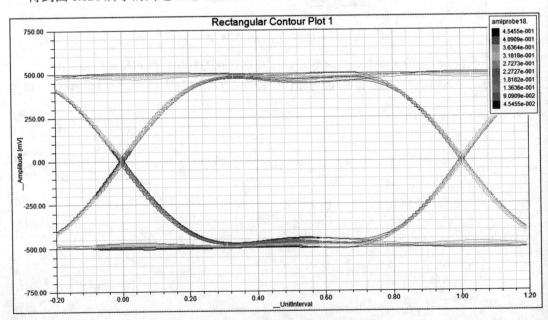

图 8.126　高速互连通路的误码率等高线

得到如图 8.127 所示的高速互连通路的浴盆曲线，可知时间裕度大。至此，高速互连通路的眼图分析完成。

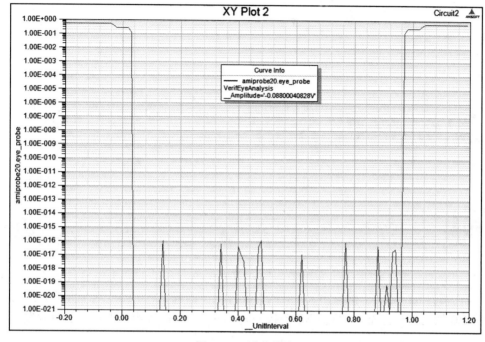

图 8.127　浴盆曲线

综上所述，由 Flipchip 封装、差分线 Stripline、差分过孔和 SMA 连接器组成的高速互连通路，采用场分析器提取了模型参数，在路分析器中进行协同仿真，通过频域的 S 参数分析和时域的眼图分析来确定信号是否完整，本例进行了以下分析：

（1）如图 8.124 所示的 S 参数：可知传输特性在 6GHz 处为-2dB，反射系数小于-10dB。

（2）如图 8.125 所示的带有测试模板的眼图直方图：通过眼图边沿交点处的直方图可知抖动小。眼睛没有触及模板。

（3）如图 8.125 所示的标有测量参数的眼图：可知该信号的眼图眼睛张开大（EyeHeight、EyeWidth）、噪声低（EyeSignalToNoise）和抖动小（EyeJitterP2P、EyeJitterRMS）。

（4）如图 8.126 所示的高速互连通路的误码率等高线：可知等高线围成的面积大。

（5）如图 8.127 所示的高速互连通路的浴盆曲线：可知时间裕度大。

眼图和误码率的曲线定义请看第 4.4 节。

9

电源完整性分析

9.1 引言

信号边沿的变陡，产生了一系列新问题：首先是电源和地的寄生电感效应加大；其次是电流的变化率提高，造成干扰噪声加大，同时芯片电压的降低、电源或地平面的分割均直接影响最终 PCB 板的信号完整性和对 EMI 的控制。电源完整性的提出，正是源于不考虑电源的影响下基于布线和器件模型而进行 SI 分析时所带来的巨大误差。

电源完整性（Power Integrity，PI）指的是电源波形的质量。从广义上说，PI 是属于 SI 研究范畴之内的，而新一代的 SI 仿真必须建立在可靠的 PI 基础之上。

造成电源不稳定的根源主要有以下三个方面：

（1）芯片在高速开关状态下产生的瞬态交变电流过大，使得电源无法实时响应负载对电流需求的快速变化，即公式 $\Delta V = I \times \Delta t / C$ 中，电源响应速度慢（Δt 大）、瞬态电流大（I 大或电容储能不够（C 小），造成为了提供电荷而引起的电压波动（ΔV 大）。

（2）电流路径上存在寄生电感。无论是键合线、管脚、走线的寄生电感还是去耦电容的寄生电感，甚至存在缝隙电感、过孔电感，使高频处的阻抗增加。即电压 $V = L \times \Delta I / \Delta t$ 波动。

（3）ΔI 噪声电流或返回电流路径突变而产生的垂直电流所激励出的共振模式。

电源完整性的表现形式又可以分为以下四类：

（1）同步开关噪声（SSN）（也称为 Δi 噪声或电源噪声）。

大量芯片同步切换时，将会有一个大的瞬态电流流过回路，如 1.9.2 节"同步开关噪声"所述。如果引起地平面的波动，使得芯片地和系统地不一致，称为地弹（Ground Bounce）；类似地，如果引起的芯片和系统电源的差异，称为电源反弹（Power Bounce）。电源和地平面的噪声往往会引起电路误触发，或使得输出波形延时、加大抖动，引起时序问题。

（2）谐振及边缘效应。

电源/地平面其实可以看成是由很多电感和电容构成的网络，层之间可以看成是一个共振腔，在谐振频率点及波腹（振幅最大）附近的 Δi 噪声源（包括晶体管的 Δi 噪声电流或返回路径突变引起的突变回流）会激励电源平面层谐振，此时噪声对信号质量和 EMI 都有显著影响，即引起信号线的噪声耦合，并通过未端接处辐射电磁波。随着高频噪声的加大，进一步加剧板子边缘效应：反射和电磁辐射，从而加大 EMI。

（3）电源阻抗。

电源的阻抗幅度随着电源分配系统的各个部件谐振（串联谐振引起的阻抗极小值）和反谐振（并联谐振引起的阻抗极大值）上下波动，其中电感加大了阻抗值。应该在要求的频带内把阻抗限制在目标阻抗内。注意，使用平均噪声电流得到的目标阻抗方法会引起过渡设计问题，因此考虑到开关电流的时变性，可以采用自适应目标阻抗法或者在时域内分析阻抗函数。

（4）转移阻抗。

由于芯片之间的噪声会通过电源分配系统相互耦合，因此要采用噪声隔离技术，减小转移阻抗或传输系数。而电源/地平面的谐振频率波腹附近不仅加大了自阻抗（要求小于目标阻抗），而且加大了转移阻抗。

9.2　同步开关噪声

同步开关噪声（Simultaneous Switch Noise，SSN）是指大量芯片同步切换时产生的瞬态电流在电源平面或地平面上产生的大量噪声现象，也称为 Δi 噪声。同步开关噪声可以表现为地弹（Ground Bounce）和电源反弹（Power Bounce）。

为了理解 ΔI 噪声，我们分析广泛使用的 CMOS 所产生的 ΔI 噪声电流。通过 CMOS 的工作原理分析，得到相应减小 ΔI 噪声的方法。

9.2.1　ΔI 电流的产生

标准 CMOS 反相器是采用两个极性相反的 MOSFET（PMOS 和 NMOS）构成的互补形式，如图 9.1 所示。这种形式的反相器具有大的输出电压摆幅，而且静态功耗非常小，这也是 CMOS 反相器的两个非常重要的特性。PMOS 的源极与电源正端（V_{DD}）相连，而 NMOS 的源极与电源的负端（V_{SS}）相连，两管的栅极连在一起构成反相器的输入端，而漏极连在一起构成反相器的输出端。当输入端加有高低电平时，两个理想的 MOSFET 中只有一个处于导通状态，另一个处于截止状态，即具有全互补式结构。

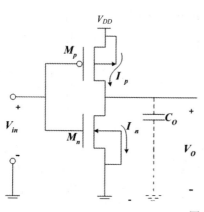
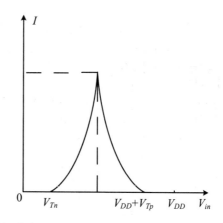

图 9.1　馈通电流

1. CMOS 的馈通电流

CMOS 反相器可分为 5 个工作区：

（1）$0 \leqslant V_{in} < V_{Tn}$，NMOS 截止，PMOS 导通（非饱和）。

（2）$V_{Tn} < V_{in} < V_o - |V_{Tp}|$，两管均导通，NMOS 饱和，PMOS 非饱和。

（3）$V_o - |V_{Tp}| \leqslant V_{in} \leqslant V_o + V_{Tn}$，两管均导通，都为饱和。

（4）$V_o + V_{Tn} < V_{in} < V_{DD} - |V_{Tp}|$，两管均导通，NMOS 非饱和，PMOS 饱和。

（5）$V_{DD} - |V_{Tp}| \leqslant V_{in} \leqslant V_{DD}$，NMOS 导通，PMOS 截止。

可以看出，在 $V_{Tn} < V_{in} < V_{DD} - |V_{Tp}|$ 的过渡区内，两管（PMOS 和 NMOS）均导通，因而存在如图 9.1 所示的脉冲电流为馈通电流。

2. CMOS 反相器输出电容的充放电流

CMOS 反相器的输入信号电平跳变时，由于反相器的输出节点接有输出电容，则由于电容充放电使输出的电平变化存在一个过渡时间。而在这个过渡时间内，电源层和地层会被充放电流噪声所干扰。

输出电容 C_o 即 CMOS 内部寄生电容与容性负载，包括晶体管栅极和漏极的耦合电容、结耗尽电容、连线电容和直接连接到输出节点的下级所有 MOSFET 的输入电容。

（1）当反相器的输入端由低到高时，如图 9.2 所示，反相器的上拉管 M_p 截止，下拉管 M_n 导通。此时，下降时间 t_f 是输出电压从最高电平的 90% 下降到 10% 时所需的时间。这一下降时间实质上就是输出为高电平时，输出电容 C_o 上所积累的电荷通过导通的 M_n 下拉管放电，使输出电压衰落到输出为低电平时的电压值所需的放电时间。放电电流为：

$$I_{DN} = -C_o \frac{\mathrm{d}V_o(t)}{\mathrm{d}t} \qquad (9.1)$$

流过 M_n 管的电流分两段描述，即 M_n 的导通电流开始为饱和状态电流而后来转为非饱和状态电流。

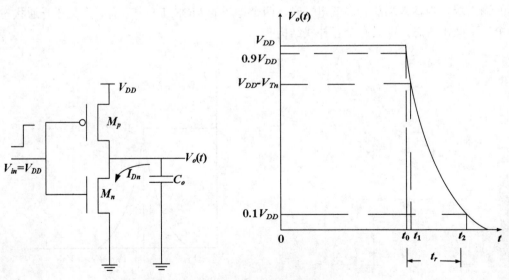

图 9.2　当反相器的输入端由低到高时

饱和状态

当开始放电时，$t=t_0$ 到 $t=t_1$ 为饱和状态。

当 $t=t_0$ 时，$V_o(t_0)=0.9V_{DD}$；

当 $t=t_1$ 时，$V_o(t_1)=V_{DD}-V_{Tn}$。

非饱和状态

当 $t>t_1$ 到 $t=t_2$ 区间，由于 M_n 管的工作条件满足 $V_{DS}=V_o≤V_{DD}-V_{Tn}$ 而工作于非饱和状态。

当 $t=t_1$ 时，$V_o(t_1)=V_{DD}-V_{Tn}$；

当 $t=t_2$ 时，$V_o(t_2)=0.1V_{DD}$。

放电时间（下降时间）为：

$$t_f = t_2 - t_0 = 2\tau_n\left(\frac{V_{Tn}-V_o}{V_{DD}-V_{Tn}} + \frac{1}{2}\ln\frac{19V_{DD}-20V_{Tn}}{V_{DD}}\right) \qquad (9.2)$$

其中 V_{Tn} 为 NMOSFET 的阈值电压，τ_n 为放电时间常数，τ_n 为：

$$\tau_n = \frac{C_o}{\beta_n(V_{DD}-V_{Tn})} \qquad (9.3)$$

（2）当反相器的输入电平由高变低时，如图 9.3 所示，M_p 上拉管导通，而 M_n 下拉管截止。此时，电源 V_{DD} 通过上拉管对输出节点充电，充电电流为：

$$I_{DP} = C_o\frac{dV_o(t)}{dt} \qquad (9.4)$$

M_p 上拉管导通电流也分两段描述，即先为饱和状态电流而后来转为非饱和状态电流。

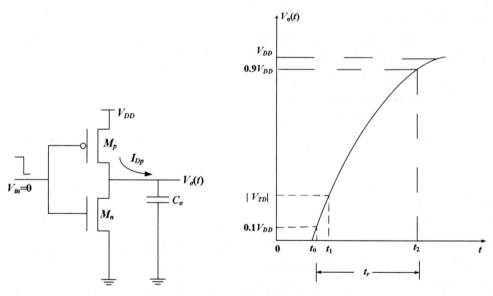

图 9.3　当反相器的输入端由高到低时

饱和状态

当开始充电时，$t=t_0$ 到 $t=t_1$ 为饱和状态。

当 $t=t_0$ 时，$V_o(t_0)=0.1V_{DD}$；

当 $t=t_1$ 时，$V_o(t_1)=|V_{Tp}|$。

非饱和状态

当 $t>t_1$ 时，M_n 管工作于非饱和状态。

当 $t=t_1$ 时，$V_o(t_1)=|V_{Tp}|$；

当 $t=t_2$ 时，$V_o(t_2)=0.9V_{DD}$。

充电时间（上升时间）为：

$$t_r = t_2 - t_0 = 2\tau_p \left(\frac{|V_{Tp}|-V_o}{V_{DD}-|V_{Tp}|} + \frac{1}{2}\ln\frac{19V_{DD}-20|V_{Tp}|}{V_{DD}} \right) \tag{9.5}$$

其中 V_{TP} 为 PMOSFET 的阈值电压，τ_p 为充电时间常数，τ_p 为：

$$\tau_p = \frac{C_o}{\beta_p(V_{DD}-|V_{Tp}|)} \tag{9.6}$$

9.2.2　减小 ΔI 电流的方法

由以上分析可知，CMOS 的 SSN 噪声的主要来源是输出电容充放电流和馈通电流。

更广义地讲，数字电路工作时，由于其门电路中的晶体管（如 TTL、CMOS 等）的导通和截止状态的转换，会有电流从电源流入门电路或从门电路流入地，从而使电源板和地板上的电流产生变化（ΔI 噪声电流）。如上面所说的 CMOS，当输出从高到低时，输出电容放电，使地线有很大的瞬态电流；而当输出从低到高时，电源对输出电容充电，使电源板和地板产生电流。

从 CMOS 角度减小馈通电流的方法有：

（1）减小 MOSFET 的增益因子 B_n 和 B_p。

（2）降低 CMOS 工作电压 V_{DD}。

（3）减小 CMOS 输入信号波形上升时间 t_r。

从 CMOS 角度减小输出电容充放电电流的方法有：

（1）减小 MOSFET 的增益因子 B_n 和 B_p。

（2）降低 CMOS 的工作电压 V_{DD}。

（3）减小 CMOS 所接容性负载 C_0 的值。

CMOS 输出电容的充放电流从幅度和持续时间上大于馈通电流，所以是 ΔI 噪声电流的主要成分，必须优先考虑加以抑制。

9.2.3　减小 SSN 噪声的方法

1. 减小接地阻抗

减小 SSN 噪声的方法之一是减小接地接源阻抗（因为地和源在瞬态是一样的，而 SSN 噪声是瞬态噪声，所以为了方便，以下地阻抗和源阻抗都简称接地阻抗），尤其是要减小电感（因为其阻抗随频率的增加而增加）。这里的电感形式很多，如走线的回路电感、过孔电感、封装绑定线电感、管脚电感、连接器电感、非理想回路的缝隙电感等。这些电感均有近似的计算公式，包括局部自电感、互感、考虑地平面后的回路电感等。例如（单位：尺寸 m、电感 H）：

（1）圆柱形导线。

长度为 l、半径为 r 的圆柱形导线局部自电感为：

$$L_p = (\mu/2\pi)\times l\times[\ln(2l/r)-0.75] \tag{9.7}$$

两个平行走线中心间距为 d 的圆柱形导线互感为：

$$M_p = (\mu/2\pi) \times l \times [\ln(1/d + \sqrt{1 + l^2/d^2}) - \sqrt{1 + d^2/l^2} + d/l] \tag{9.8}$$

存在大回流地平面时，中心高度为 h 的圆柱形导线的有效电感为：

$$L_e = (\mu/2\pi) \times l \times [\ln(2h/r) + 0.25] \tag{9.9}$$

（2）PCB 走线。

长度为 l、宽度为 w、厚度为 t 的 PCB 走线局部自电感为：

$$L_p = (\mu/2\pi) \times l \times \{\ln[2l/(w+t)] + 0.5 + 0.22(w+t)/l\} \tag{9.10}$$

存在宽度为 w_gnd 的返回接地平面时，边缘高度为 h 的 PCB 走线有效电感为：

$$L_e = (\mu/2\pi) \times l \times \{\ln[2h/(w+t)] + 1.5\} \tag{9.11}$$

此时地的有效电感为：

$$L_{e\_gnd} = (\mu/2\pi) \times l \times \ln\{[w\_gnd + t + \pi(h - t/2)]/[w\_gnd + (1 + \pi/2)t]\} \tag{9.12}$$

（3）过孔电感、缝隙电感我们在第 9 章"缝隙和过孔"分析。

由于篇幅原因，本文省略其他形式自感和互感公式。最后我们讨论芯片的封装电感对 SSN 的影响。

由 9.2.2 节可知，SSN 噪声的主要来源是对输出电容充放电流，根据输出电容是否在芯片内，可以分为芯片内部的 SSN 和芯片之间的 SSN，对于封装电感两者原理是一样的，只是传输路径不一样。芯片内的 SSN 仅经过电源封装电感 L_P 和地封装电感 L_G，会降低芯片内部电压，造成芯片速度降低，影响信号频率；而芯片之间的 SSN 不仅经过电源封装电感 L_P 和地封装电感 L_G，还要经过信号线封装电感 L_S，当经过 L_G 和 L_S 时引起地弹，当经过 L_P 和 L_S 时引起电源弹。由以上公式可知减小有效电感有以下两种方法：

（1）减小导线的长度、增加导线宽度、减小导线到地距离均可减小电感，但导线宽度增加后，电感只是按对数关系减小。

（2）增加互感来减小回流电感，即为了减小芯片内部的 SSN，将电源管腿和地管腿成对摆放且距离尽可能靠近，而为了减小芯片之间的 SSN，将信号管腿与电源/地管腿靠近。

电源分配系统的目标阻抗设计详见 9.4 节。

2. 加去耦电容

在紧靠近逻辑门端（SSN 噪声源）设置去耦电容 C_d 的作用如图 9.4 所示。

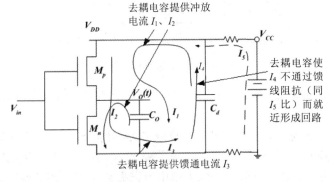

图 9.4　去耦电容的作用

（1）使 ΔI 噪声电流不通过馈线电感而就近形成回路，从而减小 ΔI 噪声电压。

（2）ΔI 噪声电流形成的环路面积大大减小，使其辐射减少。

（3）像蓄水池一样补偿 ΔI 噪声电流，防止器件从源和地中吸取电流而造成电压波动。

除了在门电路上加去耦电容外，还要用整体去耦电容来补偿整板及板间的电流突变。

由于去耦电容有引线电感，会产生自谐振，高于自谐振频率 $f_c = \dfrac{1}{2\pi\sqrt{L_cC}}$ 时，电容器呈感性，即失去去耦作用，所以要减小引线电感。

减小 SSN 噪声的其他措施如下：

（1）加大层电容（加大介质的介电常数、减小层间距）。

这是加去耦电容的应用情况。当使用源层和地层时，可用层间产生的电容去耦，因为 $C=\varepsilon S/d$，所以加大去耦电容可通过增加介质的介电常数、减小层间距来实现。

（2）减小电路板谐振带来的振荡。

由于 PCB 板源层、地层构成谐振腔，有许多谐振模，如果在波腹处（振幅最大）有 ΔI 噪声激励，振荡会根据谐振模式影响到板子其他处，因此要选波腹的位置加去耦电容。

（3）电磁带隙（EBG）结构。

采用 EBG 结构可以把 SSN 噪声限制在阻带范围内，从而达到对 SSN 和 EMI 的抑制。

此外还有分割电源平面、优化过孔位置、埋入式电容等方法，或从噪声源头或传播路径上来抑制 SSN 干扰。而采用差分线的方法可以从电路自身来提高抗 SSN 干扰性。

9.3　PCB 整板的谐振

在频率较低时，电源平面和地平面可以看成是理想的电容；然而在高频时，由于电源平面与地平面两层板之间可以看成是上下为电壁、四周为磁壁的谐振空腔，因此会产生谐振，其等效电路为 RLC 并联电路，如图 9.5 所示。

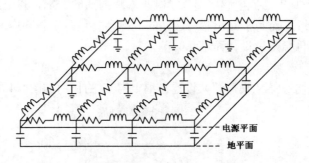

图 9.5　电源/地平面的等效电路

由并联电路谐振特性可知，在谐振频率点附近平面对的阻抗变得很大，因此其噪声干扰问题会更严重。

对于 PCB 板的谐振，首先通过理论计算或 EDA 分析软件得到谐振模式，对每一种谐振模式，计算出相应的谐振分布情况。对于每一种谐振模式，在谐振的波幅点位置处添加去耦电容，来改变这一区域的谐振效应，所选择的去耦电容谐振频率应与该谐振模式的谐振频率相近。

随着一定数量的去耦电容被放置在板上，电路板本身特有的谐振（前面的谐振模式）可以被抑制掉，从而减少噪声，还可以降低电路板边缘辐射以缓解 EMI 问题。

9.3.1 谐振频率的求解

当两层板之间距离远远小于波长时，PCB 板可以看作是上下为电壁、四周为磁壁的谐振空腔，求谐振频率时可以作以下假设：

（1）电场只有 E_z 分量，磁场只有 H_z 和 H_y 分量，即这是对 z 向的 TM 型场。

（2）内场不随 z 坐标变化。

（3）四周边缘处电流无法向分量，即边缘处切向磁场为零，故四周可视为磁壁（当四周存在边缘效应时，可以由尺寸的适当延伸来等效）。

板间内场满足下列方程（时间因子 $e^{j\omega t}$ 已略去）：

$$\nabla \times H = j\omega\varepsilon E + J$$
$$\nabla \times E = -j\omega\mu_0 H$$
$$\nabla \cdot H = 0 \qquad\qquad (9.13)$$
$$\nabla \cdot E = 0$$

这里设馈源为沿 z 方向的电流源 J，并因为基片很薄，J 不随 z 坐标变化，所以 $\nabla \cdot J = -j\omega\rho = 0$，因此 $\nabla \cdot E = \rho/\varepsilon = 0$。对第二式取旋度，再利用第一式和第四式消去 $\nabla \times H$ 和 $\nabla \cdot E$，得

$$\nabla^2 E + k^2 E = j\omega\mu_0 J \qquad\qquad (9.14)$$

式中 $k = \omega\sqrt{\mu_0\varepsilon}$。

由于 $J = \hat{z}J_z$，$E = \hat{z}E_z$，式（9.13）可化为标量方程：

$$\nabla^2 E_z + k^2 E_z = j\omega\mu_0 J_z \qquad\qquad (9.15)$$

可用模展开法或模匹配法求解式（9.15）的标量方程。我们采用模展开法，即把解表示为各本征模的叠加。

本征函数由求解无源区域的齐次波动方程得出：

$$(\nabla^2 + k_{mn}^2)\psi_{mn} = 0 \qquad\qquad (9.16)$$

ψ_{mn} 在磁壁处需满足边界条件 $\partial\psi_{mn}/\partial n = 0$，$n$ 是磁壁法向变量。对于规则形状板层，一般可利用分离变量法求解 ψ_{mn} 和 k_{mn}。

对于矩形板层（长为 a，宽为 b）有：

$$\psi_{mn} = C_{mn}\cos\frac{m\pi x}{a}\cos\frac{n\pi y}{b} \qquad\qquad (9.17)$$

$$k_{mn} = \sqrt{\left(\frac{m\pi}{a}\right)^2 + \left(\frac{n\pi}{b}\right)^2} \qquad\qquad (9.18)$$

本征函数正交且满足空腔边界条件。因此式（9.15）中方程的一般解为：

$$E_z = \sum_{m,n} A_{mn}\psi_{mn} \qquad\qquad (9.19)$$

展开系数 A_{mn} 由激励条件确定。最后从式（9.18）中求出 (m,n) 模的谐振频率（取 $k_0\sqrt{\varepsilon_r} = k_{mn}$）为式（9.20），$\upsilon_0$ 为光速。

$$f_{mn} = \frac{\upsilon_0}{2\sqrt{\varepsilon_r}}\sqrt{\left(\frac{m}{a}\right)^2 + \left(\frac{n}{b}\right)^2} \qquad\qquad (9.20)$$

9.3.2 矩形谐振场波形

一般的 PCB 板为矩形，所以我们给出矩形谐振场波形。因为场分布由磁流分布决定，所以总结一下矩形板层磁流分布规律：

（1）(m,n) 模的磁流沿 a 边有 m 个零点，沿 b 边有 n 个零点。

（2）两个相邻零点间隔 $\lambda_m/2$。

（3）每经过一个零点，磁流 M_s 便改变方向。

（4）板层四角处磁流 M_s 为最大值。

一旦知道了磁流分布，我们就可以估计 PCB 板上哪里容易激励以及在什么频率上激励。

图 9.6 是矩形 PCB 板典型的谐振模式，找到波节点（振幅为零）可以使我们减少干扰。干扰的大小用干扰源到被干扰处的传输系数 S_{21} 来衡量，角是永久谐振波腹（磁流 M_s 最大，振幅最大），在那里放置 ΔI 噪声激励造成的危害最大，即大幅度和危害面广。可以通过放置去耦电容来减小振荡幅度。

图 9.6　矩形 PCB 板前几个谐振模式的波形

9.4　电源分配系统

电源从电源模块出发，一般会经过电路板、封装和芯片内部的互连，最后传递给晶体管。这是一个分层的电源网络，我们一般称之为电源分配系统（Power Distribution System，PDS），也可以称为电源配送网络（Power Delivery Network，PDN）。电源分配系统的结构包括：直流电源、电压调节模块、电源/地平面、去耦电容、封装和连接。其设计要求：低目标阻抗和高噪声隔离。

电源分配系统的作用就是为系统内的所有器件提供足够的电源，这些器件不但需要足够的功率消耗，同时对电源的平稳性也有一定的要求。大部分数字电路器件对电源波动的要求为正常电压的 ±5% 范围之内。电源之所以波动，就是因为实际的电源平面总是存在阻抗，这样在瞬间电流通过的时候，就会产生一定的电压降和电压摆动。

电源完整性分析的核心内容，就是怎样设计整个电源分配系统或者其中的一部分，使得电源地网络为了保证每个器件始终都能得到正常的电源供应，就需要对电源的阻抗进行控制，设计的最大允许电源阻抗称为目标阻抗（Target Impedance）。目标阻抗的表达式为

$$Z_{target} = \frac{电源电压 \times 允许的波动范围}{平均电流} \tag{9.21}$$

例如，一个 2.5V 的电源，允许的电压波动为 5%，平均电流为 5A，那么目标阻抗为：

$$Z_{target} = \frac{2.5\text{V} \times 5\%}{5\text{A}} = 25\text{m}\Omega$$

从目标阻抗的公式可以看出，随着电源电压的减小和最大电流的增大，允许的目标阻抗将会越来越小。事实上，从表 9.1 给出的近年来的芯片性能比较可以看出，每过三年，目标阻抗会下降 1.6 倍。

表 9.1　近年来芯片性能比较

产品上市时间	1997	1999	2002	2005	2008
芯片工艺	0.25μm	0.18μm	0.13μm	0.10μm	0.07μm
芯片频率（MHz）	450	600	800	1000	1100
最大芯片功耗（W）	100	120	140	160	180
最大电流（A）	40.3	66.7	93.3	133.3	180.0
电源电压（V）	2.5	1.8	1.5	1.2	0.9
目标阻抗（mΩ）	3.1	1.3	0.8	0.45	0.25

目标阻抗是对快速变化的电流表现出来的一种阻抗特性，因此它是一种瞬态阻抗。此外，由于阻抗是电路中所有等效电阻、电感和电容共同作用的结果，因此目标阻抗必然与频率有关。在有效频率宽度内（$f \leq f_{knee}$），电源阻抗都不能超过目标阻抗值。PCB 上 PDS 阻抗超过目标阻抗的地方可以通过放置谐振频率合适的去耦电容来降低其阻抗，使其落在允许的目标阻抗范围内。通过在所需的频段内选择合适的开关电源、大电容、陶瓷电容和电源－地平面可以保证电源阻抗的稳定性。由图 9.7 可知，通常电容器在 500MHz 以上，由于分布参数的影响去耦效果大打折扣。由于电源地平面的平板电容器 *ESR*、*ESL* 都很小，所以在 100MHz 以上乃至 GHz 的范围内都具有良好的去耦滤波效果，所以设计一个良好的电源、地平面，无疑能够起到对 RF 能量的有效抑制。根据平板电容公式可以估算出 10mil 厚度、FR-4 基材的电源、地平面将有 100pF/in² 的电容。

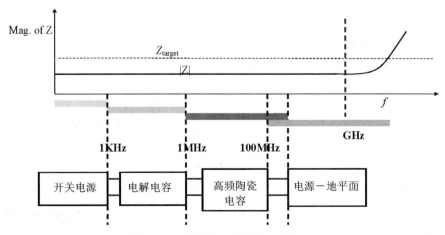

图 9.7　不同频段可选用的去耦电容

9.5　去耦电容的特性

9.5.1　电容的频率特性

理想的电容器在实际中并不存在，实际的电容器由于封装、材料等方面的影响，总会存在一些寄生参数。如图 9.8 所示的电容等效模型包括等效串联电阻 ESR、等效串联电感 ESL、绝缘电阻 R_P、介质吸收电容 C_{da} 和介质吸收电阻 R_{da}，其中 R_P 越大，泄漏的直流越小，性能越好，一般电容的 R_P 在 GΩ 级以上。

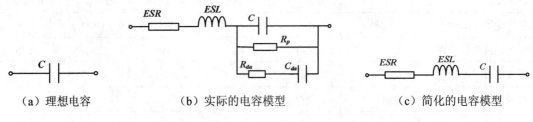

（a）理想电容　　　　　（b）实际的电容模型　　　　　（c）简化的电容模型

图 9.8　电容等效模型

对电容的高频特性影响最大的是 ESR 和 ESL，在电源完整性分析中采用简化的电容模型，如图 9.8（c）所示。它其实是一个 RLC 串联谐振电路，其中等效串联电感 ESL 的阻抗记为 X_L，等效串联电阻 ESR 记为 R，该电路的等效阻抗和谐振频率为：

$$|Z| = \sqrt{R^2 + \left[2\pi fL - 1/(2\pi fC) \right]^2} \tag{9.22}$$

$$f_0 = \frac{1}{2\pi \sqrt{LC}} \tag{9.23}$$

从上式可以看出，电容的阻抗与电路的频率有关，当处于谐振频率 f_0 时，电容阻抗为最低值 ESR。电容阻抗与频率的关系如图 9.9 所示，当改变 C 或是 ESL 的值时，其等效阻抗和谐振频率也会发生相应的变化。

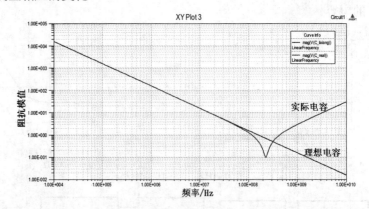

图 9.9　电容阻抗与频率的关系

由于电容阻抗受 ESL、ESR 和 C 的影响，因此可以分三种情况，用 ANSYS 软件进行仿真的结果比较如图 9.10 所示。

（1）*ESL*、*ESR* 一定，电容量变化的电容阻抗频率特性如图 9.10（a）所示。

（2）电容值、*ESR* 一定，*ESL* 变化的电容阻抗频率特性如图 9.10（b）所示。

（3）*C*、*ESL* 一定，*ESR* 变化的电容阻抗频率特性如图 9.10（c）所示。

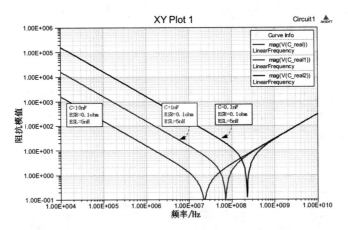

（a）改变 *C* 时的电容阻抗

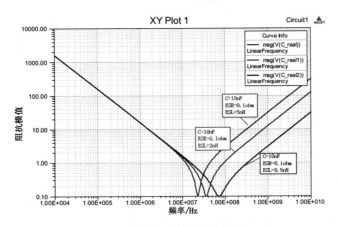

（b）改变 *ESL* 时的电容阻抗

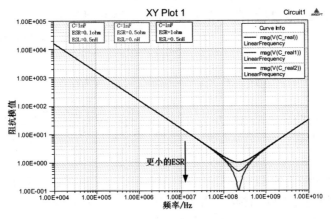

（c）改变 *ESR* 时的电容阻抗

图 9.10 电容阻抗受 *ESL*、*ESR* 和 *C* 的影响

描述图 9.10 的曲线可用品质因数 Q 来表示：

$$Q = \omega_0 \frac{ESL}{ESR} = \frac{\sqrt{ESL/C}}{ESR} \tag{9.24}$$

其中，Q 值越大，电路的选择性越好。然而电路的工作频率并不是一个频点，而是具有一定的带宽，因此 Q 值不是越大越好，要根据仿真波形来确定。

9.5.2　电容并联特性

在实际电路中，为了在有效频带范围内电容的寄生参数 ESL 和 ESR 较低，往往采用多个电容并联的方法。当 N 个值同为 C 的电容并联，并联后其电容值变为 NC，电感值变为 ESL/N，电阻值变为 ESR/N，而谐振频率不变。谐振曲线如图 9.11 所示，由于电阻值减小，使得容抗和感抗都降低。

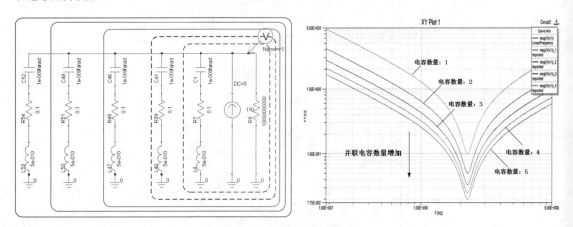

图 9.11　相同电容并联时的阻抗

当不同值的多个电容并联时，由于各个电容的谐振频率不同，当工作频率处于两个电容的谐振频率之间时，谐振频率低的电容呈感性，谐振频率高的电容呈容性，从而构成并联 LC 电路。当处于谐振状态时，电路呈高阻状态，能量在感性元件和容性元件之间交换，流经电源平面的电流很小，称为反谐振。为了降低反谐振处的阻抗，要采用低电感、大电容的方法。同时为了减轻反谐振的影响，电容的 ESR 不要过小，因此可以选用低 Q 值电容用于电源去耦，此外还可以采用多个容值不同的电容并联，来减小电容之间的谐振频率差。

9.6　电源完整性的总体设计流程

使用 ANSYS 公司的 SIwave 和 Designer 软件进行电源完整性分析的典型流程如图 9.12 所示，主要分为以下五步。

1.　谐振分析

（1）对电源分配网络的电源/地平面进行预布局设计，包括叠层设计、板材选取及电源地平面分割等，从而避免在关注的频率范围内出现整板谐振问题。

（2）在不同的谐振模式下，观察板上的电压分布，从而可以确定其谐振位置，在放置大电流 IC 器件时需要尽量避开这些位置。

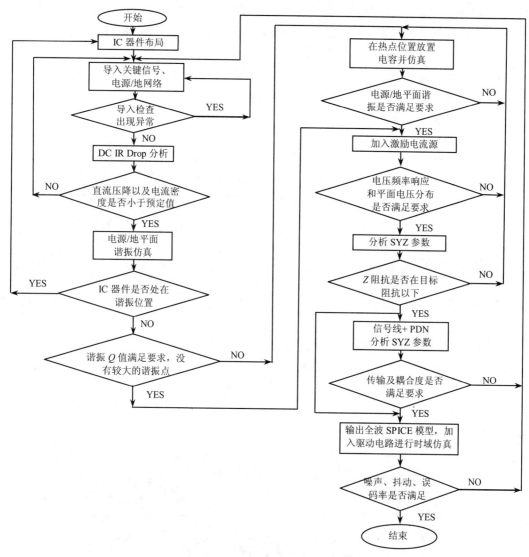

图 9.12 电源完整性分析的典型流程图

2. 扫频分析

（1）电压探测分析。

在板上待放 IC 位置用一个电流源模拟 IC 的工作情况，并将若干个电压探针放置在板上关注的位置，观察其电压频率响应，根据峰值就可以看出哪些谐振频率得到激励。

（2）电压分布分析。

由电压探测分析得到峰值响应频率，在相应的频点上查看整板电压分布，从而确定板上去耦电容的放置位置。

3. SYZ 参数分析

（1）计算 IC 待放位置端口的 Z 参数，从而得到该位置处所需的去耦电容参数，这决定了实际电容的物理尺寸。

（2）用内置的全波 SPICE 模型来分析去耦电容的寄生参数。

（3）从 AC 扫描中选择合适的去耦电容，来满足我们对电容值和寄生参数的要求。

（4）改变去耦电容在板上的位置，比较不同放置所对应的回路寄生电感效应。

（5）由多端口网络分析，可以得到转移阻抗参数。

（6）进行 S 参数分析，可以得到信号的传输特性以及相互之间的耦合特性。

4. 输出全波 SPICE 模型以及噪声、抖动和误码率分析

要对考虑 PDN 后的信号线进行时域分析。利用 Designer 对 SIwave 提取的 SPICE 模型在时域进行电源波动、开关噪声等噪声、抖动和误码率分析。

5. DC IR drop 分析

随着半导体工艺的提高，大规模集成电路的大电流、低电压设计使得直流压降加大，减小了交流噪声容限，加大了电源完整性设计难度；同时电流密度引起的电迁移会引起可靠性问题，因此要进行 DC IR drop 分析。

9.7　整板谐振模式分析

本节介绍了一个电路板设计实例，旨在展示如何使用 SIwave 导入、仿真和分析四层电路板结构。

当走线通过电源和接地层时，可能会遇到信号完整性问题。下面利用 SIwave 详细讨论在电路板设计时对 SI 影响的一些因素：谐振行为如何影响走线的信号传播及非理想平面的行为。

对于该实例，我们将导入如图 9.13 所示的设计文件及元器件。在正确定义电容、ESL 和 ESR 值之后，执行谐振模式计算。然后向平面添加去耦电容，查看谐振模式电压摆幅是否有所改善。

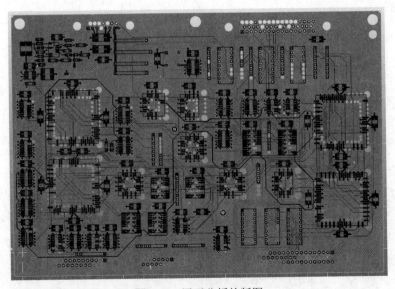

图 9.13　用于分析的版图

本例利用了 SIwave 设计环境的以下功能：

● 输入：ANF 文件、元器件文件。

● 编辑元器件值：电容、ESL、ESR。

- 添加组件：端口。
- 解决方案：谐振模式、S 参数、全波 SPICE 子电路。
- 场：谐振模式图。
- 绘图：S 参数扫描。

1. 打开 SIwave。

单击 Microsoft Start→All Programs→ANSYS Electromagnetics→ANSYS Electromagnetics Suite 16.1→ANSYS SIwave 2015.1 命令，弹出如图 9.14 所示的的欢迎对话框，启动 SIwave。

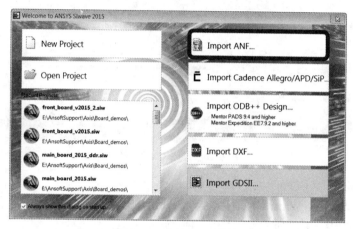

图 9.14　导入 ANF 文件

2. 导入.ANF（Ansoft Neutral File）文件

单击 Import ANF，找到名为 siwave_board.anf 的文件，单击 Open 按钮，弹出如图 9.15 所示的 Select nets to import from siwave_board 窗口（如果需要，用户可以过滤要导入的网络，在本实例中，所有网络都将被导入）。单击 Import Configuration 按钮。

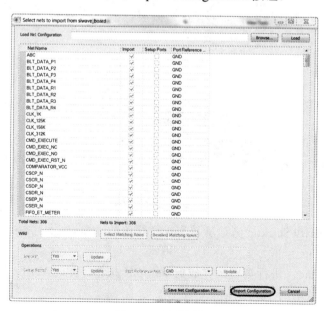

图 9.15　选择网络

此时会出现 SIwave 工作流程向导。

3. 导入.CMP（Ansoft 元器件文件）

单击 Import Component File，找到名为 siwave_board.cmp 的文件，单击 Open 按钮。如果出现警告消息，单击 Yes toall 按钮覆盖现有名称，如图 9.16 所示。

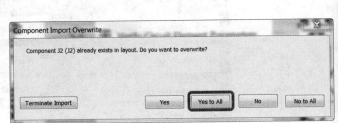

图 9.16　导入.CMP 文件

4. 校验层堆叠

在 SIwave Workflow Wizard 对话框中单击 Verify Stackup，仔细检查表中显示的值，完成后单击 OK 按钮，如图 9.17 所示。

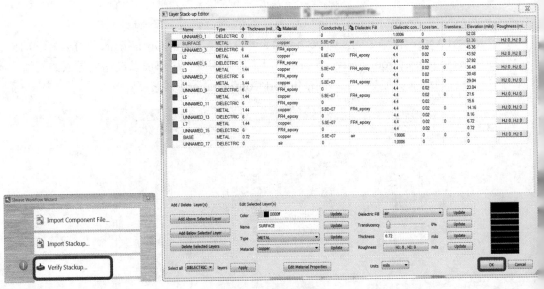

图 9.17　校验层堆叠

校验完成后，Verify Stackup 旁边应该有一个绿色的标记。

5. 校验焊盘

单击 Verify Padstacks 进行查看，完成后单击 OK 按钮，此时 Verify Padstacks 旁边应该一个绿色的标记，如图 9.18 所示。

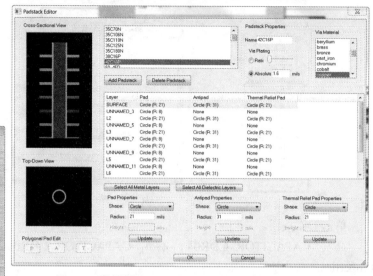

图 9.18　校验焊盘

6. 校验和重新分配电路元件参数

单击 Verify Circuit Element Parameters。单击 Capacitors 选项卡，校验是否有 64 个电容；单击 Inductors 选项卡，校验是否有 1 个电感；单击 Resistors 选项卡，校验是否有 16 个电阻，完成后单击 OK 按钮，如图 9.19 所示。单击　按钮，关闭 SIwave Workflow Wizard。

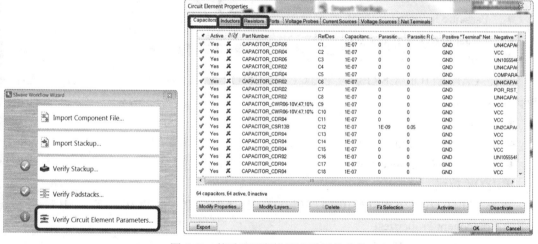

图 9.19　校验和重新分配电路元件参数

7. 编辑电容值

选择 Components 选项卡，如图 9.20 所示，单击旁边的⊞展开 Capacitors，单击旁边的⊞展开 Local，高亮 CAPACITOR_CDR02，右击 CAPACITOR_CDR02 并选择 Edit Component Properties：

- Capacitance: 1E-07
- Parasitic Inductance: 1e-9
- Parasitic Resistance: 0.05

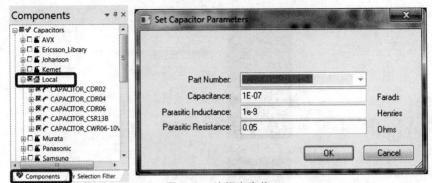

图 9.20　编辑电容值

单击 OK 按钮。

高亮 CAPACITOR_CDR04，右击 CAPACITOR_CDR04，然后选择 Edit Component Properties：

- Capacitance: 1E-07
- Parasitic Inductance: 1e-9
- Parasitic Resistance: 0.05

单击 OK 按钮。

高亮 CAPACITOR_CDR06，右击 CAPACITOR_CDR06 并选择 Edit Component Properties：

- Capacitance: 1E-07
- Parasitic Inductance: 1e-9
- Parasitic Resistance: 0.05

单击 OK 按钮。

高亮 CAPACITOR_CSR13B，右击 CAPACITOR_CSR13B，然后选择 Edit Component Properties：

- Capacitance: 1E-07
- Parasitic Inductance: 1e-9
- Parasitic Resistance: 0.05

单击 OK 按钮。

高亮 CAPACITOR_CWR06-10V,47,10%，右击 CAPACITOR_CWR06-10V,47,10%，然后选择 Edit Component Properties：

- Capacitance: 4.7E-05
- Parasitic Inductance: 1e-8
- Parasitic Resistance: 0.5

单击 OK 按钮。

选择菜单项 File→Save 保存。

8．更改视图

在 HOME 选项卡，可以访问如图 9.21 所示的视图菜单。

由于更改视图是经常使用的操作，因此存在一些有用的快捷键。按下相应的键并按鼠标左键拖动。

- 旋转：ALT+拖动，此外还有 9 个预定义的视角可以通过按住 Alt 键并双击如图 9.22 所示的位置来选择。
- 平移：Shift+拖动。
- 动态缩放：ALT+Shift+拖动或使用鼠标上的滚轮。

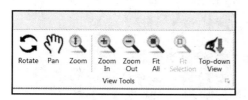

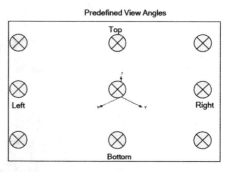

图 9.21　视图菜单　　　　　　　　　　图 9.22　9 个预定义的视角

9. 设置仿真选项

单击如图 9.23 所示的 Simulation 选项卡访问 Options 按钮。

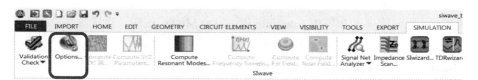

图 9.23　访问 Options

单击 Multiprocessing 选项卡，设置如图 9.24 所示。

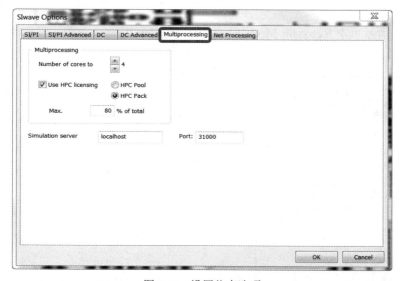

图 9.24　设置仿真选项

Number of cores to 4；选中 Use HPC licensing 复选项；选中 HPC Pack 单选项；单击 OK 按钮。

10. 设置可见性选项

通过如图 9.25 所示的 Layers 工作区中的复选框，使所有图层可见，单击每个图层名称旁边的彩色矩形，控制图形以轮廓或填充形式显示。

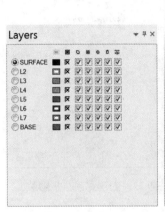
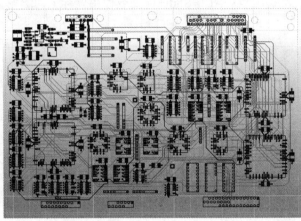

图 9.25　设置可见性选项

11. 运行谐振模式仿真

选择 Simulation 选项卡，单击 Compute Resonant Modes 按钮，设置如图 9.26 所示。

- Simulation name: Resonant Mode Sim 1
- Minimum Frequency: 2.55238E+008
- Maximum Frequency: 2e9
- # of Modes to Compute: 5

单击 Launch 按钮。

12. 查看结果

如图 9.27 所示单击 Resonant Mode Sim1，选择 View Results 命令，得到如图 9.28 所示的仿真结果。

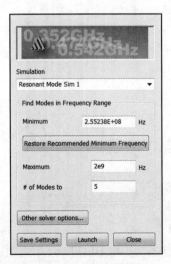
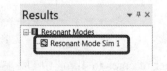

图 9.26　运行谐振模式仿真　　　　　　　图 9.27　右击 Resonant Mode Sim1

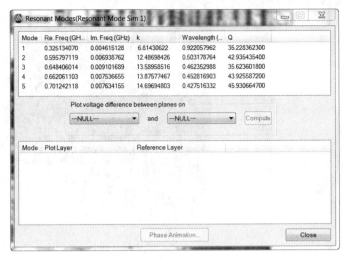

图 9.28 谐振模式仿真结果

通过仿真结果可以进一步去查看电压分布和动态显示相位。

（1）电压分布。

对于每个谐振模式，在平面之间的电压差都能被显示出来。通过选择如图 9.29 所示的层并单击 Compute 按钮，来生成平面 L2 和 L7 之间的电压图。这个计算将从现有的求解数据中生成 2D 图像。计算完成后，可以通过选择 Resonant Mode 窗口底部的行来查看每种模式的不同电压曲线。

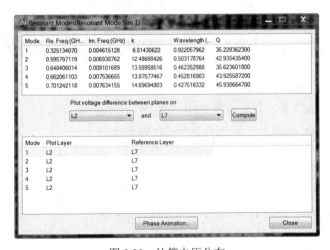

图 9.29 计算电压分布

查看电压分布时，可以在如图 9.30 所示的 VISIBILITY 窗口切换网格和颜色键。图 9.31 显示了模式 5 的电压分布。

（2）动态相位。

在 Resonant Modes 窗口的底部，高亮 Plot Layer L2 和 Reference Layer L7 的第 5 个谐振模式。依次单击 Phase Animation 按钮和如图 9.32 所示的 Generate Frames 按钮，当生成所有 19 帧时，单击 Play 按钮。观看完如图 9.33 所示的动态相位后，单击 Close 按钮，关闭 Resonant Mode 窗口。

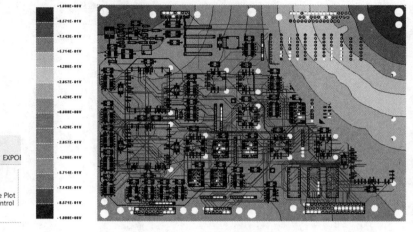

图 9.30　Visibility 窗口　　　　　　　　　图 9.31　模式 5 的电压分布

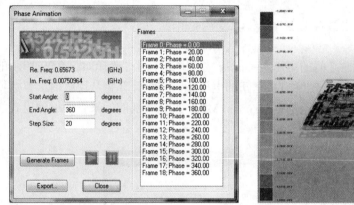

图 9.32　设置动态相位

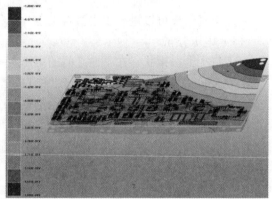

图 9.33　显示动态相位

注意： 要关闭网格显示，单击如图 9.30 所示的 Display Mesh 按钮；要关闭显示颜色比例，单击 Display Color Scale 按钮；可以通过按住 Alt 键并拖动鼠标来旋转显示。

13．添加电容

在第 5 次谐振时，电路板右上角有一个很大的电压摆幅，可以通过添加电容到该区域来减少谐振的影响。

选择 Home 选项卡，单击 Top-down View 按钮。

从如图 9.34 所示的 VISIBILITY 选项卡关闭 Surface Plot，右击如图 9.35 所示的 Components 窗口中的电容 CAPACITOR_CDR02。

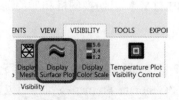

图 9.34　关闭 Surface Plot

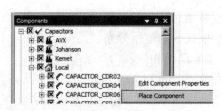

图 9.35　选电容

电容可以以图形方式直接放置，或如图 9.36 所示输入坐标来进行更精确的定位。

图 9.36　电容的坐标

对于当前练习，确切的位置并不重要，如图 9.37 所示使用鼠标放置电容已足够。

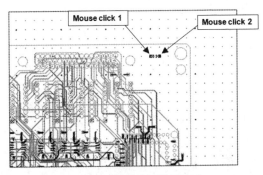

图 9.37　使用鼠标放置电容

放置电容后，弹出如图 9.38 所示的对话框。该对话框用于定义电容两端的网络连接和层。

注意： 电容可以直接连接到电路板内部层和网络。这在实际中是不可能的，但是有助于快速查看放置元件的效果。考虑到布线或通孔的电感，可以引入具有适当串联电感的新电容模型。

本练习不用修改电容，按照图 9.39 设置电容参数，单击 OK 按钮。

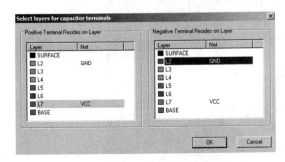

图 9.38　定义电容两端的网络连接和层

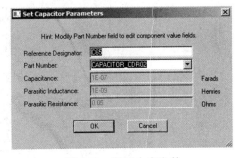

图 9.39　设置电容参数

我们要在第一个电容上方放置相同类型的第二个电容，新电容两端的坐标如图 9.40 所示。

图 9.40　第二个电容的坐标

再次使用模型 CAPACITOR_CDR02，按图 9.41 放置第二个电容。

14. 重新运行谐振模式仿真

选择菜单项 Simulation→Compute Resonant Modes，设置如下：

- Simulation Name: Resonant Mode Sim 2
- Minimum Frequency: 2.55238E+008 (default)
- Maximum Frequency: 2E+009
- # of Modes to Compute: 5

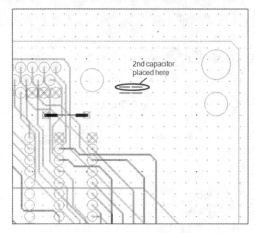

图 9.41　放置第二个电容

单击 Launch 按钮。

15.　查看结果

右击 Resonant Mode Sim 2，然后选择 View Results 命令。

通过选择所示的层并单击 Compute 按钮，来生成平面 L2 和 L7 之间的电压图。再次查看第 5 个谐振模式图，由图 9.42 可知，放置电容后电路板右上角的电压摆幅减小了。

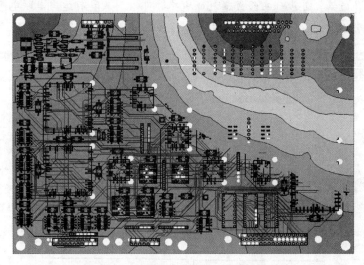

图 9.42　放置电容后模式 5 的电压分布

注意：通过图 9.34 的 Visibility 选项卡打开 Display Surface Plot，来观看图 9.42。

16.　保存 .siw 文件

选择菜单项 File→Save。

9.8　PDS 的阻抗分析

上节讲述了如何导入电路板设计并计算谐振模式。通过在 VCC 和接地网络之间有策略地放置去耦电容器，可以减小某些谐振模式的幅度。

PCB 上的有源器件通过网络 VCC（或其他电源网络）吸收电流。如果 VCC 网络的阻抗太大，当器件切换时容易产生噪声电压，因而干扰其他器件。例如，图 9.43 中输入信号的"0"－"1"转换会在 VCC 网络和电感（阻抗）上产生噪声电压，同时影响输出信号。

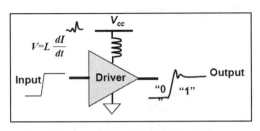

图 9.43 器件切换引起噪声电压

本练习的目标是，计算图 9.44 中元件 U41 的电源（VCC）网络频率阻抗。可以看到，在谐振模式分析中得到的频率处，对应着电源（VCC）网络阻抗中的峰值。

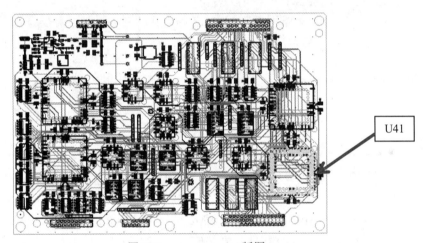

图 9.44 siwave_board 版图

本次练习使用 9.7 节中创建的 siwave_board.siw。

1. 定义引脚组

（1）从图 9.45 中的 Tools 选项卡启动 Create/Manage Pin Groups。

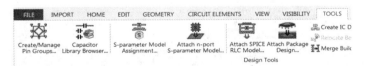

图 9.45 Create/Manage Pin Groups

（2）按照图 9.46 选择组件：Part Name: MACH230_SMSOCKETAMD，Reference Designer: U41。

（3）Nets：选择 GND 和 VCC，使用 Select All Pins 工具栏选择所有引脚。

（4）Options：选中 Create Pin Groups for each part 复选框，为每个网络创建引脚组。

（5）单击 Create Pin Group 按钮。在引脚组列表中有一个 GND_Group 和一个 VCC_Group。

（6）单击 Close 按钮。

2. 谐振模式分析

选择菜单项 Simulation→SIwave→Compute Resonant Modes，设置如图 9.47 所示：Simulation name: Resonant Mode Imped；Minimum Frequency: 2.55238E+08；Maximum Frequency: 2E+09；# of Modes to Compute: 10；单击 Launch 按钮。

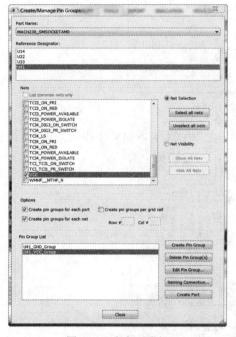

图 9.46　定义引脚组

图 9.47　谐振模式设置

3. 查看结果

选择菜单项 Results→SIwave→Resonant Modes→Resonant Mode Imped→View Results。通过图 9.48 选择层并单击 Compute 按钮，来生成平面 L2 和 L7 之间的电压图。这个计算将从现有的求解数据中生成 2D 图像。

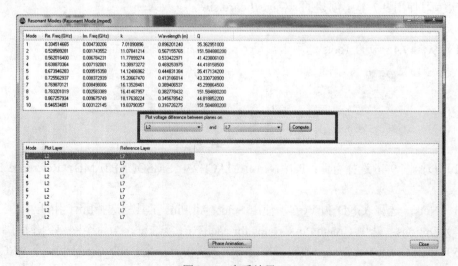

图 9.48　查看结果

4. 谐振模式分析

一些谐振模式的电压分布如图 9.49 所示。需要注意的是，某些谐振在电路板的右下角（U41 处）具有较高幅度。通过对谐振模式的分析，预计阻抗在频率为 628MHz、685MHz、919MHz 及其他较高频率处呈现峰值。频率为 325MHz 的谐振在 U41 处具有非常低的振幅，因此对阻抗影响较小。

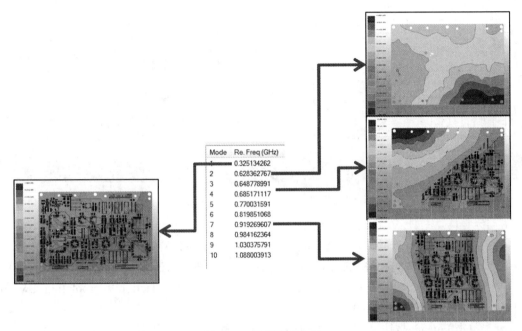

图 9.49　谐振模式分析

5. 在 U41 上定义 VCC 和 GND 之间的端口

在图 9.50 中的 Tools 选项卡中单击 Generate Circuit Element on Components，弹出如图 9.51 所示的窗口，具体设置如下：

- Positive Terminal Component：
  Part Name: MACH230_SMSOCKETAMD，
  Ref Des: U41

- Reference Terminal Component（或者 Same as Positive Terminal☑）
  Part Name: MACH230_SMSOCKETAMD，
  Ref Des: U41

图 9.50　生成电路元件

- 在 Circuit Element Positive Terminal 扩展 Pin Groups item，选择引脚组 U41_VCC_Group
- 在 Circuit Element Reference Terminal 扩展 Pin Groups item，选择引脚组 U41_GND_Group
- 在 Circuit Element Type 框中确保选中 Port 单选项。
- 单击 Create 按钮，弹出 Port Properties 对话框，询问端口的名称，端口设置如图 9.52 所示。
  Name: U41_VCC，Reference Impedance: 1 ohm，单击 OK 按钮接受端口定义。
- 单击 OK 按钮。

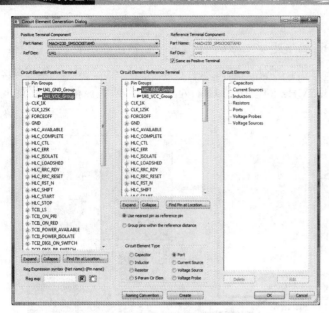

图 9.51　定义端口　　　　　　　　　　　图 9.52　设置端口

6. 仿真端口 U41_VCC 的阻抗响应

● 从 Simulation 选项卡单击 Compute SYZ Parameters 设置如图 9.53 所示。
Simulation Name: SYZ Sweep Imped；Start Freq:100 MHz；Stop Freq:1GHz；
Num .Points:1000；Distribution:By Decade；Sweep Selection:Interpolating Sweep；
Relative error for S: 0.001。

● 单击 Launch 按钮。在进度窗口中可以看到解决过程，如图 9.54 所示。

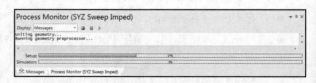

图 9.53　计算 SYZ 参数设置　　　　　　　图 9.54　进度窗口

7. 查看结果

仿真完成后，选择菜单项 Results→SYZ→SYZ Sweep Imped→Plot Magnitude/Phase 命令。在如图 9.55 所示的对话框中选择 Z-parameter Plot 选项卡。因为只有一个端口，因此选中 Self terms 复选框。单击 Create Plot In Electronics Desktop 按钮，启动 ANSYS Electronics Desktop，并显示阻抗幅度与频率的曲线图。

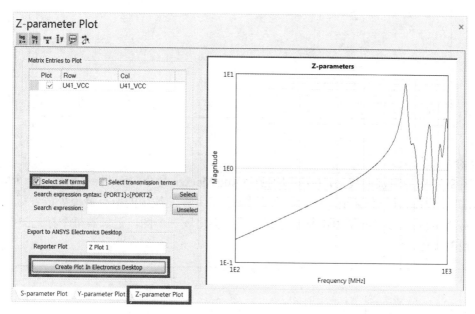

图 9.55 查看结果

通过双击垂直（Y）轴标签来更改垂直轴的比例，弹出如图 9.56 所示的对话框。

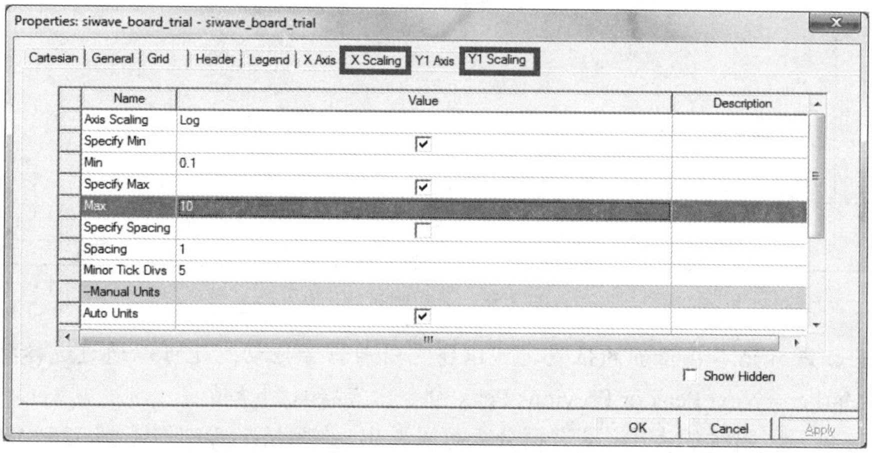

图 9.56 设置坐标轴比例

选择 Y1 Scaling 选项卡，Axis Scaling: Log，Specify Min: ☑，Min: 0.1，Specify Max: ☑，Max: 10，单击 Apply 按钮。

选择 X Scaling 选项卡更改横轴的比例，Axis Scaling: Linear，单击 OK 按钮。

最后得到的阻抗响应如图 9.57 所示。

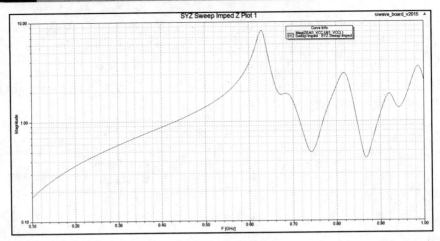

图 9.57　阻抗响应

8. 分析结果

在图 9.57 中的阻抗曲线上，右击 Marker→Add Marker 命令，将鼠标移动到第一个峰值处，然后单击鼠标添加第一个标记。沿着阻抗曲线继续，并在曲线中的所有峰值处放置标记（应该有 5 个）。完成后，按 Esc 键退出标记位置模式，会出现一个图，记录着每个标记的坐标值。最后得到图 9.58。

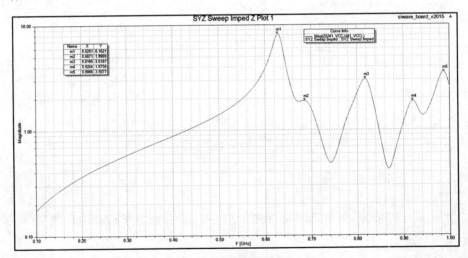

图 9.58　分析阻抗响应

注意： 如果标记不在正确的位置，可以将它沿着信号拖动。还可以通过选择标记，然后右击选择 Marker→Next Peak or Previous Peak 命令，直接找到峰值。

图 9.58 展示了阻抗的大小，从谐振分析可以看出，在阻抗|Z(f)|中看不到 325 MHz 的模式，这是由于该模式下电压振荡的幅度相对较弱。而 628MHz、819MHz 和 920MHz 处的峰值与之前谐振分析中的共振相关。

可知，阻抗与频率的关系同谐振分析所确定的谐振模式存在良好的相关性。

9. 保存.siw 文件

选择菜单项 File→Save。

9.9　传导干扰分析和电压噪声测量

在 9.7 节的谐振模式分析中，我们得出了 PCB 上本征模的频率和电压分布的关系。在 9.8 节我们将电源平面阻抗图峰值与电路板的谐振模式频率相关联。接下来分析从器件流出的电流是如何导致电源系统中的电压波动的，我们使用前面创建的电路板设计文件 siwave_board.siw，版图如图 9.59 所示。

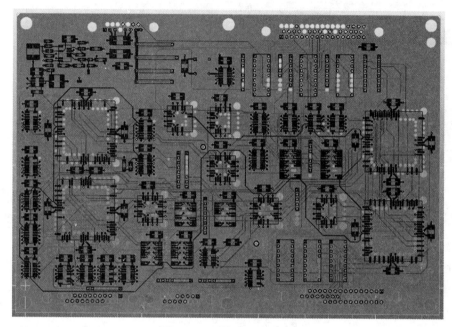

图 9.59　siwave_board 版图

1. 创建电流源

选择 Tools 选项卡，单击 Generate Circuit Elements on Components，设置如图 9.60 所示。

- Positive Terminal Component
  Part Name: MACH230_SMSOCKETAMD
  Ref Des: U41
- Reference Terminal Component（或者选中 Same as Positive Terminal 复选框）：
  Part Name: MACH230_SMSOCKETAMD
  Ref Des: U41
- 在 Circuit Element Positive Terminal 窗格中，展开 Pin Groups 项，选择引脚组 U41_VCC_Group。
- 在 Circuit Element Reference Terminal 窗格中，展开 Pin Groups 项，选择引脚组 U41_GND_Group。
- 在 Circuit Element 窗格中选择 Current Sources 选项。
- 单击 Create 按钮。
- 弹出一个对话框，询问端口的名称，设置如下：

Name: U41_VCC_ISRC

Magnitude: 1e-5 Amps

Parasitic Resistance: 1e8 Ohms

- 单击 OK 按钮来创建电流源。
- 单击 OK 按钮，退出 Circuit Element Generation Dialog 对话框。

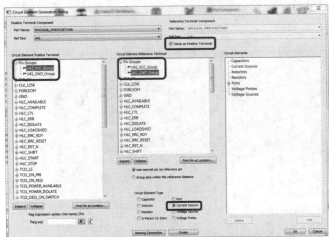

图 9.60   创建电流源

2. 创建电压探针

通过测量印刷电路板各个位置上 VCC 与 GND 网络之间的电压，可以研究电源分配系统中波动电压的问题，我们使用电压探针来测量波动电压。

如图 9.61 所示选择 CIRCUIT ELEMENTS 选项卡，然后单击 Add Voltage Probe。

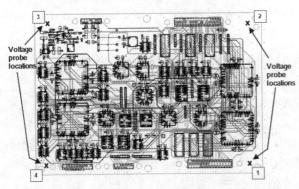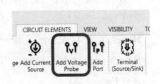

图 9.61   创建电压探针

在电路板的每个角落都放置一个电压探针。必须单击两次才能放置探针，其中，第一次单击是为正端，第二次单击是为参考端。两端可以位于相同的位置，因为探针有时将测量不同层上的两个平面之间的电压。

创建电压探针步骤如下：

- 位置坐标 x：8500mils，y：0mils， 。
- 按 Enter 键，直到出现 Select layers for voltage probe terminals 对话框。

- Select layers for voltage probe terminals 对话框的设置如图 9.62 所示:

  Positive Terminal Resides on Layer: L7 (VCC)

  Negative Terminal Resides on Layer: L2 (GND)

  单击 OK 按钮。

- 在 Edit Probe Name 对话框中单击 OK 按钮。

对 VPROBE2-4 重复步骤上述步骤,位置坐标如图 9.63 所示。

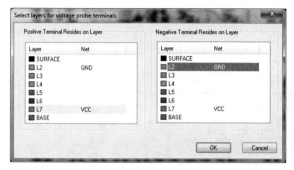

图 9.62　为网络选择层

Probe name	x-position	y-position	units
VPROBE1	8500	0	mils
VPROBE2	8500	5000	mils
VPROBE3	400	5400	mils
VPROBE4	160	-140	mils

图 9.63　VPROBE 的位置坐标

最后单击 Voltage Probe 图标,退出探针放置选择菜单项。

3. 运行频率扫描分析

单击 Simulation 选项卡,选择 Compute Frequency Sweep,设置如图 9.64 所示:

Start Freq: 500 MHz,Stop Freq: 1 GHz,Num. Points: 201,Distribution: Linear;Layer: L7 and L2;

单击 Launch 按钮。

4. 绘制探针电压图

单击 Results 选项卡,选择 Results→Frequency Sweep→Frequency Sweep 1→Plot Probe Voltages 选项,在如图 9.65 所示的对话框中单击 Create Plot 按钮。

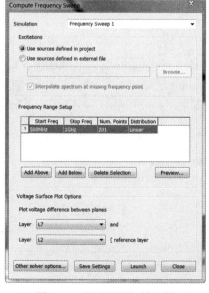

图 9.64　设置频率扫描分析

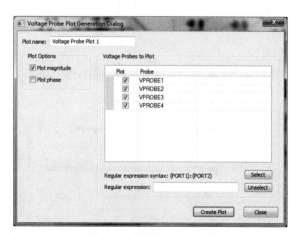

图 9.65　设置探针电压图

最终得到的探针电压图如图 9.66 所示。

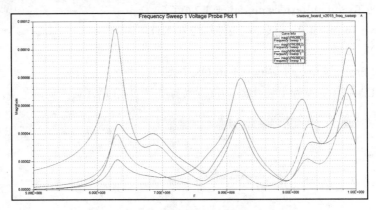

图 9.66　探针电压图

5. 修改属性

与大多数其他 ANSYS 产品一样，我们可以修改当前选定对象的属性。例如图 9.67，选择曲线，然后在 Properties 窗格中修改线宽、线型、符号可视性等属性。

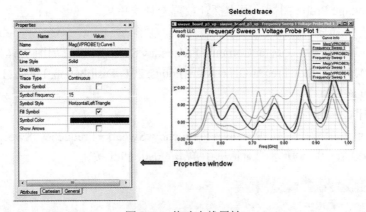

图 9.67　修改走线属性

接下来修改轴属性。双击打开 Axis Properties，在如图 9.68 所示的对话框中选择 Y1 Axis 选项卡，将 Number Format 值改为 Scientific；选择 Y1 Scaling 选项卡，将 Axis Scaling 值改为 Log。

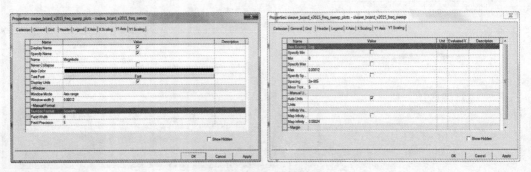

图 9.68　修改轴属性

6. 分析结果

如图 9.69 所示，在电压曲线图上右击选择 Marker→Add X Marker 命令；将鼠标移动到第一个峰值处，然后单击鼠标添加 X 标记。通过单击它来控制虚线，并将其拖动到电压曲线中的第一个峰值处。

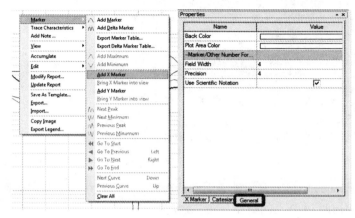

图 9.69　添加标记

选择 X 标记线可得到 Properties 对话框，然后选择 General 选项卡，选中 Use Scientific Notation 复选框。

7. 绘制探针电压

将图 9.70 中所示的电压波动与 9.8 节中的阻抗曲线进行比较。和预期的一样，在阻抗曲线中发生峰值的频率与波动电压最大的频率具有很好的相关性。

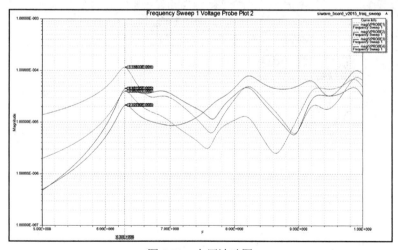

图 9.70　电压波动图

8. 查看 2D 电压图

切换回 SIwave 图形用户界面，如果仍显示 Voltage Probe Plot 对话框，单击 Close 按钮；选择菜单项 Results→Frequency Sweep→Frequency Sweep 1→Plot Surface Voltages，层 L7 和 L2 之间的电压差曲线则重叠在了 PCB 显示图上，可以在频率扫描窗口中选择要显示的数据的频率值，如图 9.71 所示。

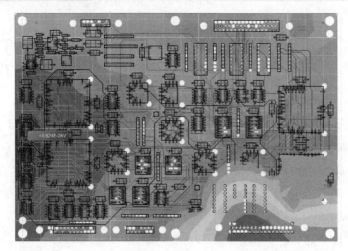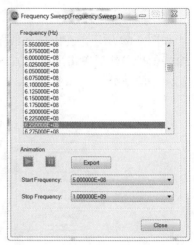

图 9.71　625MHz 时 PCB 上的电压分布

　　注意，当 Frequency Sweep 窗口处于活动状态时，可以使用向上和向下箭头键快速扫描频率。比如将 627.5MHz 时 PCB 上的电压分布与之前的探针电压进行比较，要特别注意 VPROBE1 与其他探针的电压相比较，如图 9.72 所示。

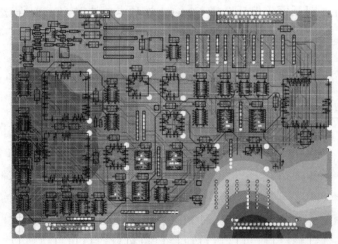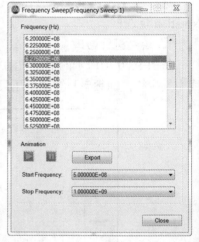

图 9.72　627.5MHz 时 PCB 上的电压分布

9. 保存 SIwave 项目文件

选择菜单项 Select the File→Save menu item。

9.10　电源直流压降（DC IRdrop）分析

DC IR 仿真的重要性有以下几个方面：

（1）当今高速半导体电路设计的一大瓶颈是要提供干净和充足的电源。

（2）集成电路中的功能越来越多，面积越来越小。如图 9.73 所示，随着半导体工艺尺寸越来越小，供电电压越来越低，供压同芯片的阈值压差越来越小，使得电源完整性设计越来越具有挑战。

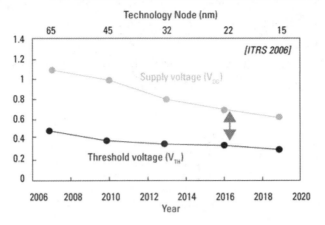

图 9.73　压差的减小给 PI 设计带来挑战

（3）保证供电电路的准确仿真是系统设计的关键：

1）避免平面、走线和通孔的直流电流密度过大，从而导致 PCB 故障以及电路性能恶化。

2）对现有的 PCB 设计进行相应的布局更改，从而提高性能和可靠性。

3）降低热循环相关的维修成本。

如图 9.74 所示，缺乏良好的直流设计可能不会导致高直流电阻，但实际上温度过高可能导致产品故障。强大而准确的 DC 和 PDN 设计可以使电流密度分布得更均匀，且降低故障风险。

图 9.74　温度过高造成的故障

SIwave-DC 包括导入、设置、查看直流仿真结果等丰富的功能。它可以处理大尺寸的图形体，甚至将 Chip，Package 和 Board 组合在一起。仿真结果包括以下几个方面：

（1）电源、地和信号在内的所有网络的 DC IR 压降。

（2）返回路径的直流电流分布（安培/面积^2）。

（3）进出通孔的直流电流大小（安培）。

（4）每层的功率密度（瓦特/面积^2）和总功率损耗（瓦特）。

（5）根据用户定义的通过/失败标准而自动生成报告。

（6）双向耦合到 Icepak 进行热损失仿真（焦耳加热）。

SIwave-DC 可快速识别通孔中的大电流、铜上的电流拥挤效应、高功率损耗的区域。可以根据设置的电压/电流限制产生全自动报告，输出 HTML、PDF 格式以及逐层的结果。

1. 打开或导入一个项目

（1）打开 SIwave。

单击 Microsoft Start→ALL Programs→ANSYS Electromagnetics→ANSYS Electromagnetics Suite 16.0→ANSYS SIwave 2015 命令，如图 9.75 所示。

图 9.75　打开 SIwave

（2）打开一个 SIwave 项目。

系统会自动弹出 Welcome to ANSYS SIwave 对话框，也可以通过在常用功能菜单中单击 Welcome Dialog 图标 来打开此对话框。单击 Open Project 按钮，如图 9.76 所示找到文件 DCIR.siw，单击 Open 按钮。

图 9.76　打开一个 SIwave 项目

2. 切换视角

菜单 HOME 下的视图工具栏如图 9.77 所示，更改视图是一个常用的操作，因此存在一些常用的快捷键。按下相应的键并按鼠标拖动即可。

- 旋转：Alt+拖动。此外，还有 9 个预定义的视角可以通过按住 Alt 键并双击如图 9.77 所示的位置来选择。
- 平移：Shift+拖动。
- 动态缩放：Alt+Shift+拖动。
- 充满视窗：Ctrl+D。

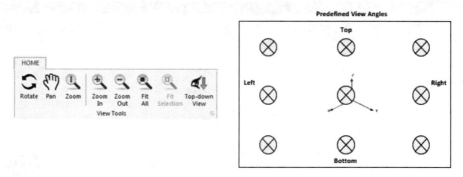

图 9.77   视图工具栏及预定义的视角

3. SIwave 工作流程向导对话框

在常用功能菜单中单击 SIwave Workflow Wizard 图标 ，打开如图 9.78 所示的工作流程向导。

图 9.78   工作流程向导

（可选）从以前的仿真中导入设置

校验/修改图形、材料和电路元件

（可选）预处理重叠的图形

（可选）指定宽带模型

设置仿真

4. 校验层叠

（1）修改层叠和材料属性。

如图 9.79 所示，单击 Verify Stackup 按钮，在下拉菜单中选择单位 mils。可以看到 Thickness 列的内容转化。单击 Edit Material Properties 按钮，打开 Material Properties 对话框，如图 9.80 所示。

（2）添加导体。

选择 Conductors 选项卡，单击 Add 按钮添加新的材料。在 Edit Material Properties 对话框中设置：Name: My_Copper，Conductivity: 5.8E+07 S/m，单击 OK 按钮，关闭材料属性编辑对话框设置，单击 OK 按钮，关闭材料属性对话框。弹出关于提交更改的警告，单击 Yes 按钮继续。

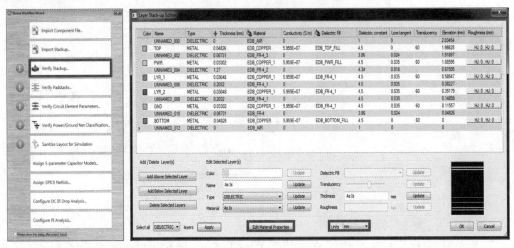

图 9.79　修改层叠和材料属性

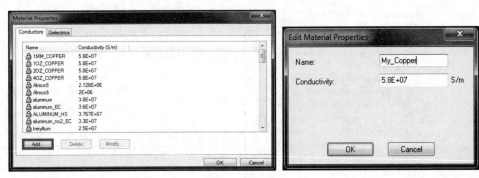

图 9.80　添加导体

（3）修改项目材料。

在图 9.81 中的 Select all 下拉列表框中选择 METAL 并单击 Apply 按钮。将材料更改为 My_Copper，然后单击 Update 按钮。单击 OK 按钮，提交更改并关闭层叠编辑器。

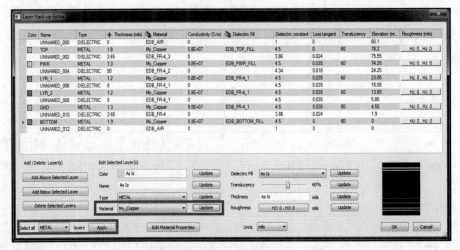

图 9.81　修改项目材料

5. 校验焊盘

如图 9.82 所示单击 Verify Padstacks 按钮，打开 Padstack Editor 对话框。为了确定通孔内部的电镀导体量，选择一个焊盘并通过调整滑块来更改 Ratio 百分比。SIwave 默认通孔电镀填充 100%焊盘。也可以选择 Absolute 按照当前的单位给出电镀壁厚。本例单击 Cancel 按钮，不提交更改并关闭 Padstack Editor 对话框。

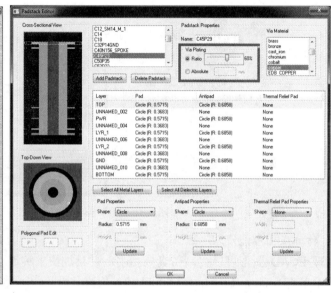

图 9.82　校验焊盘

6. 校验电路元件参数

如图 9.83 所示单击 Verify Circuit Element Parameters 按钮，打开 Circuit Element Properties 对话框。电感和电阻对直流工作很重要，校验它们是否已正确导入。选择名为 R1 的第一个电阻，然后单击 Modify Properties 按钮。在 Set Resistor Parameters 对话框中，可以更改名称或相关的 Part Number。本例单击 Cancel 按钮关闭设置 Set Resistor Parameters 对话框，单击 Cancel 按钮关闭 Circuit Element Properties 对话框。

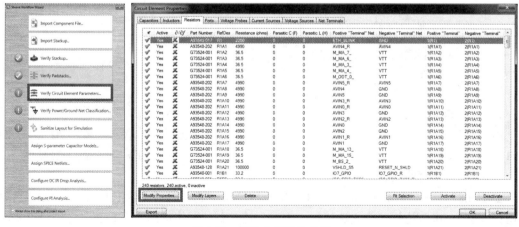

图 9.83　校验电路元件参数

7. 校验电源/地网络分类

如图 9.84 所示单击 Verify Power/Ground Net Classification 按钮。SIwave 会自动确定哪些多边形网络为电源/地，而不会将只有走线和焊盘的网络作为电源/地。也可以手动使用向上/向下箭头将网络移入/移出来改变分类。本例单击 Auto Identify 按钮将分类恢复为默认值，单击 OK 按钮关闭对话框。

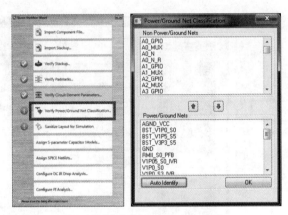

图 9.84　校验电源/地网络分类

8. 仿真版图智能清理

清理 ECAD 图形可以提高仿真成功率，并且加快求解速度、减少 RAM 的使用量。如图 9.85 所示单击 Sanitize Layout for Simulation 按钮，智能确定平面被定义成 Planes，走线被定义成 Traces，同时交叠或重合的走线会被清理。

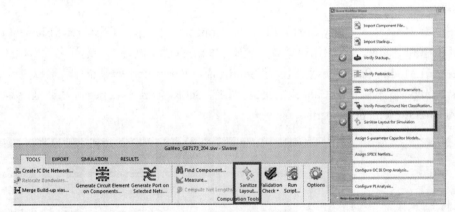

图 9.85　仿真版图智能清理

9. 配置 DC IR Drop 分析

DC IR 仿真激励版图如图 9.86 所示，其中顶层有 4 个器件被当作电流源：U2A5 为 1A，U4B1 为 0.5A，U2B1 为 0.2A，U3B2 为 0.3A；底层有 1 个器件被当作电压源：U2M1 为 3.3V。

（1）配置仿真的设置。

如图 9.87 所示单击 Configure DC IR Drop Analysis 按钮，打开 DC IR Configuration 对话框。在网络 V3P3_S0 旁边放一个复选标记，将显示连接到此网络的所有有源器件。通过选中或取消选中 Hide RLC components 复选项来查看无源器件。

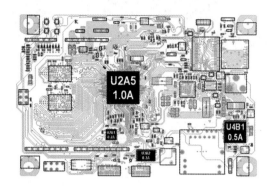

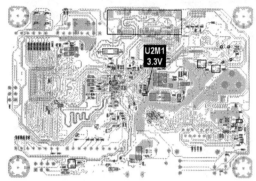

（a）顶层4个源 （b）底层1个源

图 9.86 DC IR 仿真激励

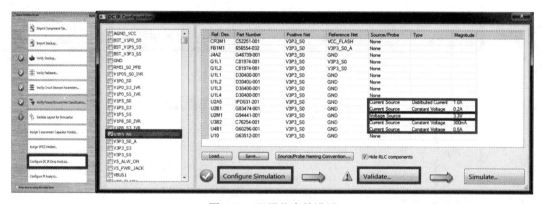

图 9.87 配置仿真的设置

设置 Current Source 和 Voltage Source，单击 Save 按钮，保存成一个流程配置文件（.fcf）用于后续仿真，单击 Configure Simulation 按钮，将引脚组和激励应用到设计中。

（2）校验检查。

对整个设置进行校验检查分析，确保设置可以进行仿真。单击 Validate 按钮，通过按向上按钮可以增加 Number of cores to use 的数值，如图 9.88 所示，单击 OK 按钮开始校验检查。

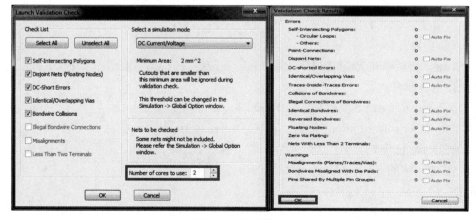

图 9.88 校验检查

校验检查可以自动修复某些图形问题，例如不相交的网络和重叠的通孔。查看完校验检查结果后，单击 OK 按钮，应用自动修复并关闭此对话框。

（3）仿真。

关闭校验检查，返回到 DC IR Configuration 对话框，如图 9.89 所示单击 Simulate 按钮，弹出如图 9.90 所示的对话框。

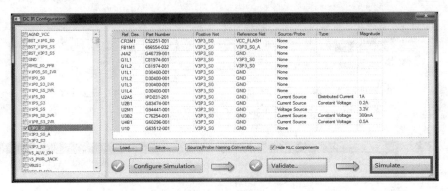

图 9.89　仿真

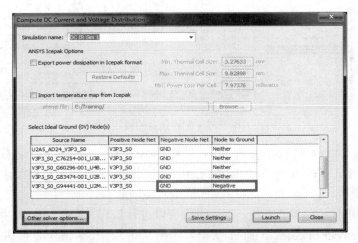

图 9.90　计算直流电流和电压分布设置

10. 计算直流电流和电压分布

（1）仿真设置。

1）SIwave 需要一个全局 0V 的参考位置，它被自动应用到电压源的负极引脚，并为结果中的电压图创建参考点。

2）将 Simulation name 更改为 DC IR Sim 1（如果尚未设置）。

3）单击 Other solver options 按钮，弹出 SIwave Options 对话框。

（2）SIwave 选项。

按照图 9.91 中的 SIwave Options 对话框设置 SIwave 选项。

1）DC 选项卡。

在 SIwave Options 对话框中单击 DC 选项卡，选择 Balanced。这里滑块允许在三个预定义的设置之间进行选择。要查看更改了哪些设置，就将滑块移动到相应的位置。

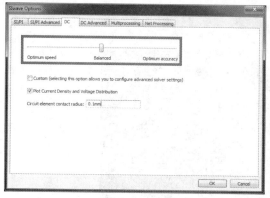

（a）DC 选项卡

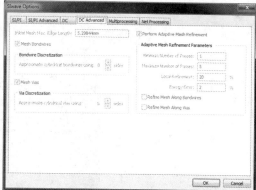

（b）DC Advanced 选项卡

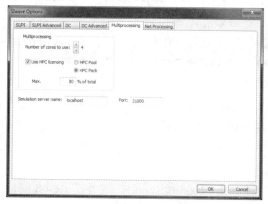

（c）Multiprocessing 选项卡

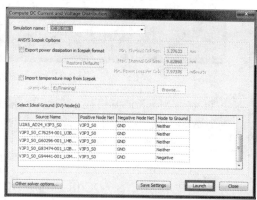

（d）单击 Launch 按钮开始 DC IR 仿真

图 9.91　SIwave 选项及开始仿真

2）DC Advanced 选项卡。

单击 DC Advanced 选项卡，注意通孔是网格化的，而且为了平面和走线选中 Perform Adaptive Mesh Refinement 复选框。

3）多处理（高性能计算，HPC）。

对于直流仿真，HPC 可以将求解器分布在多个内核上。单击 Multiprocessing 选项卡，确保设置以下选项：

Number of cores to use: Max（增加到无法再增加）

Use HPC licensing：被启用

HPC Pack：选中

Max：总 RAM 的 80%

单击 OK 按钮，关闭对话框。

（3）开始 DC IR 仿真。

单击 Launch 按钮，开始 DC IR 仿真，如图 9.91（d）所示。

11. 查看 DC 仿真状态

仿真进行中可以查看进程监控和信息/错误/警告，如图 9.92 所示。

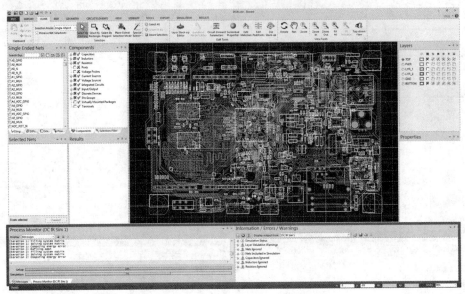

图 9.92　进程监控和信息/错误/警告

左下 Process Monitor 窗格显示求解器的仿真状态和步骤。

右下 Information/Errors/Warnings 窗格提醒在求解进程中可能出现的任何潜在问题。

12．DC 仿真结果：自动报告

（1）导出自动报告。

选择菜单项 RESULTS→DC IR Drop→DC IR Sim 1→Export Report，或者在 Result 窗口右击 DC IR Sim 1→Export Report 命令来启动导出报告，如图 9.93 所示。

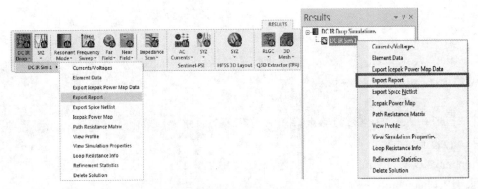

图 9.93　启动导出报告

单击图 9.94 中的 Browse 按钮指定文件位置，单击 OK 按钮创建 DCIR_DC IR Sim 1.htm 及相关文件。耐心等待 SIwave 保留一系列的屏幕截图。

（2）在 Web 浏览器中打开报告。

使用浏览器打开.htm 文件 DCIR_DC IR Sim 1.htm，得到图 9.95 和图 9.96 所示的仿真报告。首先层叠和设置的信息包含在开头部分中，然后是电流密度、电压和功率损耗的逐层结果，通过单击下面指示的链接，可以转换 layer 或 plot type 来选择观看绘图的分类顺序，最后关闭浏览器，关闭报告。

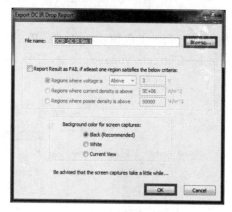

图 9.94　设置导出报告

DC IR Drop Simulation Report

SIwave Version: 2015.0.0
Creation Date: Fri Jan 09 11:39:11 2015

Design File: DCIR.siw
Simulation Name: DC IR Sim 1

Layer Stack-up

Name	Type	Thickness(mm)	Material	Conductivity(S/m)	Dielectric Constant	Loss Tangent	Translucency	Elevation(mm)	Roughness(mm)	Current Plot	Voltage Plot	Power Plot
UNNAMED_000	DIELECTRIC	0	EDB_AIR	0	1	0		2.03454				
TOP	METAL	0.04826	EDB_COPPER	5.959E+07		0	60	1.98628	HJ:0 , HJ:0	☑	☑	☑
UNNAMED_002	DIELECTRIC	0.06731	EDB_FR-4	3	3.86	0.024		1.91897				
PWR	METAL	0.03302	EDB_COPPER	5.959E+07		0	60	1.88595	HJ:0 , HJ:0	☑	☑	☑
UNNAMED_004	DIELECTRIC	1.27	EDB_FR-4	2	4.34	0.018		1.61595				
LYR_1	METAL	0.03048	EDB_COPPER	5.959E+07		0	60	1.58547	HJ:0 , HJ:0	☑	☑	☑
UNNAMED_006	DIELECTRIC	0.2032	EDB_FR-4	1	4.5	0.035		1.38227				
LYR_2	METAL	0.03048	EDB_COPPER	5.959E+07		0	60	0.35179	HJ:0 , HJ:0	☑	☑	☑
UNNAMED_008	DIELECTRIC	0.2032	EDB_FR-4	1	4.5	0.035		0.14859				
GND	METAL	0.03302	EDB_COPPER	5.959E+07		0	60	0.11557	HJ:0 , HJ:0	☑	☑	☑
UNNAMED_010	DIELECTRIC	0.06731	EDB_FR-4		3.86	0.024		0.04826				
BOTTOM	METAL	0.04826	EDB_COPPER	5.959E+07		0	60	0	HJ:0 , HJ:0	☑	☑	☑
UNNAMED_012	DIELECTRIC	0	EDB_AIR	0	1	0		0				

	Current Plot	Voltage Plot	Power Plot
VIA	☑		

Plots grouped by: Layer(Switch to group by Plot Type)

Current Sources

Name	Initial Setup							Simulation Results	
	Magnitude(A)	Phase(degrees)	Source Resistance(ohms)	Positive Terminal Net	Negative Terminal Net	Positive Terminal	Negative Terminal	Parallel R Current(A)	Voltage(V)
U2A5_AA26_V3P3_S0	0.333333	0	5E+07	V3P3_S0	GND	AA26(U2A5)	GND_IPD031-201_U2A5_DCFlowSink(U2A5)	6.382726499426e-08	3.291363249713e+00
U2A5_AB24_V3P3_S0	0.333333	0	5E+07	V3P3_S0	GND	AB24(U2A5)	GND_IPD031-201_U2A5_DCFlowSink(U2A5)	6.582840385209e-08	3.291420193104e+00
U2A5_AD24_V3P3_S0	0.333333	0	5E+07	V3P3_S0	GND	AD24(U2A5)	GND_IPD031-201_U2A5_DCFlowSink(U2A5)	6.582883656930e-08	3.291441826465e+00
V3P3_S0_C76254-001_U3B2_DCFlowSink	0	0	5E+07	V3P3_S0	GND	V3P3_S0_C76254-001_U3B2_DCFlowSink(U3B2)	GND_C76254-001_U3B2_DCFlowSink(U3B2)	6.585651640163e-08	3.292025820082e+00
V3P3_S0_G60296-001_U4B1_DCFlowSink	0.5	0	5E+07	V3P3_S0	GND	V3P3_S0_G60296-001_U4B1_DCFlowSink(U4B1)	GND_G60296-001_U4B1_DCFlowSink(U4B1)	6.583706950029e-08	3.291853475015e+00
V3P3_S0_G83474-001_U2B1_DCFlowSink	0.2	0	5E+07	V3P3_S0	GND	V3P3_S0_G83474-001_U2B1_DCFlowSink(U2B1)	GND_G83474-001_U2B1_DCFlowSink(U2B1)	6.586195712165e-08	3.293097856083e+00

Voltage Sources

Name	Initial Setup							Simulation Results	
	Magnitude(V)	Phase(degrees)	Source Resistance(ohms)	Positive Terminal Net	Negative Terminal Net	Positive Terminal	Negative Terminal	Current(A)	Series R Voltage(V)
V3P3_S0_G94441-001_U2M1_DCFlowVRM	3.3	0	1E-06	V3P3_S0	GND	V3P3_S0_G94441-001_U2M1_DCFlowVRM(U2M1)	GND_G94441-001_U2M1_DCFlowVRM(U2M1)	2.000358663777e+00	2.000358665377e-06

图 9.95　仿真报告中的数据

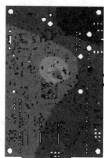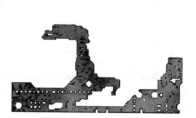

图 9.96　仿真报告中的绘图

（3）结果。

如图 9.97 所示选择菜单项 RESULTS→DC IR Drop→DC IR Sim 1→Currents/Voltages，或者在 Results 窗口右击 DC IR Sim 1→Currents/Voltages 命令，打开 DC IR Drop Simulation Result 窗口，如图 9.98 所示。

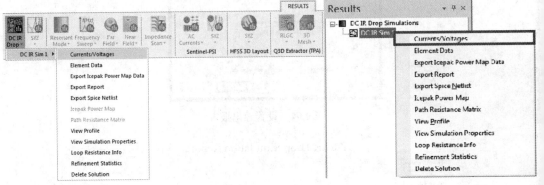

图 9.97　启动电流电压绘图

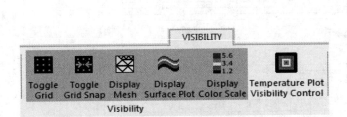

（a）全局的可见性

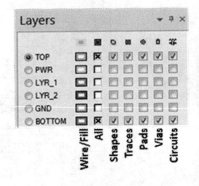

（b）图形和电路可见性

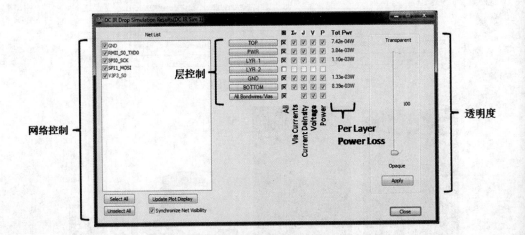

（c）单个的可见性

图 9.98　显示属性

1）显示。

可以通过图 9.99 中的各个选项来更改显示属性。

单击 Display Mesh 按钮来禁用网格显示。为了仅 PWR 层可见，如图 9.99 所示单击 All 列标题图标，先使所有图层不可见，然后只单击 PWR 的切换框，启用 PWR 图层上所有对象可见。

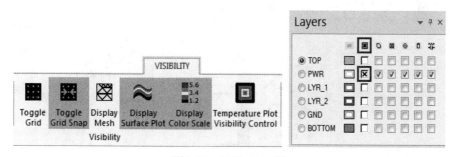

图 9.99　显示 PWR 层

2）绘图。

为了绘制 PWR 层上的 DC IR 压降图，设置如图 9.100 所示。

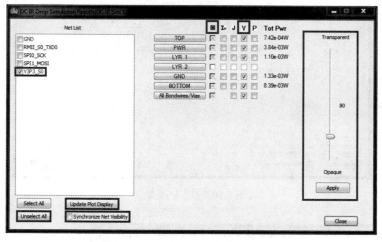

图 9.100　设置绘制 DC IR 压降图

网络控制：单击 Unselect All 按钮取消选中所有网络，选中 V3P3_S0 复选框启用该网络。取消选中 Synchronize Net Visibility 复选框，单击 Update Plot Display 按钮。

层控制：单击 Show/Hide All 图标以取消选中所有绘图，单击 V 来显示 PWR 层的电压。

不透明度：将滑杆移动到 80 处，单击 Apply 按钮。

绘制结果如图 9.101 所示。可以按住 Alt 键并拖动鼠标以旋转显示，也可以更改设置以查看不同的量，比如在图 9.102 中将 V 改为 J 来显示 PWR 层的电流密度，还可以右击 Copy Image 将图形发送到剪贴板。

3）查看大电流通孔图。

为了查看大电流通孔，在如图 9.103 所示的窗口中单击 Select All、Update Plot Display 按钮，仅选中 BOTTOM 层的 I_v 复选框。

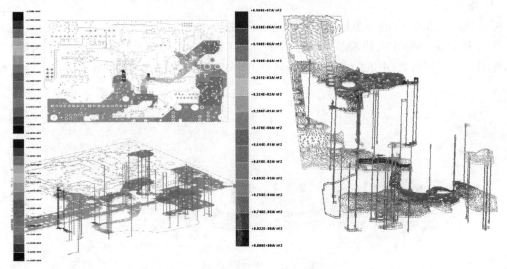

图 9.101　电压图（左）和电流密度图（右）

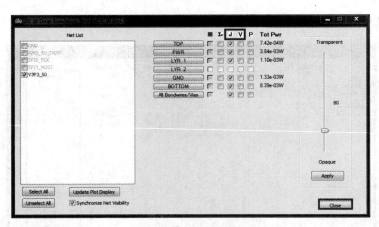

图 9.102　将 V 改为 J

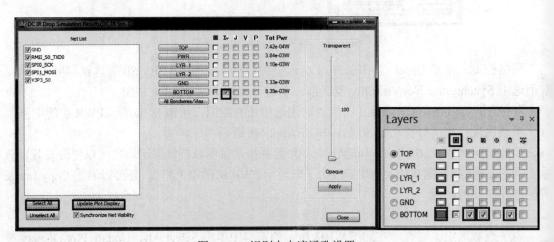

图 9.103　识别大电流通孔设置

在 Layers 窗口中，通过单击 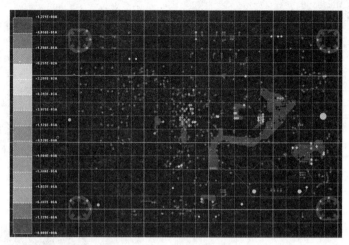 图标取消选中所有框。如图分别选中 Fill、Shape、Trace 和 Via。得到大电流通孔图如图 9.104 所示。

图 9.104　大电流通孔图

4）Element Data。

选择菜单项 RESULTS→DC IR Drop→DC IR Sim 1→Element Data，或者在 Results 窗口中右击 DC IR Sim 1→Element Data 命令来打开 DC Simulation Element Data 对话框，如图 9.105 所示。

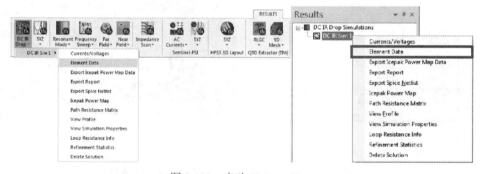

图 9.105　启动 Element Data

识别大电流通孔：

如图 9.106 所示单击 DC Simulation Element Data 对话框中的 Vias 选项卡，单击 Current/A 标题按列排序。

使用 Shift+单击或 Ctrl+单击选择顶部的两行，这代表了目前电流最大的两个通孔。

单击 Fit Selection 按钮，显示屏将放大到通孔位置，并以黄色高亮显示，单击 Close 按钮。

在图 9.107 设置下对通孔电流 I_v 进行解释说明：图 9.108 的 O 和 X 代表层之间的电流幅度，其中 O 是面向层叠顶层的电流，X 是背离层叠顶层的电流。在这个例子中，电流从 BOTTOM 到 LYR_1 通过了三个通孔。橙色的 O 和 X（0.63A）表示这两层之间的电流大小。电流不会继续流到 TOP 层，分别由 LYR_1 和 TOP 上蓝色的 O 和 X（0A）表示。

注意：通孔电流仅显示幅度（A），而图 9.109 中的层电流密度则会显示向量（A/m^2）。

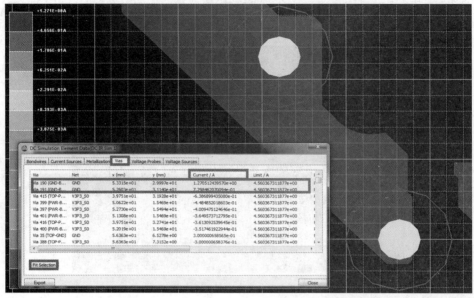

图 9.106　识别大电流通孔

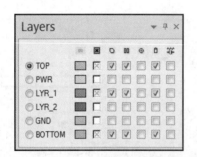

图 9.107　可见性设置

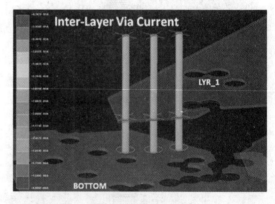

图 9.108　通孔电流

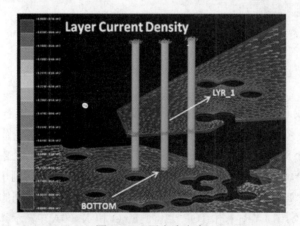

图 9.109　层电流密度

13. 脚本自动化

关闭 SIwave 的所有实例。

（1）DC IR 压降的自动仿真。

● 还有更多的电源可以分析。应用脚本激励如 V1P0_S0 -1.0 V 电源、V1P5_S5 -1.5 V 电源、V3P3_S5 -3.3 V 电源。

● 整个流程可以用脚本化来替代前面所述的步骤，会得到相同的仿真结果。

● 该脚本将执行图 9.110 所示的步骤：

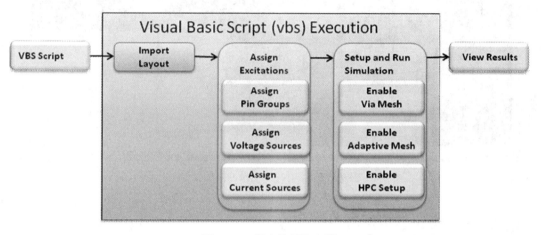

图 9.110　脚本执行的步骤

（2）启动脚本进行 DC IR 压降仿真。

● 如图 9.111 所示导入名为 batch_for_SIwave.bat 的文件，双击 batch_for_SIwave.bat。

● 核心的脚本方法是 VBScript，本示例批处理文件中使用了 CScript 或 WScript。

● 该脚本在所运行的目录中创建一个名为 output 的文件夹。

● 完成后，打开 output 文件夹，双击 Galileo_G7173_204.siw 文件。

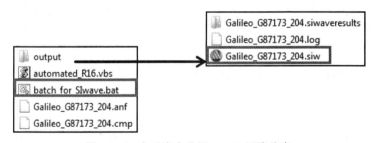

图 9.111　启动脚本进行 DC IR 压降仿真

（3）查看脚本仿真的结果。

如图 9.112 所示在 Results 窗口中双击 DC_1，或在 Results 窗口右击 DC_1→Currents/Voltages 命令，打开 DC IR Drop Simulation Result 窗口。在网络列表中分别切换每个电源网络，然后单击 Update Plot Display 按钮以查看结果的变化。

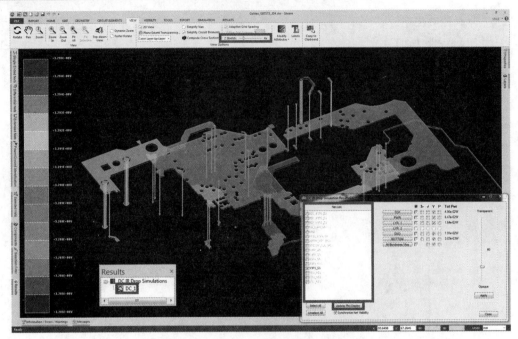

图 9.112　查看每个电源网络的结果

9.11　PI Advisor 去耦电容优化例一

当今的设计要充分考虑到时钟、振荡器、电源和信号这些复杂系统的相互影响，如图 9.133 所示。为了提供足够的电源，就要设计一个能够充分处理这个系统中任何扰动或无规则变化的供电网络。

图 9.114 展示了存储器接口电压的时域和频域仿真结果，良好的设计可使电压纹波噪声最小化，从而确保所有有源器件具有稳定可靠的参考电压。过度的电干扰不仅会影响输入和输出的裕度，而且会耦合到其他电源。

SIwave-PI 包括的内容主要有 S 参数提取、平面谐振分析、交流频率扫描、DC IR Drop 及 PI Advisor 去耦电容优化。前面已经一一介绍了相关的内容，本节介绍 PI Advisor 去耦电容优化。

PI Advisor 是 SIwave 5.0 的电源完整性优化选项模块，主要功能是 PCB 布局布线前、布线后的电源网络去耦电容的自动优化。

1. 布局布线前

指定区域的电容自动放置；不同电容的选择；全波 SYZ 参数提取；回路电感提取。

2. 布局布线后

对已经布局的电容做优化；优化的策略（阻抗性能、成本、布局区域、电容种类、电容总数量）；优化结果可以输出新的器件清单；回路电感提取。

回路电感提取有很重要的作用，即电容的布局布线对电容去耦作用影响很大，不合理的布局布线会导致电容去耦效果降低。根据回路电感参数的提取以及实际去耦电容的去耦效果，来指导合理的电容布局和布线。

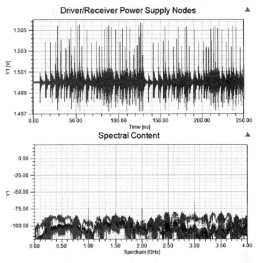

图 9.114　电压的时域和频域仿真结果

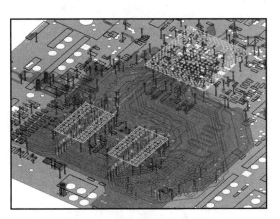

图 9.113　相互影响的复杂系统

一、理论分析

1. 供电

（1）VRM 瞬态仿真设置（图 9.115）。

图 9.115 电压调节器模块（VRM）的串联源电阻为 5mΩ，并用电流接收器来模拟有源器件。

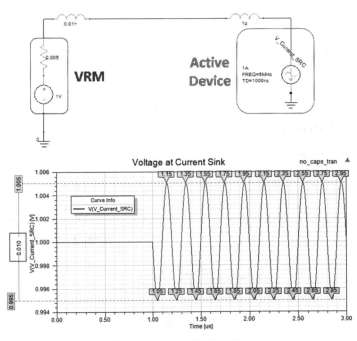

图 9.115　VRM 瞬态仿真

1A 幅度：$I_{pk-pk} = 2A$

频率= 5MHz

时间延迟=1μs

例：$V_{ripple} = I(5\text{MHz}) \times Z(5\text{MHz})$

$V_{ripple} = 5\text{mV} = 10\text{m}V_{pk-pk}$

（2）VRM 频域响应（图 9.116）。

如图 9.116 所示，在 DC，因为 VRM 存在串联电阻，所以 $|Z_{11}| = 5\text{m}\Omega$。

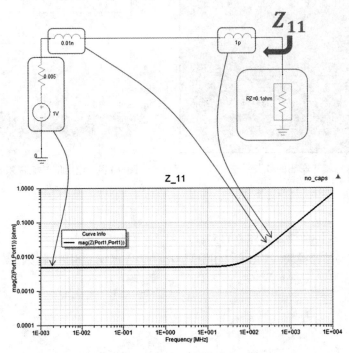

图 9.116　VRM 频域响应

当 $f \to \infty$ 时，由于存在路径环路电感，因此 $|Z_{11}| \to \infty$。本例电感共有 11pH。

例：$V_{ripple} = I(5\text{MHz}) \times Z(5\text{MHz})$

$V_{ripple} = 1\text{A} \times 5\text{m}\Omega$

$V_{ripple} = 5\text{mV} = 10\text{m}V_{pk-pk}$

2. V 方法

选定所有电容值相同以便降低特定频率处的阻抗幅值，所得到的阻抗图类似于 V 形。如图 9.117 所示，如果一个器件在 5MHz 需要 1A，则 $|Z_{11}| = 0.24\text{m}\Omega$。

$$f_{resonance} = \frac{1}{2\pi\sqrt{LC}}$$

$$f_{resonance} = \frac{1}{2\pi\sqrt{(0.1\text{nH} + 1\text{pH}) \times 10\mu\text{F}}}$$

$$f_{resonance} = 5.01\text{MHz}$$

例：$V_{ripple} = I(5\text{MHz}) \times Z(5\text{MHz})$

$V_{ripple} = 1\text{A} \times 0.24\text{m}\Omega$

$V_{ripple} = 0.24\text{mV} = 0.49\text{m}V_{pk-pk}$

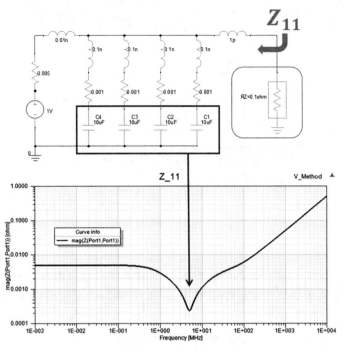

图 9.117　V 方法

3．W 方法

选择不同的电容值可以在更宽的频率范围内降低阻抗幅值，图 9.118 所得到的阻抗图类似于 W 形，如图 9.118 所示。

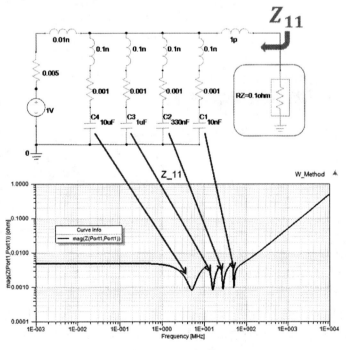

图 9.118　W 方法

$$f_{res,C4} = \frac{1}{2\pi\sqrt{LC}} = \frac{1}{2\pi\sqrt{101\text{pH} \times 10\mu\text{F}}} = 5.01\text{MHz}$$

$$f_{res,C3} = \frac{1}{2\pi\sqrt{LC}} = \frac{1}{2\pi\sqrt{101\text{pH} \times 1\mu\text{F}}} = 15.8\text{MHz}$$

$$f_{res,C2} = \frac{1}{2\pi\sqrt{LC}} = \frac{1}{2\pi\sqrt{101\text{pH} \times 330\text{nF}}} = 27.6\text{MHz}$$

$$f_{res,C1} = \frac{1}{2\pi\sqrt{LC}} = \frac{1}{2\pi\sqrt{101\text{pH} \times 10\text{nF}}} = 158\text{MHz}$$

例： $V_{ripple} = I(5\text{MHz}) \times Z(5\text{MHz})$

$V_{ripple} = 1\text{A} \times 0.832\text{m}\Omega$

$V_{ripple} = 0.832\text{mV} = 1.664\text{m}V_{pk-pk}$

4. 物理结构仿真

真实的物理设计中存在更多的环路电感、平面电容和电阻路径，而这在电路图中并未被显示出来。为了解决大量的物理版图和复杂图形的影响，必须使用诸如 SIwave、Sentinel-PSI 或 HFSS 这样的场分析器来仿真。

环路电感在确定有效频率方面起着至关重要的作用。

LC 决定了添加电容器后的谐振频率。

$$f_{resonance} = \frac{1}{2\pi\sqrt{LC}}$$

等效串联电阻（ESR）和导体路径电阻会影响放置元件的品质因数（Q）。

$$Q = \frac{\left|\dfrac{1}{2\pi fC}\right|}{ESR}$$

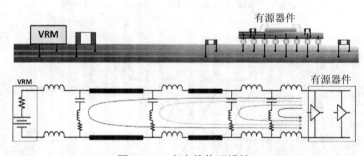

图 9.119　真实的物理设计

二、启动 SIwave

1. PI Advisor 的安装和求解过程

从 SIwave 5.0 开始增加了 PI Advisor 选项，用于去耦电容优化，帮助设计者确定哪种电容器最适合设计目标。

PI Advisor 采用遗传算法来确定电容器在预定位置的有效性，可以根据定义的配置文件来查看选定的电容器方案，还可以计算有源器件到每个关联电容器之间的环路电感。求解过程如图 9.120 所示。

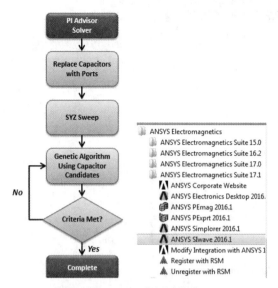

图 9.120　求解过程

2．打开或导入一个项目

要启动 SIwave，单击 Microsoft Start→ALL Programs→ANSYS Electromagnetics→ANSYS Electromagnetics Suite 17.1→ANSYS SIwave 2016.1 命令，弹出如图 9.121 所示的对话框。单击 Open Project 按钮，浏览文件 PI.siw，单击 Open 按钮。

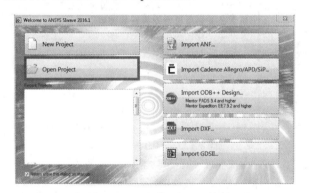

图 9.121　打开或导入一个项目

3．SIwave 工作流程向导对话框

在常用功能菜单中单击 SIwave Workflow Wizard 图标 ，打开如图 9.122 所示的工作流程向导。

4．校验层叠

（1）修改层叠和材质属性。

如图 9.123 所示单击 Verify Stackup 按钮，可以看到原始的层叠。如果想使用已经生成好的层叠，单击 Cancel 按钮关闭此对话框。

（2）从以前的设计导入层叠。

单击 Import Stackup 按钮，在与 PI.siw 相同的目录中找到 WS2_STACKUP.stk 文件，单击 Open 按钮以应用层叠，如图 9.124 所示。

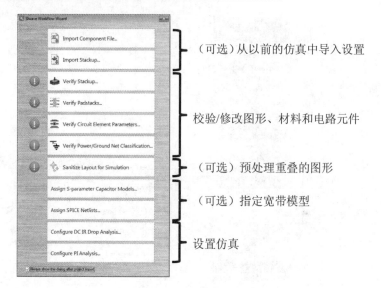

图 9.122　工作流程向导

图 9.123　打开原始的层叠

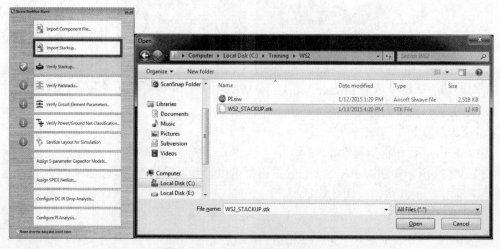

图 9.124　从以前的设计导入层叠

（3）校验已导入的层叠。

如图 9.125 所示再次单击 Verify Stackup 按钮。上一步导入层叠时已经修改了金属层的材质，导入层叠可以修改此对话框中的任何参数。校验所有金属层地材质是否为铜。单击 Cancel 按钮，关闭此窗口。

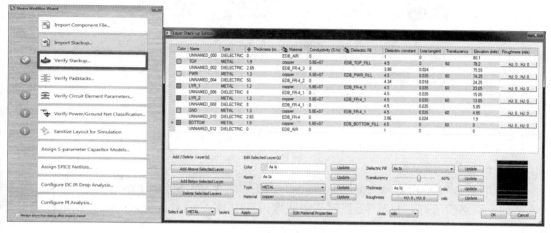

图 9.125　校验已导入的层叠

5. 分配 S 参数元件模型

在本练习中，我们假设焊盘、电路元件和电源/地网络分类在导入过程中无误。

如图 9.126 所示单击 Assign S-parameter Capacitor Models 按钮。单击 Auto Match By Value 按钮，自动匹配功能会查看原始电容值和估计大小，并尝试从 SIwave 的供应商库中选择合适的部件，供应商库来自 12 个主要厂商，包括超过 20000 个电容器和电感器型号。单击 OK 按钮以提交更改。

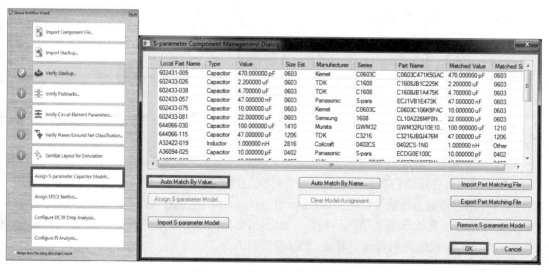

图 9.126　分配 S 参数元件模型

6. PI 仿真版图和器件端口

仿真版图如图 9.127 所示，为了简化仿真，顶层有 1 个器件 U2A5，底层有 1 个器件 U2M1。

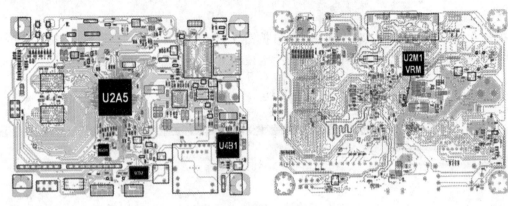

图 9.127　待仿真的版图顶层（左）和底层（右）

7. 配置 PI 分析

（1）配置仿真的设置。

如图 9.128 所示单击 Configure PI Analysis，在网络 V3P3_S0 旁边放一个复选标记，将显示连接到此网络的所有有源器件。通过选中或取消选中 Hide RLC components 复选框以查看无源器件。

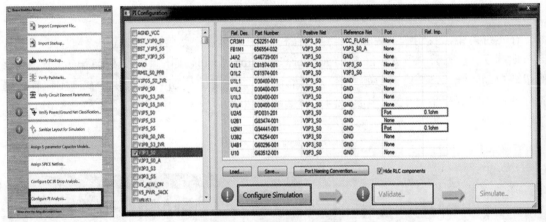

图 9.128　配置仿真的设置

将端口分配给 U2A5 和 U2M1，这里只是出于简化的目的，当然也可以为其他任何元件创建端口。默认参考阻抗为 0.1Ω。单击 Configure Simulation 按钮。

（2）校验检查。

对整个设置进行校验检查分析，确保设置可以进行仿真。单击图 9.128 中的 Validate 按钮，在图 9.129 中通过按向上按钮可以增加 Number of cores to use 的数值，单击 OK 按钮开始校验检查。

校验检查可以自动修复某些图形问题，如不相交的网络和重叠的通孔。查看完校验检查结果后，单击 OK 按钮应用自动修复，并关闭此窗口。

（3）仿真。

如果检测到有警告或错误，校验检查旁边的复选标记将显示为警告信号。此时仍然允许仿真，但仿真的结果可能会有错误。因此（可选）再次运行校验检查，确保 Validate 按钮旁边复选标记为绿色对勾，如图 9.130 所示。

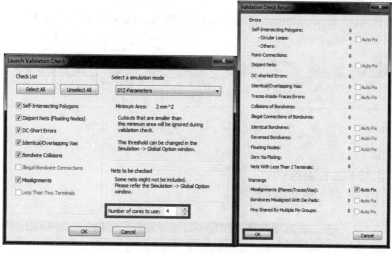

图 9.129　校验检查

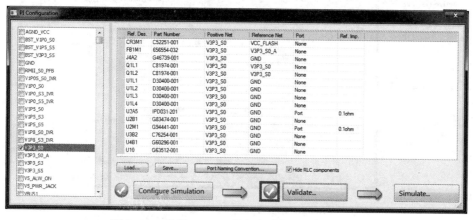

图 9.130　确保 Validate 按钮复选标记为绿色对勾

此时可以运行 SYZ 扫描来获得 S 参数，获得的仿真结果可以以 Full Wave SPICE 格式导出，并在电路仿真中运行。然而这个练习是为了优化电容器选择，因此单击右上角的 ▣✕▣ 按钮关闭此对话框。PI Configuration 和 SIwave Workflow Wizard 对话框都将关闭。

三、PI Advisor 工作流程

PI Advisor 的工作流程图如图 9.131 所示，下面我们按照流程进行仿真。

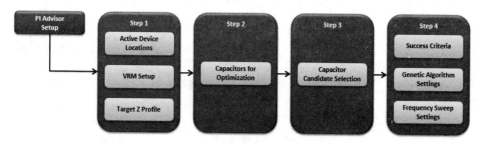

图 9.131　PI Advisor 的工作流程图

1. 启动 PI Advisor

如图 9.132 所示单击 Simulation 选项卡，单击 PI Advisor 按钮启动 PI Advisor。

图 9.132　启动 PI Advisor

2. 仿真步骤

（1）定义端口和目标阻抗

PI Advisor 工作界面如图 9.133 所示。

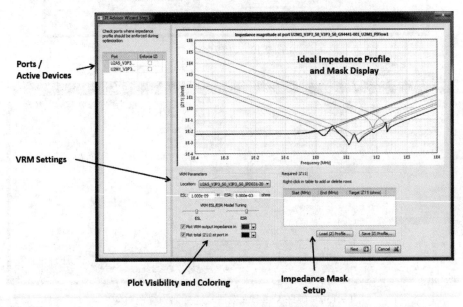

图 9.133　PI Advisor 工作界面

1）选择 Ports/Active Devices 进行优化。

如图 9.134 所示选中 V3P3_S0_IPD031-201_U2A5_PIFlow 旁边的 Enforce|Z|复选框，注意不要勾选 U2M1 的复选框。

2）VRM 设置。

如图 9.135 所示将 VRM 的位置更改为 U2M1，修改 ESL 和 ESR 参数。

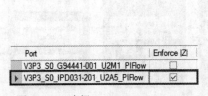

图 9.134　选择 Ports/Active Devices

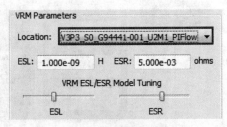

图 9.135　VRM 设置

3）设置目标阻抗模板。

如图 9.136 所示单击 Load |Z| Profile 按钮，选择 Z_target.zprof 文件，然后单击 OK 按钮；或者右击后单击 Add Row。

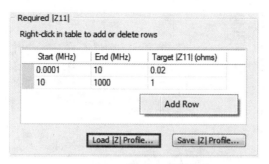

图 9.136　设置目标阻抗模板

4）单击 Next 按钮进行下一步。

（2）选择需要被优化的电容。

1）如图 9.137 所示单击 Optimize，在所有电容器旁边添加一个复选标记。

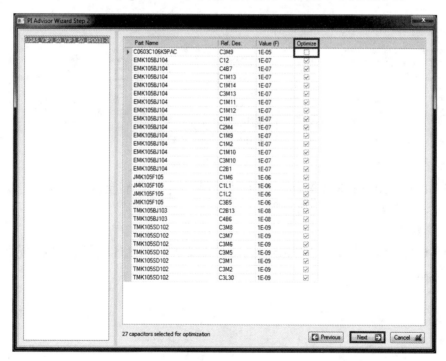

图 9.137　选择待优化的电容

2）取消选中 Ref.Des 为 C3M9 旁边的优化复选框，这是因为我们不想优化 0603 尺寸的电容。剩余的电容都是 0402 尺寸。

3）单击 Next 按钮进行下一步。

（3）选择用于优化的备选电容。

当前的工作界面如图 9.138 所示，下面分别对每个部分进行介绍。

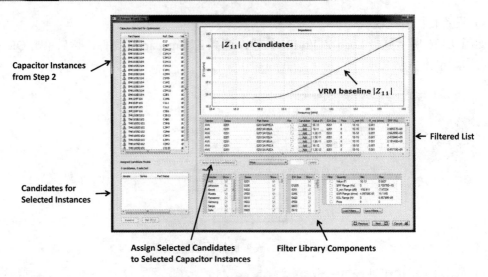

图 9.138　步骤 3 的工作界面

如图 9.139 所示在 Filters 窗格中的 Vendor 列只选择 Murata，EIA Size 列只选择 0402。

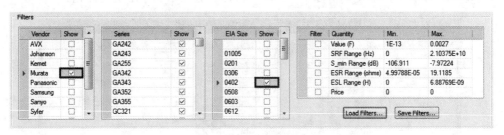

图 9.139　Filters 设置

1）选择待优化的电容。

如图 9.140 所示使用 Shift 键+单击或 Ctrl 键+单击选择所有待优化的电容。这里的警告图标表示此时还没有为待优化的电容分配候选电容。

2）选择候选电容。

如图 9.141 所示通过使用 Shift 键+单击或 Ctrl 键+单击来选择所有过滤后的候选电容。

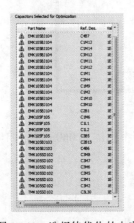

图 9.140　选择待优化的电容

图 9.141　选择候选电容

3）分配选定的候选电容。

单击图 9.138 中的 Assign Selected Candidates 按钮。

4）绘制分配候选模型。

如图 9.142 所示在 Assigned Candidate Models 中使用 Shift 键+单击或 Ctrl 键+单击选择所有分配的候选模型。

单击 Plot |Z11|按钮显示候选模型图，如图 9.142 所示。

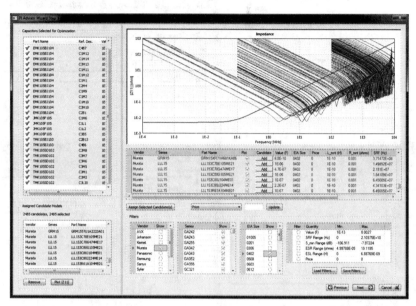

图 9.142　绘制分配候选模型

5）单击 Next 按钮进行下一步。

（4）建立优化判据。

当前的工作界面如图 9.143 所示，下面分别对每个部分进行介绍。

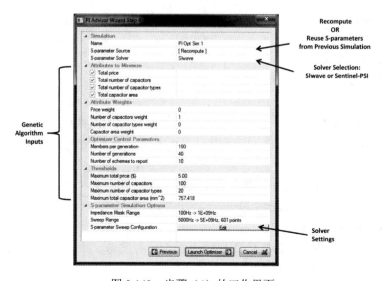

图 9.143　步骤（4）的工作界面

1）遗传算法设置。

遗传算法的默认设置是以减少电容的数量作为目标，其属性权重的总和相加为 1。设置好每代成员数、代数等参数，如图 9.143 所示。

2）SYZ 扫描设置。

单击 S-parameter Sweep Configuration 的 Edit 按钮，如图 9.144 所示。

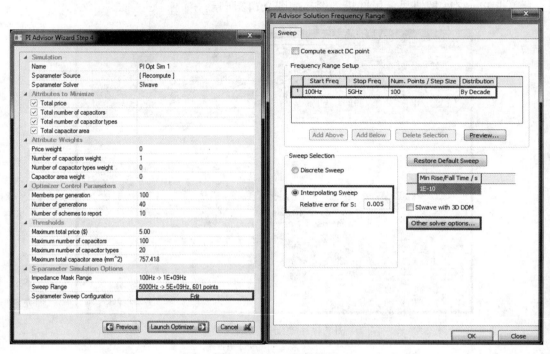

图 9.144　SYZ 扫描设置

频率范围设置为：

Start Frequency: 100Hz

Stop Frequency: 5GHz

Num. Points/Step Size: 100

Distribution: By Decade

扫描选择设置为：

Interpolating Sweep

Relative error for S: 0.005

单击 Other solver options 按钮，打开 SIwave Options 对话框设置选项卡。

3）SI/PI 选项卡。

在图 9.145 中的 SI/PI 选项卡中选择 Balanced，这里滑块允许在三个预定义的设置之间进行选择，然后单击 SI/PI Advanced 选项卡。

4）SI/PI Advanced 选项卡。

注意：我们只是求解这个 Balanced PI simulation 的腔场，并且选中 Mesh Refinement 的 Automatic 单选项，如图 9.146 所示。

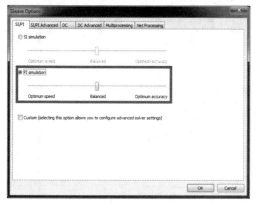

图 9.145　SI/PI 选项卡

图 9.146　SI/PI Advanced 选项卡

5）多处理（高性能计算，HPC）。

对于 PI 仿真，HPC 可以将求解器分布在多个内核中。如图 9.147 所示单击 Multiprocessing 选项卡，确保设置以下选项：

Number of cores to use：Max（增加直到无法继续增加）

Use HPC Licensing：选中

HPC Pack：选中

Max：80% of total RAM

单击 OK 按钮，关闭此对话框。

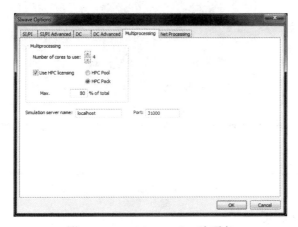

图 9.147　Multiprocessing 选项卡

6）应用遗传算法和 SYZ 扫描设置。

如图 9.148 所示单击 OK 按钮，应用 S 参数扫描设置。

如图 9.149 所示单击 Launch Optimizer 按钮，开始 PI Advisor 仿真。

7）查看 PI Advisor 仿真状态。

仿真过程中可以查看进程监控和信息/错误/警告，如图 9.150 所示。

左下窗格的 Process Monitor 显示求解器的仿真状态和步骤。

右下窗格的 Information / Errors / Warnings 提醒在求解进程中可能出现的任何潜在问题。

图 9.148　应用 S 参数扫描设置

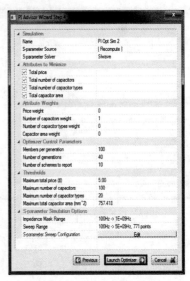

图 9.149　开始 PI Advisor 仿真

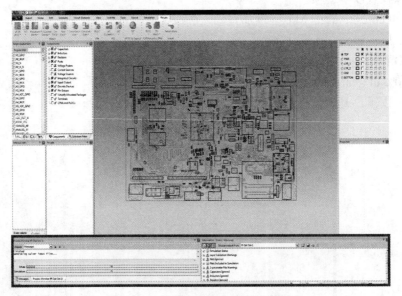

图 9.150　进程监控和信息/错误/警告

3．PI Advisor 仿真结果

（1）查看 PI Advisor 去耦电容方案。

在 Results 工作区右击 PI Opt Sim 1→View Schemes 命令，打开 PI Advisor 优化结果对话框，如图 9.151 所示。

（2）查看结果。

在如图 9.152 所示结果窗口中显示了最接近设定标准的十个电容器选择方案和相应的|Z11|图。每个方案都可以应用于项目或作为材料清单（BOM）导出。从 Schemes 下拉列表框中选择 Scheme 9。选中 Show impedance mask 复选框。如果需要指定多个有源器件，那么在 Port 下拉列表框中分别选择这些端口。

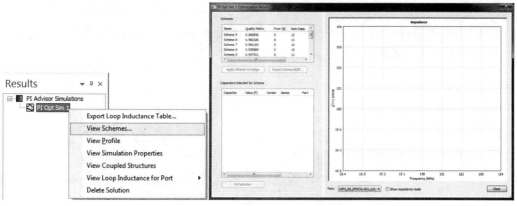

图 9.151　打开 PI Advisor 优化结果窗口

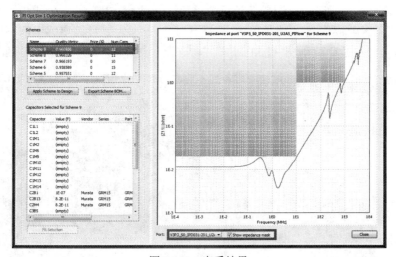

图 9.152　查看结果

可以选择所有可用的方案，叠加一起后查看|Z11|图。单击 Close 按钮，关闭 PI Advisor 结果对话框。

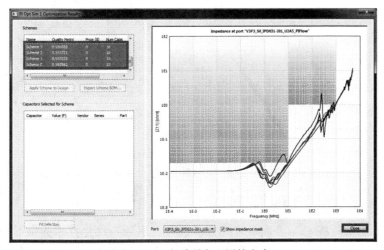

图 9.153　查看所有可用的方案

（3）绘制和导出环路电感。

从 Results 工作区中右击 PI Opt Sim 1→View Loop Inductance for Port→V3P3_S0_IPD031-201_U2A5_PIFlow 命令，如图 9.154 所示。

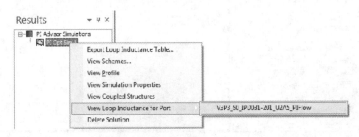

图 9.154　启动绘制环路电感

图 9.155 显示了从所选的有源器件到每个电容之间的环路电感。由公式可知较低的环路电感值有助于提高谐振频率。这里得到的电感值记为 $L_{geometry}$，是环路电感中的图形电感，并不包括放置电容器的等效串联电感（ESL）。

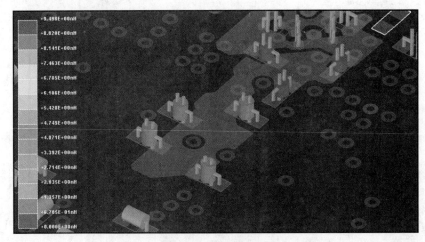

图 9.155　环路电感图

这些环路电感的文本文件可以通过 Results 的 PI Opt Sim 1>Export Loop Inductance Table 命令导出。

$$f_{resonance} = \frac{1}{2\pi\sqrt{(L_{geometry} + L_{capacitor})C}}$$

9.12　PI Advisor 去耦电容优化例二

器件速度的提高、器件的小型化和设计周期的缩短都给设计带来了很大挑战。如今，大量的印刷电路板和封装都需要对电容的模型、电容的价格和电容的数量进行优化，而优化目标的完成不应当牺牲信号完整性和电源完整性的性能。

本节讲解印刷电路板自动去耦电容的分析过程。这项自动化技术提供了一种创新的仿真策略，对印刷电路板和封装的去耦电容进行自动选择、布局和优化，显著提高了设计效率。

从 SIwave 5.0 开始，增加了 PI Advisor 选项。PI Advisor 的目标就是找到一组去耦电容，满足用户定义的阻抗模板和优化目标。

1. ANSYS SIwave 的设计环境

PI Advisor 利用 SIwave 的设计环境如下：

（1）验证电路板导入：检查层叠、检查网络、检查电路元件。

（2）设置引脚组：包括各个端口。

（3）求解设置：SYZ 扫描等。

（4）绘图和分析结果：包括 S 参数、PI Advisor 优化方案、回路电感图等。

2. 启动 SIwave

单击 Microsoft Start→All Programs→ANSYS Electromagnetics→ANSYS Electromagnetics Suite 17.0→SIwave 2016 命令。如图 9.156 所示单击 Open Project 按钮，浏览文件 PI_Advisor_cxample.siw，单击 Open 按钮打开 SIwave 项目，得到如图 9.157 所示的版图。

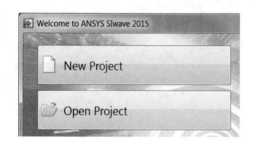

图 9.156　打开项目

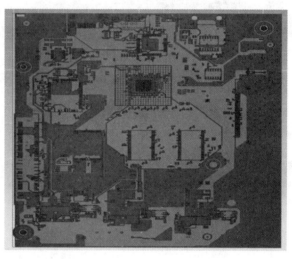

图 9.157　PI_Advisor_example 版图

3. 导入检查

将版图导入 SIwave 后，通过检查以下几项来验证导入是否正确：电路板图形结构、层叠、网络和电路元件。

（1）检查层叠。

为了检查层叠，在菜单栏中选择 HOME→Edit Tools→Layer Stackup Editor 命令，打开层叠对话框，如图 9.158 所示。

（2）检查网络输入。

为了检查并确保网络输入正确，在工作区选择 Single Ended Nets 选项卡，确定所有网络都存在，如图 9.159 所示。

（3）检查电路元件。

在菜单栏中选择 HOME→Edit Tools→Circuit Element Parameters 命令，确保 36 个不同的电容均有效。如果不是全部有效，则按照图 9.160 所示操作。

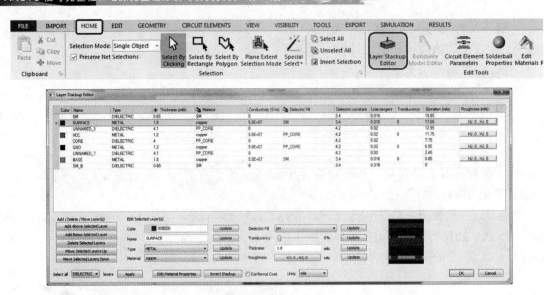

图 9.158　检查层叠

图 9.159　检查网络输入

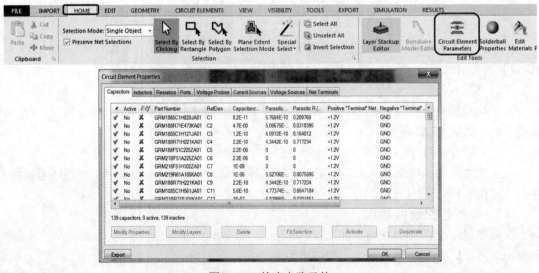

图 9.160　检查电路元件

在 Capacitors 选项卡单击 Positive "Terminal" Net 列，按网络名称排序；选中所有连接到 +1.2V 和 GND 的电容并单击 Activate 按钮，启用；对于 Negative "Terminal" Net 列，重复上述操作，同样可以找到所有连接到+1.2V 和 GND 的电容。

4. 引脚组管理

（1）用 BGA_CPU、DRAM D1 和 DRAM D2 元件中的网络 1.2V 和 GND 来创建引脚组。选择菜单栏 Tools→Create/Manage Pin Groups 命令，如图 9.161 所示。

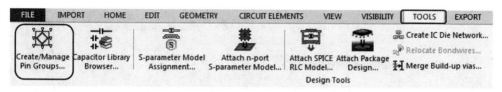

图 9.161　启动引脚组管理

（2）选择用来放置 1.2V 源的 IC 器件和引脚，如图 9.162 所示。

- Part Name: BGA_CPU。
- Reference Designator: CPU1。
- Nets: +1.2V。
- 选择 Create pin groups for each net 复选框。
- 单击 Create Pin Group(s)按钮。
- Pin Group List 的名字是 CPU1_+1.2V_Group。

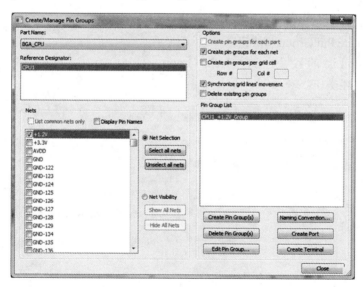

图 9.162　BGA_CPU 放置 1.2V 源

（3）选择用来放置 GND 的 IC 器件和引脚，如图 9.163 所示。

- Part Name: BGA_CPU。
- Reference Designator: CPU1。
- Nets: GND。
- 选择 Create pin groups for each net 复选项。

- 单击 Create Pin Group(s)按钮。
- Pin Group List 的名字是 CPU1_GND_Group。

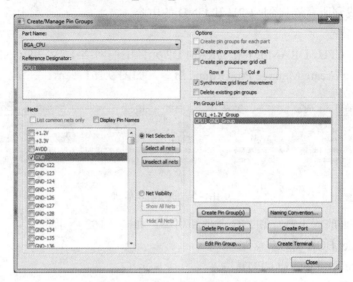

图 9.163　BGA_CPU 放置 GND

（4）选择用来放置 1.2V 的 IC 器件和引脚，如图 9.164 所示。

- Part Name: SOIC_DRAM。
- Reference Designator: D1。
- Nets: +1.2V。
- 单击 Create Pin Group(s)按钮。
- Pin Group List 的名字是 D1_+1.2V_Group。

对 D2 重复上述操作。

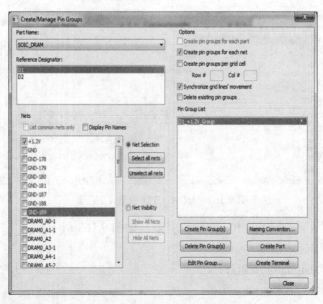

图 9.164　D1 放置 1.2V 源

（5）选择用来放置 GND 的 IC 器件和引脚，如图 9.165 所示。

- Part Name: SOIC_DRAM。
- Reference Designator: D1。
- Nets: GND。
- 单击 Create Pin Group(s)按钮。
- Pin Group List 的名字是 D1_GND_Group。

对 D2 重复上述操作，然后单击 Close 按钮关闭。

5. 在元件窗口中检查引脚组

可以在 Components 窗格中展开 Pin Groups 来检查引脚组，如图 9.166 所示。

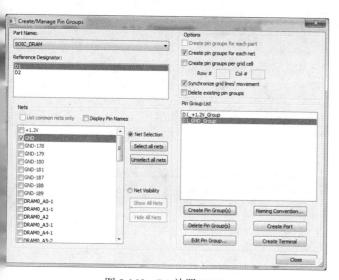

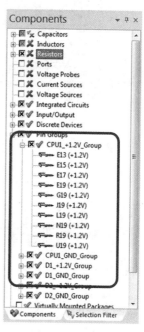

图 9.165　D1 放置 GND　　　　图 9.166　在元件窗口中检查引脚组

6. 创建端口

在进行 SYZ 参数仿真之前，必须先定义端口。这里端口被分别定义在 BGA_CPU、DRAM D1 和 DRAM D2 生成的电源和地引脚组之间。

选择菜单项 Tools→Generate Circuit Elements on Components 命令，创建 BGA_CPU 端口，如图 9.167 所示。

- Positive Terminal Component:
  Part Name: BGA_CPU
  Ref Des: CPU1。
- Reference Terminal Component:
  ☑ Same as Positive Terminal。
- Circuit Element Positive Terminal
  Pin Groups: CPU1_+1.2V_Group。

- Circuit Element Reference Terminal
  Pin Groups: CPU1_GND_Group。
- Circuit Element Type: Port。
- 单击 Create 按钮。
- Port Properties:
  Name: CPU_+1.2V_Group
  Reference Impedance: 50 Ohms。
- 单击 OK 按钮完成设置。

图 9.167　创建 BGA_CPU 端口

按照图 9.168 创建 D1 端口。

- Positive Terminal Component:
  Part Name: SOIC_DRAM
  Ref Des: D1。
- Reference Terminal Component:
  ☑ Same as Positive Terminal。
- Circuit Element Positive Terminal
  Pin Groups: D1_+1.2V_Group。
- Circuit Element Reference Terminal
  Pin Groups: D1_GND_Group。
- Circuit Element Type: Port。
- 单击 Create 按钮。
- Port Properties:
  Name: D1_+1.2V_Group
  Reference Impedance: 50 Ohms。

- 单击 OK 按钮。

对 D2 重复上述操作。

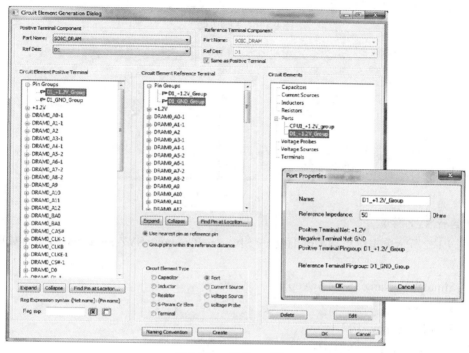

图 9.168　创建 D1 端口

7. VRM 端口创建

选择菜单项 View→Top-Down View，放大显示 DRAM1 下面的高亮区域，如图 9.169 所示放大显示 C317 元件。如图 9.170 所示选择菜单项 CIRCUIT ELEMENTS→Add Port，对正端单击 Pin1，对负端单击 Pin2。如图 9.171 所示在 Select layers for port terminals 对话框中：正端层选 SURFACE，负端层选 SURFACE，单击 OK 按钮。在 Port Properties 对话框中：Name: VRM，Reference Impedance: 50 Ohms，单击 OK 按钮。再次选择菜单项 CIRCUIT ELEMENTS→Add Port，退出端口设置选项。

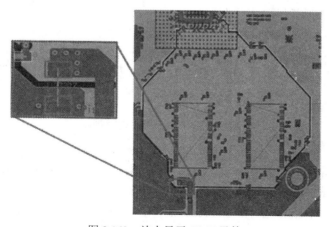

图 9.169　放大显示 C317 元件

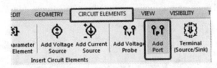

图 9.170　启动加端口

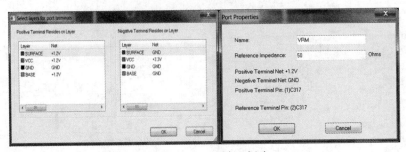

图 9.171　VRM 端口创建

8. 运行 SYZ 仿真

如图 9.172 所示单击菜单项 Simulation→SIwave→Compute SYZ-Parameters，设置如图 9.173
所示。

- Simulation Name: SYZ Sweep1。
- 设置扫频
  Start Frequency: 1 MHz
  Stop Frequency: 100 MHz
  Number of Points: 101。
  Distribution: By Decade。
- 单击 Add Below 按钮
  Start Frequency: 100 MHz
  Stop Frequency: 1 GHz
  Number of Points: 101。
  Distribution: Linear。
- Sweep Selection: Interpolating Sweep
  Set Relative error for S: 0.001。
- 单击 Launch 按钮。

图 9.172　启动计算 SYZ 参数

注意：
- SIwave 选取足够的频率点进行精确计算，其他点利用合理的插值函数计算产生。
- 单击 Preview 按钮可以看到将要进行计算的频率列表。
- Min Rise/Fall Time 值与 Stop Frequency 有关，一旦设置了 Stop Frequency，就不需要
  进行修改。

图 9.173　计算 SYZ 参数设置

9. 图形显示结果

仿真完成后，可将结果以图形的形式表现出来。单击 Results→SIwave→SYZ→SYZ Sweep1
→Plot Magnitude 命令，单击 Z-parameters Plot 选项卡，在如图 9.174 所示的对话框中单击 Plot
in Electronics Desktop 按钮。

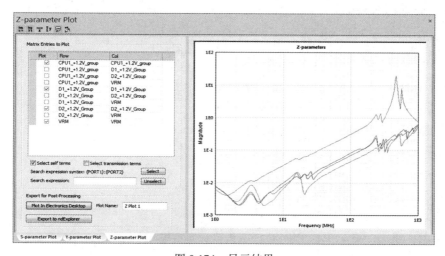

图 9.174　显示结果

10. 在 SIwave Reporter 中绘制结果

打开 Ansys Electronics Desktop 后，单击 X-axis。在左下角的 Properties 窗格中，将 Scaling
选项卡中的 Axis Scaling 值改为 Log。在 SIwave Reporter 中单击 Mag(Z(VRM,VRM)) 曲线，并
单击 Delete 按钮，如图 9.175 所示。

此时 SIwave Reporter 已经画出了 Z 参数，下面导入目标阻抗模板。在图 9.176 Reporter 窗
口右击选择 Import 命令，浏览 Zmask.csv 文件并导入。

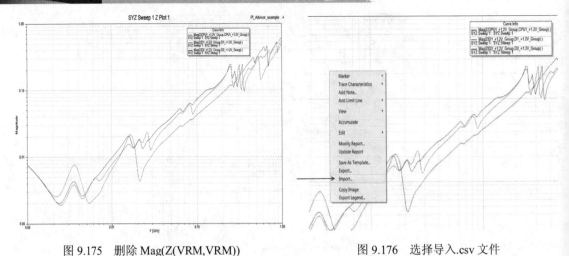

图 9.175   删除 Mag(Z(VRM,VRM))   图 9.176   选择导入.csv 文件

单击 Zmask 线，在 Properties 窗格中单击 Attributes 选项卡。颜色：Black，线形：ShortDash，线宽：2。

X-Axis 的缩放范围可能需要改变，单击 X-Axis，Scaling 选项卡设置 min 为 1e-04，Axis 选项卡设置 number format 为 Scientific，得到图 9.177。

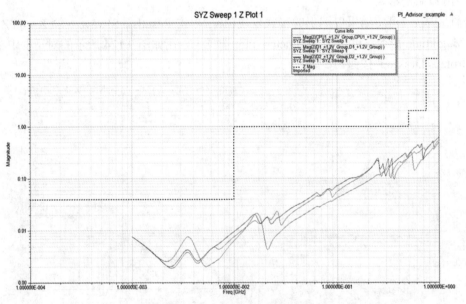

图 9.177   导入目标阻抗模板

11. PI Advisor 向导步骤 1：定义端口和目标阻抗

返回到 SIwave 图形用户界面，关闭结果显示窗口，接下来 PI Advisor 将选择待优化的端口，定义 VRM 模型和导入目标阻抗模板：单击图 9.178 中的 SIMULATION→PI Advisor 命令，如图 9.179 所示，在 PI Advisor Wizard Step1 对话框中高亮 CPU1_+1.2V_Group，选中 Enforce |Z| 复选框。

- VRM parameters
  Location: VRM

ESL: 1e-9 H

ESR: 5e-3 ohms。

● 单击 Load |Z| Profile 按钮。

浏览并导入 1v2.zprof 文件。

图 9.178　启动 PI Advisor

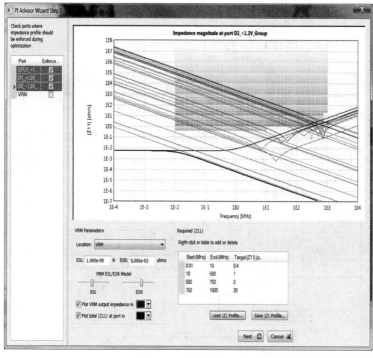

图 9.179　设置端口

对 D1_+1.2V_Group 和 D2_+1.2V_Group 这两个端口重复上述操作。

注意：端口对话框中的 VRM 不选中，使其无效。单击 Next 按钮继续操作。

12. PI Advisor 向导步骤 2：选择需要被优化的电容

为了选取待优化的电容，如图 9.180 所示单击列标题 Optimize 选择待优化的全部 36 个电容，单击 Next 按钮继续进行操作。

13. PI Advisor 向导步骤 3：选择用于优化的备选电容

选择候选电容的步骤如图 9.181 所示。

（1）按住 Shift 键选中所有待优化的电容。

（2）Filters：单击 Show 列标题将对勾全去掉，仅选择 Vendor: Murata。

（3）Series：单击 Show 列标题将对勾全去掉，仅选择 GRM18 和 GRM21。

（4）选中所有 Murata 电容，输入价格 0.01。

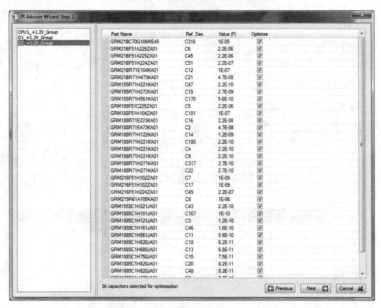

图 9.180　选取待优化的电容

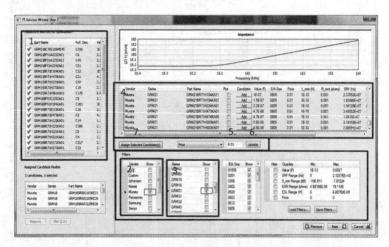

图 9.181　选择候选电容

单击 Update 按钮，单击 Assign Selected Candidate(s)按钮，最后单击 Next 按钮。

14. PI Advisor 向导步骤 4：建立优化判据

最小化的优化目标设定如图 9.182 所示。

- Total Price ☑。
- Total number of capacitors ☑。
- Total number of capacitors types ☑。
- Total capacitor area ☑。
- Number of capacitors weight: 1。
- Members per generation: 5。
- Numbers of generations: 40。
- Number of schemes to report: 10。

注意：优化过程采用了遗传算法。

● 单击 S-parameter Sweep Configuration 的 Edit 按钮：

Start Frequency: 10 kHz

Stop Frequency: 1 GHz

Number of Points: 201

Distribution: By Decade。

● Sweep Selection: Interpolating Sweep

Relative Error for S: 0.001。

单击 OK 按钮后单击 Launch Optimizer 按钮。

图 9.182　最小化的优化目标设定

15．回路电感

每个端口和每个电容器之间的回路电感值是根据电路的布局图形计算出来的，具有高回路电感值的电容器对降低相关端口处的阻抗并不太有成效。

在如图 9.183 所示的结果窗格中右击 PI Opt Sim 1 并选择 View Loop Inductance for Port→CPU1_+1.2V_Group 命令，得到回路电感如图 9.184 所示。

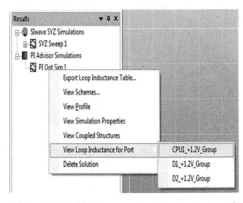

图 9.183　选择 CPU1_+1.2V_Group 回路电感

图 9.184　显示回路电感

16. PI Advisor 仿真结果

在如图 9.183 所示的结果窗格中右击 PI Opt Sim 1 并选择 View Schemes 命令，得到图 9.185，勾选 Show impedance mask 复选框，选中 Scheme 8。

浏览 9 个可选方案，以百分比来表示适合度，适合度 1 代表 100%适合。

最佳优化解决方案：Scheme: #8。

电容数量：6。

价格：$0.06。

电容种类：6。

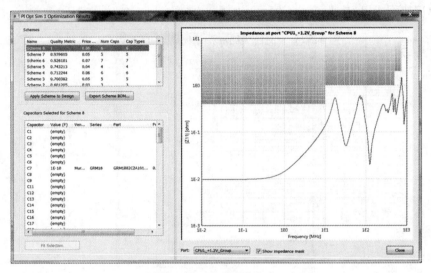

图 9.185　查看可选方案

17. 看结果图

选中 Scheme 8，勾选 Show Impedance Mask 复选框，查看三个端口的 Z11 参量：CPU1_+1.2V_Group、D1_+1.2V_Group、D2_+1.2V_Group，如图 9.186 所示。

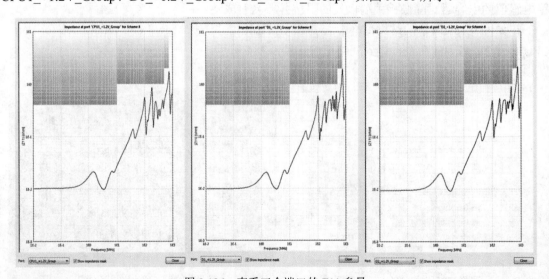

图 9.186　查看三个端口的 Z11 参量

18. 应用 PI Advisor 的仿真结果：电容数量减少

选中高亮 Scheme 8，单击 Apply Scheme to Design 按钮，单击 Close 按钮，如图 9.187 所示。

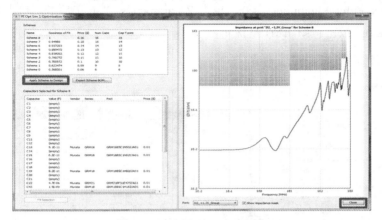

图 9.187　应用 Scheme8 方案

在菜单栏中选择 HOME→Edit Tools→Circuit Element Parameters 命令，确保有 6 个不同的电容器有效可用，如图 9.188 所示。

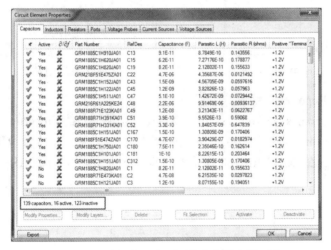

图 9.188　确保有 6 个不同的电容器有效可用

19. 重新运行 SYZ 仿真

选择 Simulation→SIwave→Compute SYZ-parameters 命令，按图 9.189 进行设置。

- Simulation Name: SYZ Sweep - Scheme 8。
- 设置扫频：
  Start Freq: 1MHz，Stop Freq: 100Mhz，Number of Points: 101，
  Distribution: By Decade，单击 Add Below 按钮。
  Start Freq: 100MHz，Stop Freq: 1GHz，Number of Points: 101，
  Distribution: Linear。
- Sweep Selection: Interpolating Sweep，Relative Error for S: 0.001。

单击 Launch 按钮。

20. 对结果进行绘图

仿真完成后，可对结果进行绘图操作：在菜单栏中选择 Results→SIwave→SYZ→SYZ Sweep-Scheme 8→Plot Magnitude 命令，单击 Z-parameters Plot 选项卡，单击 Create Plot In Electronics Desktop 按钮，如图 9.190 所示。

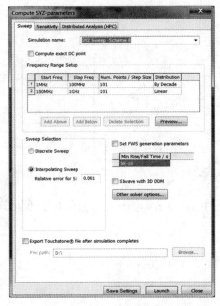

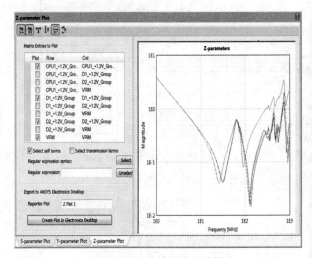

图 9.189　重新运行 SYZ 仿真　　　　　　　　　图 9.190　对结果进行绘图

21. 在 SIwave Reporter 中绘图

打开 Ansys Electronics Desktop 后，单击 X-axis。在左下角的 Properties 窗格中，将 Scaling 选项卡中的 Axis Scaling 值改为 Log（如果需要更改），设置最小值为 0.01GHz。在 SIwave Reporter 中单击 Mag(Z(VRM,VRM)) 曲线并单击 Delete 按钮，得到图 9.191。

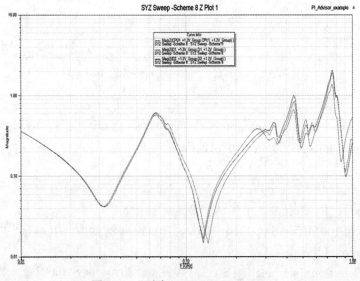

图 9.191　删除 Mag(Z(VRM,VRM))

我们在 SIwave Reporter 中查看到了 Z 参数，为了评估结果，要导入目标阻抗模板：右击 Reporter 窗格选择 Import 命令，浏览并导入 Zmask.csv 文件。

单击 Zmask 曲线，在 Properties 窗格中单击 Attributes 选项卡：

- Color: Black。
- Line Style: ShortDash。
- Line Width: 2。

注意：仿真过程中没有 VRM 模型。

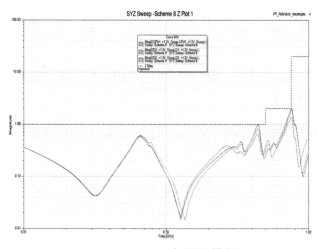

图 9.192   导入目标阻抗模板

22. Z 参数比较

通过 Window/Tile vertically 可查看原始和优化后的 Z 参数。从图 9.193 中可知，在阻抗方面原始设计属于过设计，同时比较了电容器的数目，即电容数从原先的 36 个降低到优化的 6 个，降低了费用。

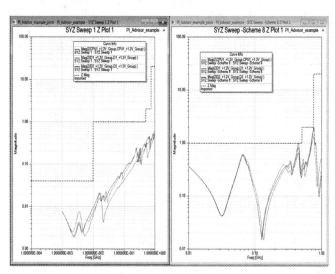

（a）原始设计的阻抗图   （b）优化后的阻抗图

图 9.193   Z 参数比较

9.13 SSN 分析

本节将演示如何进行 SSN 仿真，其中有两个驱动信号线和一个静态信号线。我们提取关键网络所在器件的信号和电源网络耦合参数，将会看到静态线和电源平面上的噪声。

本节包括以下内容：

（1）使用自动生成端口功能生成端口。

（2）计算 S 参数。

（3）计算 FWS 子电路。

（4）在 Designer 中导入 IBIS 模型进行时域仿真。

（5）使用 NEXXIM 和 Ansoft Designer 的 FWS 子电路仿真 SSN。

由于篇幅有限，具体步骤见光盘中的文档"SSN 分析"。

1. 利用 SIwave 提取信号和电源网络耦合参数

选择 SIwave 菜单项 File→Open→SIWave SSN Analysis.siw，得到如图 9.194 所示的电路。

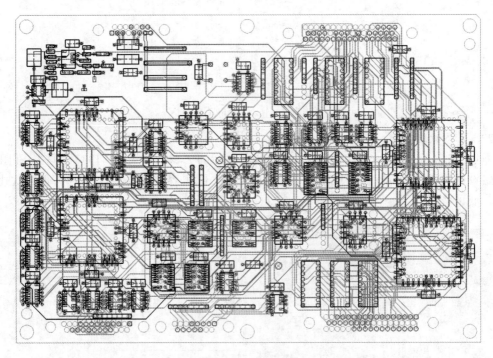

图 9.194　电路版图

本例意在使用一个激励来驱动 ST_DATA1 和 ST_DATA2，然后观察 ST_DATA3 和 VCC 相对于 GND 的噪声。因此，我们需要分别对 ST_DATA1、ST_DATA2、ST_DATA3 和 VCC 建立端口，GND 作为负参考端，通过计算 S 参数来提取信号和电源网络耦合参数。

2. 利用 Ansoft Designer 进行 SSN 分析

打开 Designer，调用从 SIwave 中提取的信号和电源网络耦合参数，导入 Driver 和 Receiver 的 IBIS 模型，最终创建的原理图如图 9.195 所示。

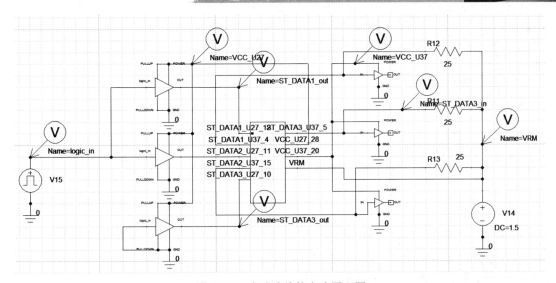

图 9.195　完成连线的电路原理图

进行瞬态仿真，得到的结果曲线如图 9.196 所示。三条线从上到下分别是 V(VCC_U37)、V(ST_DATA3_out)和 V(ST_DATA1_out)。这里 V(ST_DATA1_out)是 Driver1 的输出信号；V(ST_DATA3_out)是当 Driver1 和 Driver2 同时工作时，在 Driver3 上产生的噪声信号；V(VCC_U37) 是器件 U37 上 VCC 对地的电压差，用于给 Receiver 供电。

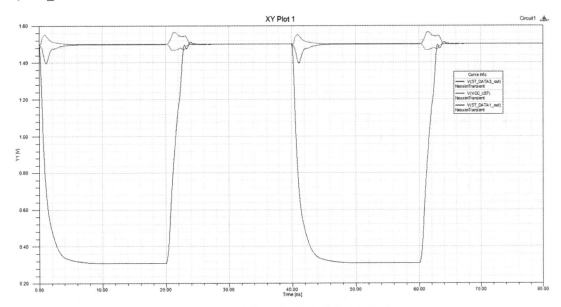

图 9.196　攻击线、受害线和供电电源波形

由图 9.196 可知，IBIS 驱动器从 PCB 板的电源吸取电流，由于电源不完整产生了电压 V(VCC_U37) 波动，即 SSN 噪声。这一噪声传到信号线的 V(ST_DATA3_out)上，影响了信号。此分析中还包括走线之间的串扰，也增加了信号 V(ST_DATA3_out)的噪声。

此外，我们还可以从 DC 源直接给 IBIS 驱动器提供电流，查看串扰结果。

10

EMI 辐射

随着时钟上升沿越来越陡峭，电路中即使非常短的布线也有可能成为发射天线，向空间辐射，从而形成干扰，即 EMI 辐射。辐射可以分为差模辐射和共模辐射，其中差模辐射由差模电流激励，而共模辐射由共模电流激励得到。

EMI 辐射与 SI 和 PI 关系密切：电源和地上的噪声会引起共模辐射，而大的回流路径会增加差模辐射，均是严重的 EMI 辐射；而 EMI 的干扰也会造成系统的电源波动，产生 SI 问题。此外，如果不限制系统的电磁辐射，很可能无法满足产品的 EMI 规范。

对 EMI 的优化，关系到了系统方案的选定、元器件的选型和电路的设计。在高速电路中，EMI 问题是在 SI 和 PI 满足要求的基础上进行的优化。

10.1 辐射原理

10.1.1 共模电流和差模电流

电流在导线上传输时有两种方式：共模和差模。电流大小和方向均相同是共模电流，电流大小相同、方向相反是差模电流。

10.1.2 差模辐射

差模电流流过电路中的导线环路时，将引起差模辐射，如图 10.1 所示。这种环路相当于小环天线。因此，我们可以采用小环天线（磁偶极子）模型来分析差模辐射，如图 10.2 所示。

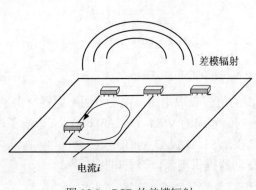

图 10.1 PCB 的差模辐射

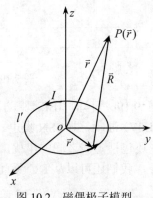

图 10.2 磁偶极子模型

理想的磁偶极子天线是由一个半径 $a \ll \lambda$ 的小电流环构成的，其电磁场各分量为：

$$\begin{cases} E_\varphi = -j\dfrac{\eta_0 S I k}{4\pi r}\left(jk + \dfrac{1}{r}\right)\sin\theta\, \mathrm{e}^{-jkr} \\[3mm] H_\theta = \dfrac{IS}{4\pi r}\left(-k^2 + \dfrac{jk}{r} + \dfrac{1}{r^2}\right)\sin\theta\, \mathrm{e}^{-jkr} \\[3mm] H_r = \dfrac{IS}{2\pi r^2}\left(jk + \dfrac{1}{r}\right)\cos\theta\, \mathrm{e}^{-jkr} \end{cases} \tag{10.1}$$

其对应的幅值为：

$$\begin{cases} \left|E_\varphi\right| = -\dfrac{\eta_0 S I \pi}{r\lambda^2}\sqrt{1 + \dfrac{\lambda^2}{4\pi^2 r^2}}\sin\theta \\[3mm] \left|H_\theta\right| = \dfrac{IS\pi}{r\lambda^2}\sqrt{1 - \dfrac{\lambda^2}{4\pi^2 r^2} + \dfrac{\lambda^4}{16\pi^4 r^4}}\sin\theta \\[3mm] \left|H_r\right| = \dfrac{IS}{r\lambda^2}\sqrt{1 + \dfrac{\lambda^2}{4\pi^2 r^2}}\cos\theta \end{cases} \tag{10.2}$$

式中：$\bar{E}$＝电场强度，单位是 V/m；$\bar{H}$＝磁场强度，单位是 A/m；$\eta_0 = 120\pi$＝自由空间的特征阻抗，单位是 Ω；λ＝波长，单位是 m；I＝电流，单位是 A；S＝环路的面积，单位是 m²；r＝空间某点到电流环路中心的距离；θ＝矢量与 z 轴的夹角 $k = 2\pi/\lambda$。

从上式可以看出，当 $\theta = \dfrac{\pi}{2}$ 时为最坏情况。

1. 近区场

在靠近磁偶极子的区域，因为 r 很小，即 $kr < 1$，$r < \lambda/2\pi$，这一区域称为近区，其电场和磁场模值近似为：

$$\begin{cases} E \approx \dfrac{\eta_0 IS}{2\lambda r^2} \\[3mm] H \approx \dfrac{IS}{4\pi r^3} \end{cases} \tag{10.3}$$

近区场的波阻抗为：

$$Z = \dfrac{E}{H} = \dfrac{\dfrac{\eta_0 IS}{2\lambda r^2}}{\dfrac{IS}{4\pi r^3}} = \dfrac{2\pi r}{\lambda}\eta_0 \tag{10.4}$$

可见，在近场区，磁偶极子电场与磁场分别与 r^2 和 r^3 成反比，因此将随着 r 的增大而迅速减小。其波阻抗远小于真空波阻抗 η_0，为低阻抗区。

2. 远区场

在远离磁偶极子的区域，因为 r 很大，即 $kr > 1$，$r > \lambda/2\pi$，这一区域称为远区，其电场和磁场模值近似为：

$$\begin{cases} E = \dfrac{\eta_0 SI\pi}{r\lambda^2} = \dfrac{\eta_0 SI\pi f^2}{rc^2} \\[3mm] H = \dfrac{IS\pi}{r\lambda^2} = \dfrac{IS\pi f^2}{rc^2} \end{cases} \tag{10.5}$$

其中，c 为真空中光速，单位是 m/s，$c = \lambda f$。远区场的波阻抗为：

$$Z = \frac{E}{H} = \eta_0 \tag{10.6}$$

可见，在远场区，电场与磁场均与距离 r 成反比，与面积 S、电流 I 以及频率的平方 f^2 成正比。其波阻抗等于真空波阻抗。

10.1.3　共模辐射

由于接地电路中存在电压降，某些部位具有高电位的共模电压。当外接电缆与这些部位连接时，就会在共模电压激励下产生共模电流，引起共模辐射，相当于短极子天线，如图 10.3 所示。因此，我们可以采用电偶极子天线模型来分析共模辐射，如图 10.4 所示。

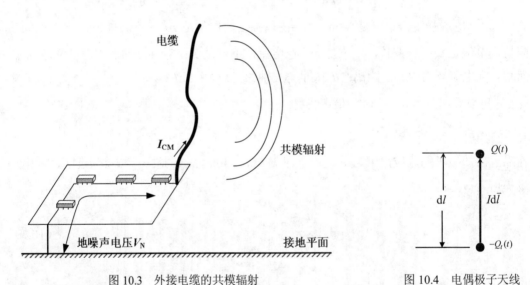

图 10.3　外接电缆的共模辐射　　　　　　图 10.4　电偶极子天线

理想的电偶极子天线是由一个辐射线长度 $\mathrm{d}l \ll \lambda$ 的孤立导线构成的，其电磁场各分量为：

$$\begin{cases} E_r = -\mathrm{j}\dfrac{I\mathrm{d}l\cos\theta}{2\pi\omega\varepsilon_0 r^2}\left(\mathrm{j}k + \dfrac{1}{r}\right)\mathrm{e}^{-\mathrm{j}kr} \\[3mm] E_\theta = -\mathrm{j}\dfrac{I\mathrm{d}l\sin\theta}{4\pi\omega\varepsilon_0 r^2}\left(-k^2 + \dfrac{\mathrm{j}k}{r} + \dfrac{1}{r^2}\right)\mathrm{e}^{-\mathrm{j}kr} \\[3mm] H_\varphi = \dfrac{I\mathrm{d}l\sin\theta}{4\pi r}\left(\mathrm{j}k + \dfrac{1}{r}\right)\mathrm{e}^{-\mathrm{j}kr} \end{cases} \tag{10.7}$$

其模值为：

$$
\begin{cases}
\left|E_r\right| = \dfrac{Idl\cos\theta}{2\pi r^2}\sqrt{\dfrac{\mu}{\varepsilon_0}}\left(\mathrm{j}+\dfrac{1}{rk}\right) = \dfrac{Idl\eta_0\cos\theta}{2\pi r^2}\sqrt{1+\dfrac{\lambda^2}{4\pi^2 r^2}} \\[3mm]
\left|E_\theta\right| = \dfrac{Idl\eta_0\sin\theta}{2\lambda r}\sqrt{1-\dfrac{\lambda^2}{4\pi^2 r^2}+\dfrac{\lambda^4}{r^4(2\pi)^4}} \\[3mm]
\left|H_\varphi\right| = \dfrac{Idl\sin\theta}{2\lambda r}\sqrt{1+\dfrac{\lambda^2}{4\pi^2 r^2}}
\end{cases}
\tag{10.8}
$$

从上式可以看出，在 $\theta=\dfrac{\pi}{2}$ 时，为最坏的情况。

1. 近场区

在靠近电偶极子的区域，因为 r 很小，即 $kr<1$，$r<\lambda/2\pi$，这一区域称为近区，其电场和磁场模值近似为：

$$
E \approx \frac{Idl\eta_0\lambda}{8\pi^2 r^3}
$$
$$
H \approx \frac{Idl}{4\pi r^2}
\tag{10.9}
$$

其波阻抗为：

$$
Z = \frac{E}{H} = \frac{\lambda}{2\pi r}\eta_0
\tag{10.10}
$$

可见，在近场区，电偶极子的电场与磁场分别与 r^3 和 r^2 成反比，因此将随着 r 的增大而迅速减小。其波阻抗远大于真空波阻抗 η_0，为高阻抗区。

2. 远区场

在远离电偶极子的区域，因为 r 很大，即 $kr>1$，$r>\lambda/2\pi$，这一区域称为远区，其电场和磁场模值近似为：

$$
\begin{cases}
E = \dfrac{Idl\eta_0}{2\lambda r} = \dfrac{Idl\eta_0 f}{2cr} \\[3mm]
H = \dfrac{Idl}{2\lambda r} = \dfrac{Idlf}{2cr}
\end{cases}
\tag{10.11}
$$

远区场的波阻抗为

$$
\eta = \frac{E}{H} = \eta_0
$$

可见，在远场区，电偶极子的电场与磁场均与 r 成反比，与电流 I、长度 dl 以及频率 f 成正比。其波阻抗等于真空波阻抗。

10.2　EMI 的干扰源

高速电路 EMI 的干扰源和干扰途径主要来自以下几种情况：

（1）差模电流。

如 10.1.2 节所述，信号走线上的环路或回路电流会成为有效电磁干扰源，类似环形天线。

（2）共模电流。

如 10.1.3 节所述。从图 10.5 中可以看出，共模电流造成的影响远大于差模电流（共模电流的电场强度和影响面积都大于差模电流），而差分线的不对称会造成差模转换成共模（见 6.2.5 节差分信号到共模信号的转换）。

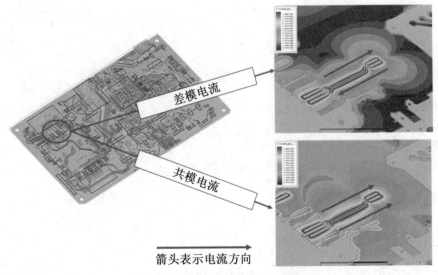

图 10.5　板上的差模电流和共模电流

（3）串扰耦合到 I/O 路径（如跨板系统走线、电缆等）。

（4）信号线跨分割。

（5）电源地层谐振。

为了理解电源地层谐振对 EMI 的影响，可以做一个简单的仿真，如图 10.6 所示。

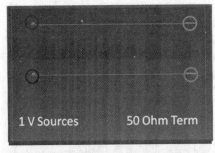

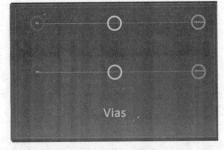

（a）没有过孔换层的微带线　　　　　　　（b）有过孔换层的相同长度的微带线

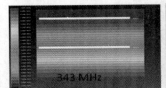

（c）没有过孔换层的微带线的谐振模式

图 10.6　电源地层谐振对 EMI 的影响

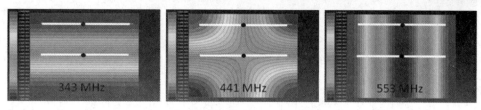

（d）有过孔换层的微带线的谐振模式

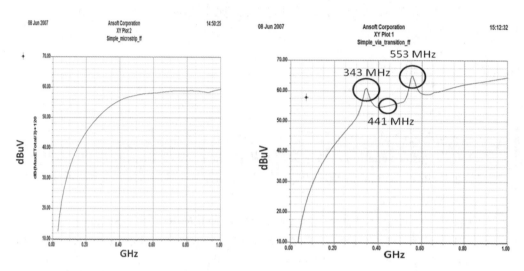

（e）没有过孔换层的 3 米辐射场结果　　　（f）有过孔换层的 3 米辐射场结果

图 10.6　电源地层谐振对 EMI 的影响（续图）

在一个 8×10 英寸的 4 层 PCB 上，如图（a）走两条没有过孔换层的微带线，左端是源右端是 50Ohm 负载。为了对比图（b）走两条相同长度的微带线，在中间处进行过孔换层。仿真得到二者的谐振模式如图（c）和（d）所示。我们观察 3 米处的 EMI 辐射场[图（e）和（f）]可知，远场的尖峰只发生在有通孔换层的谐振模式处，即谐振波峰处的通孔电流为干扰源，激励该模式在 PCB 层间进行谐振，然后对外辐射，类似 patch 天线。

（6）电源地层挖空。

电源地层上的挖空形成缝隙天线效应，如图 10.7 所示。

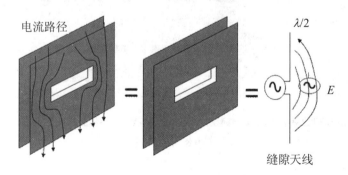

图 10.7　缝隙天线效应

（7）板上其他结构（如过孔 Stub、集成电路引脚、各类接插件等）。

因此对于 EMI 问题，需要与 SI 和 PI 协同分析：

（1）SI、PI 和 EMI 都是基于相同的电磁基础，不能被分开考虑。

（2）去耦电容位置、容值和电源层阻抗都影响电源质量，也影响 EMI。改善电源分布网络设计可以减少 EMI 问题。

（3）串扰、模式转换、不连续和结构突变都是 SI 关心的主要问题，这些问题也会影响EMI。适当的 SI 设计有助于减少不同 SI 引起的 EMI 问题。

（4）SI、PI 和 EMI 耦合的分析方法可以帮助设计早期发现潜在的 EMI 问题，减小产品发生 EMI 问题几率。

10.3 协同分析 EMI

本例想说明以下三个内容：

（1）从动态链接 SIwave 版图模型的电路中仿真数字源波形。

（2）使用 Push Excitation 将数字频谱源从 Designer 导入 SIwave。

（3）使用 Push Excitation 给出的频域源在 SIwave 中计算 EMI 和近场辐射图。

1. 打开 SIwave

（1）单击"开始"→"程序"→Ansoft→SIwave 6 命令，运行 SIwave 6。

（2）单击菜单项 File→Open，找到 SIwave EMI Dynamic Link.siw，单击 Open 按钮，如图 10.8 所示。这是一个简单的 3 层 PCB 项目（狭缝区域下方为模拟参考层），用于测试传输线下有一个狭缝的非理想地面引起的 EMI 影响。传输线右侧的负载端电阻为 36Ω，负载端电容为 20pF。我们将在传输线左端指定一个数字源。

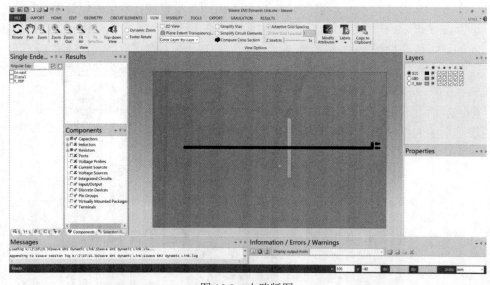

图 10.8 电路版图

2. 在数字源的位置添加端口

为了创建一个 dynamic-link（动态链接）的项目，我们将在传输线的左端为数字源添加一个端口。

（1）选择 Circuit Element→Port 命令，输入正极节点位置（0,0），并按 Enter 键；输入负极节点位置（0,0），并按 Enter 键。

（2）在 Select Layers for port terminals 窗口中，选择 Positive Terminal 为 SIG，Negative Terminal 为 GND，单击 OK 按钮。

（3）在 Port Properties 窗口中，将 Name 设置为 Signal，并将 Reference Impedance 设置为 50Ω，单击 OK 按钮。

（4）选择 Circuit Element→Port 命令，退出端口模式。

（5）选择 View→Circuit Elements→Element Names→All→On 命令，查看端口。

3. 保存 SIwave 项目

选择菜单项 File→Save As，输入文件名 SIwave EMI Dynamic Link_1.siw，单击 Save 按钮。

4. 设置仿真全局选项

单击 Simulation→Options 命令，在 Simulation Global Options 对话框中，设置如图 10.9 所示。单击 OK 按钮。

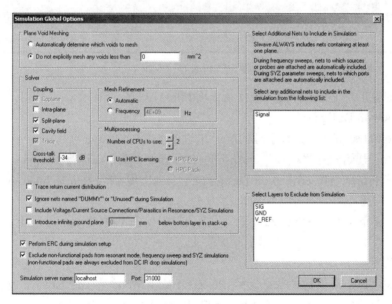

图 10.9　仿真全局选项设置

5. 计算 S 参数

在将 SIwave 项目连接 Designer 电路之前，我们需要计算 S 参数。

选择 Simulation→Compute S,Y,Z Parameter 命令，输入如下扫频参数：

- Start Freq（起始频率）/ Hz：0
- Stop Freq（终止频率）/ Hz：5e9
- Num. Points（点数）：501
- Distribution（分布）：Linear
- Sweep Selection（扫描选择）：Interpolating
- Error Tolerance：0.001

单击 OK 按钮。

6. 查看 S 参数结果

（1）选择 Results→SYZ→SYZ Sweep 1→Plot Magnitude/Phase 命令，选中 Signal 行的 Plot 复选框，如图图 10.10 所示，单击 log x 按钮 🔢。单击 ❌ 按钮，关闭 S 参数绘图窗口。

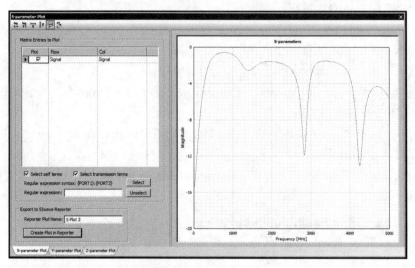

图 10.10　S 参数曲线

（2）选择菜单项 File→Save，选择菜单项 File→Exit，退出 SIwave 项目。

7. 开始 Ansoft Designer

采用 Ansoft Designer 仿真数字源的波形并动态连接到 SIwave 项目。

（1）单击"开始"→"程序"→Ansoft→Designer 7 命令，运行 Designer 7。

（2）选择 Project→Insert Circuit Design 命令，当出现 Choose a technology 对话框时，单击 None 按钮。

（3）选择菜单项 File→Save As，输入文件名 Designer EMI Dynamic Link.adsn，单击 Save 按钮。

8. 元件放置

（1）添加 SIwave 项目模型：选择 Project→Add Model→Add SIwave Model 命令，在 SIwave Model 对话框中，Name 为 SIwave_PCB_Model，在 File Name 项找到 SIwave EMI Dynamic Link_1.siw 文件并单击 Open 按钮。单击 OK 按钮。

（2）放置 SIwave 项目模型：在 Project Manager 对话框，展开 Definitions→Models，拖放 SIwave_PCB 模型到原理图中。其中，Reference Port Option 为 Implied reference to ground.

（3）导入 IBIS 元件：选择 Tools→Import IBIS components 命令，找到 lvc245a.ibs 文件，单击 Open 按钮。在 Buffer Import 项单击 Deselect All。在 Pin Import 项选择 Component name（元件名）为 74LVC245A_1，选中 Pin: 17:B1 复选框，单击 OK 按钮。

（4）放置 IBIS 元件：在 Project Manager 对话框，展开 Definitions→Components，拖放 B1_74LVC245A_1_lvc245a 到原理图中

（5）放置元件：在 Project Manager 对话框，单击 Components 选项卡，展开 Nexxim Circuit Elements→Independent Sources，拖动 V_CLOCK_W_JITTER 到原理图中。双击放置的元件并编辑属性如下：

- V2: 1 V
- PW: 0.5/(50e6)
- PER: 1/(50e6)

单击 OK 按钮。

（6）放置电压探针：在 Project Manager 对话框，单击 Components 选项卡，展开 Nexxim Circuit Elements→Probes，拖放 VPROBE 到原理图中。双击放置的元件并编辑 Name 为 v_digital_source。

（7）放置地并连线：选择菜单项 Draw→Ground，添加两个地；选择菜单项 Draw→Wire，进行连线，如图 10.11 所示。

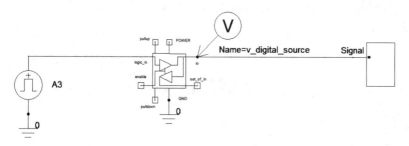

图 10.11　电路原理图

9. 求解设置

为了进行瞬态分析，选择 Circuit→Add Nexxim Solution Setup→Transient Analysis 命令，在 Transient Analysis Setup 对话框中，设置 Step 为 0.1ns，Stop 为 40ns，单击 OK 按钮。

10. 分析和查看结果

（1）运行瞬态分析：选择 Circuit→Analyze 命令。

（2）查看瞬态分析结果：选择 Circuit→Results→Create Standard Report→Rectangular Plot 命令，在 Report 对话框中选择 Category 为 Voltage，Quantity 为 V(v_digital_source)，Function 为<None>，单击 New Report 按钮，单击 Close 按钮，结果如图 10.12 所示。

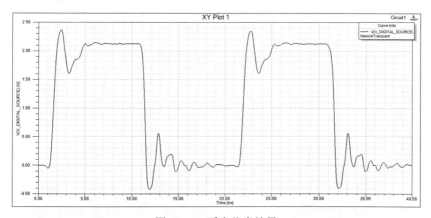

图 10.12　瞬态仿真结果

11. 增加激励

在 EMI 仿真中需要更长的时域截止时间，以得到更精细的频率分辨率。其原因如下：

- 频率分辨率 = 1/时域时间
- 最大谱频率 = 频率分辨率×谐波数量

为此，我们需要改变时域瞬态设置：

（1）在 Project Manager 对话框中展开 Designer EMI Dynamic Link→Nexxim1→Analysis，双击 Nexxim Transient，选择 Stop 为 1000ns，单击 OK 按钮。

（2）选择 Circuit→Analyze 命令，重新运行瞬态仿真。

12. Push Excitation

（1）查看瞬态结果：在 Project Manager 对话框展开 Designer EMI Dynamic Link→Nexxim1→Results，双击 XY Plot 1，单击 XY Plot 1 的背景，并选中 Show X Scrollbar 复选框。

（2）调整 XY Plot 1 底部的 X Scrollbar 到如图 10.13 所示的时间轴。

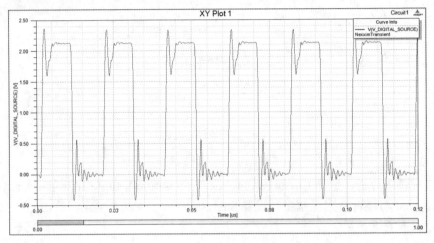

图 10.13　瞬态仿真结果

（3）绘制数字源的频谱：选择 Circuit→Results→Create Standard Report→Rectangular Polt 命令，在 Report 对话框中选择 Domain（域）为 Spectral，# of Harmonics（谐波数）为 300，单击 Rectangular，设置 Window Type（加窗类型）为 Hanning，单击 OK 按钮。Quantity 为 V(v_digital_source)，Function 为 dB，单击 New Report 按钮，单击 Close，源的频谱结果如图 10.14 所示。

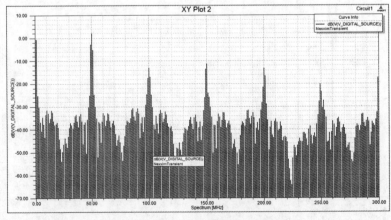

图 10.14　数字源的频谱图

（4）右击原理图中的 SIwave 元件，并选择 Push Excitation 命令，在 Push Excitation Information 对话框中单击 OK 按钮。

13. 计算远场

（1）单击任务栏上的 SIwave 按钮，激活 SIwave EMI Dynamic Link_1.siw 文件。

（2）选择 Simulation→Compute Far Field 命令。注意，Designer 已经自动选择了 Use sources defined in external file 单选项。设置求解对话框如图 10.15 所示。

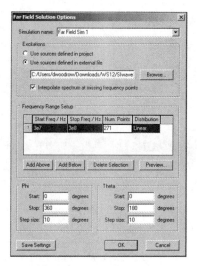

图 10.15　远场求解设置

14. 绘制远场辐射结果

（1）选择 Results→Far Field→Far Field Sim 1→Plot Far Field 命令，在 FarField Plot Generation 对话框中选择 Etotal，单击 Create Plot 按钮，将在后台运行 SIwave Reporter，单击 Close 按钮。

（2）在工具栏中单击 按钮，激活 SIwave Reporter。

（3）选择 SIwave→Results→Create Far Fields Report→Rectangular Plot 命令，在 Report 对话框中选择 Primary Sweep 为 Freq，Category 为 Max Far Field Params，Quantity 为 MaxEtotal，Function 为 dB，Y 为 dB(MaxEtotal/3)+120（将场值转化为 3 米处单位为 dBuV/m 的值），单击 New Report 按钮，单击 Close 按钮，结果如图 10.16 所示。

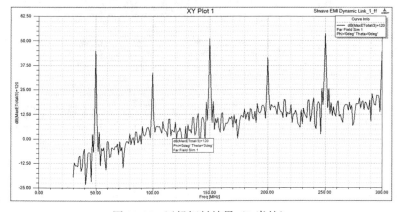

图 10.16　远场辐射结果（3 米处）

15. 计算近场

（1）单击任务栏上的按钮激活 SIwave。

（2）从 SIwave 工具菜单单击 Simulation→Compute Near Field，打开 Compute Near Field 对话框，设置如图 10.17 所示。单击 OK 按钮。

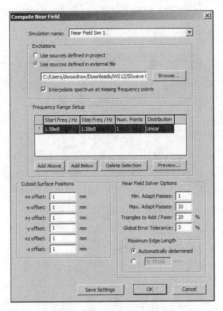

图 10.17　近场求解设置

16. 绘制近场辐射结果

仿真完成后，单击 Results→Near Field→Near Field Sim 1→Plot Fields 命令，单击 Close 按钮，退出 Near Field Sweep 对话框。选择 View→2D Mesh 命令隐藏网格，近场辐射结果如图 10.18 所示。

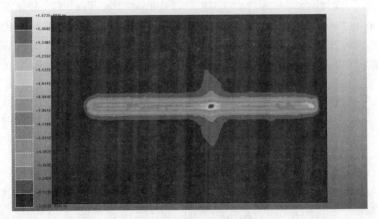

图 10.18　近场辐射结果

17. 与测量结果比较

如图 10.19 和图 10.20 所示分别为 SIwave 远场和近场的仿真结果与测量结果的比较，可以看出仿真和测量结果吻合较好。

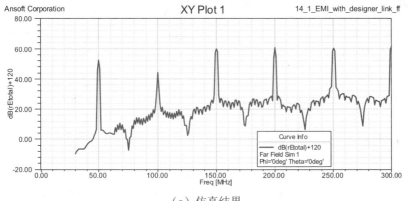

（a）仿真结果

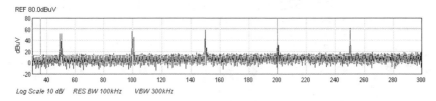

（b）测试结果

图 10.19　远场仿真结果与测试结果比较

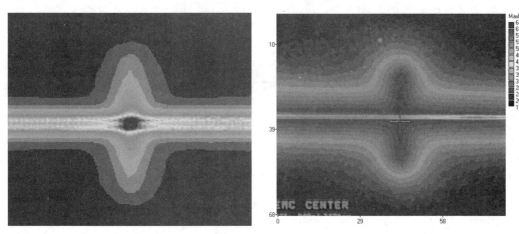

（a）仿真结果　　　　　　　　　　　（b）测试结果

图 10.20　近场仿真结果与测试结果比较

10.4　PCI 远近场辐射

　　本例的目的是演示如何使用 SIwave 和 Designer 协同工作来进行远近场仿真。分析的是 PCI 差分驱动器驱动差分信号线到差分接收器。我们将观察在重复周期为 2.2μs（20 位）的 9.09MB/s 的伪随机码驱动时，PCB 的远近场辐射。

　　仿真分为以下三个部分：

　　（1）SIwave：计算端口在信号线、电源和地的 S 参数模型。

（2）Designer：运行全电路的瞬态（时域）仿真，该电路包括驱动器、接收机、电源、负载和 SIwave S 参数模型。使用 Push excitations 将时域波形变为 SIwave 中使用的频率源。

（3）SIwave：在 SIwave 中使用新的频域源计算远场响应。

1. 开始 SIwave

（1）单击"开始"→Programs→Ansoft→SIwave 6 命令，运行 SIwave 6。

（2）打开一个 SIwave 项目：选择菜单项 File→Open，选择文件 Siwave_EMC_FarField_start.siw，单击 Open 按钮打开电路版图，如图 10.21 所示。

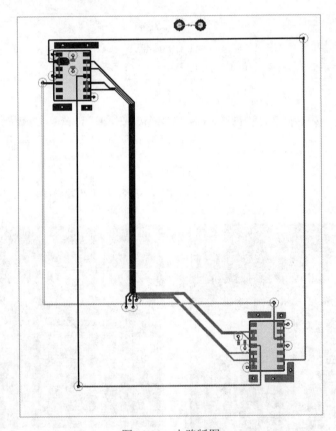

图 10.21　电路版图

注意：该文件已求解出 S 参数和远场结果，可用于稍后验证。

2. 设置仿真全局选项

选择菜单项 Simulation→Options，进行如下设置，如图 10.22 所示：

（1）Plane Void Meshing：Automatically determine which voids to mesh.

（2）Mesh Refinement（网格细化）：Automatic（自动）。

（3）选择 Ignore nets named "DUMMY" or "Unused" during simulation 复选框。

（4）选择 Perform ERC during simulation setup（在仿真设置中执行 ERC）复选框。

（5）选择 Exclude non-functional pads 复选框。

（6）单击 OK 按钮。

注意：以上都是默认的仿真设置。

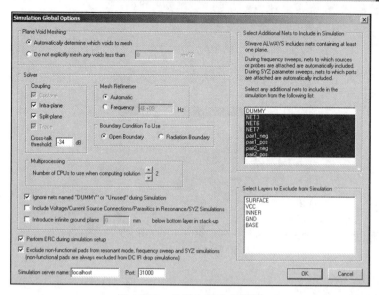

图 10.22　仿真全局选项设置

3. 确认检查

在用 SIwave 首次打开任何设计文件时，最好先做一次确认检查。确认检查主要检查自相交多边形、未连接的节点、重叠节点以及带重复过孔的节点。

选择 Tools→Validation Check 命令，单击 OK 按钮，开始确认检查。本例中没有布局布线和 DRC 的相关问题，单击 OK 按钮。

4. 端口验证

选择菜单项 Edit→Circuit Element Parameters，单击 Ports 选项卡，验证已经设置的 7 个端口，如图 10.23 所示，单击 OK 按钮。

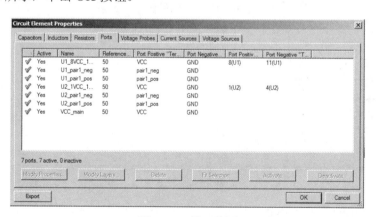

图 10.23　端口验证

5. S 参数计算

对于全波 SPICE 输出，我们将扫描频率设置到膝点频率（Fknee），Fknee ≈ 0.5/上升时间。在 Ansoft Designer 中为了得到更好的瞬态结果，我们需要将直流到 100 MHz 细化为更多频点。对于一个上升时间为 100 ps 的源，其截止频率为 5GHz。

（1）单击 Simulation→Compute S-, Y-, Z-Parameters 命令，设置如图 10.24 所示。

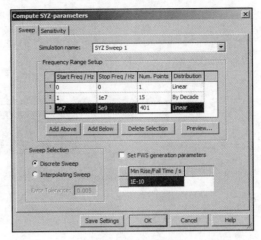

图 10.24　扫频设置

（2）单击 OK 按钮。

6．查看 S 参数

（1）仿真完成后，在 Results 栏中将看到 SYZ Sweep 1。单击 Results→SYZ→SYZ Sweep1 →Plot Magnitude/Phase 命令，选择想查看的端口或者选择所有的图形来查看 S11、S21 等结果，如图 10.25 所示。

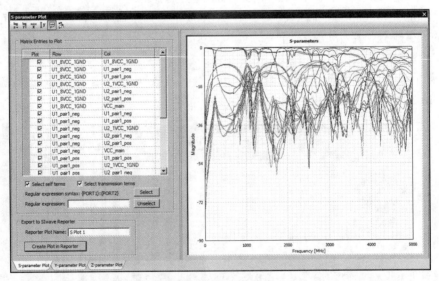

图 10.25　S 参数曲线

（2）单击 Create Plot in Reporter 按钮。Ansoft SIwave Reporter 将运行，并画出 S 参数曲线，在 Results 栏还会看到创建的 SYZ Plot1。单击 Close 按钮，关闭绘图对话框。

（3）选择菜单项 File→Save，保存 SIwave 项目。

7．添加驱动

前面我们完成了本例的第一部分，在 SIwave 中计算了 S 参数并查看了结果。接下来我们将把这个 S 参数模型导入 Ansoft Designer，并进行瞬态仿真，然后在该通道模型每个端口上计算 FFT。最后，我们将采用 SIwave 进行远场仿真。

8. 打开 Ansoft Designer 项目

（1）单击"开始"→"程序"→Ansoft→Designer 7 命令，运行 Designer 7 程序。

（2）单击菜单项 File→Open，找到 siwave_ch6_emc_far_field_start.adsn 文件，单击 Open 按钮打开，如图 10.26 所示。这个电路已经有确定的电源、PCI Buffer 驱动器和接收器。我们需要做的就是导入 7 端口 SIwave 模型。

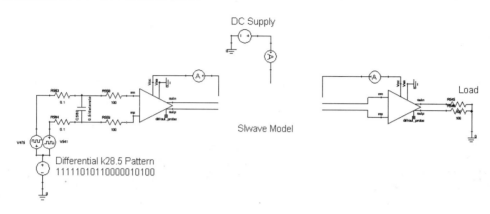

图 10.26　电路原理图

9. 添加 SIwave NPort 设计

我们将创建一个 Dynamic Link（动态链接）到 SIwave 模型。该链接使得 Ansoft Designer 可以与 SIwave 项目的最新结果同步。

创建动态链接：单击 Project→Add Model→Add SIwave Model 命令，选择 siwave_ch6_emc_far_field_start.siw 文件，单击 Open 按钮，将 Name 设置为 SIwave_Model，Mode 项选择 Dynamic Link，单击 OK 按钮，如图 10.27 所示。

10. 编辑元件符号

（1）在 Project Manager 中展开 Definitions→Models，拖动 SIwave_Model 到原理图中，选择 Implied reference to ground，单击 OK 按钮。

这里 SIwave 模型的端口不是我们进行瞬态仿真所需要的形式。因此，我们需要编辑符号并重新对端口排序。

（2）编辑符号：在 Project Manager 中展开 Definitions→Symbols，选择 SIwave_Model，单击鼠标右键并选择 Edit Symbol 命令，编辑符号并按图 10.28 进行端口排布。

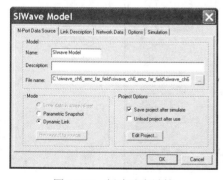

图 10.27　创建动态链接

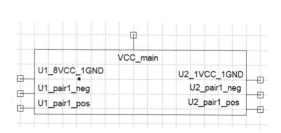

图 10.28　SIwave 模型端口的重新排布

（3）选择 Symbol→Update Project 命令。

（4）单击"关闭"按钮，关闭编辑窗口。

注意：不要关闭原理窗口。

11. 添加 SIwave 元件

展开 Definitions→Components，拖动 SIwave_Model 到原理图，并按图 10.29 进行连线。

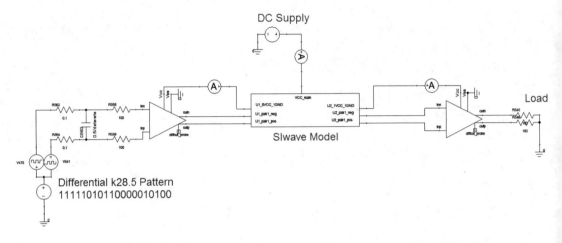

图 10.29　添加 SIwave 元件并连线

12. 运行瞬态仿真

（1）单击 Circuit→Analyze 命令，运行瞬态分析。

（2）仿真完成后，在 Project Manager 对话框双击 Results 标签，查看电路仿真结果。

13. 创建频率源文件

远场仿真需要频变源，因此我们需要将瞬态仿真得到的端口的电压信息进行 FFT 变换，从而变为频域源。

在原理图中右击 SIwave 模型符号，选择 Push Excitations 命令。

在 Designer 中计算 FFT 有很多选项，如图 10.30 所示。我们可以选择 Window Type（加窗类型）、Max Harmonics（最大谐波次数）等。这里设置 Solution 为 Transient，单击 OK 按钮。单击菜单项 File→Save 保存，单击菜单项 File→Exit 退出。

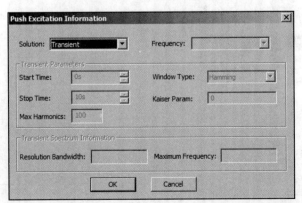

图 10.30　Push Excitation Information 设置

现在，我们已完成本例的第二部分。剩下的任务是使用 Push Excitation 产生的频域源在 SIwave 进行频率扫描，从而得到远场结果。

14. 远场仿真

（1）打开 siwave_ch6_emc_far_field_start.siw 文件，单击 Simulation→Compute Far Field 命令，在 Far Field Solution Options 对话框中进行远场求解设置，如图 10.31 所示。

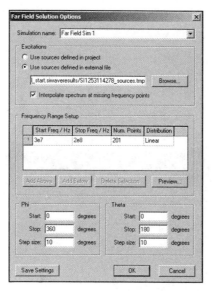

图 10.31　远场求解设置

（2）选择 Use sources defined in external file 复选项，并指向正确的源文件。

（3）由 Push Excitation 创建的外部文件已经自动定义了激励源。

15. 绘制远场结果

（1）绘制远场 EMI 结果：单击 Results→Far Field→Far Field Sim 1→Plot Far Fields 命令，在 FarField Plot Generation 对话框中选择 ETotal，单击 Create Plot 按钮。Ansoft SIwave Reporter 将运行，并得到远场 EMI 图形，如图 10.32 所示。单击图形界面的 Close 按钮。

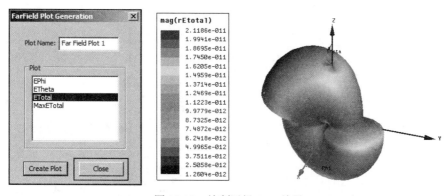

图 10.32　绘制远场 EMI 结果

（2）在 Ansoft SIwave Reporter 中，单击 SIwave→Results→Create Far Fields Report→Rectangular Plot 命令，在 Trace 对话框中设置 Primary Sweep 为 Freq，Category 为 Max Far Field

Params，Quantity 为 MaxEtotal，Function 为 dB，Y axis 为 dB（MaxEtotal/3）+120（将场值转化为 3 米处单位为 dBμV/m 的辐射结果），单击 New Report 按钮，单击 Close 按钮关闭。单击 Done 按钮完成，结果如图 10.33 所示。

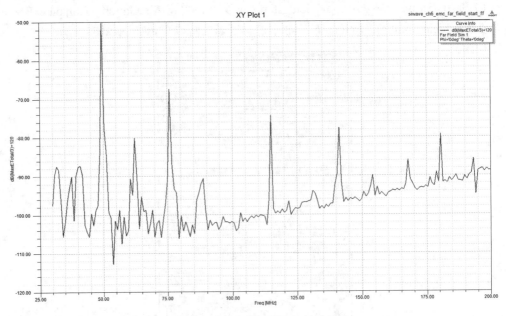

图 10.33 3 米处的远场辐射结果

16. 近场仿真

（1）打开 siwave_ch6_emc_far_field_start.siw 文件。

（2）从 SIwave 工具菜单单击 Simulation→Compute Near Field 命令，Compute Near Field 的设置如图 10.34 所示，单击 OK 按钮。

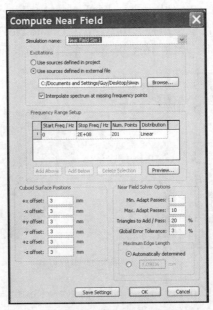

图 10.34 近场求解设置

（3）仿真完成后，单击 Results→Near Field→Near Field Sim 1→Plot Fields 命令，双击 Near Field Sim 1 查看结果，如图 10.35 所示。

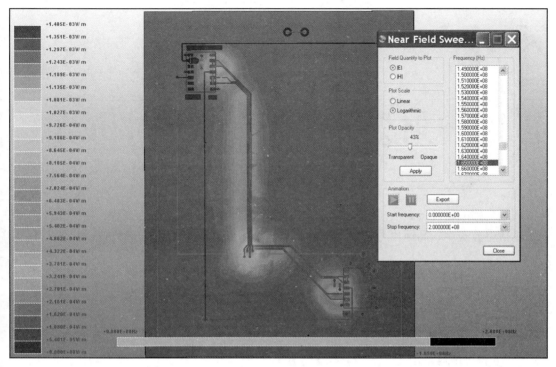

图 10.35　近场仿真结果

仿真结果会弹出一个窗口让用户选择|E|或|H|模式，各个频率逐点扫描或是创建一个动态扫描的图像。

11

芯片－封装－系统的协同仿真

高速电路的芯片－封装－系统（CPS）是一个有机整体，只有全面考虑、协同仿真，才能克服包括电源噪声、高速信号传输、电磁兼容、散热及可靠性在内的各种挑战。

11.1 CPS 协同设计基础

11.1.1 多物理场耦合

1. 多物理场耦合定义

现实中的物理场都不是单独存在的，比如信号走线的电产生了热，热又改变材料属性，然后改变导电性能，进而影响信号传输波形。这种两个或两个以上的物理场，通过相互作用而彼此影响的物理现象称为多物理场耦合。

自然界广泛存在着四种物理场：位移场（应力应变场）、流场、温度场和电磁场。通过求解单个物理场能得到相应的物理量。

（1）位移场：通过结构分析来求解位移、应力和应变。

位移场求解如下动力微分方程：

$$M\ddot{\delta} + C\dot{\delta} + K\delta = F \qquad (11.1)$$

其中，M 为质量矩阵；C 为阻尼矩阵；K 为刚度矩阵；F 为节点外载荷列阵；$\ddot{\delta}, \dot{\delta}, \delta$ 分别为节点的加速度列阵、速度列阵和位移列阵。

（2）流场：通过流体动力分析来求解速度、压力、温度和密度。

由于流体流动与热交换现象同时出现，因此两者一起考虑，它们遵循三个基本物理规律：质量守恒、动量守恒及能量守恒。

质量守恒方程

$$\frac{\partial \rho}{\partial t} + \nabla \cdot (\rho U) = 0 \qquad (11.2)$$

动量守恒方程

$$\frac{\partial(\rho u)}{\partial t} + \nabla \cdot (\rho u U) = \nabla \cdot (\eta \nabla u) + S_u - \frac{\partial p}{\partial x}$$

$$\frac{\partial(\rho v)}{\partial t} + \nabla \cdot (\rho v U) = \nabla \cdot (\eta \nabla v) + S_v - \frac{\partial p}{\partial y} \qquad (11.3)$$

$$\frac{\partial(\rho w)}{\partial t} + \nabla \cdot (\rho w U) = \nabla \cdot (\eta \nabla w) + S_w - \frac{\partial p}{\partial z}$$

能量守恒方程：

$$\frac{\partial(\rho T)}{\partial t} + \nabla \cdot (\rho U T) = \nabla \cdot \left(\frac{\lambda}{cp} \nabla T \right) + S_T \qquad (11.4)$$

其中：ρ 为流体密度；t 为时间；$\nabla \cdot$ 为散度；U 为速度矢量；u, v, w 分别为 U 在三个坐标上的分量；η 为流体的动力粘度；S_u, S_v, S_w 分别为动量守恒方程的源项；p 为压力；T 为温度；∇ 为梯度；λ 为导热系数；c_p 为定压比热容；S_T 为粘性耗散项。

（3）温度场：通过热传递分析来求解温度和焓。

热传递的基本方式有三种：热传导、热对流和热辐射。

热传导方程：

$$\rho c \frac{\partial u}{\partial \tau} = \frac{\partial}{\partial x}\left(\lambda \frac{\partial u}{\partial x} \right) + \frac{\partial}{\partial y}\left(\lambda \frac{\partial u}{\partial y} \right) + \frac{\partial}{\partial z}\left(\lambda \frac{\partial u}{\partial z} \right) + q_v \qquad (11.5)$$

热对流方程见 2 中的流场方程；

热辐射方程：

$$\Phi_r = \varepsilon \sigma A T^4 \qquad (11.6)$$

其中，ρ 为热流密度；c 为比热容；u 为温度；τ 为时间；λ 为导热系数；q_v 为热源项；ε 为发射率；Φ_r 为辐射热量；σ 为斯特藩—玻尔兹曼常数；A 为辐射面积；T 为热力学温度。

（4）电磁场：通过电磁分析来求解电场、磁场和电磁势。

电磁场求解麦克斯韦方程组：

$$\nabla \times \bar{H} = \bar{J} + \frac{\partial \bar{D}}{\partial t}$$

$$\nabla \times \bar{E} = -\frac{\partial \bar{B}}{\partial t} \qquad (11.7)$$

$$\nabla \cdot \bar{B} = 0$$

$$\nabla \cdot \bar{D} = \rho$$

式中，$\bar{H}$ 为磁场强度；$\bar{E}$ 为电场强度；$\bar{B}$ 为磁通量密度；$\bar{D}$ 为电通量密度；$\bar{J}$ 为自由电流密度；ρ 为自由电荷密度。

当一个物理场的求解需要输入另一个物理场的计算结果时，就叫做耦合分析。耦合分析考虑了多物理场之间的耦合度和相互影响。

2. 多物理场耦合求解

求解多物理场耦合的理论基础是计算偏微分方程组（PDEs），这些方程可以描述热量传递、电磁场和结构力学等各种物理过程。计算机性能的提升和计算方法的改进，使得数值计算由单场分析到多场分析变成现实。

求解多物理场耦合的几种常见数值计算方法有有限差分法（FDM）、有限元法（FEM）、有限体积法（FVM）等，其中有限元法应用最为广泛。由于要处理耦合场的数据交互、网格匹配等，因此多物理场耦合的求解要比单个物理场复杂得多，一般根据多物理场之间的耦合强弱、单向双向耦合形式等，计算可以进行一定的简化。

3. ANSYS 多物理场耦合

ANSYS 公司为全世界用户提供 CAE 仿真工具，图 11.1 为 ANSYS 物理场仿真平台，这是一个集成化的设计环境，实现了结构、振动、热、流体、电磁场、电路、系统、芯片等多域、多物理场及其耦合仿真，满足各个行业的仿真需求，帮助使用者提高设计效率和产品性能，降低成本。图 11.2 为 ANSYS 多物理场耦合示意图，通过基于经典界面方式或基于 Workbench 方式来进行耦合仿真。本书所涉及的仿真平台将在 11.2 节给出。

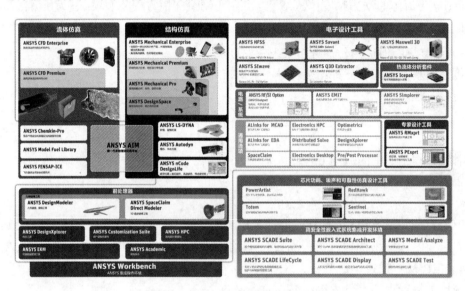

图 11.1　ANSYS 物理场仿真平台

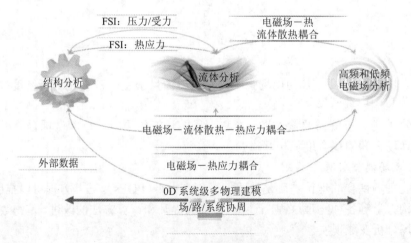

图 11.2　ANSYS 多物理场耦合示意图

11.1.2 CPS 协同分析内容

CPS 系统的频率不断提高、集成度不断加强、尺寸不断减小，因此不论是考虑系统的芯片设计还是考虑芯片的系统设计，CPS 协同仿真都是不可缺少的。

第一，芯片供电阻抗、封装供电阻抗和 PCB 供电阻抗三者合力才是真正的系统供电阻抗。这不仅影响 PI 的阻抗设计和电源噪声的评估，而且影响 SI 的质量。

图 11.3（a）是待分析的版图，其测试 PDN 时域电路如图 11.3（b）所示，电路图左边为芯片工作电流，右边为 PDN 通道。其中采用 1.5V 为板子上的 FPGA 供电，芯片使用 CPM 进行建模，封装使用 S 参数模型，板子的模型使用 SIwave 提取（包括网络 GND 和 VCC_1V5），整个系统的激励使用 CPM 中记录的芯片工作电流（时域电路图的 Die_Current），该电流波形如图 11.4 所示。

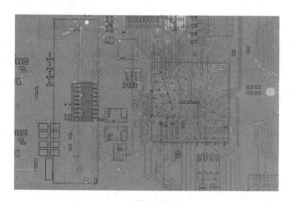

（a）物理版图　　　　　　　　　　（b）时域电路图

图 11.3　测试 PDN 的时域电路图

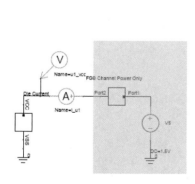
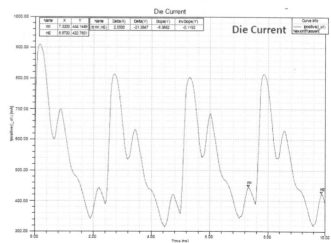

图 11.4　芯片端电流

展开时域电路图右部分的 PDN 通道，通道组成如图 11.5 所示。分别仿真每部分的阻抗值，如图 11.6 所示，可知低频处板子阻抗最低，封装阻抗和芯片阻抗都很高；随着频率升高，板子阻抗升高并伴有谐振，封装阻抗和芯片阻抗不断降低，封装阻抗开始的谐振频率值比板子阻抗开始的谐振频率值大一些，芯片阻抗谐振点还没有出现；最终得到系统的 PDN 阻抗图如图 11.7 所示。因此从 PDN 角度来看，需要 CPS 协同仿真。

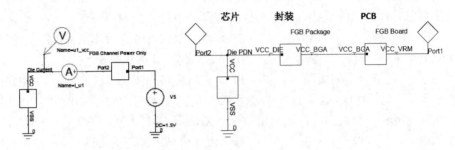

图 11.5　PDN 通道组成

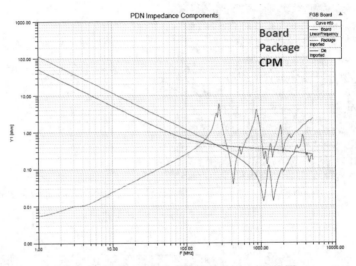

图 11.6　板子、封装和芯片单独的 PDN 阻抗图

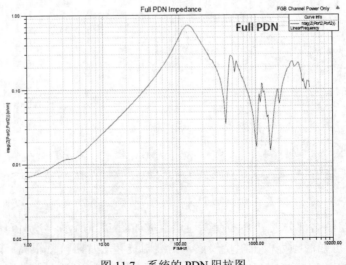

图 11.7　系统的 PDN 阻抗图

第二，不同工作状态的芯片，产生不同的信号传输质量，因此需要引入芯片模型来进行系统的协同仿真。完整的芯片模型包含了非常多的晶体管电路模型，为了提高效率，可使用芯片电源模型（CPM）与高速通道模型一起进行仿真，不仅保证了精度，还提高了速度。

第三，随着信号传输速率的不断提高，辐射强度也越来越大，必须在设计的过程中保证电磁辐射满足要求。为了更真实地反映实际的工作情况，要将时域的一些波动信号通过 FFT 转化为频域信号，用作近、远场 EMI 的仿真源。除了信号的辐射以外，电源地平面上的噪声幅度和分布也对电磁辐射有贡献。

第四，散热设计。无论是移动通信对低功耗设计的要求，还是考虑到温度会带来电性能的影响，都需要进行功耗和散热的分析。对于芯片的温升和热分析，不仅需要考虑管芯发热，还需要考虑基板导线通过大电流后带来的热影响。

第五，热应力可靠性分析。使电子元件和系统过早产生故障的环境因素包括热循环和热冲击。当温度变化引起的膨胀或收缩受到约束时，就会在物体内产生热应力。

（1）温度的分布不均匀，受到温差的相邻部分的影响，不同自由伸缩会产生热应力。

（2）若干不同材料的组合，即使同样受到加热或冷却，但由于各部分的膨胀系数不同，造成相互之间的制约，不能自由胀缩，从而产生不同的热应力。

综上所述，CPS 协同分析的内容包括：

（1）芯片的Driver/Receiver、3D 互连器件、芯片与封装的互连、封装与子卡的互连、子卡与背板的信号传输通路分析（SI）。

（2）芯片的Driver/Receiver、3D 互连器件、芯片与封装的互连、封装与子卡的互连、子卡与背板的供电网络分析（PI）。

（3）在满足 SI 和 PI 的基础上，还要满足电磁兼容的要求，减小电磁干扰（EMI）。

（4）系统的热分析。

（5）热应力可靠性分析。

以上各个部分不是独立的，它们相互作用、相互影响，只有整体考虑、协同仿真，才能克服包括电源噪声、高速信号传输、电磁兼容、散热及可靠性在内的各种挑战。

11.2 CPS 协同仿真

11.2.1 CPS 端到端协同仿真平台

CPS 系统设计需要使用高级建模和仿真器技术来取代过时的划分式设计方法。为了实现上述 CPS 系统设计内容，图 11.8 给出芯片、封装、印刷电路板完整系统的端到端仿真平台。这个协同仿真平台是一款智能的、高集成的并考虑芯片效应的系统设计工具，能够解决电源完整性、信号完整性、EMI/EMC、ESD 和热应力等难题。

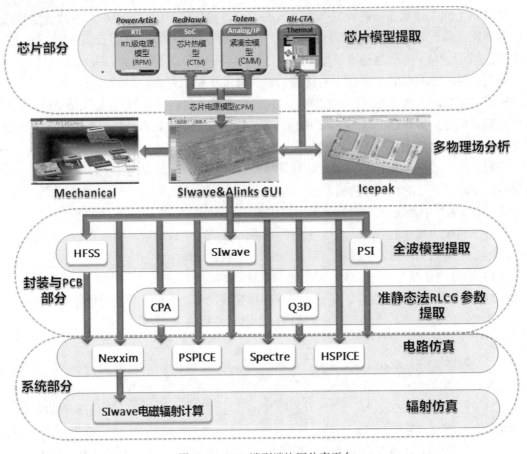

图 11.8　CPS 端到端协同仿真平台

ANSYS 端到端 CPS 协同仿真平台的各部分工具（CAE/EDA）简介如下。

1. PowerArtist: *电阻晶体管逻辑（RTL）级芯片功耗分析工具*

PowerArtist 提供初期的 RTL 功率估算和分析驱动的功耗降低功能，以实现 RTL-to-GDS 功耗设计方法。RTL 设计人员可使用 PowerArtist 在整个开发周期中对设计进行优化。

2. RedHawk: *数字芯片功耗、噪声以及可靠性分析工具*

RedHawk 是一种用于系统感知 SoC 电源、噪声和可靠性验收的行业标准平台。此电源完整性平台能够为使用先进技术的低功耗高性能 SoC 提供电源噪声收敛和验收功能。

RedHawk 可以输出 CPM 模型用于 SI、PI 和 EMI 分析，也可以输出 CTM 模型用于热分析。

3. Totem: *数模混合、存储器以及 IP 芯片功耗、噪声、可靠性分析工具*

Totem 是一款晶体管级电源噪声和可靠性仿真平台，可用于模拟、混合信号和定制数字设计。Totem 的核心技术包括经代工厂认证、嵌入强大 GUI 环境中的抽取和仿真引擎，能支持基于版图的结果分析和设计修复。该软件能以 SPICE 级精确度来分析包括封装和衬底寄生参数在内的大型全芯片设计。它能帮助设计人员满足对 IP 和模拟及定制设计的日益严苛的功耗和可靠性要求。

4. SIwave: *封装/电路板电磁场仿真工具*

SIwave 主要针对 PCB、芯片封装等进行信号完整性（SI）、电源完整性（PI）及电磁干扰

（EMI）分析的软件。

SIwave 仿真工具可以启动多个仿真引擎：

（1）SIwave SI/PI/EMI。

（2）HFSS 全波三维分析引擎。

（3）Q3D 三维寄生参数提取引擎。

（4）SIwave-PSI 快速三维仿真引擎。

（5）SIwave-CPA 封装寄生参数仿真引擎。

其中 CPA（芯片—封装—分析）支持芯片封装电路板协同分析，生成 RLCG 模型，是芯片设计者和封装/电路板设计的纽带。芯片设计者使用 Linux 平台上的 RedHawk-iCPA，封装/电路板设计者使用 Windows 或 Linux 版本的 SIwave-CPA（SIwave-PI）。

5. HFSS：通用三维电磁场分析工具

HFSS 全波三维电磁场仿真器能求解从直流附近到光波段所有频段。特别在微波设备设计中，ANSYS HFSS 作为行业标准设计工具而被广泛使用。

6. Q3D Extractor：复杂封装电磁参数提取工具

Q3D Extractor 可以根据三维互联结构的形状直接抽取寄生参数（RLGC），生成 SPICE/IBIS 模型。Q3D Extractor 使用边界元法，根据实际的三维模型（比如封装、连接器、过孔等）和材料属性，可以精确快速地提取寄生参数模型。

7. Designer：电路及系统仿真工具

Designer 是进行系统、电路、2.5D 电磁场分析等 RF、SI、EMC 分析的综合设计环境，使用 Nexxim 仿真器，分为 Designer SI 与 Designer RF，其中 Designer SI 为高速通道仿真工具。

8. Icepak：热流体分析工具

Icepak 是为了进行热流体分析而开发的软件。它的计算引擎采用著名的基于有限容积方法的 ANSYS Fluent，计算快捷，结果准确。适用领域：对半导体封装、PCB 板、机箱、数据中心等各种问题进行传导、对流和辐射分析。

9. ANSYS Mechanical：机械分析工具

ANSYS Mechanical 是一款高端通用机械分析软件，包含通用结构力学分析部分（Structure 模块）、热分析部分（Professional）及其耦合分析功能。具有应力、温度、形变、接触压力分布仿真能力，能够进行热、噪声、热/结构、热/电等耦合物理场求解。

10. ANSYS Workbench：协同仿真环境

Workbench 是 ANSYS 公司提出的协同仿真环境，解决产品研发过程中 CAE 软件的异构问题。全新的项目视图概念将整个仿真过程紧密组合在一起，来引导设计人员完成复杂的多物理场分析流程。所有与仿真工作相关的人、技术、数据在这个统一环境中协同工作，各类数据之间的交流、通信和共享皆可在这个环境中完成。

11.2.2 CPS 协同仿真流程

利用 ANSYS 端到端的 CPS 协同仿真平台，可以给出 CPS 协同仿真流程。此流程主要包含五个部分：芯片部分、封装与印刷电路板部分、系统部分、热分析部分和热应力可靠性分析部分。

1. 芯片部分

芯片的设计包括前端 RTL 代码设计和后端物理实现设计。

在前端 RTL 代码设计时，可以使用 Power Artist 对芯片功耗进行分析，用 RTL 级功耗模型（RPM）预估芯片在不同工作模式下的功耗大小。

在后端物理实现设计时，使用 RedHawk 分析得到完整的片上系统（SoC）的功耗噪声模型，这时需要考虑来自三个部分的影响。

（1）纯数字设计部分：RedHawk 本身可以根据实际版图来分析纯数字设计的功耗与噪声。

（2）数模混合设计、存储器设计和集成第三方 IP 设计部分：使用 Totem 分析基于实际版图的芯片功耗，可以得到芯片相应的紧凑宏模型（Compact Macro Model，CMM）。

（3）封装和电路板部分：利用 SIwave 中的 PDN Builder 功能，建立封装和印刷电路板的电源网络模型。

将上面三部分的影响与芯片前端分析时得到的 RTL 模型作为 RedHawk 的输入进行分析，即可获得一个完整的芯片功耗噪声结果，并可以导出相应的芯片电源模型（Chip Power Model，CPM）。

这里的芯片电源模型是一种基于实际物理拓扑结构的有源模型，提供芯片的 PDN 模型和时域电流信息，该模型包括：

（1）芯片上电源栅格寄生 RLC。

（2）晶体管电流。

（3）电容（去耦电容、负载电容）和等效串联电阻。

（4）采用 SPICE 网表格式。

由于 RedHawk 在分析芯片功耗时考虑了封装和电路板的影响，因此得到的芯片内部静态压降和动态压降的结果更加真实，可以有效地分析片外电路的电流噪声，同时导出的 CPM 也反映了芯片在有封装和电路板影响下的真实工作特性。

2. 封装与印刷电路板部分

在封装设计部分，可以使用 SIwave 及内嵌的 PSI 分析封装的三维电磁场寄生参数，得到相应的 S 参数模型；也可以使用 Q3D 得到相应的 RLGC 模型。

在印刷电路板设计部分，如上所述同样可以使用 SIwave 及内嵌的 PSI 分析印刷电路板的三维电磁场寄生参数，得到相应的 S 参数模型。同时对于一些三维高速接插件，使用 HFSS 获得更准确的全波 S 参数模型。提取封装和印刷电路板模型的最终目的是为系统仿真提供一个完整的无源结构模型。

3. 系统部分

在系统仿真部分，使用 Designer SI 作为系统级的分析工具，可以将 CPM、封装、印刷电路板及接插件等连接成一个完整系统，在充分考虑它们相互影响的情况下进行时域和频域分析，同时时域仿真结果可以返回到 SIwave 进行电磁辐射分析。

芯片模型上的有源部分可以为系统仿真提供激励，该激励在通过由芯片无源结构部分及封装和印刷电路板模型一起组成的无源系统模型时，将感受到各种寄生参数的影响，从而得到各处的实际电压和电流分布。

4. 热分析部分

可以将 RedHawk 产生的芯片热模型（CTM）输出到 Icepak 等专业的电子产品热仿真工

具中，模仿真实工作情况下，芯片、封装与印刷电路板上的温度分布。

5. 热应力可靠性分析部分

SIwave 和 Icepak 电热协同仿真完后，还可以将数据传递给 Workbench，通过调用 Mechanical 进行热应力的分析，评估 PCB 的结构可靠性。

通过使用芯片、封装和印刷电路板的系统协同仿真技术，可以在设计阶段就建立起虚拟的电子系统仿真环境，全面评估整个电子系统的性能，充分考虑芯片对系统的影响，从而达到减少设计周期、降低设计成本和风险的目的。

11.3 PSI 设置与 SYZ 提取

本例利用 PSI 求解器来提取封装的 S 参数模型，展示了封装与芯片电源模型（CPM）的协同 SYZ 仿真。本书中的芯片指的是不包括封装的裸片。

1. 打开封装版图

在 SIwave 中打开 Analysis.siw 文件，得到如图 11.9 所示的封装版图。

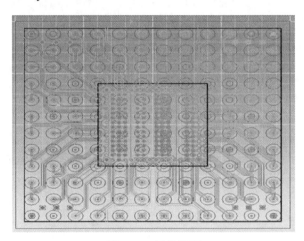

图 11.9　封装版图

在 Single Ended Nets 窗口有两个电源网络和一个地线网络。注意，只有一个电源网络连接到 CPM 上，其中 PG（电源/地）这两种网络如图 11.10 所示标出。

设置四层金属层，如图 11.11 所示。

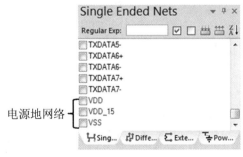

图 11.10　设置网络

图 11.11　设置四层金属层

2. 网络分类的重要性

信号网络处理方法不同于电源和地线网络，它的网络结构更加密集，求解金属导体内部，需要更大的存储空间，因此需要对网络进行分类。

在如图 11.12 所示的 Power/Ground Identification 窗口单击 Auto Identity 按钮，可以自动区分电源/地网络和非电源/地网络。采用自动分类可能并不适用于所有设计，因此用户需要检查一下分类的结果。

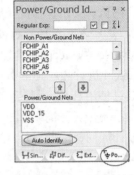

图 11.12　自动识别电源/地网络

3. 设置凸点（Bump）和球体（Ball）尺寸

在如图 11.13 所示的菜单中选择 Home→Solderball property 命令，打开 Solderball Properties 对话框。按照图 11.14 进行尺寸设置：

（1）选择名为 C4_BUMP 的 Padstack，设置凸点尺寸直径为 0.08mm，高度为 0.1mm，选择 Above Layer Stackup 单选项。

（2）选择名为 470BP 的 Padstack，设置球体直径为 0.4mm，高度为 0.4mm，选择 Below Layer Stackup 单选项。

（3）在 Material 下拉列表框中选择 solder 选项。

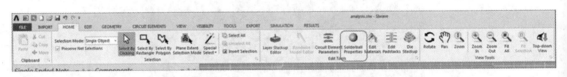

图 11.13　选择 Solderball property

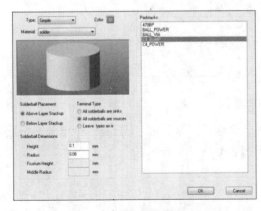 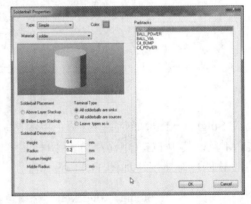

（a）C4_BUMP　　　　　　　　　　　　（b）470BP

图 11.14　尺寸设置

4. CPM 文件

芯片电源模型（CPM）是反映芯片电源网络有源和无源特性的一种 SPICE 模型，由两个子文件组成。其中，PowerModel.sp 包含该芯片电流或有源部分；PowerModel.sp.inc 包含芯片的 RLC 或无源部分。在 PowerModel.sp 的文件头可以看到用于生成 CPM 模型的"CPM Options 选项"。

另外，CPM 模型有不同的格式，如 RLCG、Foster、Laplace（后两种格式仿真时更高效）。

SIwave 支持以上三种格式。

5. 导入 CPM 并自动定义端口

（1）从图 11.15 的菜单栏选择 IMPORT→Apache CPM/PLOC file 命令，打开 Apache CMP/PLOC Import 对话框。

图 11.15　打开 Apache CMP/PLOC Import

（2）如图 11.16 所示，Part Name 选择 FCHIP，从 CPM/PLOC File 文件夹中（该文件夹包含 PowerModel.sp 和 PowerModel.sp.inc）选择\Input\CPM_PLOC\PowerModel.sp，为了导入 CPM 模型文件来定义 pin group，单击 Auto Connect 按钮，单击 OK 按钮。

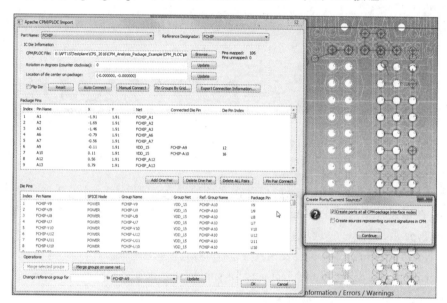

图 11.16　导入 CPM 和自定义端口

（3）选择 Create ports at all CMP-package interface nodes 复选项。

（4）单击 Continue 按钮关闭该对话框，自动创建 pin group 和与之关联的端口。

6. CPM 导入时的注意事项

CPM 文件可以导入到 SIwave 中进行 DC、AC、瞬态和 PSI 分析，当选择芯片器件对应到 CPM 文件时（如图 11.17 所示）要注意：

（1）查看映射的引脚个数。

（2）查看映射信息。

（3）CPM 模型中不要含有全局地。

（4）端口可以自动创建。

（5）端口创建完成后，端口阻抗可以修改为较小值，如 0.1Ω。

（6）从 CPM 导入电流源，以进行 DC 和 AC 回流分析。

图 11.17　CPM 导入时的注意事项

7．SIwave PSI 选项

如图 11.18 所示，选择菜单项 SIMULATION→PSI Options，打开 Sentinel-PSI Options 对话框。

图 11.18　Sentinel-PSI Options 对话框

（1）General 选项卡的设置。

如图 11.19 所示，使用 HPC licenses 获得多处理器支持；Balanced 模式适合更多的提取；Model Type 在本设计中选择 Package 单选项。注意，用于晶圆级封装或 RDL 布线和 TSV 提取时，Model Type 要选择 IC 单选项。

（2）Net Processing 选项卡的设置。

如图 11.20 所示，选中 Auto select nets for simulation 单选项。

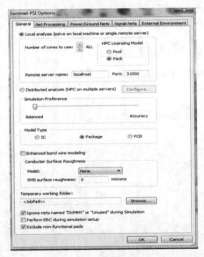

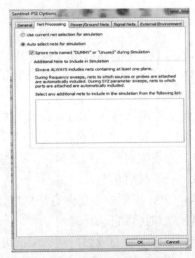

图 11.19　设置 General　　　　图 11.20　设置 Net Processing

（3）Power/Ground Nets 选项卡的设置。

如图 11.21 所示，大多数情况下选择 Level1 足够用了。

（4）Signal Nets 选项卡的设置。

如图 11.2 所示，当包含表面粗糙度时，在 Conductor modeling 下拉列表框中选择 Mesh inside 或 impedance Boundary 选项。

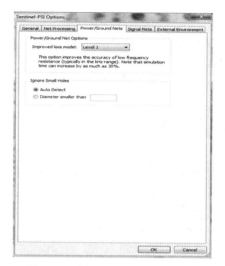

图 11.21　设置 Power/Ground Nets

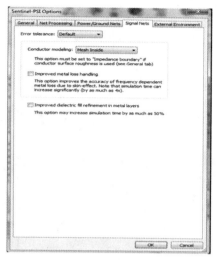

图 11.22　设置 Signal Nets

（5）External Environment 选项卡的设置。

如图 11.23 所示，修改外界环境参数。

8．设置频扫和端口类型

（1）选择菜单项 SIMULATION→PSI Compute SYZ-parameters，打开 Compute SYZ-parameters using Sentinel-PSI 对话框，进行如图 11.24 所示的频扫设置。

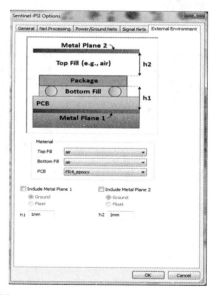

图 11.23　设置 External Environment 选项卡

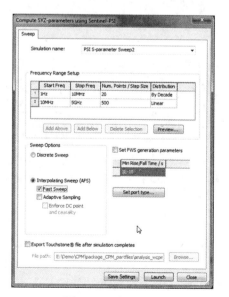

图 11.24　频扫设置

1）起始频率为 1Hz，终止频率为 10MHz，十倍程扫描 20 个点。

2）起始频率为 10MHz，终止频率为 5GHz，线性扫描 500 个点。

3）使用 Interpolating Sweep（AFS）扫描方式，并选中 Fast Sweep 复选项。

（2）单击 Set port type 按钮。

如图 11.25 所示选择 Default 值时，系统认为焊球端口类型为 Coaxial Open，其他元器件端口类型为 Lumped。注意，Gap 端口类型用于去耦电容。

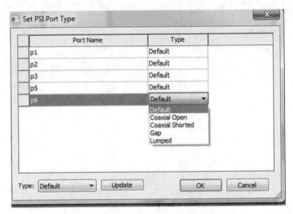

图 11.25　设置端口类型

SIwave 中 PSI 求解的端口类型有四种，如图 11.26 所示。

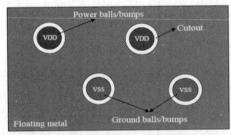

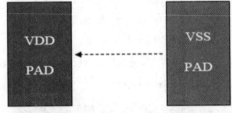

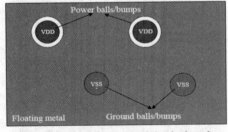

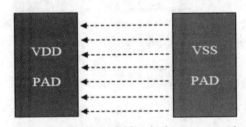

图 11.26　端口类型图

1）coaxial open port：负端（VSS）与金属之间存在挖空（Cutout）区域。

2）coaxial Short port：负端（VSS）被短路到金属区域。

3）lumped port：场激励如图，为点对点激励。

4）Gap port：场激励如图，为焊盘对焊盘的激励，常用于去耦电容。

9. 删除 CPM 寄生参数

（1）如果不特别说明，提取封装时包含 CPM 寄生参数；为了比较芯片寄生参数对阻抗的影响，这里可以删除 CPM 寄生参数。

（2）如图 11.27 所示关闭 SIwave 中的所有层，选中代表 CPM 模型的灰色框。

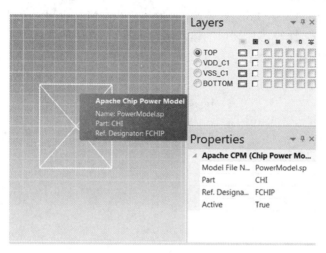

图 11.27　选中代表 CPM 模型的灰色框

（3）如图 11.28 所示，将 Properties 中的 Active 属性从 True 改为 False，这样随后提取的封装模型中就不会包含 CPM 寄生参数了。

10. 提取封装模型

（1）选择菜单项 SIMULATION→SIwave Compute SYZ-parameters，打开 Compute SYZ-parameters 对话框，进行如图 11.29 所示的频扫设置。

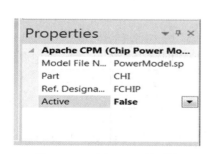

图 11.28　更改 active 的属性　　　　图 11.29　频扫设置

设置选用系统默认值即可，为了比较阻抗，我们分别提取有 CPM 寄生参数（Active 的属性为 True）和无 CPM 寄生参数（Active 的属性为 False）这两种情况下的封装模型，提取频率范围为 1Hz 到 5GHz。

（2）比较提取结果。

选择菜单项 RESULTS→PSI SYZ-parameters→Plot Magnitude 或 Export to Electronics Desktop post-processor，比较芯片端口的输入阻抗。图 11.30 中的虚线为不考虑 CPM 寄生参数时的阻抗（此时是封装的阻抗曲线），实线为考虑了 CPM 寄生参数时的阻抗，可知芯片上的电容减小谐振，降低阻抗值。

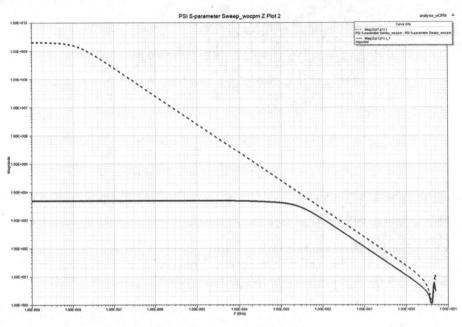

图 11.30　比较提取的阻抗结果

11.4　CPA 设置和 RLC 提取

CPA 求解器能快速精确地抽取电子封装上的电源和信号网络，可以生成每凸点分辨率 SPICE 模型（数千个凸点）及包含接地反弹行为的用户自定义引脚分组模型。

本例利用 CPA 求解器来快速提取封装的 RLC 参数模型。

1. 打开封装版图

在 SIwave 中打开 Analysis.siw 文件，得到如图 11.31 所示的封装版图。

在 Single Ended Nets 窗口有两个电源网络和一个地线网络。注意，只有一个电源网络连接到 CPM 上，PG 这两种网络如图 11.32 所示标出。

设置四层金属层，如图 11.33 所示。

2. 网络分类的重要性

信号网络处理方法不同于电源和地线网络，它的网络结构更加密集，求解金属导体内部需要更大的存储空间，因此需要对网络进行分类。

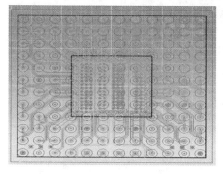

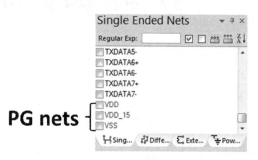

图 11.31　封装版图　　　　　　　　　图 11.32　设置网络

在如图 11.34 所示的 Power/Ground Identification 窗口中单击 Auto Identity 按钮，可以自动区分电源/地网络和非电源/地网络。自动分类可能并不适用于所有设计，因此用户需要检查一下分类的结果。

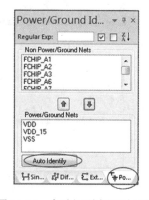

图 11.33　设置四层金属层　　　　　　图 11.34　自动识别电源/地网络

3. SIwave 分组

如图 11.35 所示，选择菜单项 TOOLS→Create/Manage Pin Groups，打开 Create/ Manage Pin Groups 对话框。

图 11.35　打开 Create/Manage Pin Groups 对话框

按照图 11.36 对集总的 BGA 模型进行设置，Part Name 为 CSP_BGA，选中要分组的网络 VDD、VDD_15、VSS，选中 Create pin groups for each net 复选项，单击 Create pin group(s) 按钮，在 Pin Group List 列表框中得到所选网络创建的分组。

按照图 11.37 对芯片模型（18 行×18 列）进行设置，Part Name 为 FCHIP，选中要分组的网络 VDD、VDD_15、VSS，选中 Create pin groups for each net 和 Create pin groups per grid cell 复选项，Row 和 Col 都是 18，单击 Create pin group(s) 按钮，在 Pin Group List 列表框中得到所选网络创建的分组。

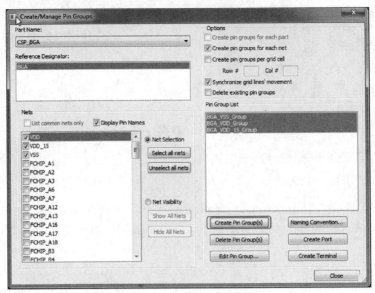

图 11.36　集总的 BGA 模型

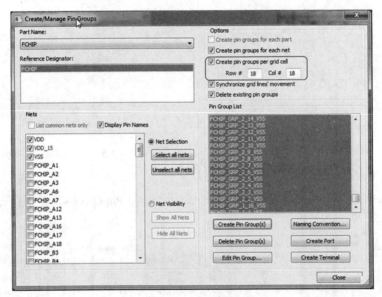

图 11.37　芯片模型

4. CPM/PLOC 导入

如图 11.38 所示，选择菜单项 IMPORT→Apache CPM/PLOC file，打开 Apache CMP/PLOC Import 对话框。

图 11.38　打开 Apache CMP/PLOC Import 对话框

CPM 中包含了芯片的电源地分组信息，用 CPA 作 Pin Group。为了配合使用 CPM，要导入一个 Ploc（power location）电源位置文件。如图 11.39 所示，Part Name 选择 FCHIP，在 CPM/PLOC File 中浏览文件夹并选择 topb.ploc。导入时注意查看映射的引脚数量，查看映射的信息。

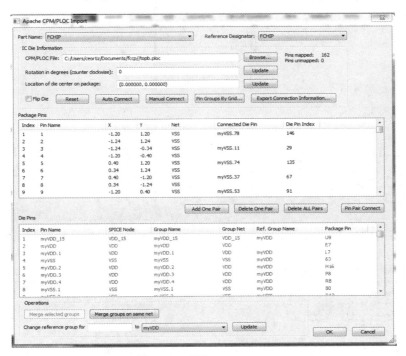

图 11.39　导入 CPM/PLOC

5. SIwave-CPA 选项

如图 11.40 所示，选择菜单项 SIMULATION→CPA Options，打开 CPA Options 对话框。

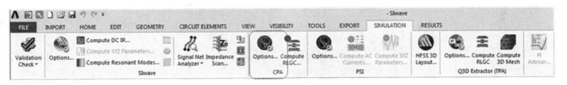

图 11.40　打开 CPA Options 对话框

（1）General 选项卡的设置。

如图 11.41 所示，使用 HPC Licenses 来获得多处理器支持；Balanced 模式适合更多的提取；Model Type 在本设计中选择 Package。注意，用于晶圆级封装或 RDL 布线和 TSV 提取时，Model Type 要选择 IC。

（2）Net Processing 选项卡的设置。

提取选择的网络，如图 11.42 所示选中 Auto select nets for simulation 单选项。

（3）Power/Ground Nets 选项卡的设置。

如图 11.43 所示，大多数情况下选择 Level1 足够用了。

（4）External Environment 选项卡的设置

如图 11.44 所示，修改外界环境参数。

图 11.41　设置 General

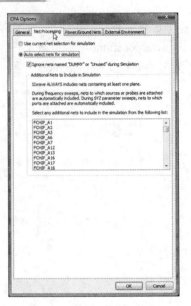

图 11.42　设置 Net Processing

图 11.43　设置 Power/Ground Nets

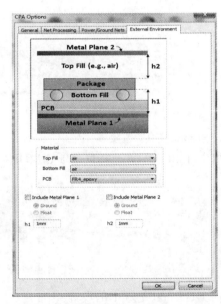

图 11.44　设置 External Environment

6.　用 SIwave-CPA 计算 RLGC

如图 11.45 所示，选择菜单项 SIMULATION→CPA Compute RLGC，打开 SIwave-CPA
Simulation 对话框。

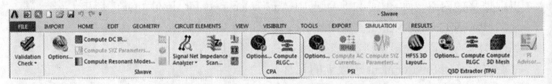

图 11.45　打开 SIwave-CPA Simulation 对话框

按照图 11.46 进行 SIwave-CPA 仿真设置。

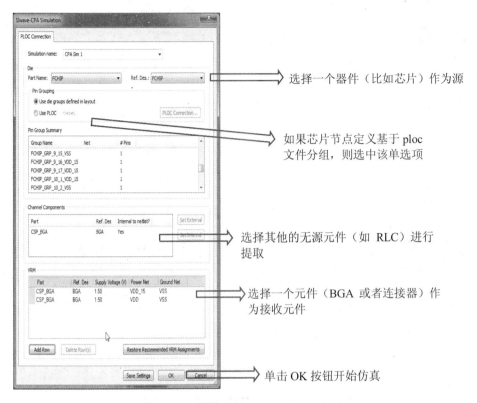

选择一个器件（比如芯片）作为源

如果芯片节点定义基于 ploc 文件分组，则选中该单选项

选择其他的无源元件（如 RLC）进行提取

选择一个元件（BGA 或者连接器）作为接收元件

单击 OK 按钮开始仿真

图 11.46　设置 SIwave-CPA Simulation

7. CPA 输出数据

在 Results 窗口右击 CPA Sim1，选择输出数据，如图 11.47 所示。

图 11.48 为 Pin 引脚数据图。

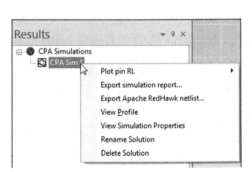

图 11.47　选择查看结果

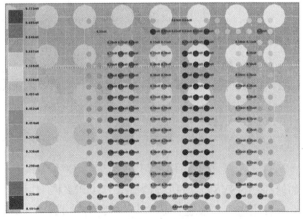

图 11.48　Pin 引脚数据图

图 11.49 为 HTML 报告。图 11.50 为 SPICE 模型。

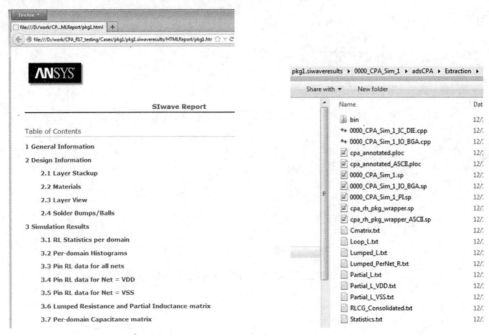

图 11.49　HTML 报告　　　　　　　　　　图 11.50　SPICE 模型

8.　绘制部分电感图与环路电感图

在 Results 窗口右击 CPA Sim1→Plot pin RL→Plot pin partial inductance map 命令，如图 11.51 所示。

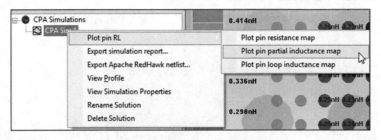

图 11.51　选择绘制电感图

计算环路电感时，对于电源 pin 引脚来说，将并联短接所有接地 bump 凸点，然后短接到 GND 作为回路；同理，对于每个接地 pin 引脚来说是相反的，将并联短接所有电源 bump 凸点。

11.5　CPM 模型瞬态分析

11.3 节展示了芯片与封装的协同 SYZ 仿真，并比较了芯片端口的输入阻抗。本例将看到如何在 ANSYS 电路仿真器中导入 CPM 模型（由 RedHawk 得到）和封装 S 参数模型（利用 SIwave 提取），来进行芯片与封装的协同瞬态仿真。

1.　CPM 模型

芯片电源模型（CPM）是反映芯片电源网络有源和无源特性的一种 SPICE 模型，包括该芯片的电流（或有源）部分和芯片的 RLC（或无源）部分，如图 11.52 所示。

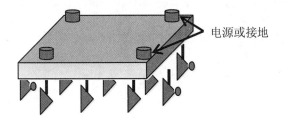

图 11.52　芯片电源模型示意图

CPM 模型文件如图 11.53 所示，被用作电流源同 RLC 参数一起进行瞬态分析。

```
.SUBCKT PowerModel p1 p2
*****************************************************
* Apache RedHawk Chip Power Model [Accurate RC reduction]
*****************************************************
                ***********************************************
                * Apache RedHawk Chip Power Model [ Ver 1.00 ]
* Pad           * Version:  10.2    Linux32e3 (Jan 20 00:31:13 2011)
* DPO           ***********************************************
* DGR           .INCLUDE "PowerModel.sp.inc"

* No            * Begin Chip Package Protocol --->
C0 1            * die_area 0 0 4920.62 5000.36
R_1_1          * Start Units
C_1_1          *    Length um
R_2_1          * End Units
C_2_1          * DPOWER21         (4905.000000 3279.000000)     p1  = PAR_0_0_VDD
R_3_1          * DGROUND20         (4880.000000 3219.000000)     p2  = PAR_0_0_VSS
C_3_1          * End Chip Package Protocol <---
R_4_1          .subckt adsPowerModel p1 p2
C_4_1
.ENDS           Xpdn   p1 p2 PowerModel

                Icursig1 p1 p2 pwl(
                + 0.000000ps 0.589435
                + 150.000000ps 0.854897
                + 240.000000ps 0.867186
                + 330.000000ps 0.827372
```

图 11.53　CPM 模型文件

2. SIwave 瞬态分析配置

由于 CPM 模型包括了芯片的 RLC 寄生参数和电流参数，因此不能直接被 SIwave 导入来进行瞬态分析。SIwave 只能使用由 CPM 或 PLOC 定义的管脚组作为芯片端口定义，如图 11.54 所示，左模块为封装模型，右模块为芯片模型。

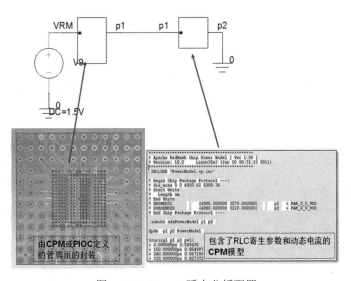

图 11.54　SIwave 瞬态分析配置

3. 删除 CPM 寄生参数值

打开在 11.3 节中建立的包含有 CPM 模型的 SIwave 项目。

（1）关闭 SIwave 中的所有层，选中代表 CPM 模型的灰色框，如图 11.55 所示。

（2）将 Properties 中的 Active 属性从 True 改为 False，如图 11.56 所示，这样随后提取的封装模型中就不包含 CPM 寄生参数了。

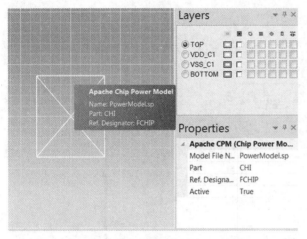

图 11.55　选中代表 CPM 模型的灰色框　　　　图 11.56　active 的属性改为 False

4. 定义 VRM（BGA 球）端口

如图 11.57 所示，选择菜单项 TOOLS→Create/Manage Pin Groups，打开 Create/Manage Pin Groups 对话框。按照图 11.58 的步骤定义端口。

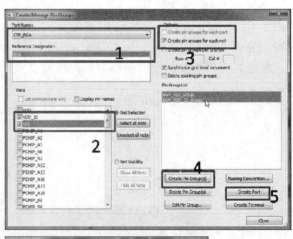

图 11.57　打开 Create/Manage Pin Groups　　　图 11.58　定义 VRM（BGA 球）端口

（1）在 Part Name 下拉列表框中选择 CSP_BGA，在 Reference Designator 列表框中选择 BGA。

（2）在 Nets 列表框中选择 VDD_15 和 VSS。

（3）Option 部分，选中 Create pin groups for each net 和 Synchronize grid lines movements 复选框。

（4）单击 Create Pin Group(s)按钮，创建 BGA_VDD_15_Group 和 BGA_VSS_Group。

（5）单击 Create Port 按钮，在 CRM 处创建端口。

（6）将端口名称改为 VRM，阻抗改为 0.1Ω。

5．计算 S 参数

在将 SIwave 项目链接到 Designer 电路设计之前，应当先计算 S 参数。

单击菜单项 SIMULATION→PSI→Compute S-,Y-,Z-Parameters，在如图 11.59 所示的对话框中进行设置。

图 11.59　计算 S 参数

仿真完成后，在 Results 窗口右击 PSI S-parameter Sweep wocpm→Export Touchstone File 命令，输出 Touchstone 模型文件 analysis_wcpm.s2p。在弹出的对话框中单击 OK 按钮，将所有端口归一化到 50Ohms。

图 11.60　输出 Touchstone 模型文件

6. 启动 ANSYS 电路仿真器

（1）动态链接 SIwave，用带有 CPM 模型的封装来仿真瞬态噪声。

（2）启动 ANSYS 电路项目。

单击 Microsoft Start→All Programs→ANSYS Electromagnetics→ANSYS Electromagnetics Suite 17.1→ANSYS Electronics Desktop 2016.1 命令。

（3）从 PROJECT 菜单中选择 Insert Circuit Design 命令，创建如图 11.61 所示的新电路。

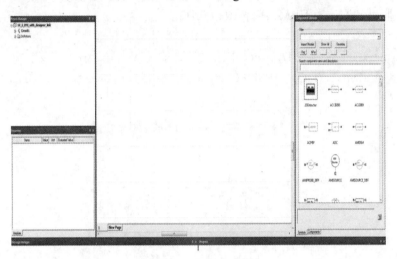

图 11.61　创建新电路

（4）单击菜单项 File→Save As，将文件命名为 CPM.aedt，单击 Save 按钮保存文件。

7. 创建电路仿真

（1）导入封装模型。

1）如图 11.62 所示，从 Component Libraries 窗口 Symbols 选项卡中选择 Import Models 并单击 NPort 按钮。

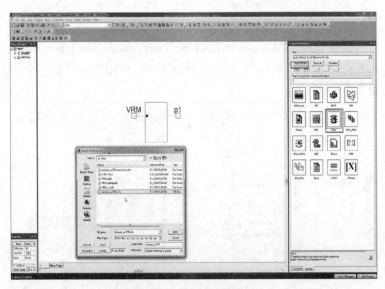

图 11.62　导入封装模型

2）浏览包含 analysis_wcpm.s2p 的文件夹，选中该文件并单击 Open 按钮。

3）在设计窗口中放置该端口元件，按 Esc 键退出放置元件模式。

（2）导入 CPM 模型和 DC 电压源。

1）如图 11.63 所示，从 Component Libraries 窗口 Symbols 选项卡中选择 Import Models 并单击 SPICE 按钮。

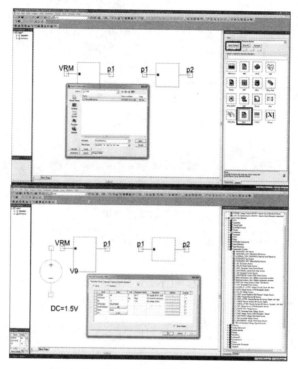

图 11.63　导入 CPM 模型和 DC 电压源

2）浏览包含 Power_Model.sp 的文件夹，选中该文件并单击 Open 按钮。

3）单击 OK 按钮，光标处会出现缓冲区，按 Esc 键退出放置元件模型。

4）在 Component Libraries 窗口 Components 选项卡中选择 Independent Source→V_DC，选择直流电压源模型并放置到原理图中。

5）双击 V_DC source，输入 DC 为 1.5v。

（3）电路仿真。

1）最终的互连电路如图 11.64 所示，确保封装模型和 CPM 模型的连接端口具有相同的名称。

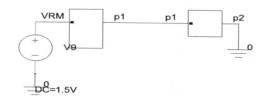

图 11.64　最终的互连电路

2）选择 Circuit→Add Nexxim Solution Setup→Transient analysis 选项，设置瞬态仿真选项如图 11.65 所示。其中，Step 为 0.1ns，Stop 为 25ns。

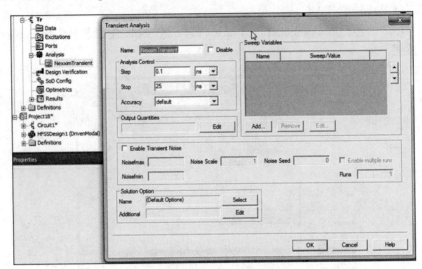

图 11.65　设置瞬态仿真

3）选择 Circuit→Analyze 选项或按 F10 键运行仿真。

8. 绘制结果

在 Project Manager 窗口右击 Results→Create Standard Report→Rectangular Plot 选项。在 Report 窗口中选择要绘制的网络，单击 New Report 按钮查看输出，图 11.66 为 V(net_2)。

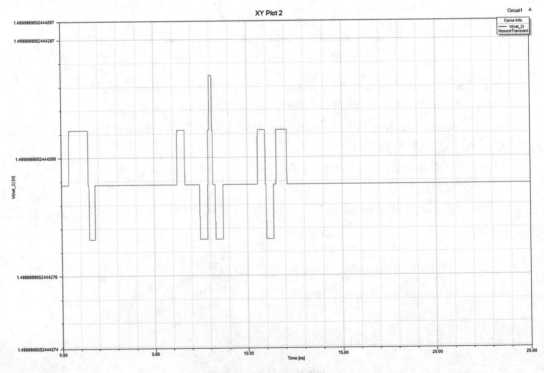

图 11.66　绘制结果

11.6　Q3D（TPA）封装分析

本例利用 Q3D（TPA）求解器来快速提取封装的 RLC 参数模型。

（1）打开 analysis_TPA.siw，如图 11.67 所示选中要分析的信号网络

图 11.67　选中信号网络

（2）设置焊球属性。

选择菜单项 HOME→Solderball Properties，如图 11.68 所示。

图 11.68　设置焊球属性

（3）编辑焊盘 470BP，如图 11.69 所示选择 Below Layer Stackup 单选项，选择 All solderballs are sinks 单选项。

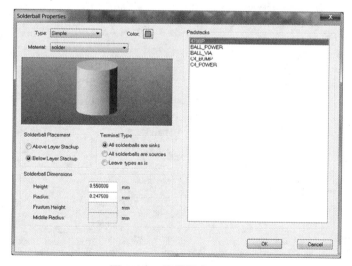

图 11.69　编辑焊盘 470BP

（4）编辑焊盘 C4_BUMP，如图 11.70 所示选择 Above Layer Stackup 单选项，选择 All solderballs are sources 单选项。

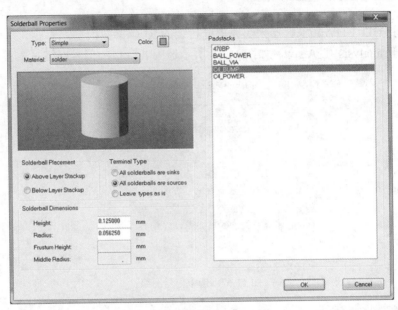

图 11.70　编辑焊盘 C4_BUMP

（5）类似图 11.68，选择菜单项 SIMULATION→Q3D Extractor（TPA）Simulation Options，对 Main 选项卡进行设置，如图 11.71 所示。

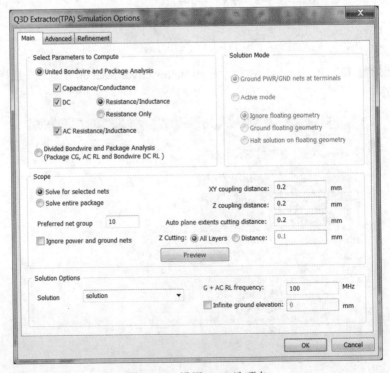

图 11.71　设置 Main 选项卡

对 Advanced 选项卡进行设置，如图 11.72 所示，单击 Source/Sink Assignment 按钮，得到图 11.73。

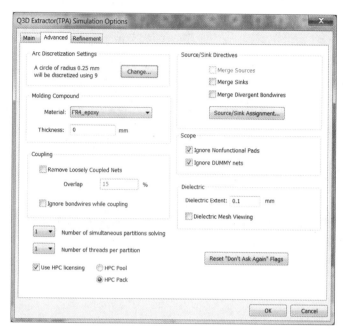

图 11.72　设置 Advanced 选项卡

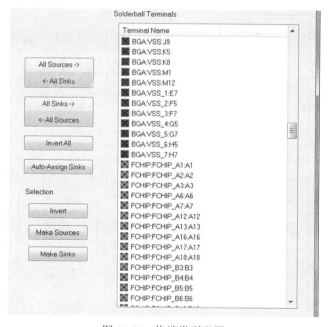

图 11.73　终端类型配置

（6）终端类型配置。

按照图 11.74，用 Shift 键加鼠标左键，选中 VDD 终端并转换成源，单击 Make Sources 按钮。

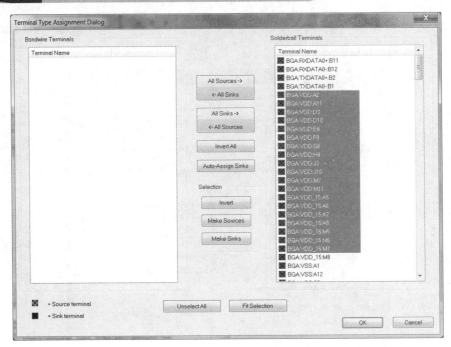

图 11.74 转换成源

用同样的方法对 VSS 进行上述操作。

（7）选择菜单项 SIMULATION→Validation check，如图 11.75 所示，仿真模式调整为 TPA Solution，单击 OK 按钮进行验证检查。

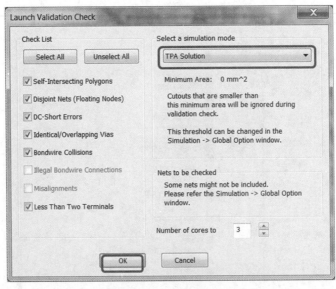

图 11.75 验证检查

（8）进行仿真，并对结果进行分析。

选择菜单项 SIMULATION→Q3D Extractor(TPA) Compute RLGC，进行仿真。仿真完成后，在 Results 窗口右击 Solution，选择相应的选项，如图 11.76 所示查看结果。

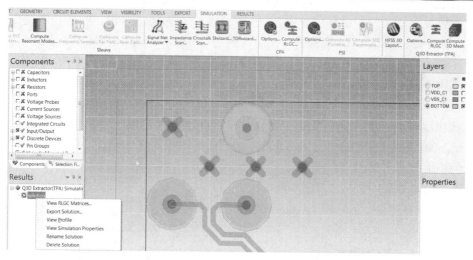

图 11.76　查看结果

11.7　定制键合线绘制

由于封装键合线的寄生电感是影响电源完整性的因素，所以给出一个定制键合线的实例。

1. 打开项目

本实例将演示如何用 SIwave 在一个封装结构上绘制不同的封装键合线。单击 Microsoft Start→Programs→Ansoft→SIwave 6 命令，运行 SIwave 6。

2. 导入文件

（1）导入.anf 文件：选择菜单项 File→Import→ANF，找到指定文件 siwave_bga.anf，单击 Open 按钮，如图 11.77 所示。

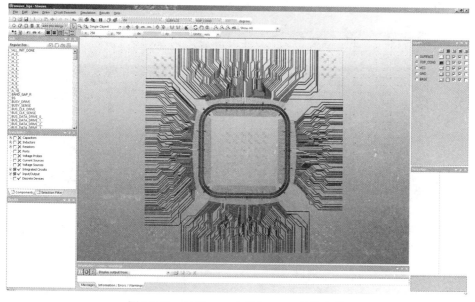

图 11.77　在 SIwave 中导入 BGA 封装文件

（2）导入.cmp文件：选择菜单项 File→Import→Component File，找到指定文件 siwave_bga.cmp，单击 Open 按钮。如果有警告信息，单击 Yes to All 按钮覆盖已有文件。

（3）选择菜单项 File→Save As，输入 Filename 为 siwave_bga.siw，单击 OK 按钮。

3. 确认检查

在用 SIwave 首次打开任何设计文件时，最好先做一次确认检查。确认检查主要检查内容：自相交多边形、未连接的节点、重叠节点以及带重复过孔的节点。

选择菜单项 Tools→Validation Check，单击 OK 按钮开始确认检查。本例中没有布局布线和 DRC 的相关问题，单击 OK 按钮。

4. 设置绘制单位

在工具栏中设置模型的单位为 microns，如图 11.78 所示。

图 11.78　设置模型单位

5. 创建键合线

（1）选择菜单项 Edit→Bondwire Model，Layer（层）为<从列表中选择封装接线层>，Model（模型）为<选择正确的键合线模型>。键合线模型有 Sketched、Stub、JEDEC-4、JEDEC-5 和 Low Profile，其中使用最普遍的键合线模型为 JEDEC-4、JEDEC-5 和 Sketched 模型。

（2）编辑模型 Type（类型）：在 Model 下拉列表框中选择合适的模型，可以选 JEDEC-4 或 JEDEC-5。

（3）选择 Static Diagram（示意图）复选框，出现带有键合线尺寸的 JEDEC-4 点模型和 JEDEC-5 点模型示意图，如图 11.79 所示。这些物理尺寸是正确建立 SIwave 设计文件所必需的

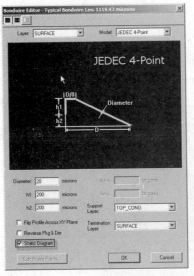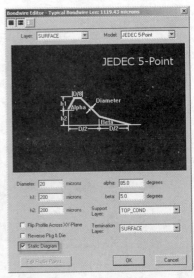

图 11.79　键合线模型的示意图

　　对于网格（grid）可以选择：使用▦图标来控制是否显示栅格，使用▦图标来控制是否按照栅格快速移动，使用▦图标来编辑栅格距离。

　　6. 创建键合线——采用 JEDEC 4-point 模型

　　选择菜单项 Edit→Bondwire Model，在 Layer 下拉列表框中选择 SURFACE，在 Model 下拉列表框中选择 JEDEC 4-Point。参数设置如下：Diameter（直径）为 20 microns；h1 为 200 microns；h2 为 200 microns。h1 和 h2 的定义在示意图中可查看，选中 Static Diagram 复选框即可。在 Support Layer 下拉列表框中选择 TOP_COND，在 Terminal Layer 下拉列表框中选择 SURFACE，单击 OK 按钮退出，如图 11.80 所示。

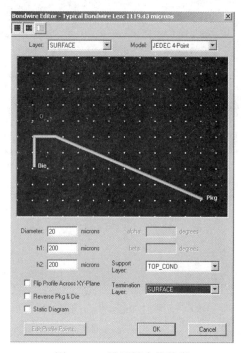

图 11.80　设置键合线轮廓

　　7. 键合线的三维查看

　　旋转、放大选定区域可以查看键合线。为查看键合线的实际尺寸，设置 SURFACE 层为填充模式，显示实体，如图 11.81 所示。

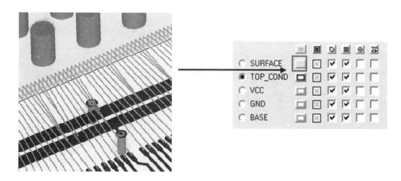

图 11.81　三维查看键合线

8. 创建键合线——采用 Sketched 模型

（1）选择菜单项 Edit→Bondwire Model，在 Layer 下拉列表框中选择 SURFACE；在 Model 下拉列表框中选择 Sketched，如图 11.82 所示。参数设置如下：Diameter（直径）为 20 microns；Grid Snapping（网格间距）为 50 microns。

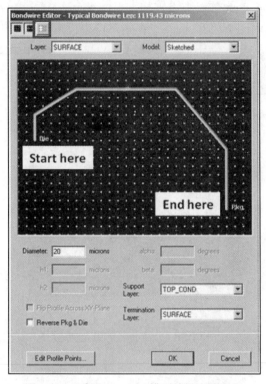

图 11.82　采用 Sketched 模型的键合线设置

单击加入每一节键合线段：

Starting Point（起点）：Die

End Point（终点）：Package

Support Layer：TOP_CON

Terminal Layer：SURFACE

（2）单击 OK 按钮退出。

注意：绘制新的键合线模型时，要再次重新选中 Sketched 模型。

11.8　系统级的封装与 PCB 板连接

芯片、封装和电路板均会影响电源分配系统的阻抗，为了更全面地分析 SI/PI 问题，需要进行系统级分析。本例将演示进行系统级仿真时如何将封装与 PCB 板连接起来。

1. 封装的偏移量和旋转信息

下面我们将说明如何获取 package X,Y（封装 X,Y 偏移量）及 package rotation（封装的旋转信息），假定采用 Cadence 的 APD/Allegro 进行版图设计。

从布局工具中提取封装的旋转信息：单击 PCB 上的 package instance，Allegro/APD 中会出现如下信息：

```
LISTING: 1 element(s)

      < COMPONENT INSTANCE >

  Reference Designator: U2
  Package Symbol:       BGA44_XYZ

  Component Class:      IC
  Device Type:         X23646-003
   Value:              NextGen Package

  Placement Status:     PLACED
   origin-xy:       (8500.0 -4500.0)
   rotation:  0.000  degrees
   not_mirrored
```

其中，Reference Designator 是进行合并所需要的信息。如果在合并过程中使用了 Reference Designator，Origin-xy 信息将自动载入使用。在合并过程中，Rotation 值必须放入 merge GUI 对话框。

2. 启动 SIwave

单击 Microsoft Start→Programs→Ansoft→SIwave 6 命令，选择 Windows 32-bit/Windows 64-bit，执行 SIwave 6。

3. 打开一个 SIwave 项目

选择菜单项 File→Open，浏览文件 PCB.siw 并单击 Open 按钮，打开项目如图 11.83 所示。

4. PCB 项目

这是一个 4 层 PCB 板，封装引脚印制在 PCB 板中心，我们在此处放置一个 4 层封装结构。

将鼠标悬停在封装的位置，查看封装部件名称。Part Name 为 SMD_VT3275_BGA865，Designator Name 为 U16，如图 11.84 所示。

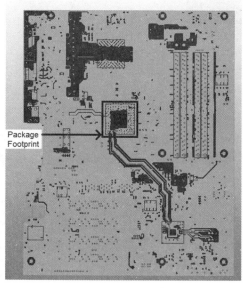

图 11.83　电路版图

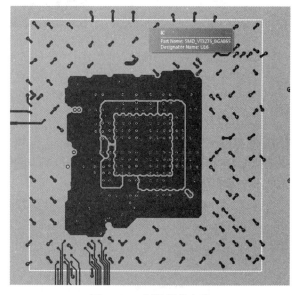

图 11.84　封装部件名称

5. 启动 Package/PCB 合并工具

（1）单击菜单项 Tools→Attach Package Design，启动 Package/PCB 合并工具。如图 11.85 所示进行设置。

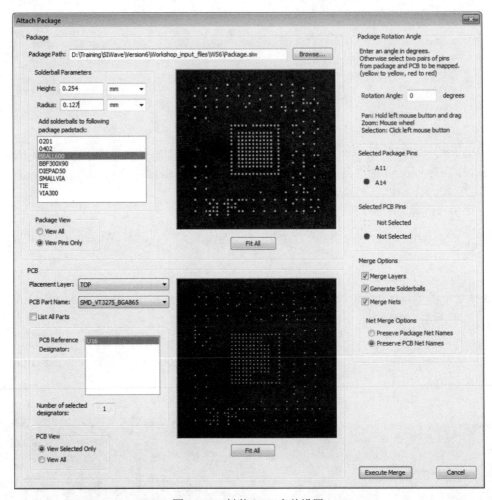

图 11.85　封装/PCB 合并设置

（2）找到文件 Package.siw 并单击 Open 按钮打开。在 PCB Part Name（PCB 部件名）下拉列表框中选择 SMD_VT3275_BGA865，在 PCB Reference Designator（PCB 标示符）列表框中选择 U16，在 Placement Layer（放置层）下拉列表框中选择 Top，在 Rotation Angle（旋转角度）文本框中输入 0。

（3）在 Net Merge Option（网络合并选项）框中选择 Preserve PCB Net Names 单选项。在 Solderball Parameters 下面的 package padstack（焊球参数）列表框中选择 BBALL600，并设置参数 Solderball Height（焊球高度）为 0.254mm，Solderball Radius（焊球半径）为 0.127mm。

（4）单击 Execute Merge 按钮，执行合并。

6. 在 PCB 上合并封装

Layer（层）显示可以查看已合并到 PCB 上的封装，可以看到现在是一个 8 层板设计，如图 11.86 所示。该设计文件可以用于各种分析。

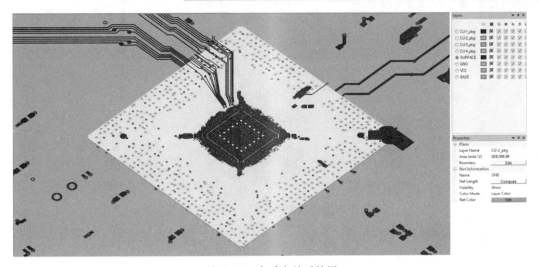

图 11.86　查看合并后的层

11.9　SIwave 与 Icepak 无缝电－热协同仿真

在 9.10 节的电源直流压降（DC IRdrop）分析中我们了解到，SIwave 的直流分析被用于预测封装和电路板上的直流电源供电问题，不仅可以得到电源和地网络上的直流压降、电源和回流路径上的直流电流密度分布、流进/流出过孔的电流量、功率密度分布和每层功耗，同时可以通过生成.html 报告自动判别用户预先定义的 pass/fail 判据。因此可以对包含铜皮、走线、过孔、键合丝、焊球和凸点等电子设计元素的芯片、封装和电路板进行准确预测。

本节将要看到，SIwave-DC 可以与 Icepak 一起进行电－热协同仿真，如图 11.87 所示为耦合示意图。

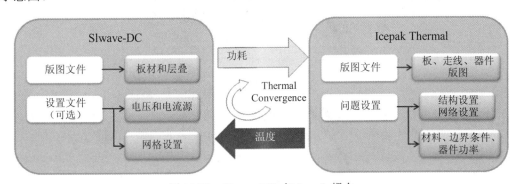

图 11.87　SIwave-DC 与 Icepak 耦合

第一步：SIwave 进行直流分析、功率分析和热耗分析，得到 PCB 板上的热耗分布情况。

第二步：在 SIwave 中可以直接调用 Icepak Solver，对 SIwave 结果进行焦耳热分析、传导热分析、强制对流热分析（空气可沿 PCB 平行或垂直方向流动）和自然对流分析，还可以设置器件功率，最终得到温度分布，该结果已经包括焦耳热的电热耦合结果。如果只看 PCB 的温度，到第二步就完成了；如果需要进行散热片、风扇等系统级散热分析，可如图 11.88 所示直接在 Icepak GUI 中打开工程文件，进行第三步。

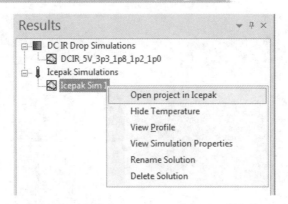

图 11.88　直接在 Icepak GUI 中打开工程文件

第三步：Icepak 对散热模组进行散热分析和散热优化，得到系统温度分布。
SIwave 仿真案例如图 11.89 所示。

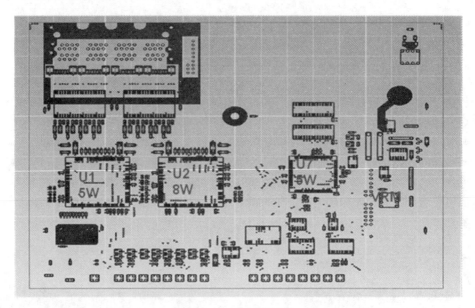

图 11.89　待分析版图

1．SIwave 仿真分析 PCB 板上的热耗分布情况

SIwave 的直流求解器通过电流密度的分析，得到系统上的瓶颈点，提前进行优化，降低电源失效概率。

（1）SIwave 直流分析——向导式操作。

在常用功能菜单中单击 SIwave Workflow Wizard 图标 ，打开工作流程向导。前面的步骤参照 9.10 节的电源直流压降（DC IRdrop）分析，最终得到图 11.90。

（2）配置仿真的设置。

单击图 11.90 的 Configure DC IR Drop Analysis 按钮，打开 DC IR Configuration 对话框。在图 11.91 中选中 VCC 复选框，显示连接到此网络的所有有源器件。通过选中或取消选中 Hide RLC components 复选框查看无源器件。设置 U1 和 U2 为 Current sources，类型为 Distributed Current，幅度为 0.5。单击 Configure Simulation 按钮，将引脚组和激励应用到设计中。

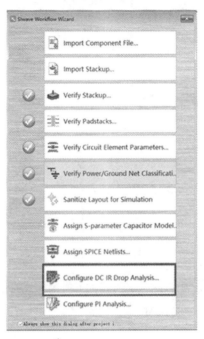

图 11.90　启动 Configure DC IR Drop Analysis

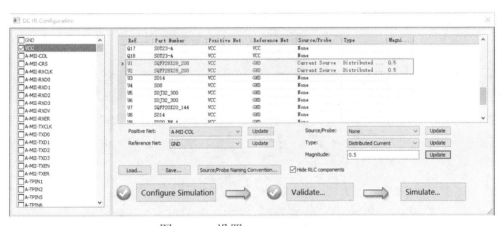

图 11.91　设置 DC IR Configuration

（3）校验检查。

对整个设置进行校验检查分析，确保可以进行仿真。单击图 11.91 中的 Validate 按钮，在图 11.92 中通过按向上按钮可以增加 Number of cores to use 的数值，单击 OK 按钮开始校验检查。

校验检查可以自动修复某些图形问题，如不相交的网络和重叠的通孔。查看完校验检查结果后，单击 OK 按钮应用自动修复并关闭此对话框。

（4）仿真。

关闭校验检查，返回到 DC IR Configuration 对话框，单击 Simulate 按钮，弹出如图 11.93 所示的对话框。

（5）计算直流电流和电压分布。

单击 Launch 按钮，开始 DC IR 仿真。

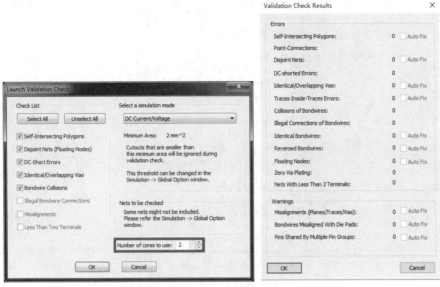

图 11.92　校验检查

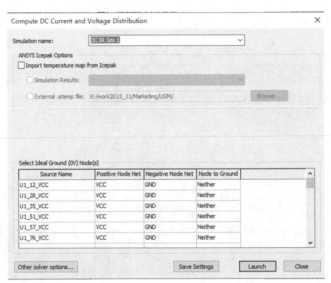

图 11.93　计算直流电流和电压分布

（6）分析结果。

1）查看接收端电压。

选择菜单项 RESULTS→DC IR Drop→DC IR Sim 1→Element Data，或者在 Result 窗口中右击 DC IR Sim 1→Element Data 命令，打开 DC SimulationElement Data 对话框，如图 11.94 所示，查看接收端电压。

2）查看电压降和电流密度。

选择菜单项 RESULTS→DC IR Drop→DC IR Sim 1→Currents/Voltages，或者在 Result 窗口右击 DC IR Sim 1→Currents/Voltages 命令，打开 DC IR Drop Simulation Result 对话框，电压降如图 11.95 所示，电流密度如图 11.96 所示。

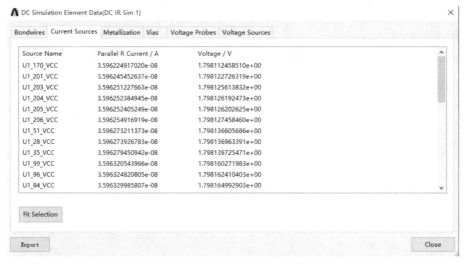

图 11.94　查看接收端电压

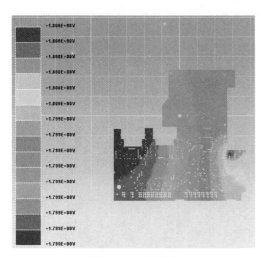

图 11.95　电压降

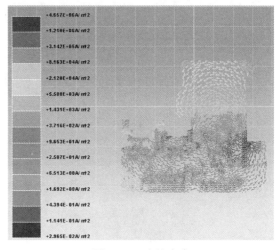

图 11.96　电流密度

2. Icepak 对 SIwave 结果进行热分析来得到温度分布

SIwave 界面中可以直接调用 Icepak 求解器，设置简单方便，快速进行电热协同分析。

（1）SIwave 调用 Icepak。

如图 11.97 所示，选择菜单项 SIMULATION→Icepak，打开 Icepak Simulation Setup 对话框。

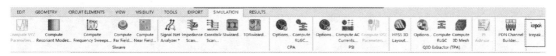

图 11.97　调用 Icepak

（2）Icepak 仿真设置。

1）Simulation Setup 选项卡。

如图 11.98 所示，在 Thermal Simulation Type 框中设置求解类型；在 Number of cores to 框中设置仿真核数。

2）Thermal Environment 选项卡。

如图 11.99 所示，Forced Convection（Fan Driven Flow）为强制对流，可设置风速大小及方向；Natural Convection（"Still" Air）为自然对流。

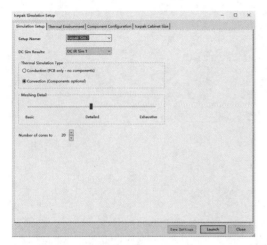 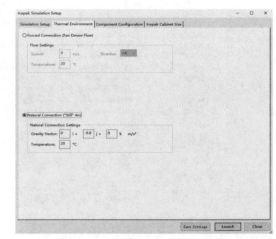

图 11.98　设置 Simulation Setup　　　　图 11.99　设置 Thermal Environment

3）Component Configuration 选项卡。

如图 11.100 所示，为器件 U7、U1 和 U2 设定仿真功率，其他都是 0.25W。

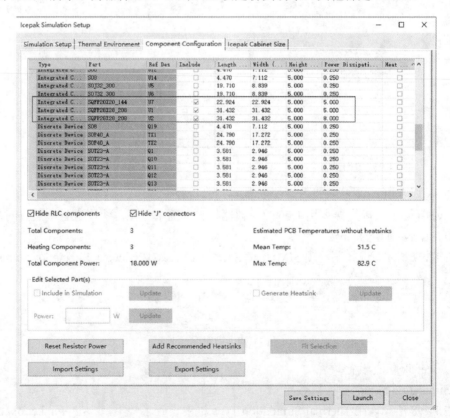

图 11.100　设置 Component Configuration

4）Icepak Cabinet Size 选项卡。

如图 11.101 所示，设置 Icepak 解空间大小。

图 11.101　设置 Icepak Cabinet Size

单击 Launch 按钮。

（3）SIwave-Icepak Thermal 仿真结果。

选择菜单项 RESULTS→Icepak→Temperature，查看温度结果，如图 11.102 所示。

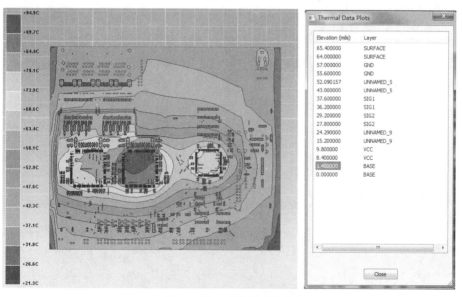

图 11.102　查看温度结果

3．Icepak 对散热模组进行热分析，得到系统温度分布

如图 11.103 所示，在 Icepak 中打开仿真工程，后续可进行散热方式选择、风扇设计等分析。Icepak 的三维散热求解引擎保证了系统温度仿真结果的精度。

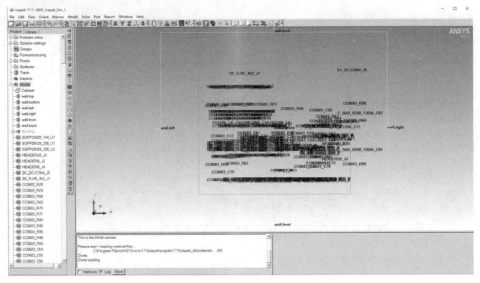

图 11.103　在 Icepak 中打开仿真工程